全国高职高专规划教材

水污染控制技术

（第二版）

主　编　王雪平　张宝军

副主编　蒯圣龙　朱幸福

中国环境出版集团·北京

图书在版编目（CIP）数据

水污染控制技术/王雪平，张宝军主编. —2 版. —北京：中国环境出版集团，2022.5

全国高职高专规划教材

ISBN 978-7-5111-5148-3

Ⅰ. ①水… Ⅱ. ①王…②张… Ⅲ. ①水污染—污染控制—高等职业教育—教材 Ⅳ. ①X520.6

中国版本图书馆 CIP 数据核字（2022）第 078047 号

出 版 人 武德凯
责任编辑 黄晓燕
责任校对 薄军霞
封面设计 宋 瑞

出版发行 中国环境出版集团
（100062 北京市东城区广渠门内大街 16 号）
网 址：http://www.cesp.com.cn
电子邮箱：bjgl@cesp.com.cn
联系电话：010-67112765（编辑管理部）
010-67112735（第一分社）
发行热线：010-67125803，010-67113405（传真）
印 刷 北京市联华印刷厂
经 销 各地新华书店
版 次 2022 年 5 月第 1 版
印 次 2022 年 5 月第 1 次印刷
开 本 787×1092 1/16
印 张 23
字 数 550 千字
定 价 55.00 元

前　言

本教材按照全国生态环境职业教育教学指导委员会确定的核心课程及教学大纲组织编写，旨在体现“懂设计、能施工、会管理”的高职高专教育培养第一线应用型人才的教学特点。本教材适应现代信息化技术的应用，配套视频和动画，其中视频主要是对重点内容的讲解，动画主要展示处理设备结构和工作原理，形成了“互联网+”时代下的新形态一体化教材。

本教材系统地介绍了水污染控制的各种处理方法、原理，重点讲解处理设备结构、构筑物工艺设计的基本知识和方法，结合当前水处理的应用情况，介绍常用处理方法的特点、适用情况和运行要求。

参加本教材编写的有江苏建筑职业技术学院张宝军和浙江天煌科技实业有限公司朱幸福（第 1 章）、广西水利水电职业技术学院彭燕莉（第 2 章）、黄河水利职业技术学院王雪平和耿悦（第 3、6 章）、江苏建筑职业技术学院孙悦（第 4 章）、山东水利职业学院乔鹏（第 5 章）、重庆工程职业技术学院蔡庆（第 7 章）、安徽水利水电职业技术学院蒯圣龙（第 8 章）、福建农业职业技术学院李艳波（第 9 章）、长沙环保职业技术学院曹喆（第 10 章）。王雪平、张宝军担任主编并负责统稿，蒯圣龙、朱幸福担任副主编。

本教材可作为高职高专环境工程技术、环境监测技术及相关专业的教材，也可供从事城市污水和工业废水处理的技术人员与管理人员参考。

书稿在编写过程中参考借鉴了大量国内高校教材及专业文献资料（参考文献附后），在此向这些原作者表示衷心的感谢。

限于编者水平和时间限制，教材中难免存在错误及疏漏，请专家和读者批评指正。对本教材改进建议可以通过作者邮箱 wxpzky@163.com 反馈，本教材的课件资源可通过扫码申请以用于教学。

目　录

课程信息化资源

附件

课件资源

第一章　水循环与水污染控制

第一节　水资源与水的循环

一、水资源

水资源指现在或将来一切可能用于生产和生活的地表水和地下水源。水是人类生产和生活不可缺少的物质，是生命的源泉，也是工农业生产和经济发展不可取代的自然资源。随着世界经济的快速发展，人口也不断增长，人民生活水平的日益提高，用水量逐年增加。因此，每个国家都把水当作一种宝贵的资源，并加以开发、保护和利用。

地球总表面积为5.1亿km^2，其中海洋面积占全球面积的70.8%，陆地面积约占29.2%。地球上水的总量约为14亿km^3，以不同的形式分布于不同的区域。分布形式有海洋水、淡水湖水、盐湖和内海水、河流水、土壤水、地下水、冰冠和冰川水、大气水。海洋储量占地球水总量的96.5%，陆地表面水量为3.5%。海水含有大量的矿物盐类，不宜被人类直接使用。在人类可利用的淡水中，约有75%以冰冠和冰川的形式存在于地球的两极，可被人类开发利用的淡水仅占总水量的0.3%。

我国地域辽阔，年平均降水总量约为0.6万km^3，河川径流量为0.27万km^3，占世界河流量的5.7%，居世界第6位。但人均水量为0.26万km^3，只有世界人均水量的1/4，被列为世界13个贫水国家之一。水资源的地区分布也极不均匀，径流量由东南向西北递减，东南沿海湿润多雨，西北内陆干燥少雨，南北水资源相差悬殊。另外，我国大部分地区冬春少雨，夏秋多雨，年降雨集中在汛期，易造成一些地区旱、涝灾害频繁。

二、水循环

水资源

水在自然界呈循环状态。在太阳能及其他自然力作用下，水的形态也在不断发生变化，通过受热或遇冷的方式进行着固、液、气态的转化。地球上的循环水量，每年大约为420万km^3。

1. 水的自然循环

地球上的水时时刻刻都在运动中，而且可以相互交换。如果没有水的运动，陆地的水很快就会枯竭。正是由于地心引力及太阳的辐射作用，使得各种状态的水从海洋、江河、湖泊、沼泽、水库及陆地表面的植被中，蒸发、散发变成水汽，上升到空中，一部分被气流带到其他区域，在一定条件下凝结，通过降水的形式落到海洋或陆地上；一部分滞留在空中，待条件成熟，降到地球表面；降到陆地上的水，在地心引力的作用下，一部分形成地表的径流流入江河，最后流入海洋，还有一部分渗入了地下，形成了地下径流，另外，还有一小部分又重新蒸发到空中。这种由太阳照射和地球引力作用下形成的水的循环现象称为水的自然循环，如图 1-1 所示。海洋—内陆—海洋的循环，称为大循环或外循环，而由内陆到海洋的循环，省去了通向海洋的径流。那些在小自然区域内的循环，称为小循环或内循环，如图 1-2 所示。不论何种循环，使水蒸发的基本动力是太阳能，使云气运动的动力是密度差造成的大气环流，使水流动的动力是地球引力。

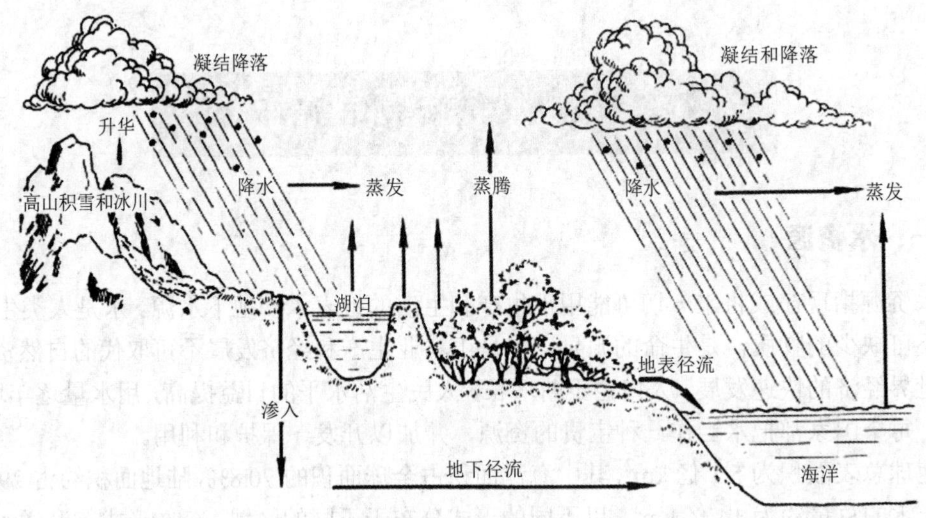

图 1-1　水的自然循环

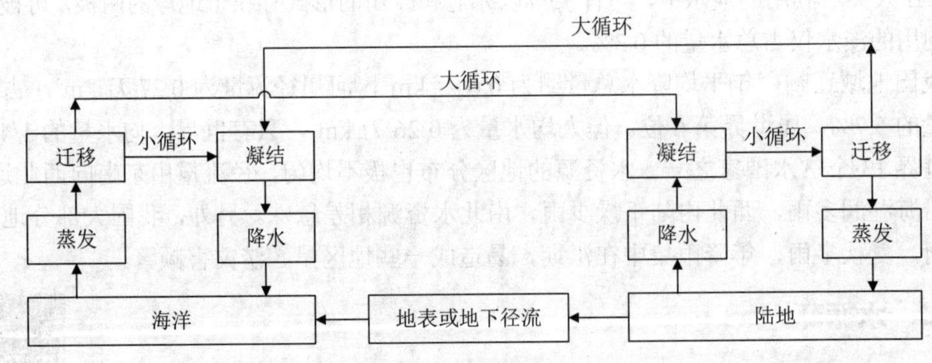

图 1-2　水的大循环与小循环

2. 水的社会循环

由人的因素促成的水循环，称为水的社会循环。它是直接为人的生活和生产服务的。取自自然而直接供生活和生产使用的水，称为给水。使用后因丧失使用价值而排放的水，称为排水。为保证给水能满足水量、水质和水压要求而使用的工程设施，称为给水工程；为保证排水能安全可靠地排放而使用的设施，称为排水工程。给水工程和排水工程构成水的社会循环。如图 1-3 所示。

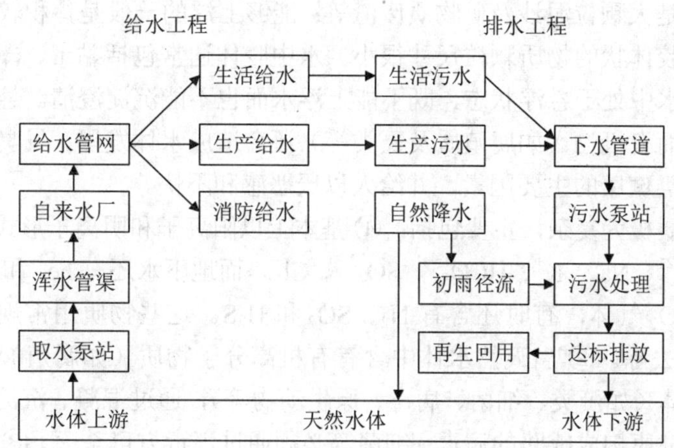

图 1-3　水的社会循环

第二节　水体污染与水质指标

一、天然水体

1．天然水体中的杂质

自然界中的水，在太阳照射和地心引力等作用下不停地流动和转化，通过降水、渗透和蒸发等循环方式而形成多种形式的水源。水在自然循环中会不同程度地有各种各样的杂质混入，而使水质发生变化。其杂质的来源基本分为两类：一是自然过程。例如，初期降水（包括雨、雪等）在到达地面之前各种有害物质的溶入；水对地层矿物中某些易溶成分的溶解；水流对地表及河床冲刷而带入的泥沙和腐殖质；水中各类微生物、水生动植物及其残骸等。二是人为因素（即生活污水和工业废水）的污染。这些水中杂质更为复杂，按形态（主要是尺寸大小）可分为悬浮物、胶体和溶解物三类，见表 1-1。

表 1-1　水中杂质的分类

杂质	溶解物（低分子、离子）		胶体		悬浮物			
颗粒尺寸	0.1 nm	1 nm	10 nm	100 nm	1 μm	10 μm	100 μm	1 mm
分辨工具	电子显微镜可见		超显微镜可见		显微镜可见		肉眼可见	
水的外观	透明		浑浊		浑浊			

表 1-1 中的颗粒尺寸是按球形计，各类杂质的尺寸界限是大体的范围。一般说粒径在 100 nm～1 μm 属于胶体和悬浮物的过渡阶段。小颗粒悬浮物也具有一定的胶体特性，而当粒径大于 10 μm 时与胶体有明显差别。

从水的生活饮用和水处理技术的角度看：悬浮物的尺寸较大，易于在水中下沉或上浮。

易于下沉的一般是大颗粒泥沙及矿物质废渣等；能够上浮的一般是体积较大而密度小于水的某些有机物。胶体状的物质颗粒尺寸很小。水中胶体通常包括黏土、藻类、腐殖质及蛋白质等。它们在水中处于悬浮状态，既不能上浮水面也不能沉淀澄清。悬浮物和胶体往往造成水的浑浊，而有机物（如腐殖质及藻类等）还会造成水体发黑、发臭、有异味，是影响工业使用和人类健康的主要因素，并给人以厌恶感和不快。

水中溶解杂质极为复杂，主要包括：① 基本上以阳离子和阴离子形式存在的溶解性物质，如 Ca^{2+}、Mg^{2+}、Na^{+}、K^{+}、HCO_3^{-}、SO_4^{2-}、Cl^{-}，而地下水还有 Fe^{2+}和 F^{-}等；主要溶解在水中的 O_2、CO_2气体，有时还含有 N_2、SO_2和 H_2S。这些物质用常规的混凝、沉淀、过滤等方法难以去除。② 当天然水体中含有有机高分子物质（如腐殖酸等）以及有机杂质——活性生物体（如藻类、细菌、病毒、原生动物等），通过混凝、沉淀、过滤的方法可以去除。对人体健康构成威胁的病毒、细菌等必须通过消毒方可杀灭。③ 由于现代工业的发展，水污染的程度日益加重，当水中含有 Hg、Cr、Cd、Pb、Se、As、氰化物等无机类有毒物质，多环芳烃、芳香族氨基化合物、有机汞、酚类化合物等有机类有害物质，以及人工合成的有机磷农药、有机氯等有毒物质时，水处理工艺将更为复杂。

2．天然水体的性质

按照水源的分类，概括来说有以下几种情况：

江河水易受自然条件影响，水较浑浊，细菌较多，含盐量和硬度较低。而地下水因受地层渗滤过程的净化，水质较清，细菌较少，特别是深层井水细菌更少，但含盐量和硬度较高。湖泊及水库水由于多由河水供给形成，水质与河水类似；但由于湖（或水库）水流动性小，贮存时间长，经过长期自然沉淀，一般浊度较低，多数含藻类较多；湖（或水库）水受风浪冲击后水质变化较大，受生活污水污染后易产生富营养化。

海水含盐量高，而且所含各种盐类或离子的质量比例基本一定，这是海水与其他水源的一个显著区别。其中氯化物含量最高，约占总含量的 89%，硫化物次之，再次为碳酸盐，其他盐类含量极少。海水一般须经淡化处理后方可作为居民生活用水。

二、水体污染

1．水体污染的概念

水体（waterbody）是河流、湖泊、沼泽、水库、地下水、冰川、海洋的总称。它不仅包括水，而且也包括水中的悬浮物、底泥及水生生物等。

水体因接受过多的杂质，而使其在水体中的含量超过了水体的自净能力，导致其物理、化学及生物学特性改变和水质的恶化，从而影响水的有效利用，危害人体健康，这种现象称为水体污染（waterbody pollution）。在自然情况下，天然水的水质也常有一定变化，但这种变化是一种自然现象，不属于水体污染。

水体污染的危害

水体一旦受到污染，会降低水的质量，直接或间接地危及人类的生存和危害人类健康。造成水体污染的原因主要有点源污染与面源污染（或称非点源污染）两类。点源污染来自未经妥善处理的城市污水（生活污水与工业废水）集中排入水体。面源污染来自农田肥料、农药以及城市地面的污染物，随雨水径流进入水体；随大气扩散的有毒有害物质，由于重力沉降或降雨过程，进入水体。

2. 水体污染的类型

水体污染源（waterbody pollution source）是指向水体排放污染物的场所、设备和装置等。按造成水体污染的原因可将水体污染源分为天然污染源和人为污染源；按受污染的水体可分为地面水污染源、地下水污染源和海洋污染源；按污染源释放的有害物质种类分为物理性污染源、化学性污染源、生物性污染源；按污染的分布特征可分为点污染源、面污染源、扩散污染源。

由自然因素造成的污染称为天然污染。如地面水渗漏和地下水流动将地层中某些矿物质溶解，使水中的盐分、微量元素或放射性物质浓度偏高而使水质恶化。人类的生产和生活活动对水体造成的污染，称为人为污染。人为污染是当前水体污染的主要污染源。

水体污染的分类

（1）物理性污染

热污染主要来源于热电站、核电站、冶金和石油化工等工厂的排水。

放射性污染来源于核生产废物、核试验沉降物、核医疗研究单位的排水。

（2）化学性污染

无机污染包括：重金属污染，来源于矿物开采、冶炼、电镀、仪表、电解以及化工等工厂排水；砷污染，来源于含砷矿石处理、制药、农药和化肥等工厂的排水；氰化物污染，来源于电镀、冶金、煤气、洗涤、塑料、化学纤维等工厂的排水；氮和磷污染，来源于农田排水、粪便排水、化肥、制革、食品、毛纺等工厂的排水；酸碱和盐污染，来源于矿山、石油、化工、化肥、造纸、电镀工厂的排水。

有机污染包括：酚类化合物污染，来源于炼油、焦化、树脂等工厂的排水；苯类化合物污染，来源于石油化工、焦化、农药塑料、染料等工厂的排水；油类，来源于采油、炼油、船舶以及机械、化工等工厂的排水。

（3）生物性污染

病原体污染，来源于粪便、医院污水、屠宰畜牧、制革生物制品等工厂的排水。

霉素污染，来源于制药、酿造、制革等工厂的排水。

三、污水的性质及污染指标

1. 污水的来源

污水是人类在自己的生活、生产活动中用过并为生活或生产过程所污染的水。污水包括生活污水、工业废水、被污染的降水及各种排入管渠的其他污染水。

（1）生活污水

生活污水，是指居民在日常生活中排出的废水。生活污水的成分取决于居民的生活状况及生活习惯。我国地域广阔、情况复杂，即使生活状况相似，各地污水中杂质的成分和浓度也不尽相同。

（2）工业废水

工业废水，是在生产过程中排出的废水。其成分主要取决于生产工艺过程和使用的原料，工业废水也包括因高温（水温超过 60℃）而形成热污染的废水。不同的工业生产产生不同性质的废水，同类工业采用不同的生产工艺过程，产生的废水也不相同。

工业废水性质各异，多半具有危害性，未经处理不允许排放。但冷却水和在生产过程中只起辅助作用或只是温度稍有上升的水，因未被污染物污染或污染很轻，此时可采取冷却或简单地处理后重复使用。这种较清洁、不经处理即可排放的废水称为生产废水；而污染较严重、必须经处理方可排放的工业废水称为生产污水。

工业废水是生产污水和生产废水的总称。

（3）城市污水

城市污水是排入城镇排水系统的污水的总称，是生活污水和工业废水的混合液。我国多数城市污水属此类。在合流制排水系统中，城市污水还包括降水。城市污水中各类污水所占的比例，因城市的排水体制不同而有差异。城市污水的水质指标、污染物组成、形态及含量也因城市不同而存在差异。

2．污水的物理性质及指标

（1）水温

生活污水的年平均温度相差不大，一般在 10～20℃；许多工业排出的废水温度较高。水温升高影响水生生物的生存，水中的溶解氧随水温的升高而减小；加速污水中好氧微生物的耗氧速度，导致水体处于缺氧和无氧状态，使水质恶化。城市污水的水温与城市排水管网的体制及生产污水所占的比例有关。一般来讲，污水生物处理的温度在 5～40℃。

（2）色度

生活废水的颜色一般呈灰色。工业废水则由于工矿企业的不同，色度差异较大，如印染、造纸等生产废水色度很高。

（3）臭味

臭和味是一项感官性状指标。天然水是无色无味的。水体受到污染后产生气味，影响了水环境。生活污水的臭味主要由有机物腐败产生的气体造成，主要来源于还原性硫和氮的化合物；工业废水的臭味主要由挥发性化合物造成。

（4）固体含量

水中所有残渣的总和为总固体（TS），其测定方法是将一定量水样在 105～110℃烘箱中烘干至恒重，所得含量即为总固体量。总固体主要由有机物、无机物及生物体组成，按其存在形态分为悬浮物、胶体和溶解物。总固体包括溶解物质（DS）和悬浮固体物质（SS）。悬浮固体由有机物和无机物组成，根据其挥发性能，悬浮固体又可分为挥发性悬浮固体（VSS）和非挥发性悬浮固体（NVSS）两种。挥发性悬浮固体亦称灼烧减重，主要是污水中的有机质；非挥发性固体又称灰分，为无机质。生活污水中挥发性悬浮固体约占 70%。

溶解固体的浓度与成分对污水处理效果有直接影响，悬浮固体含量较高能使管道系统产生淤积和堵塞现象，也可损坏污水泵站的设备。如果不处理直接排入受纳水体，会造成水生动物窒息，破坏生态。

3．污水的化学性质及指标

（1）无机物指标

无机物指标主要包括氮、磷、无机盐类和重金属离子及酸碱度等。

污水中的氮、磷为植物的营养物质。对于高等植物的生长来说，N、P 是宝贵的营养物质，而对于天然水体中的藻类，虽然是生长物质，但藻类的大量生长和繁殖，能使水体产生富营养化现象。

污水中的无机盐类主要指污水中的硫酸盐、氯化物和氰化物等。硫酸盐来自人类排泄物及一些工矿企业废水，如洗矿、化工、制药、造纸等工业废水。污水中的硫酸盐用 SO_4^{2-} 表示，可以在缺氧状态下，由硫酸盐还原菌和反硫化菌的作用，还原成 H_2S。氯化物主要来自人类排泄物。某些工业废水含有较高浓度的氯化物，它对管道及设备有腐蚀作用。污水中的氰化物主要来自电镀、焦化、制革、塑料、农药等工业废水。氰化物为剧毒物质，在污水中以无机氰和有机腈两种类型存在。除此以外，城市污水中还存在一些无机有毒物质，如无机砷化物，主要以亚砷酸和砷酸盐形式存在。砷会在人体内积累，属致癌物质。

污水中的重金属主要有汞、镉、铅、铬、锌、铜、镍、锡等。重金属以离子状态存在时毒性最大，这些离子不能被生物降解，通常可以通过食物链在动物或人体内富集，产生中毒现象。上述金属离子在低浓度时，有益于微生物的生长，有些离子对人类也有益，但其浓度超过一定值后，即有毒害作用。需要说明的是，有些重金属具有放射性，在其原子裂变的过程中会释放一些对人体有害的射线，主要有α射线、β射线、γ射线及质子束等；产生这些放射物质的金属主要是镧系和锕系元素，这些物质在生活污水中很少见，在某些工业废水（如采矿业及核工业废水）中会出现。一般情况下在城市污水中的含量极低。放射性物质能诱发白血病等疾病。

酸碱污染物主要由排入城市管网的工业废水造成。水中的酸碱度以 pH 值反映其含量。酸性废水的危害在于有较大的腐蚀性；碱性废水则易产生泡沫，使土壤盐碱化。一般情况下城市污水的酸碱性变化不大，微生物生长的最佳酸碱度为中性偏碱，当 pH 6～9 时，对人畜就会造成危害。

（2）有机物指标

城市污水含有大量的有机物，主要是碳水化合物、蛋白质、脂肪等。由于有机物种类极其复杂，难以逐一定量，但上述有机物都有被氧化的共性，即在氧化分解中需要消耗大量的氧，所以可以用氧化过程消耗的氧量作为有机物的指标。在实际工作中经常采用生物化学需氧量（BOD）、化学需氧量（COD）、总有机碳（TOC）、总需氧量（TOD）等指标来反映污水中有机物的含量。

① 生物化学需氧量（bio-chemical oxygen demand，BOD）。在一定条件下（水温 20℃），好氧微生物将有机物氧化成无机物（主要是水、二氧化碳和氨）所消耗的溶解氧量，称为生物化学需氧量，单位为 mg/L。

污水中的有机物分解一般分为两个阶段进行。在第一阶段，主要是将有机物氧化分解为无机的水、二氧化碳和氨，称碳氧化阶段；在第二阶段，氨被转化为亚硝酸盐和硝酸盐，称硝化阶段。生活污水中的有机物一般需要 20 天左右才能完成第一阶段，完成两个阶段的氧化分解需要 100 天以上。在实际工作中常将 5 日生化需氧量（BOD_5）作为可生物降解有机物的综合浓度指标。5 天的生化需氧量（BOD_5）占总生化需氧量（BOD_u）的 70%～80%，即测得 BOD_5 后，基本能折算出 BOD_u 的总量。

② 化学需氧量（chemical oxygen demand，COD）。在污水中的有机物按被微生物降解的难易程度可分为两类：可生物降解有机物和难以被生物降解有机物。这两类有机物都能被氧化成无机物，但氧化的方法完全不同。易于被微生物降解的有机物，在有氧、温度一定的条件下，可以用生物化学需氧量（BOD）测定出其含量；而难以被微生物降解的有机

物，不能直接用生物化学需氧量表现出来，所以 BOD 不能准确地反映污水中有机污染物质的含量。

化学需氧量（COD）是用化学氧化剂氧化污水中有机污染物质，待氧化成 CO_2 和 H_2O，测定其消耗的氧化剂量，用 mg/L 来表示。常用的氧化剂有两种，即重铬酸钾和高锰酸钾。重铬酸钾的氧化性略高于高锰酸钾。以重铬酸钾作氧化剂时，测得的值称 COD_{Cr}；用高锰酸钾作氧化剂测得的值为 COD_{Mn}。

化学需氧量（COD）能反映出易于被微生物降解的有机物，同时又反映出难以被微生物降解的有机物，能较精确地表示污水中有机物的含量。

对于同一种水样，如果同时测定 BOD_u 和 COD 两个数值会有较大的差别；COD 数值大于 BOD_u，两者的差值大致等于难以被生物降解的有机物量。差值越大，表明污水中难以被生物降解的有机物量越多，越不宜采用生物处理方法。所以，BOD_5/COD 的比值是用来判别污水是否可以生化处理的标志。一般认为该比值大于 0.3 的污水，基本能采用生物处理方法。据统计，城市污水 BOD_5/COD 的比值一般为 0.4～0.65。

COD 的测试需要时间较短，一般几个小时即可测得，较 BOD 方便。但只测得 COD 值，仅能反映总有机物的含量，并不能判别易于被生物降解的有机物和难以被生物降解的有机物所占的比例，所以，在工程实际中，BOD_5 与 COD 要同时测试，两项指标共同作为污水处理领域的重要指标。

③ 总有机碳（total organic carbon，TOC）。TOC 的测定原理为：将一定数量的水样，经过酸化后，注入含氧量已知的氧气流中，再通过铂作为触媒的燃烧管，在 900℃高温下燃烧，把有机物所含的碳氧化成二氧化碳，用红外线气体分析仪记录 CO_2 的数量，折算成含碳量即为总有机碳。在进入燃烧管之前，需用压缩空气吹脱经酸化水样中的无机碳酸盐，排除测试干扰，单位为 mg/L。

④ 总需氧量（total oxygen demand，TOD）。有机物的主要组成元素为碳、氢、氧、氮、硫等。将其氧化后，分别产生 CO_2、H_2O、NO_2 和 SO_2 等物质，所消耗的氧量称为总需氧量，以 mg/L 表示。TOD 和 TOC 都是通过燃烧化学反应，测定原理相同，但有机物数量的表示方法不同：TOC 是用含碳量表示，TOD 是用消耗的氧量表示。在水质条件较稳定的污水，测得的 BOD_5、COD、TOD 和 TOC，数值上有下列排序：TOD＞COD_{Cr}＞BOD_u＞BOD_5＞TOC。

（3）生物性质及其指标

污水中生物污染物是指污水中能致病的微生物，以细菌和病毒为主。主要来自生活污水、制革污水、医院污水等含有病原菌、寄生虫卵及病毒的污水。污水中的绝大多数微生物是无害的，但有一部分能引起疾病，如肝炎、伤寒、霍乱、痢疾、脑炎、脊髓灰质炎、麻疹等。

污水生物性质检测指标为大肠菌群数、大肠菌群指数、病毒及细菌总数。大肠菌群数是每升水样中含有的大肠菌群数目，以个/L 表示；大肠菌群指数是指查出一个大肠菌群所需的最少水样的水量，以 mL 表示。

第三节　水质标准

水质标准是用水对象所要求的各项水质参数应达到的指标和限值。不同的用水对象，要求的水质标准不同。

水质标准

一、给水水质标准

1．地表水环境质量标准

国家环保总局于2002年发布《地表水环境质量标准》（GB 3838—2002）。该标准规定基本项目为24项，补充项目5项、特定项目40项以及上述各项的对应分析方法。

依据地表水使用目的和保护目标，水域划分为5类：

Ⅰ类　主要适用于源头水，国家自然保护区。

Ⅱ类　主要适用于集中式生活饮用水水源地一级保护区、珍稀水生生物栖息地、鱼虾类产卵场、稚鱼的产卵场等。

Ⅲ类　主要适用于集中式生活饮用水水源地二级保护区、鱼虾类越冬场、洄游通道、水产养殖区等渔业水域及游泳区。

Ⅳ类　主要适用于一般工业用水及人体非直接接触的娱乐用水区。

Ⅴ类　主要适用于农业用水区及一般景观要求水域。

2．城市供水行业水质标准

1992年，建设部根据我国各地区发展不平衡的现状及城市的规模，将自来水公司划分为4类：

第一类为最高日供水量超过100万m^3的直辖市、对外开放城市、重点旅游城市和国家一级企业的自来水公司（以下简称水司）；

第二类为最高日供水量超过50万m^3的城市、省会城市和国家二级企业的水司；

第三类为最高日供水量为10万m^3以上、50万m^3以下的水司；

第四类为最高日供水量小于10万m^3的水司。

同时，建设部组织编制了《城市供水行业2000年技术进步发展规划》，规定了四类水司的水质标准，其中对三、四类水司的出水标准的要求基本与GB 5749—85相同，此标准代表我国20世纪80年代国内水平；二类水司标准参照世界卫生组织（WHO）的水质标准，代表20世纪80年代国际水平；一类水司标准指标值取自欧洲共同体（EC）标准，其中包括感官性状指标4项，物理及物理化学指标15项，不希望过量的物质指标24项，有毒物质指标13项，微生物指标6项，硬度有关指标4项，共66项，该水质标准反映了20世纪80年代国际先进水平。

3．生活饮用水水源水质标准

生活饮用水，指供人日常生活的饮水和生活用水。饮水包括用作日常生活饮用的桶装水和瓶装水，但不包括饮料和矿泉水。生活用水应符合标准，以免危害人体健康。生活用水（主要是洗澡、洗漱、洗涤等用水）通过呼吸和皮肤接触来影响人体健康，人体通过皮肤接触吸收水中物质的含量占水中物质总含量的60%左右，而通过饮用吸收的量则占20%～30%。

生活饮用水卫生标准包括生物学指标 6 项、消毒剂指标 4 项、毒理学指标 74 项、感官性状和一般化学指标 20 项，放射性指标 2 项，总计 106 项。

（1）微生物指标

微生物指标要求饮用水中不含有病原微生物（细菌、病毒、原虫、寄生虫等），在流行病学上安全可靠。

病原微生物对人类健康影响最大，它能够在同一时间内使大量饮用者患病。饮用水处理厂采用能充分反映病原微生物存在与否的指示微生物作为控制指标。如总大肠菌群和大肠埃希氏菌普遍存在于人类粪便内且数量众多，检测方便。当水中含有这类细菌时，表明水源可能受到粪便污染。当水中检测不出这类细菌时，表明病原菌不复存在。

由隐孢子虫和贾第鞭毛虫等致病原生动物可引起的水媒介流行病，在饮用水卫生标准中对其做了明确规定。

（2）毒理指标

毒理指标要求水中所含的无机物和有机物在毒理学上安全，对人体健康不产生毒害和不良影响。

水中有毒化学物质少数是天然存在的，如某些地下水中含有氟或砷等无机毒物，绝大多数是人为污染的，也有少数是在水处理过程中形成的，如三卤甲烷和卤乙酸等。饮用水水质标准中有毒化学物质种类和限值的确定是一个复杂而又十分严谨的问题，除了应有大量流行病学和动物毒理实验资料以外，还需考虑饮用水中检出频率和浓度范围，同时还需考虑实施的可能，包括现有处理技术的可行性和经济投入的可接受程度等。

（3）感官性状和一般化学指标

感官性状和一般化学指标要求饮用水感官良好，无不良刺激或不愉快的感觉。

水的色度、浑浊度、嗅、味和肉眼可见物，虽然不会直接影响人体健康，但会引起使用者的厌恶感。浑浊度高时不仅让人感到不快，而且病菌、病毒及其他有害物质常常附着于形成浑浊度的悬浮物中。降低浑浊度可以满足感官性状要求，同时对限制水中其他有毒、有害物质含量具有积极意义。

一般化学指标与感官性状有关，所以与感官性状指标列在同一类中。化学指标中所列的化学物质和水质参数，包括以下几类：

第一类是对人体健康有益但不宜过量的化学物质。如铁是人体必需元素之一。但水中铁含量过高会使洗涤的衣物和器皿染色并会形成令人厌恶的沉淀或异味。

第二类是对人体健康无益但毒性也很低的物质，如阴离子合成洗涤剂对人体健康危害不大，但其在水中的含量超过 0.5 mg/L 时会使水起泡且有异味。水的硬度过高，会出现烧水器具内壁结垢，洗涤衣服时浪费肥皂等。

第三类是高浓度时具有毒性，但其浓度远未达到致毒量时，在感官性状方面即表现出来。如酚类物质有促癌或致癌作用，但其在水中的含量很低，远未达到致毒量时，即具有恶臭，加氯消毒后所形成的氯酚恶臭更甚。故按感官性状制订挥发酚标准是安全的。

（4）放射性指标

水中放射性核素来源于天然矿物侵蚀和人为污染。放射性核素是发射 α 射线和 β 射线的放射源，所以放射性物质均为致癌物。当放射性核素剂量很低时，不需鉴定特定核素，只需测定总 α 射线和 β 射线的活度，即可确定人类可接受的放射水平。在饮用水标准中，放射性指标通常以总 α 射线和总 β 射线作为控制指标。若 α 或 β 射线指标超过控制值时，或水源受到特殊核素污染时，则应进行核素分析和评价以判定能否饮用。

水中消毒剂余量是指消毒剂加入水中与水接触一定时间后剩余的消毒剂量，它是保证在供水过程中继续维持消毒效果，抑制水中残余病毒微生物再度繁殖的指标。余量过少表明水质可能再度受到污染，故消毒剂余量与微生物直接相关。在过去的水质标准中往往把它列入微生物指标中。

《生活饮用水卫生标准》（GB 5749—2022）中分常规指标和非常规指标两类。本标准于 2023 年 4 月 1 日实施。

为保证用户饮用安全，生活饮用水中不得含有病原微生物，化学物质、放射性物质不得危害人体健康，生活饮用水的感官性状良好，并应经消毒处理。

生活饮用水水质应符合表 1-2 要求。集中式供水出厂水中消毒剂限值、出厂水和管网末梢水中消毒剂余量均应符合表 1-3 要求。农村小型集中式供水和分散式供水的水质因条件限制，部分指标可暂按照表 1-4 执行，其余指标仍按表 1-2、表 1-3 执行。当发生影响水质的突发性公共事件时，经市级以上人民政府批准，感官性状和一般化学指标可适当放宽。

表 1-2　生活饮用水水质常规指标及限值

指标		限值
一、微生物指标[a]		
1	总大肠菌群/（MPN/100 mL 或 CFU/100 mL）[a]	不应检出
2	大肠埃希氏菌/（MPN/100 mL 或 CFU/100 mL）[a]	不应检出
3	菌落总数/（MPN/mL 或 CFU/mL）[b]	100
二、毒理指标		
4	砷/（mg/L）	0.01
5	镉/（mg/L）	0.005
6	铬（六价）/（mg/L）	0.05
7	铅/（mg/L）	0.01
8	汞/（mg/L）	0.001
9	氰化物/（mg/L）	0.05
10	氟化物/（mg/L）[b]	1.0
11	硝酸盐（以 N 计）/（mg/L）[b]	10
12	三氯甲烷/（mg/L）[c]	0.06
13	一氯二溴甲烷/（mg/L）[c]	0.1
14	二氯一溴甲烷/（mg/L）[c]	0.06
15	三溴甲烷/（mg/L）[c]	0.1
16	三卤甲烷（三氯甲烷、一氯二溴甲烷、二氯一溴甲烷、三溴甲烷的总和）[c]	该类化合物中各种化合物的实测浓度与其各自限值的比值之和不超过 1
17	二氯乙酸/（mg/L）[c]	0.05
18	三氯乙酸/（mg/L）[c]	0.1

	指　标	限　值
19	溴酸盐/（mg/L）[c]	0.01
20	亚氯酸盐/（mg/L）[c]	0.7
21	氯酸盐/（mg/L）[c]	0.7
三、感官性状和一般化学指标[d]		
22	色度（铂钴色度单位）/度	15
23	浑浊度（散射浊度单位）/（NTU）[b]	1
24	臭和味	无异臭、异味
25	肉眼可见物	无
26	pH	不小于 6.5 且不大于 8.5
27	铝/（mg/L）	0.2
28	铁/（mg/L）	0.3
29	锰/（mg/L）	0.1
30	铜/（mg/L）	1.0
31	锌/（mg/L）	1.0
32	氯化物/（mg/L）	250
33	硫酸盐/（mg/L）	250
34	溶解性总固体/（mg/L）	1 000
35	总硬度（以 $CaCO_3$ 计）/（mg/L）	450
36	高锰酸盐指数（以 O_2 计）/（mg/L）	3
37	氨（以 N 计）/（mg/L）	0.5
四、放射性指标[e]		
38	总 α 放射性/（Bq/L）	0.5（指导值）
39	总 β 放射性/（Bq/L）	1（指导值）

a MPN 表示最可能数；CFU 表示菌落形成单位。当水样检出总大肠菌群时，应进一步检验大肠埃希氏菌；当水样未检出总大肠菌群时，不必检验大肠埃希氏菌。

b 小型集中式供水和分散式供水因水源与净水技术受限时，菌落总数指标限值按 500 MPN/mL 或 500 CFU/mL 执行，氟化物指标限值按 1.2 mg/L 执行，硝酸盐（以 N 计）指标限值按 20 mg/L 执行，浑浊度指标限值按 3 NTU 执行。

c 水处理工艺流程中预氧化或消毒方式:

——采用液氯、次氯酸钙及氯胺时，应测定三氯甲烷、一氯二溴甲烷、二氯一溴甲烷、三溴甲烷、三卤甲烷、二氯乙酸、三氯乙酸；

——采用次氯酸钠时，应测定三氯甲烷、一氯二溴甲烷、二氯一溴甲烷、三溴甲烷、三卤甲烷、二氯乙酸、三氯乙酸、氯酸盐;

——采用臭氧时，应测定溴酸盐；

——采用二氧化氯时，应测定亚氯酸盐；

——采用二氧化氯与氯混合消毒剂发生器时；应测定亚氯酸盐、氯酸盐、三氯甲烷、一氯二溴甲烷、二氯一溴甲烷、三溴甲烷、三卤甲烷、二氯乙酸、三氯乙酸；

——当原水中含有上述污染物，可能导致出厂水和末梢水的超标风险时，无论采用何种预氧化或消毒方式，都应对其进行测定。

d 当发生影响水质的突发公共事件时，经风险评估，感官性状和一般化学指标可暂时适当放宽。

e 放射性指标超过指导值（总 β 放射性扣除 ^{40}K 后仍然大于 1 Bq/L），应进行核素分析和评价，判定能否饮用。

表 1-3 生活饮用水中消毒剂常规指标及要求

序号	指标	与水接触时间/min	出厂水和末梢水限值/（mg/L）	出厂水余量/（mg/L）	末梢水余量/（mg/L）
40	游离氯[a, d]	≥30	≤2	≥0.3	≥0.05
41	总氯[b]	≥120	≤3	≥0.5	≥0.05
42	臭氧[c]	≥12	≤0.3	—	≥0.02 如采用其他协同消毒方式，消毒剂限值及余量应满足相应要求
43	二氧化氯[d]	≥30	≤0.8	≥0.1	≥0.02

a 采用液氯、次氯酸钠、次氯酸钙消毒方式时，应测定游离氯。

b 采用氯胺消毒方式时，应测定总氯。

c 采用臭氧消毒方式时，应测定臭氧。

d 采用二氧化氯消毒方式时，应测定二氧化氯；采用二氧化氯与氯混合消毒剂发生器消毒方式时，应测定二氧化氯和游离氯。两项指标均应满足限值要求，至少一项指标应满足余量要求。

表 1-4 生活饮用水水质拓展指标及限值

序号	指 标	限 值
一、微生物指标		
44	贾第鞭毛虫/（个/10 L）	＜1
45	隐孢子虫/（个/10 L）	＜1
二、毒理指标		
46	锑/（mg/L）	0.005
47	钡/（mg/L）	0.7
48	铍/（mg/L）	0.002
49	硼/（mg/L）	1.0
50	钼/（mg/L）	0.07
51	镍/（mg/L）	0.02
52	银/（mg/L）	0.05
53	铊/（mg/L）	0.000 1
54	硒/（mg/L）	0.01
55	高氯酸盐/（mg/L）	0.07
56	二氯甲烷/（mg/L）	0.02
57	1,2-二氯乙烷/（mg/L）	0.03
58	四氯化碳/（mg/L）	0.002
59	氯乙烯/（mg/L）	0.001
60	1,1-二氯乙烯/（mg/L）	0.03
61	1,2-二氯乙烯（总量）/（mg/L）	0.05
62	三氯乙烯/（mg/L）	0.02
63	四氯乙烯/（mg/L）	0.04
64	六氯丁二烯/（mg/L）	0.000 6
65	苯/（mg/L）	0.01
66	甲苯/（mg/L）	0.7
67	二甲苯（总量）/（mg/L）	0.5
68	苯乙烯/（mg/L）	0.02
69	氯苯/（mg/L）	0.3

序号	指 标	限 值
70	1,4-二氯苯/（mg/L）	0.3
71	三氯苯（总量）/（mg/L）	0.02
72	六氯苯/（mg/L）	0.001
73	七氯/（mg/L）	0.000 4
74	马拉硫磷/（mg/L）	0.25
75	乐果/（mg/L）	0.006
76	灭草松/（mg/L）	0.3
77	百菌清/（mg/L）	0.01
78	呋喃丹/（mg/L）	0.007
79	毒死蜱/（mg/L）	0.03
80	草甘膦/（mg/L）	0.7
81	敌敌畏/（mg/L）	0.001
82	莠去津/（mg/L）	0.002
83	溴氰菊酯/（mg/L）	0.02
84	2,4-滴/（mg/L）	0.03
85	乙草胺/（mg/L）	0.02
86	五氯酚/（mg/L）	0.009
87	2,4,6-三氯酚/（mg/L）	0.2
88	苯并[*a*]芘/（mg/L）	0.000 01
89	邻苯二甲酸二（2-乙基己基）酯/（mg/L）	0.008
90	丙烯酰胺/（mg/L）	0.000 5
91	环氧氯丙烷/（mg/L）	0.000 4
92	微囊藻毒素-LR（藻类暴发情况发生时）/（mg/L）	0.001
三、感官性状和一般化学指标[a]		
93	钠/（mg/L）	200
94	挥发酚类（以苯酚计）/（mg/L）	0.002
95	阴离子合成洗涤剂/（mg/L）	0.3
96	2-甲基异莰醇/（mg/L）	0.000 01
97	土臭素/（mg/L）	0.000 01

a 当发生影响水质的突发态共事件时，经风险评估，感官性状和一般化学指标可暂时适当放宽。

4．工业用水标准

不同的工矿企业用水，对水质的要求各不相同，即使是同一种工业，由于生产工艺过程不同，对水质的要求也有差异。一般应该根据生产工艺的具体要求，对原水进行必要的处理以保证工业生产的需要。

食品工业用水水质标准与生活饮用水基本相同。

在纺织和造纸工业中，水直接与产品接触，要求水质清澈，否则会使产品产生斑点，例如铁、锰过多能使产品产生锈斑。

石油化工、电厂、钢铁等企业需要大量的冷却水。这类水主要对水温有一定要求，同时易于发生沉淀的悬浮物和溶解性盐类含量也不宜过高，以免堵塞管道和设备；藻类和微生物的滋生也要控制，还要求水质对工业设备无腐蚀作用。

电子工业用水要求较高，半导体器件洗涤用水及药液的配制，都需要高纯水。

二、排水水质标准

为了保障天然水体不受污染，必须严格限制污水排放，在排放前还要进行无害化处理，以保证对天然水体水质不造成污染。

我国排放标准分为两类：第一类为一般排放标准，第二类为行业排放标准。一般排放标准包括《工业“三废”排放试行标准》（GBJ 4—73）、《污水综合排放标准》（GB 8978—1996）、《农用污泥中污染物控制标准》（GB 4284—84）等。行业排放标准包括《造纸工业水污染物排放标准》（GB 3544—2001）、《船舶污染物排放标准》（GB 3552—88）、《纺织染整工业水污染物排放标准》（GB 4287—92）、《肉类加工工业水污染物排放标准》（GB 13457—92）等。这些行业标准可作为规划、设计、管理与监测的依据。

1．污水综合排放标准

排水水质标准依据水体的环境容量和现代的技术经济条件而制定。要防止水体污染，保持水体达到一定的水质标准，必须对排入水体的污染物种类和数量进行严格控制。我国排放标准分为两类：第一类为一般排放标准，如《污水综合排放标准》（GB 8978—1996），第二类为行业排放标准，如《城镇污水处理厂污染物排放标准》（GB 18918—2002）、《造纸工业水污染物排放标准》（GB 3544—2001）、《纺织染整工业水污染物排放标准》（GB 4287—1992）、《肉类加工工业水污染物排放标准》（GB 13457—1992）等。

国家环境保护局 1996 年 10 月 4 日发布《污水综合排放标准》（GB 8978—1996），1998 年 1 月 1 日实施，该标准适用于现有单位水污染物的排放管理，以及建设项目的环境影响评价、建设项目环境保护设施设计、竣工验收及其投产后的排放管理。

本标准按照污水排放去向，分年限规定了 69 种水污染物最高允许排放浓度及部分行业最高允许排水量，按地面水域使用功能要求和污水排放去向，对地面水水域和城市下水道排放的污水分别执行一、二、三级标准。

① 排入《地表水环境质量标准》（GB 3838—2002）Ⅲ类水域和《海水水质标准》（GB 3097—1997）Ⅱ类水域，如一般经济渔业水域，重点风景游览区等，执行一级标准；

② 排入 GB 3838—2002 中Ⅳ、Ⅴ类水域和排入 GB 3097—1997 中三类海域的污水，执行二级标准；

③ 排入设置二级污水处理厂的城镇排水系统的污水，执行三级标准；

④ 排入未设置二级污水处理厂的城镇排水系统的污水，必须根据排水系统出水受纳水域的功能要求，分别执行一级或二级标准；

⑤ 对特殊保护的水域，即 GB 3838 中Ⅰ、Ⅱ类水域和Ⅲ类水域中划定的保护区和 GB 3097 中一类海域，禁止新建排污口，现有排污口应按水体功能要求，实行污染物总量控制，以保证受纳水体水质符合规定用途的水质标准。

《污水综合排放标准》将排放的污染物按性质及控制方式分为两类。第一类污染物是指能在环境中或动物体内蓄积，对人类健康产生长远不良影响的污染物质。含有此类有害污染物质的污水，不分行业和排水方式，不分建设的具体时间，也不分受纳水体的功能类别，在车间或车间处理设施的出口取样化验，其中污染物含量必须符合表 1-5 的规定。第二类污染物是指长远影响小于第一类污染物质。在排污单位排出的污水中，依据建设时间的不同，其浓度必须符合表 1-6 的规定。

表 1-5　第一类污染物最高允许排放浓度

单位：mg/L

序号	污染物	允许排放浓度	序号	污染物	允许排放浓度
1	总汞	0.05	8	总镍	1
2	烷基汞	不得检出	9	苯并[*a*]芘	0.000 03
3	总镉	1	10	总铍	0.005
4	总铬	1.5	11	总银	0.5
5	六价铬	0.5	12	总 α 放射性	1 Bq/L
6	总砷	0.5	13	总 β 放射性	10 Bq/L
7	总铅	1			

表 1-6　第二类污染物最高允许排放浓度（1998 年 1 月 1 日后建设的单位）

单位：mg/L（除 pH 外）

序号	污染物	适用范围	一级标准	二级标准	三级标准
1	pH	一切排污单位	6～9	6～9	6～9
2	色度（稀释倍数）	一切排污单位	50	80	—
3	悬浮物（SS）	采矿、选矿、选煤工业	70	300	—
		脉金选矿	70	400	—
		边远地区砂金选矿	70	800	—
		城镇二级污水处理厂	20	30	—
		其他排污单位	70	150	400
4	五日生化需氧量（BOD_5）	甘蔗制糖、苎麻脱胶、湿法纤维板、染料、洗毛工业	20	60	600
		甜菜制糖、酒精、味精、皮革、化纤浆粕工业	20	100	600
		城镇二级污水处理厂	20	30	—
		其他排污单位	20	30	300
5	化学需氧量（COD）	甜菜制糖、合成脂肪酸、湿法纤维板、染料、洗毛、有机磷农药工业	100	200	1000
		味精、酒精、医药原料药、生物制药、苎麻脱胶、皮革、化纤浆粕工业	100	300	1000
		石油化工工业（包括石油炼制）	60	120	—
		城镇二级污水处理厂	60	120	500
		其他排污单位	100	150	500
6	石油类	一切排污单位	5	10	20
7	动植物油	一切排污单位	10	15	100
8	挥发酚	一切排污单位	0.5	0.5	2.0
9	总氰化合物	一切排污单位	0.5	0.5	1.0
10	硫化物	一切排污单位	1.0	1.0	1.0
11	氨氮	医药原料药、染料、石油化工工业	15	50	—
		其他排污单位	15	25	—
12	氟化物	黄磷工业	10	15	20
		低氟地区（水体含氟量<0.5 mg/L）	10	20	30
		其他排污单位	10	10	20

序号	污染物	适用范围	一级标准	二级标准	三级标准
13	磷酸盐（以P计）	一切排污单位	0.5	1.0	—
14	甲醛	一切排污单位	1.0	2.0	5.0
15	苯胺类	一切排污单位	1.0	2.0	5.0
16	硝基苯类	一切排污单位	2.0	3.0	5.0
17	阴离子表面活性剂（LAS）	一切排污单位	5.0	10	20
18	总铜	一切排污单位	0.5	1.0	2.0
19	总锌	一切排污单位	2.0	5.0	5.0
20	总锰	合成脂肪酸工业	2.0	5.0	5.0
		其他排污单位	2.0	2.0	5.0
21	彩色显影剂	电影洗片	1.0	2.0	3.0
22	显影剂及氧化物总量	电影洗片	3.0	3.0	6.0
23	元素磷	一切排污单位	0.1	0.1	0.3
24	有机磷农药（以P计）	一切排污单位	不得检出	0.5	0.5
25	乐果	一切排污单位	不得检出	1.0	2.0
26	对硫磷	一切排污单位	不得检出	1.0	2.0
27	甲基对硫磷	一切排污单位	不得检出	1.0	2.0
28	马拉硫磷	一切排污单位	不得检出	5.0	10
29	五氯酚及五氯酚钠（以五氯酚计）	一切排污单位	5.0	8.0	10
30	可吸附有机卤化物（AOX）（以Cl计）	一切排污单位	1.0	5.0	8.0
31	三氯甲烷	一切排污单位	0.3	0.6	1.0
32	四氯化碳	一切排污单位	0.03	0.06	0.5
33	三氯乙烯	一切排污单位	0.3	0.6	1.0
34	四氯乙烯	一切排污单位	0.1	0.2	0.5
35	苯	一切排污单位	0.1	0.2	0.5
36	甲苯	一切排污单位	0.1	0.2	0.5
37	乙苯	一切排污单位	0.4	0.6	1.0
38	邻-二甲苯	一切排污单位	0.4	0.6	1.0
39	对-二甲苯	一切排污单位	0.4	0.6	1.0
40	间-二甲苯	一切排污单位	0.4	0.6	1.0
41	氯苯	一切排污单位	0.2	0.4	1.0
42	邻-二氯苯	一切排污单位	0.4	0.6	1.0
43	对-二氯苯	一切排污单位	0.4	0.6	1.0
44	对-硝基氯苯	一切排污单位	0.5	1.0	5.0
45	2,4-二硝基氯苯	一切排污单位	0.5	1.0	5.0
46	苯酚	一切排污单位	0.3	0.4	1.0
47	间-甲酚	一切排污单位	0.1	0.2	0.5
48	2,4-二氯酚	一切排污单位	0.6	0.8	1.0
49	2,4,6-三氯酚	一切排污单位	0.6	0.8	1.0

序号	污染物	适用范围	一级标准	二级标准	三级标准
50	邻苯二甲酸二丁酯	一切排污单位	0.2	0.4	2.0
51	邻苯二甲酸二辛酯	一切排污单位	0.3	0.6	2.0
52	丙烯腈	一切排污单位	2.0	5.0	5.0
53	总硒	一切排污单位	0.1	0.2	0.5
54	粪大肠菌群数	医院①、兽医院及医疗机构含病原体污水	500 个/L	1 000 个/L	5 000 个/L
		传染病、结核病医院污水	100 个/L	500 个/L	1 000 个/L
55	总余氯（采用氯化消毒的医院污水）	医院①、兽医院及医疗机构含病原体污水	＜0.5②	＞3（接触时间≥1）	＞2（接触时间≥1 h）
		传染病、结核病医院污水	＜0.5②	＞6.5（接触时间≥1.5 h）	＞5（接触时间≥1.5 h）
56	总有机碳（TOC）	合成脂肪酸工业	20	40	—
		苎麻脱胶工业	20	60	—
		其他排污单位	20	30	—

① 指 50 个床位以上的医院。

② 加氯消毒后须进行脱氯处理，达到本标准。

注：其他排污单位：指除在该控制项目中所列行业以外的一切排污单位。

该标准不仅规定了所排放污染物的允许浓度，而且对部分行业的排水量也提出了要求，见表 1-7。GB 8978—1996 克服了以往浓度标准上存在的缺陷，它要求污染物的排放，不但在浓度上要严格控制，而且在污染物的排放总量上也要严格控制。杜绝了以往某些工厂用清水稀释来降低排放浓度以满足达到排放的现象，实现了污染物的排放由浓度控制到排放总量控制上的重大突破。

表 1-7　部分行业最高允许排水量

序号	行业类别		最高允许排水量或最低允许水循环利用率	
			1997 年 12 月 31 日之前建设	1998 年 1 月 1 日之后建设
1	有色金属系统选矿		水重复利用率 75%	水重复利用率 75%
	其他矿山工业采矿、选矿、选煤等		水重复利用率 90%（选煤）	水重复利用率 90%（选煤）
	脉金选矿	重选	16.0 m^3/t 矿石	16.0 m^3/t 矿石
		浮选	9.0 m^3/t 矿石	9.0 m^3/t 矿石
		氰化	8.0 m^3/t 矿石	8.0 m^3/t 矿石
		炭浆	8.0	8.0 m^3/t 矿石
2	焦化企业（煤气厂）		1.2 m^3/t 矿石	1.2 m^3/t 焦炭
3	有色金属冶炼及金属加工		水重复利用率 80%	水重复利用率 80%

综合排放标准与行业标准不交叉执行，造纸工业、船舶工业，海洋石油开发工业、纺织染整工业、肉类加工工业、合成氨工业、钢铁工业、航天推进剂使用、兵器工业、磷肥工业、烧碱、聚氯乙烯工业所排放的污水执行相应的国家行业标准，其他一切排放污水的单位则一律执行国家综合排放标准。

2．污水排入城市下水道水质标准

《污水排入城市下水道水质标准》（CJ 3082—1999）规定了污水排入城市下水道的一般规定、水质标准和水质监测等，适用于向城市下水道排放污水的所有单位的污水水质控制。污水排入城市下水道的一般规定：

① 严禁排入腐蚀下水道设施的污水。

② 严禁向城市下水道倾倒垃圾、积雪、粪便、工业废渣和排放易于凝集的堵塞下水道的物质。

③ 严禁向城市下水道排放剧毒物质（氰化钠、氰化钾等），易燃、易爆物质（汽油、煤油、重油、润滑油、煤焦油、苯系物、醚类及其他有机溶剂等）和有害气体。

④ 医疗卫生、生物制品、科学研究、肉类加工等含有病原体的污水必须经过严格消毒处理，除遵守本标准外，还必须按有关专业标准执行。

⑤ 放射性物质向城市下水道排放，除遵守本标准外，还必须按《放射卫生防护基本标准》（GB 4792—84）执行。

⑥ 水质超过标准的污水，不得用稀释法降低其浓度，排入城市下水道。

3．城镇污水处理厂污染物排放标准

为贯彻《中华人民共和国环境保护法》《中华人民共和国水污染防治法》《中华人民共和国海洋环境保护法》《中华人民共和国大气污染防治法》《中华人民共和国固体废物污染环境防治法》，促进城镇污水处理厂的建设和管理，加强城镇污水处理厂污染物的排放控制和污水资源化利用，保障人体健康，维护良好的生态环境，结合《城市污水处理及污染防治技术政策》，国家环境保护总局和国家质量监督检验检疫总局联合发布了《城镇污水处理厂污染物排放标准》（GB 18918—2002）。该标准分年限规定了城镇污水处理厂出水、废气和污泥中污染物的控制项目和标准值，居民小区和工业企业内独立的生活污水处理设施污染物的排放管理，也按该标准执行。排入城镇污水处理厂的工业废水和医院污水，应达到《污水综合排放标准》（GB 8978—1996）、相应行业的国家排放标准、地方排放标准的限值及地方总量控制要求。

《城镇污水处理厂污染物排放标准》根据污染物的来源及性质，将污染物控制项目分为基本控制项目和选择控制项目两类。基本控制项目主要包括影响水环境和城镇污水处理厂一般处理工艺可以去除的常规污染物，以及部分一类污染物，共 19 项。选择性控制项目包括对环境有较长期影响或毒性较大的污染物，共计 43 项。对于基本控制项目必须执行。选择控制项目，由地方生态环境主管部门根据污水处理厂接纳的工业污染物的类别和水环境质量要求选择控制。

根据城镇污水处理厂排入地表水地域环境功能和保护目标，以及污水处理厂的处理工艺，将基本控制项目的常规污染物标准值分为一级标准、二级标准、三级标准。一级标准分为 A 标准和 B 标准。一类重金属污染物和选择控制项目不分级。

第四节　水污染控制技术

水污染控制技术是采用科学与工程技术的方法，以工程技术措施防止、减轻乃至消除水环境的污染，解决与废水处理及再生利用有关的问题，改善和保持水环境质量，保障人民健康，最终以与环境、生态、社会和经济相适应的方式有效地保护和合理地综合利用水资源，维持社会和经济的可持续发展。

一、水污染控制原则

在我国污水排放总量中，有 2/3 的污水为工业废水，水体中绝大多数有毒有害物质来源于工业废水。工业废水大量排放是造成水环境状况日趋恶化、水体使用功能下降的重要原因。因此工业水污染的防治是水污染防治的首要任务。工业水污染的防治必须采取综合性对策，从宏观控制、技术控制及管理控制三个方面着手，才能达到有效的整治效果。

1. 宏观控制

在产业规划和工业发展中，按可持续发展的指导思想，优化产业结构与工业结构，合理进行工业布局，保证与环境保护相协调。工业结构的优化与调整，应遵循“物耗少、能源少、占地少、污染少、技术密集程度高及附加值高”的原则，限制发展能耗大、用水多、污染大的工业项目，从而降低单位工业产品或工业产值的排水量及污染物负荷。

2. 技术控制

技术控制主要表现为推行清洁生产、节水减污、实行污染物排放总量控制、加强工业废水处理等。

清洁生产是通过生产工艺的改进和改革、原料的改变、操作管理的强化以及废物的循环利用等措施，将污染物尽可能消灭在生产过程之中，使污水排放量减到最少。在企业内部推行清洁生产，加强技术改造，是防治工业水污染的最重要的技术措施。

减少工业用水量不仅意味着可以减少工业用水量，而且意味着可以减少排污量。发展节水型工业，提高工业用水的重复利用率，可以节约水资源，缓解水资源短缺和经济发展的矛盾，对减少水污染和保护水环境具有十分重要的意义。

长期以来，我国工业废水的排放一直采取浓度控制的方法。这种方法对减少工业污染物的排放起到了积极作用，但也出现了一些企业采用稀释的方法来降低污染物浓度的现象。在技术控制上实行污染物总量控制，是我国环境管理制度的重大转变。总量控制既要控制废水中的污染物浓度，同时也要控制工业废水的排放量，使排放到环境中的污染物总量得到控制。

污水处理政策还体现在集中处理和分散处理的灵活性上。现代污水处理技术，根据城市规划中的城市下水管道完善程度、城市污水处理厂的设置状况，可以划分为集中处理和分散处理。

集中处理是指通过城市下水管道收集城市污水，统一由城市污水处理厂处理后排放到自然水体或回用，又被称为城市污水处理。在进行大规模污水集中处理时，必然进行相应的管网建设。相同去除效率条件下，集中处理有利于降低单位投资费用。有资料表明，在城市排水管网和集中污水处理厂的基建总投资中，一般城市排水管网的基建投资要占60%～70%。

在城市建设与发展中，城市排水管网的建设主要是为建成区服务，而远离城区的居民点的生活污水却难以也不可能全部收集进入城市污水处理厂处理。这些城市污水管网收集不到或集中处理不经济的生活污水称为分散生活污水，主要包括各种疗养院、度假村、别墅区、高速公路服务区、远离城区的一些单位以及零星分布的公寓型村镇等产生的生活污水。准确地说，分散处理就是对污水就地处理、达标排放或回用。据目前的政策，是指处于城市边缘或村镇，排水管网不完善、无集中污水处理厂的地区，在污水处理时可以因地制宜、灵活多样。

目前情况下，集中式污水处理占有主导地位，而分散式处理是集中处理的一种有益而必要的补充。集中式处理利于运行管理，也利于保护水环境，但由于系统庞大，建设周期长，各方面难以协调。分散式处理方式灵活、见效快，不受大市政配套工程影响，但投资方自建自管，常出现运行管理不到位的情况，影响污水的处理效果。

3. 管理控制

水污染控制法规和条例以及相关的污水排放标准不断完善，执法力度不断加大，严格限制污水的超标排放，规范各单位的污染物排放口，对受纳水体和排放口进行在线监测，进一步完善城市和工业排污监测网络和数据库，实现科学有效的管理和监督控制。

二、水处理技术

1. 环境容量与水体自净

多年来人类一直利用天然水体处理生活污水和工业废水。在水体正常生物循环中能够同化有机废物的最大数量，称为自净容量或同化容量。当污水负荷低于河流的自净容量，水中正常的植物和动物可以生存并有利于人类。一旦排入河流的污水超过河流的自净容量，正常生物循环或生态平衡将被破坏，河流即被污染。一般情况下，维持河川正常的生态平衡的关键是水中的溶解氧，当水中有机物浓度逐渐增加时，细菌就大量繁殖而消耗水中的溶解氧。当溶解氧降到 4 mg/L 以下时，鱼类生活就会大受影响，甚至不能生存；当溶解氧继续降低，甲壳类动物、轮虫和原生动物等也将陆续死亡，最后只剩下细菌。由于缺氧，厌氧菌大量繁殖，导致水变黑并发出恶臭，污染了环境，有害于人体健康。

污染物质排入自然水体后，破坏了水体中原有的物质平衡。同时，污染物质参与水体中的物质转化和循环过程，通过一系列物理、化学、物理化学和生物化学反应，污染物质被分离或分解，水体基本上或完全恢复到原有的状态，使原有的生态平衡得到恢复，这个过程就是水体自净过程。水体受污染后能自行恢复原有状态的能力称水体自净能力。

水体自净

水体自净，指水体受到污染后，通过自身的一系列物理、化学和生物等因素的共同作用，致使污染物质的总量减少或浓度降低，使受污染的水体部分地或完全地恢复原状的过程。

水体自净的机理具体包括稀释、混合、吸附沉淀、氧化还原、生物分解、生物转化和生物富集等。一般情况下，自净过程主要取决于水体对受纳污染物的稀释作用以及水体中的微生物对有机污染物的生物降解作用。

水体自净过程十分复杂，按其净化机理可分为以下 3 种。

（1）物理自净

物理自净，指通过污染物质在水体中的稀释、扩散、混合、沉淀和挥发等作用，使水体得到一定程度净化的过程。其净化能力取决于污染物自身的物理性质（密度、形态、粒度等）以及水体的水文条件（温度、流速、流量等）。物理自净作用只能降低水体中污染物质的浓度，并不能减少污染物质的总量。

（2）化学自净

化学自净，指水体中的污染物质通过氧化、还原、吸附、凝聚、中和等反应，使其浓度降低的过程。影响化学净化能力的因素主要有污染物质的形态和化学性质，水体的温度、酸碱度以及氧化还原电位等。

（3）生物自净

生物自净，指通过水生生物的代谢作用，使水体中的污染物质浓度降低或转化为无害物质的过程。水体生物净化过程进行的快慢和程度与污染物质的性质和数量、微生物种类及水体温度、供氧状况等条件有关。

实际上，任何水体的自净作用都是上述 3 项自净作用的综合，它们同时发生并相互影响，其中常以生物自净作用为主，微生物在水体自净过程中是最活跃、最积极的因素。图 1-4 为河水自净示意图。

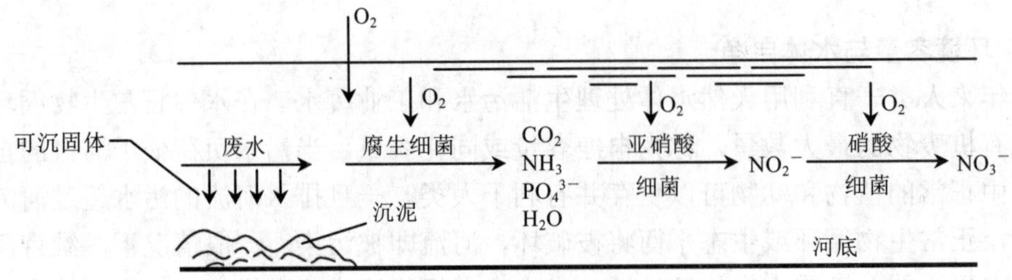

图 1-4 河水自净示意

排入水体中的污染物质经稀释和扩散后，其污染物的浓度已降低，但总量并未减少。水中的好氧微生物，在有溶解氧的情况下，可以氧化分解水中的有机物，最后的产物为 H_2O、CO_2、NH_3 等无机物质，这一过程能使水体得到净化，同时，污染物质的量得以降低。

由于好氧微生物的呼吸作用消耗了水中的溶解氧，消耗溶解氧的速度与水体中的有机物浓度成正比（一级反应）。而水中的溶解氧的含量受温度和压力等因素的影响，如温度不变、压力不变，水中溶解氧就是一个定值。如果水中的微生物将溶解氧全部耗尽，则水体将出现无氧状态，此时，厌氧菌起主导作用，水体质量恶化。河流水体中溶解氧主要来自大气，亦可能来自水生植物的光合作用，但以大气补充为主，这一过程称为复氧作用。显然，水中的实际溶解氧含量应与该时刻水中的耗氧速度与大气向水复氧速度有关，耗氧和溶氧同时进行，决定了水体中溶解氧的含量。污水中溶解氧的变化是复杂的，但是有规律的（图 1-5）。

沿受污点的下游河段中，溶解氧及污染物质（BOD）的变化曲线，反映了河段的受污染状态和自净规律，是水体物理、化学、生物自净过程的综合特征。

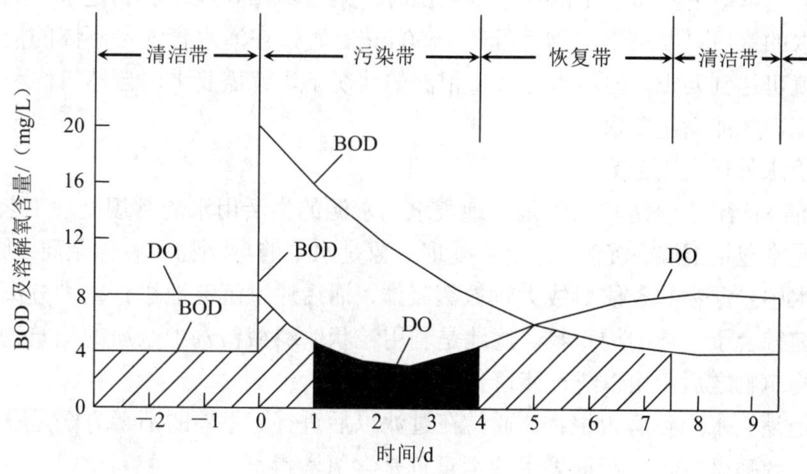

图 1-5 河流 BOD 与 DO 变化曲线

有机物排入水体后，由于微生物降解有机物而将水中的溶解氧消耗殆尽，使河水出现氧不足现象，或称亏氧状态；而与此同时，大气向水体不断溶氧，又使得水体中的溶解氧逐步得到恢复。将耗氧过程和溶氧过程进行数学叠加计算得出水中实际溶解氧的变化规律，形成的曲线称为氧垂曲线。

2. 水处理的目的

水处理的目的是根据水质指标和标准，通过处理，达到生活饮用、工业使用或去污重复使用、达标排放的要求。给水、废水处理方法和机理基本相同，只是效果不同。水处理技术采用各种技术与手段，将污水中所含的污染物质分离去除、回收利用，或将其转化为无害物质，使水得到净化。水处理技术作为一个系统，是由污水的收集、储存、处理等工程设施组成的有机结合体。

3. 给水处理技术

通过必要的处理方法以改善原水水质，使之符合生活饮用水或工业用水所要求的水质，是给水处理的任务。水处理方法应根据水源水质和用水对象对水质的要求确定。

（1）给水处理的方法

① 去除水中的悬浮杂质。各种性质的用水都要求去除水中的悬浮杂质。生活饮用水的处理主要是去除悬浮物问题。对于工业用水，则有不同程度的要求，有的比生活饮用水要求低，有的相当于生活饮用水，有的则高于生活饮用水。去除水中悬浮物的方法有混凝、沉淀、过滤、消毒等。

② 去除水中的溶解性杂质。这类处理是在去除水中的悬浮物后进行的。包括减少原来溶解性杂质的含量、调整原有物质间的数量关系、掺入新的物质成分。工业用水大多数属于这一类。处理方法有软化、除盐、控制结垢和腐蚀等。

③ 降低水的温度。在整个工业用水中，冷却用水约占 70%，所以采用循环系统可以节约大量用水。利用冷却设备降低水温是循环系统的主要措施。

上述各种处理方法可以根据不同的水源水质要求单独使用，或几种方法联合使用，以形成不同的处理系统。当以地面水为生活饮用水水源时，处理方法常包括混凝、沉淀、过滤和消毒。当以地下水作为生活饮用水水源时，采用消毒处理即能满足水质的要求。当工业冷却用水的水质只要求悬浮物含量低于 50 mg/L 时，在河水含沙量不高的情况下，通过自然沉淀就可达到要求。但河水含沙量很高的情况下，就需要采用自然沉淀和混凝沉淀两步进行处理，才能满足要求。

（2）给水处理的工艺

① 澄清和消毒。澄清和消毒是以地表水为水源的生活用水的常规处理工艺系统。澄清工艺系统通常包括混凝、沉淀、过滤。处理对象是水中的悬浮物和胶体杂质。原水加药后，经混凝使水中悬浮物和胶体形成大颗粒絮凝体，而后通过沉淀池进行重力分离。澄清池是絮凝和沉淀综合于一体的构筑物。滤池是利用粒状滤料截留水中杂质的构筑物，常置于混凝、沉淀构筑物之后，用以进一步降低水的浑浊度。

消毒是消灭水中致病微生物，通常在过滤以后进行。主要的消毒方法是在水中投加消毒剂以杀灭致病微生物。普遍采用的消毒剂是含氯消毒剂。

② 除臭、除味。这是生活饮用水净化中的特殊处理方法。当原水中的臭和味严重以至采用澄清和消毒工艺不能达到水质要求时方可采用。除臭除味的方法取决于水中臭和味的来源。如水中有机物产生的臭和味，可用活性炭吸附或氧化剂氧化法去除；对于溶解性气体或挥发性有机物所产生的臭和味，可采用曝气法去除；因藻类繁殖而产生的臭和味，可在水中投加硫酸铜去除藻类；因溶解盐类所产生的臭和味，可采用适当的除盐措施。

③ 除铁、除锰。当溶解于地下水的铁、锰含量超过《生活饮用水卫生标准》时，需采用除铁、锰措施。最普遍的方法是氧化法和接触氧化法，即使溶解性二价铁和锰分别转变成三价铁和四价锰并产生沉淀物而去除。

④ 软化。处理对象主要是水中钙离子、镁离子。软化方法主要有离子交换法和药剂软化法。前者在于使水中钙、镁离子与阳离子交换剂上的离子互相交换以达到去除的目的；后者是在水中投入药剂，如石灰、苏打以使钙离子、镁离子转变为沉淀物而从水中去除。

⑤ 淡化和除盐。处理对象是水中的各种溶解盐类，包括阴阳离子。将高含盐量的水如海水及“苦咸水”处理到符合生活饮用或工业用水要求的过程，一般称为咸水的“淡化”；制取纯水和高纯水的处理过程，则称为水的“除盐”。

（3）给水处理的流程

① 一般水源。指原水水质基本符合《生活饮用水卫生标准》。

原水→混凝沉淀或澄清→过滤→消毒

② 除藻。适用于水库、湖泊水。因其浊度较低，含藻类较多，在除浊的同时需要考虑除藻类。

除藻药剂
↓
原水→混凝沉淀或澄清→过滤→消毒

③ 受微量有机污染的水源。对受微量有机污染、水质达不到《生活饮用水卫生标准》规定的水源，一般不能作为生活饮用水水源。当供水量不大，就近又确实无法找到合适的水源时，如果污染源能得到控制和改善，也可对受微量污染原水采用水质深度处理的方案，但必须考虑到其出水达到《生活饮用水水质标准》。当选用水质深度处理方案时，必须对

净水效果进行充分的论证并做原水净化试验，然后结合工程投资、日常维护费用、能耗、管理技术条件等进行技术经济比较。

原水→贮存改善→混凝沉淀或澄清→氧气接触氧化→过滤→活性炭吸附→过滤→消毒

④ 含铁、锰的水源。在选择除铁、锰工艺时，应掌握详细的水质分析资料，凡有条件的地方应先进行小型试验。

原水→曝气→过滤→曝气→过滤

⑤ 含氟水源。当原水超过《生活饮用水卫生标准》规定时必须进行除氟处理。

药剂
↓
原水→混凝→沉淀→过滤

4．污水处理技术

污水处理，实质上是采用各种手段和技术，将污水中的污染物质分离出来，或将其转化为无害的物质，使污水得到净化。

污水中含有各种有害物质和有用物质。如果不加以处理而排放，不仅是一种浪费，而且会造成社会公害。

（1）污水处理方法

现代污水处理方法，按原理可分为物理处理法、化学处理法和生物化学处理法三类。

① 物理处理法，利用物理作用分离污水中呈悬浮状态的固体污染物质。方法有筛滤法、沉淀法、上浮法、气浮法、过滤法和反渗透法等。

② 化学处理法，利用化学反应的作用，分离回收污水中处于各种状态的污染物质（包括悬浮的、溶解的、胶体的等）。主要方法有中和、混凝、电解、氧化还原、汽提、萃取、吸附、离子交换和电渗析等。化学处理法多用于处理生产污水。

③ 生物化学处理法，利用微生物的代谢作用，使污水中呈溶解、胶体状态的有机污染物转化为稳定的无害物质。主要方法可分为两大类，即利用好氧微生物作用的好氧法（好氧氧化法）和利用厌氧微生物作用的厌氧法（厌氧还原法）。前者广泛用于处理城市污水及有机生产污水，其中有活性污泥法和生物膜法两种；后者多用于处理高浓度有机污水与污水处理过程中产生的污泥，现在也开始用于处理城市污水与低浓度有机污水。

城市污水与生产污水中的污染物是多种多样的，往往需要采用几种方法的组合，才能处理不同性质的污染物与污泥，达到净化的目的与排放标准。

（2）污水处理程度

按处理程度划分，污水处理技术可分为一级、二级和三级处理。

① 一级处理，主要去除污水中呈悬浮状态的固体污染物质，物理处理法大部分只能满足一级处理的要求。经过一级处理后的污水，BOD 一般只可去除 30%左右，达不到排放标准。一级处理属于二级处理的预处理。

② 二级处理，主要去除污水中呈胶体和溶解状态的有机污染物质（BOD、COD 物质），去除率可达 90%以上，使有机污染物达到排放标准。

③ 三级处理，是在一级、二级处理后，进一步处理难降解的有机物和磷、氮等能够导致水体富营养化的可溶性无机物等。主要方法有生物脱氮除磷法、混凝沉淀法、砂滤法、

活性炭吸附法、离子交换法和电渗析法等。三级处理是深度处理的同义词，但两者又不完全相同，三级处理常用于二级处理之后。而深度处理则是以污水回收、再用为目的，在一级或二级处理后增加的处理工艺。污水再用的范围很广，从工业上的重复利用、水体的补给水源到成为生活用水等都可实现污水再用。

污泥是污水处理过程中的产物。城市污水处理产生的污泥含有大量有机物，富有肥分，可以作为农肥使用，但又含有大量细菌、寄生虫卵以及从生产污水中带来的重金属离子等，需要做稳定与无害化处理。污泥处理的主要方法是减量处理（如浓缩法、脱水等）、稳定处理（如厌氧消化法、好氧消化法等）、综合利用（如消化气利用、污泥农业利用等）、最终处置（如干燥焚烧、填地投海、建筑材料等）。

（3）污水处理工艺流程

确定合理的处理流程，需要考虑污水的水质及水量、受纳水体的具体条件以及回收的有用物质的可能性和经济性等多个方面。一般通过试验，确定污水性质，进行经济技术比较，最后确定工艺流程。

① 城市污水处理流程。城市污水中的污染物以有机物为主，典型处理流程如图 1-6 所示。

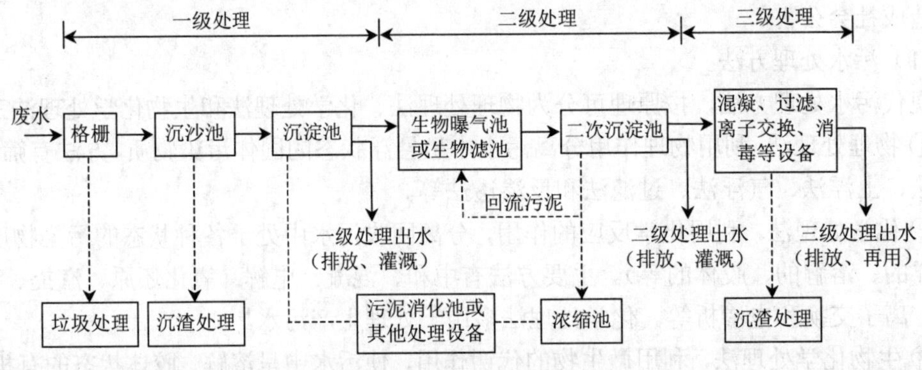

图 1-6 城市污水典型处理流程

② 工业废水处理流程。各种工业废水的水质千差万别，水量也不恒定，并且处理的要求也不相同，因此，对工业废水处理一般采用的处理流程为：

污水→澄清→回收有毒物质处理→再用或排放

对于某一种污水来说，究竟采用哪些方法或哪几种方法联合使用，须根据国家的建设方针、污水的水质和水量、回收的经济价值、排放标准、处理方法的特点等，通过调查、分析和比较后决定。必要时，要进行试验研究。

复习思考题

一、名词解释

水资源　水的自然循环　水的社会循环　水体污染　生活污水　BOD_5　COD　水体自净

二、问答题

1. 我国水资源有何特点？
2. 水体污染的危害有哪些？
3. 水体污染的类型有哪些？
4. 城镇污水处理厂污染物排放标准主要包括哪些指标？
5. 污水的来源主要有哪些？
6. 地表水环境质量标准是如何分类的？
7. 测定污水的BOD、COD有何意义？怎样测定？对工程设计有何指导意义？
8. 简述河流水体中BOD与DO的变化规律。
9. 什么是氧垂曲线？氧垂曲线可以说明哪些问题？
10. 试述水污染控制的原则。
11. 试述水处理技术的分类及方法。
12. 描述城市污水处理的典型工艺流程。

第二章　水的物理处理

水的物理处理是借助物理作用分离去除或回收水中不溶性悬浮物或固体，又称为机械处理法，常用的有筛滤、均和调节、沉淀与上浮、离心分离、过滤等。其中前三项在城市污水处理流程中常用在主体处理构筑物之前，故又被称为预处理或一级处理。

第一节　筛　滤

筛滤的设备主要是格栅和筛网，通常安装在泵房集水井进口处或污水处理厂前端，用以拦截水中的漂浮物和粗大的悬浮物，以保证后续处理设备的正常工作，也可减少待处理水的有机负荷。

一、格栅

（一）格栅的构造与类型

格栅一般由互相平行的格栅条、格栅框和清渣耙三部分组成，倾斜或直立放置于进水渠道中，用以截留较大的悬浮物或漂浮物，如纤维、碎皮、毛发、果皮、蔬菜、塑料制品等。

格栅的分类方法比较多，按不同的方法可将格栅分为各种不同的类型，常见的格栅类型如表 2-1 所示。

表 2-1　格栅的类型

格栅分类特征	格栅名称	说　明
按格栅间距分	粗格栅	栅条间隙 50～100 mm
	中格栅	栅条间隙 10～40 mm
	细格栅	栅条间隙 3～10 mm
按清渣方式分	人工清渣格栅	主要适用于小型污水处理厂的粗格栅或每日栅渣量＜0.2 m^3 的情况
	机械清渣格栅	用于每日栅渣量＞0.2 m^3 的情况
按构造形状特点分	平板式格栅	栅条格栅，垂直或倾斜安装
	曲面格栅	栅条格栅，迎水面为曲面
	回转式格栅	“栅条”由数排循环运动的钩齿组成，倾斜安装
	阶梯式格栅	“栅条”由数排格子状循环运动的薄金属片组成

（二）格栅的选用

为提高处理效率，在水处理中，一般选取粗细两道格栅配合使用。《室外排水设计标准》（GB 50014—2021）规定：污水处理系统或水泵前，必须设置格栅，格栅栅条间隙宽度，应符合下列要求：

- ◆ 粗格栅：机械清除时宜为 16～25 mm，人工清除时宜为 25～40 mm。特殊情况下，最大间隙可为 100 mm。
- ◆ 细格栅：宜为 1.5～10 mm。
- ◆ 水泵前：应根据水泵要求确定。

不同类型的格栅有不同的特点，应根据其特点，结合实际情况选择。一般说来，人工清渣格栅，劳动强度较大，但有设备较便宜、操作简单的优势，主要应用于小型水处理厂的粗格栅或每日栅渣量＜0.2 m^3 的情况，其余情况一般都用机械清渣格栅；平面栅条格栅结构比较简单，价格相对比较便宜；回转式格栅在清除细小的毛发、纤维、塑料袋等方面有一定优势；阶梯式格栅没有污物卡阻、耙齿打齿等现象，传动及动力机械在水面以上，便于维修。另外，同一类型的格栅，其性能也会因生产厂家、使用材质、细节结构、参数的不同而有所差别，如栅条的断面形状有圆形和方形，它们的水力条件和刚度也有差异。在选择时应详细考察。图 2-1～图 2-3 为几种格栅的示意图。

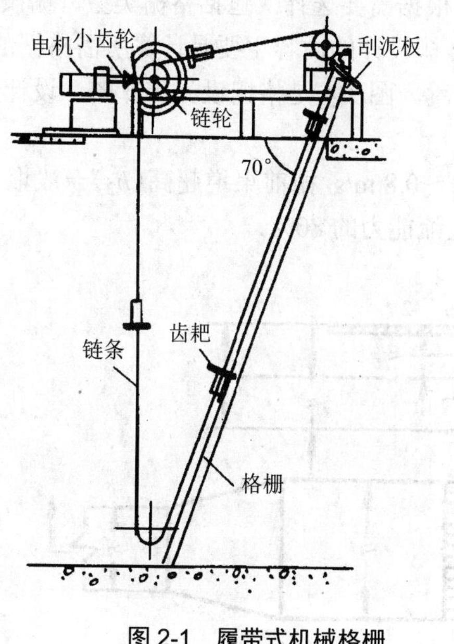

图 2-1　履带式机械格栅

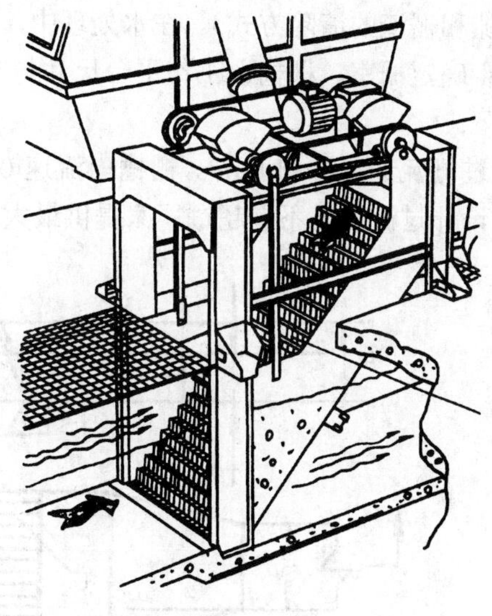

图 2-2　阶梯式格栅

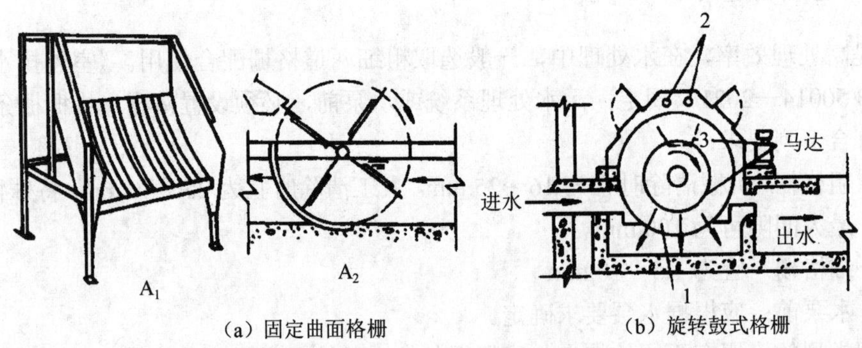

（a）固定曲面格栅　（b）旋转鼓式格栅

A1—格栅；A2—清渣桨板；1—鼓筒；2—冲洗水管；3—渣槽。

图 2-3　曲面格栅

目前，格栅除污机已经设备化、产品化，可根据设备制造厂家提供的格栅宽度、栅条间隙、安装尺寸等技术性能参数，以及设计处理水量进行设备的选型。常见的格栅除污机有高链式、反捞式、回转式、阶梯式、钢丝绳牵引式等，详见格栅实物图。

（三）格栅的设计

格栅本身是有一定规格的标准设备，只需根据需要选择（包括格栅类型、栅条断面、栅条间隙和栅渣的清除方式）。在水处理中，格栅设计的内容主要是计算所需格栅的尺寸，并进一步确定栅室、栅槽、工作平台尺寸与布置。图 2-4 是格栅设计计算图，设计的基本参数如下：

① 过栅流速 0.6～1.0 m/s，栅槽内流速 0.4～0.8 m/s，栅前渠道超高（h_2）一般取 0.3 m。

② 设计过流能力不宜超过厂家提供最大过流能力的 80%。

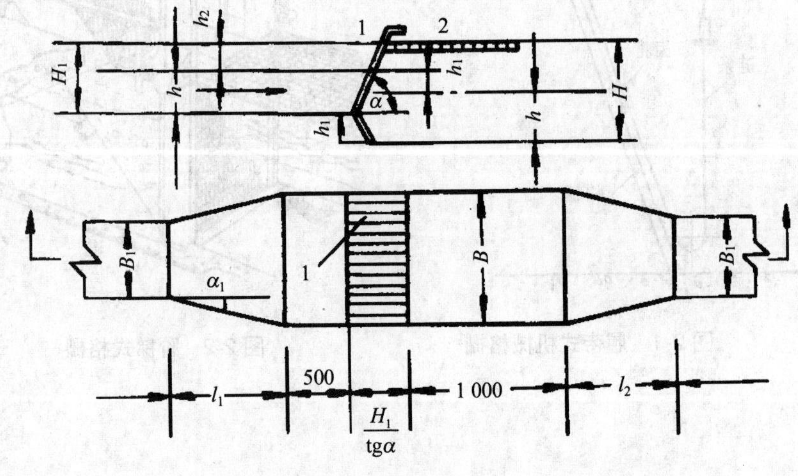

1—栅条；2—工作台。

图 2-4　格栅计算

③ 除转鼓式格栅外，机械清渣格栅倾角（α）宜采用 60°～90°；人工清渣格栅倾角宜采用 30°～60°。

④ 格栅宽（B）、水头损失（h_1）按表 2-2 中对应公式计算，为避免栅前壅水，将栅后槽底下降（h_1）作为补偿。

表 2-2 栅室宽及过栅水头损失计算式

<table>
<tr><th>格栅形式</th><th>平面栅条式格栅</th><th>回转式格栅</th><th>阶梯式格栅</th></tr>
<tr><td>格栅宽</td><td>$B = s(n-1) + bn$
$n = \dfrac{Q_{max}\sqrt{\sin\alpha}}{bhv}$</td><td>按设备过流能力确度，选用时，$Q_{max}$ 应为厂家标注过流能力的 80%左右</td><td>$B = \dfrac{278Q}{v(h-60)\left(\dfrac{b}{b+s}\right)+10}$</td></tr>
<tr><td>过栅水头损失计算式</td><td>$h_1 = k\xi \dfrac{v^2}{2g}\sin\alpha$
$\xi = \beta\left(\dfrac{s}{b}\right)^{4/3}$</td><td>$h_1 = Ckv^2$
$V = \dfrac{Q}{B_1 h}$</td><td>当 b 为 1～6 mm 时
v 为 0.8～1.5 m/s
h_1 为 50～200 mm</td></tr>
<tr><td>符号说明</td><td>B —— 格栅槽宽，m；
s —— 栅条厚度，m；
b —— 格条间隙宽度，m；
n —— 格条间隙数，个；
Q_{max} —— 过栅最大流量，m^3/s；
α —— 格栅设置倾角，度；
h —— 栅前水深，m；
v —— 过栅流速，m/s；
h_1 —— 实际计算水头损失值，m，小型污水处理厂也可按 0.01～0.15 m 估算；
k —— 格栅水头损失增大系数，一般取 2～3；
β —— 栅条形状系数，一般圆截面栅条为 1.79，矩形截面栅条为 2.42；
ξ —— 格栅阻力系数。</td><td>B_1 —— 格栅净宽，m；
Q —— 过栅流量，m^3/s；
h —— 栅前水深，m；
v —— 过栅流速，m/s；
C —— 格栅设置倾角系数，45°、60°、75°和 90°时，C 值分别为 1.0、1.118、1.235 和 1.354；
h —— 过栅水流系数，与栅速、间隙和形状有关；
<table>
<tr><th>间隙/mm</th><th>h</th></tr>
<tr><td>1</td><td>0.91～1.17</td></tr>
<tr><td>3</td><td>0.40～0.55</td></tr>
<tr><td>6</td><td>0.32～0.41</td></tr>
<tr><td>10</td><td>0.50～0.60</td></tr>
<tr><td>15</td><td>0.31</td></tr>
<tr><td>30</td><td>0.29</td></tr>
</table></td><td>Q —— 格栅流量，m^3/h；
v —— 过栅间隙流速，m/s；
h —— 栅前水深，mm；
b —— 间隙宽度，mm；
s —— 栅片厚度，mm；
h_1 —— 过栅水头损失，mm。</td></tr>
</table>

⑤ 进水渠渐开角（α_1）一般取 20°，栅前渐扩部分长度（l_1），根据进水渠宽（B_1）、格栅宽（B）和进水渠渐开角（α_1）由下式计算得出：

$$l_1 = \frac{B - B_1}{2\tan\alpha_1} \tag{2-1}$$

栅后渐缩部分长度（l_2）取栅前渐扩部分长度（l_1）的一半。

⑥ 栅渣量（W_1）一般为 0.03～0.1 m^3/10^3 m^3 污水（与水源、栅间距有关），含水率 80%左右，密度 700～960 kg/m^3，每日栅渣量（W）按下式计算：

$$W = \frac{3\,600 \times 24 Q_{max} W_1}{1\,000K} \tag{2-2}$$

式中：K —— 污水流量总变化系数，生活污水可参考表 2-3。

表 2-3 生活污水流量总变化系数

平均日流量/（L/s）	4	6	10	15	25	40	70	120	200	400	750	1 600
K	2.3	2.2	2.1	2.0	1.89	1.80	1.69	1.59	1.51	1.40	1.30	1.20

每日栅渣量（W）大于 0.2 m^3/d 或每日污水量大于 1 万 m^3/d 的大型污水处理厂，一般采用机械清渣。

⑦ 工作台面高于栅前最高设计水位 0.5 m，工作平台两侧边道宽度宜采用 0.7～1.0 m，正面过道宽 1.2 m（人工清渣）或 1.5 m（机械清渣）。

二、筛网

筛网是利用金属丝或化学纤维编制的网状介质进行筛滤，它的孔隙比格栅更小，能截留格栅不能去除的纤维状污染物，既可作为预处理，也可作为污水的深度处理。

筛网在国外的工业废水与城市污水处理中应用非常广泛，国内则多用于纺织、造纸、化纤等种类的工业废水处理。近年来，在国内城市污水处理中，为了有效地拦截纤维状污染物，也越来越多地使用筛网。

由于筛网可截留更小的包括有机物在内的悬浮物，因此，使用筛网可减少后续处理设施的工作负荷及维护工作量，另外还可使后续处理中的污泥更为均质、更容易处理。不过，由于筛网过水能力较低，为避免网前壅水，必须并联设置多个筛网。

筛网的规格、种类很多，命名方法也不统一。有人根据其产品的具体用途，将产品称为捞毛机、毛发捕集器等。在污水处理中，还常将筛孔尺寸小于 0.1 mm 的筛网，称为微滤机（与一般膜处理行业所讲的微滤不同。一般膜处理行业的微滤孔径是 0.1～10 μm，而且其滤膜组成结构也不同于筛网，过滤压力也比较大；由于膜的价格比较贵，处理起来成本较高，一般不会作为预处理用在城镇污水处理上）。

用于污水处理的筛网大致可按网眼尺寸分为：粗筛网（≥1 mm）、中筛网（1～0.05 mm）和微筛网（≤0.05 mm）三类。城市污水处理中，常采用粗筛网、中筛网。另外，按运行方式分类，筛网可分为固定式和旋转式两种。其中，旋转式筛网按筛网形状又可分为：转鼓式、回转式和带式等。

固定曲面式筛网如图 2-5 所示，其筛面一般由上而下分为 3 种倾角，逐渐变缓安置，网眼尺寸一般为 0.25～1.5 mm，污水从上向下流过筛网曲面，并穿过筛网流出，网渣则沿曲面下滑落入输送管或收集容器中。固定筛网用于城市污水处理时，水力负荷一般为每米筛宽 35～150 m^3/h，可去除 5%～25%的悬浮物，网渣量为 0.2～0.4 m^3/10^3 m^3 污水，水头损失为 1.2～2.2 m。为消除油脂堵塞，常用热水或蒸汽定期清洗。

旋转带式筛网如图 2-6 所示，其构造简单，通常倾斜设置在污水渠上，自下而上旋转，通过冲洗或刮渣设备清除网渣。

近些年，滤网设备发展比较快，技术越来越成熟，陆续出现了很多新产品。使用单位只需根据生产需要，按生产厂家的产品说明选用即可，其安装使用都很方便。

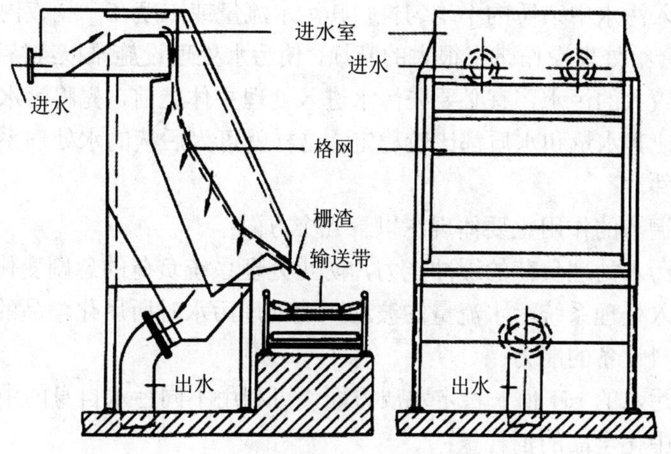

图 2-5　固定曲面筛网

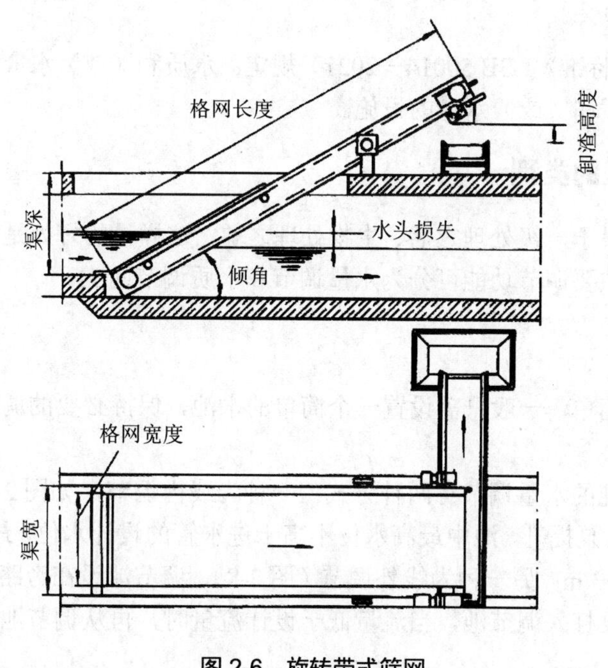

图 2-6　旋转带式筛网

第二节　调　节

一、调节的作用

工业企业由于生产工艺的原因，在不同工段、不同时间所排放的污水差别很大，尤其是操作不正常或设备发生泄漏时，污水的水质就会急剧恶化，水量也会大大增加，往往会超出污水处理设备的正常处理能力；城市污水，尤其是学校、居民小区等人员集中的地方，由于用水量和排入污水中杂质的不均匀性，其污水流量或浓度在一昼夜内也会有较大的变化。这些问题都会给处理操作带来很大的麻烦，使污水处理设施难以维持正常操作。因此，对于特征上波动较大的污水，有必要在污水进入处理主体之前，先将污水导入调节池进行均和调节处理，使其水量和水质都比较稳定，这样就可为后续的水处理系统提供一个稳定和优化的操作条件。

具体来说，调节的作用主要体现在以下几个方面：

◆ 提供对污水处理负荷的缓冲能力，防止处理系统负荷的急剧变化；
◆ 减少进入处理系统污水流量的波动，使处理污水时所用化学品的加料速率稳定，适合加料设备的能力；
◆ 在控制污水的 pH 值、稳定水质方面，可利用不同污水自身的中和能力，减少中和作用中化学品的消耗量；
◆ 防止高浓度的有毒物质直接进入生物化学处理系统；
◆ 当工厂或其他系统暂时停止排放污水时，仍能对处理系统继续输入污水，保证系统的正常运行。

《室外排水设计标准》（GB 50014—2021）规定：水质和（或）水量变化大的污水处理厂，宜设置调节水质和（或）水量的设施。

二、调节处理的类型

调节池一般可设于一级处理之后、生物处理之前，这样设的好处是可减少调节池中的浮渣和污泥。按其主要调节功能可分为水量调节和水质调节两类。

（一）水量调节

水量调节比较简单，一般只需设置一个简单的水池，保持必要的调节池容积并使出水均匀即可。

污水处理中单纯的水量调节有两种方式：一种为线内调节，如图 2-7 所示，进水一般采用重力流，出水用泵提升，池中最高水位不高于进水管的设计水位，最低水位为死水位，有效水深一般为 2～3 m；另一种为线外调节（图 2-8），调节池设在旁路上，当污水流量过高时，多余污水用泵打入调节池，当流量低于设计流量时，再从调节池回流至集水井，并送至后续处理设施。

线外调节与线内调节相比，其调节池不受进水管高度限制，施工和排泥较方便，但被调节水量需要两次提升，消耗动力大。一般都设计成线内调节。

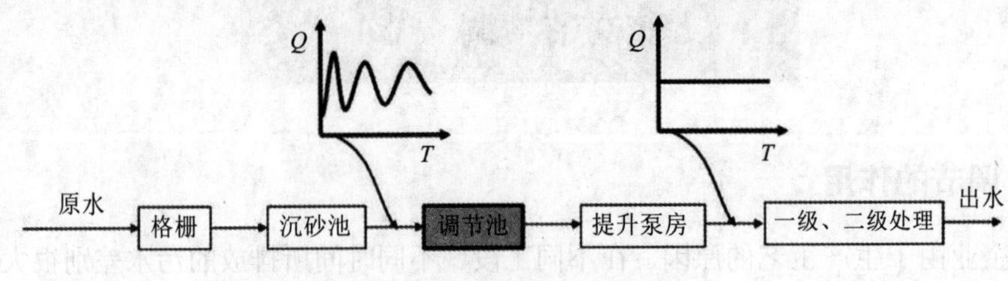

图 2-7 线内调节池

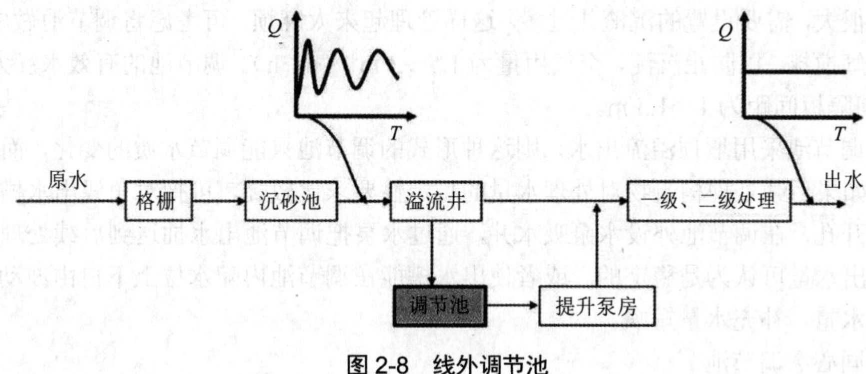

图 2-8　线外调节池

（二）水质调节

水质调节的任务是对不同时间或不同来源的污水进行混合，使流出的水质比较均匀，以避免后续处理设施承受过大的冲击负荷。水质调节的基本方法有两类。

1．外加动力调节

外加动力就是在调节池内，采用外加叶轮搅拌、鼓风空气搅拌、水泵循环等设备对水质进行强制调节，这些设备比较简单，运行效果好，但运行费用高。

2．差流方式调节

采用差流方式进行强制调节，使不同时间和不同浓度的污水混合，这种方式基本上没有运行费用，但设备较复杂。

（1）对角线调节池

对角线调节池是常用的差流方式调节池，其类型很多，结构如图 2-9 所示。对角线调节池的特点是出水槽沿对角线方向设置，污水由左右两侧进入池内，经不同的时间流到出水槽，从而使先后过来的、不同浓度的废水混合，达到自动调节均和的目的。

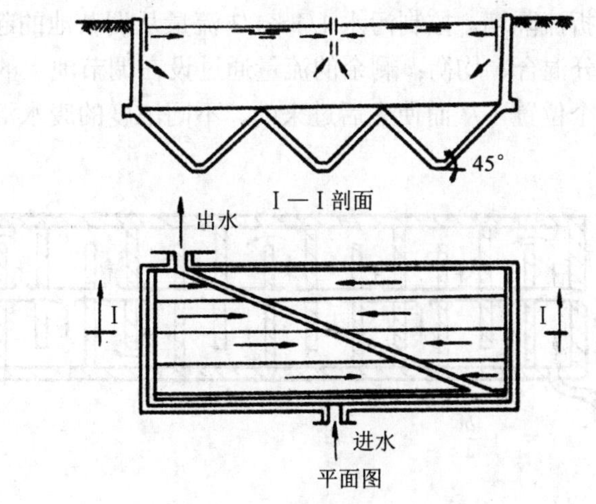

图 2-9　对角线调节池

为了防止污水在池内短路，可以在池内设置若干纵向隔板。污水中的悬浮物会在池内沉淀，对于小型调节池，可考虑设置沉渣斗，通过排渣管定期将污泥排出池外；如果调节池的容积很大，需要设置的沉渣斗过多，这样管理起来太麻烦，可考虑将调节池做成平底，用压缩空气搅拌，以防止沉淀，空气用量为 1.5～3 m^3/（m^2·h）。调节池的有效水深为 1.5～2 m，纵向隔板间距为 1～1.5 m。

如果调节池采用堰顶溢流出水，则这种形式的调节池只能调节水质的变化，而不能调节水量。如果后续处理构筑物对处理水量的稳定性要求比较高，可把对角线出水槽放在靠近池底处开孔，在调节池外设水泵吸水井，通过水泵把调节池出水抽送到后续处理构筑物中，水泵出水量可认为是稳定的。或者使出水槽能在调节池内随水位上下自由波动，以便贮存盈余水量，补充水量短缺。

（2）同心圆调节池

同心圆调节池与对角线调节池的结构原理相似，只是做成圆形（图 2-10）。

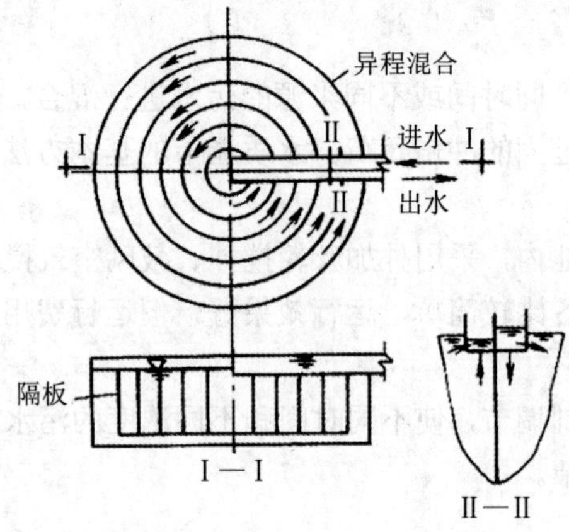

图 2-10　同心圆调节池

（3）折流调节池

在池内设置许多折流隔墙，控制污水 1/4～1/3 流量从调节池的起端流入，在池内来回折流，延迟时间，充分混合、均衡；剩余的流量通过设在调节池上的配水槽的各投配口等量地投入池内前后各个位置，从而使先后过来的、不同浓度的废水混合，达到自动调节均和的目的（图 2-11）。

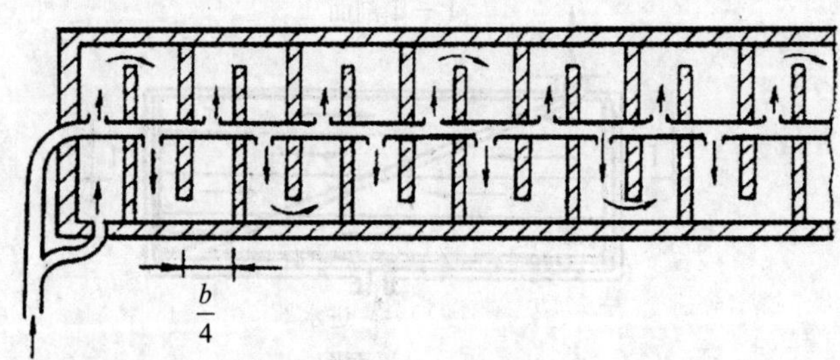

图 2-11　折流调节池

另外，利用部分水回流方式、沉淀池沿程进水方式，也可实现水质均和调节。在实际生产中，可结合具体情况选择一种合适的调节方法。

三、调节池的设计及实例

调节池的设计主要是确定其容积，可根据污水浓度和流量变化的规律，以及要求的调节均和程度来计算。

对于水量调节，计算平均流量作为出水流量，再根据流量的波动情况计算出所需调节池的容积。具体方法参见例题。

在一般场合，往往水质和水量都要考虑，而且有时水质的均和更重要些，此时调节池容积可按流量和浓度比较大的连续 4～8 h 的污水水量计算。若水质、水量变化大时，可取 10～12 h 的流量，甚至采取 24 h 的流量计算。采用的调节时间越长，污水水质越均匀，但调节池的容积也越大，工程造价也越高。应根据具体条件和处理要求来选定合适的调节时间。污水经过一定的调节时间后的平均浓度可按下式计算：

$$c=\frac{(c_1Q_1t_1+c_2Q_2t_2+\cdots+c_nQ_nt_n)}{qT} \tag{2-3}$$

式中：c —— 时间 T 内的污水平均浓度，mg/L；

q —— 时间 T 内的污水平均流量，m^3/h；

c_1，c_2，…，c_n —— 污水在各时间段 t_1，t_2，…，t_n 内的平均浓度，mg/L；

Q_1，Q_2，…，Q_n —— 相应于 t_1，t_2，…，t_n 时段内的污水平均流量，m^3/h；

T —— 连续的 t_1，t_2，…，t_n 时间段（时）总和。

考虑废水在池内流动可能出现短路等因素，在实际计算调节池容积时，一般引入容积经验系数，对于对角线调节池来说，其容积可按下式计算：

$$V=\frac{qT}{1.4} \tag{2-4}$$

上述公式中的基本数据，是通过逐时实测污水流量、污水浓度变化而得到的，污水流量和水质变化的观测周期越长，则调节池的计算结果准确性与可靠性越高。

第三节　沉淀与上浮

水中大部分悬浮物的密度与水并不相等，之所以能较长时间悬浮在水中，主要是由于水流扰动比较剧烈、悬浮物颗粒较小（惯性小，容易受外力影响）或密度差较小等原因。如果针对这些因素进行一定的控制操作，在重力与浮力的作用下就可以使水中的悬浮物下沉于水底或上浮于水面，从而将其从水中分离出来，这就是沉淀与上浮处理的思路。

一、沉淀的基本理论

（一）沉淀的类型

按照水中悬浮颗粒的浓度、性质及其絮凝性能的不同，沉淀可分为以下几种类型。

1. 自由沉淀

悬浮颗粒的浓度低，在沉淀过程中呈离散状态，互不黏合，不改变颗粒的形状、尺寸及密度，各自独立完成沉淀过程。这种类型多出现在沉砂池、初沉池初期。

2．絮凝沉淀

悬浮颗粒的浓度比较高（50～500 mg/L），在沉淀过程中能发生凝聚或絮凝作用，使悬浮颗粒互相碰撞凝结，颗粒质量逐渐增加，沉降速度逐渐加快。经过混凝处理的水中颗粒的沉淀、初沉池后期、生物膜法二沉池、活性污泥法二沉池初期等均属絮凝沉淀。

3．拥挤沉淀

悬浮颗粒的浓度很高（＞500 mg/L），在沉降过程中，产生颗粒互相干扰的现象，在清水与浑水之间形成明显的交界面（混液面），并逐渐向下移动，因此又称成层沉淀。活性污泥法二沉池的后期、浓缩池上部等均属这种沉淀类型。

4．压缩沉淀

悬浮颗粒浓度特高（以至于不再称水中颗粒物浓度，而称固体中的含水率），在沉降过程中，颗粒相互接触，靠重力压缩下层颗粒，使下层颗粒间隙中的液体被挤出界面上流，固体颗粒群被浓缩。活性污泥法二沉池污泥斗、浓缩池中污泥的浓缩过程均属此类型。

（二）悬浮物在静水中的沉淀

1．沉速公式

为了说明影响颗粒沉淀的主要因素，现以单体球形颗粒的自由沉淀为例加以说明。颗粒在重力、浮力的作用下，开始下降（或上浮），由于水的阻力作用，短时间内很快达到受力平衡，以匀速下沉。

在大多数情况下，$Re<1$，颗粒下降引起周围水流的扰动，处于层流状态。颗粒沉淀速度用斯托克斯（Stokes）公式表示：

$$u=\frac{g(\rho_s-\rho)d^2}{18\mu} \tag{2-5}$$

式中：u —— 颗粒沉降速度，m/s；

g —— 重力加速度，9.8 m/s^2；

ρ_s、ρ —— 颗粒、水的密度，g/cm^3；

d —— 与颗粒等体积的圆球直径，cm；

μ —— 水的动力黏滞系数，与水温有关，g/（cm·s）。

从式（2-5）中可以看出：

① 颗粒沉速（u）正比于悬浮颗粒与水的密度差（$\rho_s-\rho$）。（$\rho_s-\rho$）是颗粒沉速（u）的决定因素，当$\rho_s<\rho$时，u呈负值，颗粒上浮；当$\rho_s>\rho$时，u呈正值，颗粒下沉；$\rho_s=\rho$时，$u=0$，颗粒在水中呈相对静止状态，不沉不浮。

② 沉速（u）与颗粒直径（d）的平方成正比，颗粒越大，沉速越快。所以增大颗粒直径（d），可大大地提高下沉（或上浮）效果。

③ u 与μ成反比，μ取决于水质与水温。在水质相同的条件下，水温高则μ值小，有利于颗粒下沉（上浮）；水温低则μ值大，不利于颗粒下沉（上浮），所以低温水难处理。

水中悬浮物的组成比较复杂，颗粒形状多样，且粒径不均匀，密度也有差异，很难用斯托克斯公式计算颗粒的沉速，而通过实验测定颗粒的沉速比较容易。因此公式主要用来进行沉淀原理分析和测出颗粒沉速后再倒过来进行水中颗粒分析。

2．沉淀实验

沉淀实验用来判定水中颗粒的沉淀性能，并根据所要求的沉降效率确定沉降时间和沉降速度这两个基本的设计参数。

取一组有足够大直径（可消除器壁对沉淀的影响）的沉淀柱，在柱的一定高度位置上开有取样口，如图 2-12（a）所示。将已知水温和悬浮物浓度（c_0）的均匀水样，注入各沉淀柱，各柱取样口以上水深均为 H，搅拌均匀后，同时开始沉淀。经不同沉淀历时 t_1、t_2、t_3、…、t_n，从沉淀柱的取样口取出少量水样，分别测定各水样的悬浮物浓度 c_1、c_2、c_3、…、c_n，将结果记录下来。然后分别计算出不同沉淀历时的沉速 $u_i=\frac{H}{t_i}$ 和对应的剩余悬浮物百分数 $P_i=\frac{c_i}{c_0}\times 100\%$。在直角坐标纸上，以剩余悬浮物百分数（$P$）为纵坐标，沉速（$u$）为横坐标，作 P-u 关系图 [图 2-12（b）]。

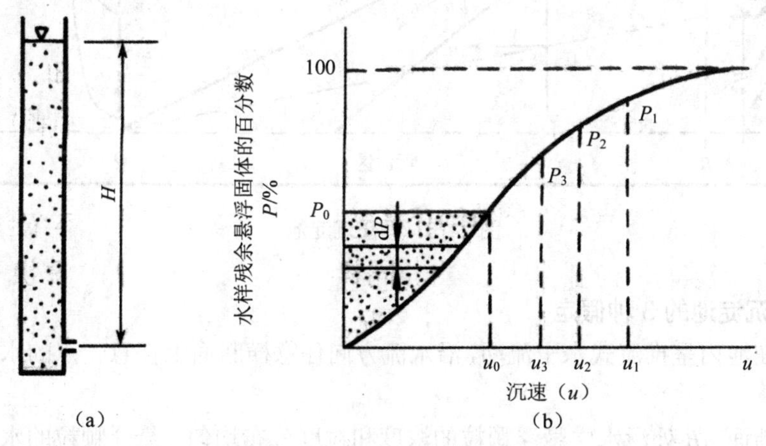

图 2-12　沉淀试验的 P-u 曲线

由斯托克斯（Stokes）公式可知，任意的沉速（u_i）都可计算出对应的颗粒粒径（d_i），因此，P-u 曲线也可以反映水中悬浮颗粒的粒度分布，P 的含义可理解为水中沉速小于 u_i 的小粒径颗粒在全部悬浮颗粒中所占的百分数。

若要求去除沉速为 u_0 的颗粒，则沉速 $u \geqslant u_0$ 的所有颗粒（占水中全部颗粒的 $1-P_0$）能全部去除；而对于沉速 $u<u_0$ 的颗粒（占水中全部颗粒的 P_0），只有靠近下部、在沉淀时间内能沉降到取样口以下的部分会被去除，其去除率为 $\int_0^{P_0}\frac{u}{u_0}\mathrm{d}P$。因此，水深 H 内全部悬浮颗粒物的总去除率（E）为：

$$E=\left[(1-P_0)+\frac{1}{u_0}\int_0^{P_0}u\mathrm{d}P\right]\times 100\% \tag{2-6}$$

式中：E —— 悬浮物的总去除率，%；

P_0 —— 沉速小于 u_0 的悬浮颗粒在全部悬浮颗粒中所占的百分数，%；

u_0 —— 设计需要去除的悬浮颗粒的沉速，m/s；

u —— 沉速小于 u_0 的悬浮颗粒的沉降速度，$u=f(P)$，m/s。

（三）理想沉淀池的沉淀原理

悬浮颗粒在静水中的沉淀实验与实际沉淀池的差别比较大，为了分析悬浮颗粒在实际沉淀中的运动规律及其沉淀效果，提出一种理想沉淀池的模式。理想沉淀池由流入区、沉淀区、流出区和污泥区 4 部分组成（图 2-13）。

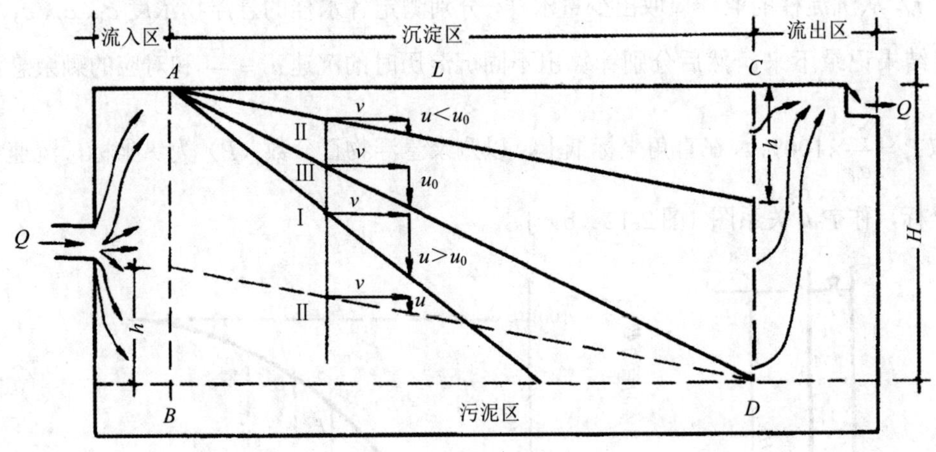

图 2-13 理想沉淀池

1. 理想沉淀池的 3 种假定

① 污水在池内呈推流式水平流动，沿水流方向任意横断面上任意一点的水流速度均等于 v；

② 入口断面 AB 处污水中悬浮颗粒的浓度和粒度分布均匀，悬浮颗粒的水平流速等于水流流速（v），悬浮颗粒处于自由沉淀状态，沉降速度（u）固定不变；

③ 悬浮颗粒沉到池底即认为被除去。

2. 理想沉淀池理论分析

按照上述条件，悬浮颗粒在沉淀池内的运动轨迹是一系列倾斜的直线，污水从进口到出口的流动时间就是沉淀历时（t，$t=L/v$）。分 3 种情况讨论：

① 从 A 点进入的颗粒中，肯定存在某一粒径的颗粒，在沉淀历时（t）内，刚好沉淀到池底（沉降高度为 H），见图 2-13 中沉降轨迹Ⅲ，该颗粒的沉降速度，称为截流沉速（u_0）。

② 如果颗粒的沉降速度 $u>u_0$，则在沉淀历时（t）内，可沉降高度大于池深（H），能够沉于池底部 D 点以前，见图 2-13 中沉降轨迹Ⅰ。

③ 如果沉速 $u<u_0$，则在沉淀历时（t）内，可沉降高度（h）小于池深（H），将出现两种情况，其中靠近水面的颗粒，无法沉到池底，会被水带出，见图 2-13 中沉降轨迹Ⅱ实线；而另一部分接近池底的颗粒（离池底高度小于 h），能沉于池底，见图 2-13 中沉降轨迹Ⅱ虚线。

可见，对于一定尺寸的理想沉淀池，池内的水平流速只是与沉淀历时有关，并不影响悬浮颗粒物的沉降性能。因此，理想沉淀池的沉淀效率（悬浮物的总去除率）仍用式（2-6）表示。截流沉速（u_0）的含义可以理解为：具有该沉淀速度的颗粒是能被全部去除的最小颗粒，所以，截流沉速（u_0）是设计沉淀池时首先要确定的一个参数。

在理想沉淀池中，水平流速（v）和沉速（u_0）都与沉淀时间（t）有关：

$$t = \frac{V}{Q} = \frac{L}{v} = \frac{H}{u_0} \tag{2-7}$$

$$v = \frac{Q}{HB} \tag{2-8}$$

式中：Q —— 沉淀池设计流量，m^3/h；

B —— 沉淀池宽度，m；

V —— 沉淀池容积，m^3。

由此可以导出：

$$\frac{Q}{A} = u_0 = q \tag{2-9}$$

式中：A —— 沉淀池表面积，$A=BL$，m^2；

q —— 沉淀池的表面流量负荷，简称表面负荷率或溢流率，$m^3/(m^2 \cdot h)$。

表面负荷率表示在单位时间内通过沉淀池单位表面积的流量，其数值等于截留沉速，但二者的含义却不同。

因此，理想沉淀池的沉淀效率（E）也可表示为：

$$E = \left[(1 - P_0) + \frac{1}{q}\int_0^{P_0} u \mathrm{d}P \right] \times 100\% \tag{2-10}$$

3．综合分析结论

① 沉淀池的沉降效率只与设定的截流沉速（或沉淀池的表面负荷）和悬浮颗粒的粒度分布有关，设定的截流沉速越小、悬浮颗粒粒径越大，则沉降效率越高。

② 沉淀池容积一定时，降低池深，则可增大表面积，进而可降低表面负荷，提高沉淀池的沉降效率，这就是“浅池理论”，也是斜板（管）沉淀池的理论基础。

应该注意，在实际沉淀池中，由于紊流、水温、进出口水流不均等因素的影响，污水在池内流动、沉淀情况与理想沉淀的假设条件有出入。在实际设计沉淀池时，常采用对静态沉淀实验数据加修正系数的方法来确定设计参数，可按下式考虑：

$$q_d = \left(\frac{1}{1.25} \times \frac{1}{1.75} \right) q_0 \tag{2-11}$$

$$u_d = \left(\frac{1}{1.25} \times \frac{1}{1.75} \right) u_0 \tag{2-12}$$

$$t_d = (1.5 \times 2.0) t_0 \tag{2-13}$$

式中：q_0、u_0、t_0 —— 静态沉淀实验的表面负荷、最小沉速和沉降时间；

q_d、u_d、t_d —— 沉淀池的设计表面电荷、最小沉速和沉降时间。

二、沉淀池

作为依靠重力作用进行固液分离的沉淀装置，可根据沉淀对象的不同分为两类。主要用于沉淀有机固体的装置，通称为沉淀池，其沉淀物称为泥（与水的密度差相对较小）；而以沉淀无机固体为主的装置，通称为沉砂池，其沉淀物主要是砂粒、煤渣等密度较大的无机颗粒。

（一）沉淀池的类型与选用

1. 沉淀池的类型

在污水处理中，按沉淀池在水处理流程中的位置和用途不同，可粗略分为：

① 初次沉淀池，设置在沉砂池之后，作为化学处理与生物处理的预处理，可降低污水的有机负荷。

② 二次沉淀池，用于化学处理或生物处理后，分离化学沉淀物、活性污泥或生物膜。

③ 污泥浓缩池，设在污泥处理段，用于剩余污泥的浓缩脱水。

按沉淀池内水流方向不同，可分为平流式沉淀池、竖流式沉淀池、辐流式沉淀池。

另外，还有根据“浅池理论”发展起来的斜板（管）沉淀池。斜板沉淀池又可根据其水流方向分为同向流（水流与污泥方向相同）、异向流（水流与污泥方向相反）、侧向流（水流与污泥方向垂直）三种形式。

2. 沉淀池的选用

在选用沉淀池之前，一定要先了解每一种沉淀池的特点和适用情况。然后再结合使用要求和本地的具体情况选择沉淀池，一般可从以下几个方面考虑：

- 原水的水质、水量，以及出水的要求。
- 能提供的场地条件。不同类型沉淀池选用时会受到场地条件限制，有的平面面积较大而池深较小，有的池深较大而平面面积较小。
- 气候条件。温度较低时，水的黏度大，沉降性能不好；寒冷地区冬季的结冰问题。
- 运行操作要求。
- 投入建设经费和运行费用要求。

（二）平流式沉淀池

1. 基本构造

平流式沉淀池的构造与理想沉淀池最为相似，为一长方形水池，水在池内水平流动，从一端流入，从另一端流出。平流式沉淀池由进水装置、出水装置、沉淀区、缓冲层、污泥区及排泥装置等组成（图 2-14）。

（1）进水装置

进水装置一般由配水槽和挡流板组成，与絮凝池合建时，常采用穿孔墙，如图 2-15 所示。其作用是消能，使水流均匀地分布在整个进水断面上，并尽量减少扰动。挡流板入水深不小于 0.25 m，一般为 0.5～1.0 m，高出水面 0.15～0.2 m，距流入槽 0.5～1.0 m。穿孔墙的孔口流速一般为 0.15～0.2 m/s，孔洞断面沿水流方向渐次扩大，以减小进水口射流，防止絮凝体破碎。

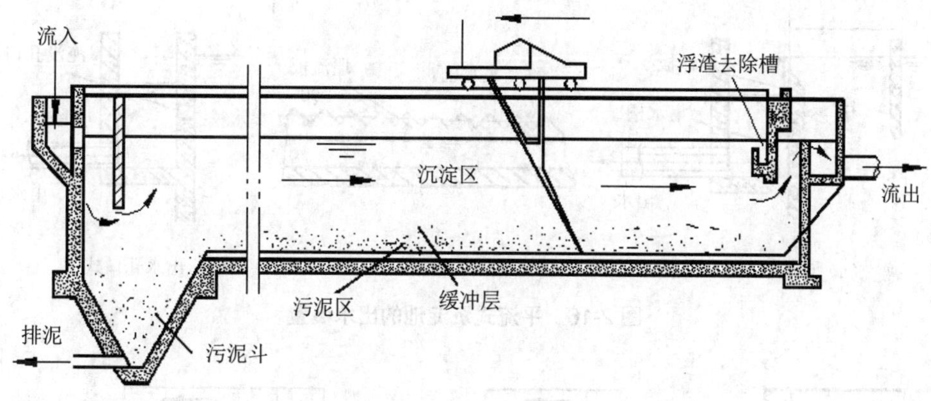

图 2-14　平流式沉淀池

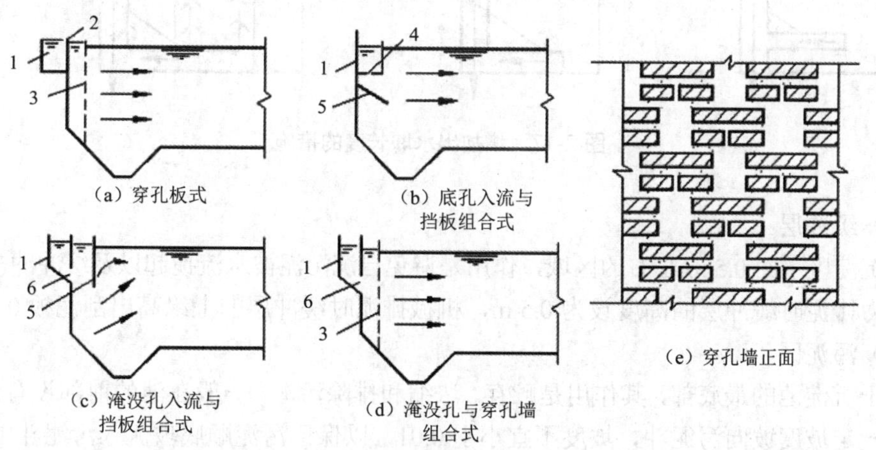

1—进水槽；2—溢流堰；3—有孔整流墙壁；4—底孔；5—挡流板；6—潜孔。

图 2-15　平流式沉淀池的进水装置

（2）出水装置

出水装置一般由流出槽与挡板组成。在流出槽上设自由溢流堰、锯齿形堰或孔口出流等（图 2-16）；其作用是控制沉淀池内的水面高度，且对池内水流的均匀分布有着直接影响。挡板主要是防止浮渣随水流走；挡板入水深 0.3～0.4 m，距溢流堰 0.25～0.5 m。溢流堰要求严格水平，堰口最大负荷：初次沉淀池不宜大于 2.9 L/（s·m）、二次沉淀池不宜大于 1.7 L/（s·m）、混凝沉淀池不宜大于 5.8 L/（s·m）。如果出水负荷较大，可以增加出水堰长，常用的方法是采用多槽出水，如图 2-17 所示。采用孔口出流不需挡板，孔口在水面下 12～15 cm，孔口出流流速为 0.6～0.7 m/s，孔径 20～30 mm。

（3）沉淀区

进水装置和出水装置之间的区域，用于可沉颗粒与水的分离。有效水深一般为 2～4 m，每格沉淀池的长宽比≥4，长深比≥8，如果采用机械排泥，应考虑排泥设备的跨度。

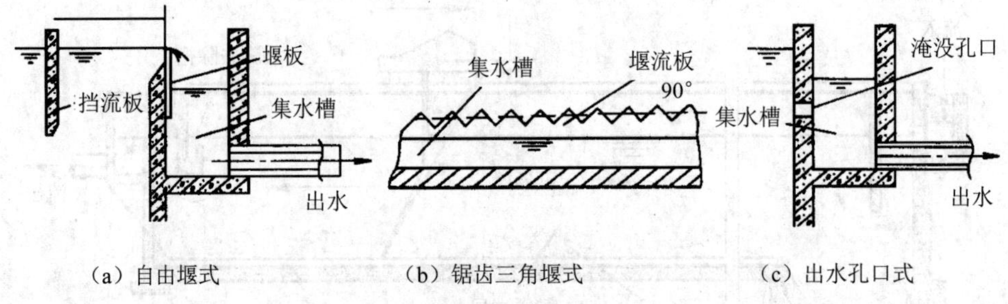

图 2-16　平流式沉淀池的出水装置

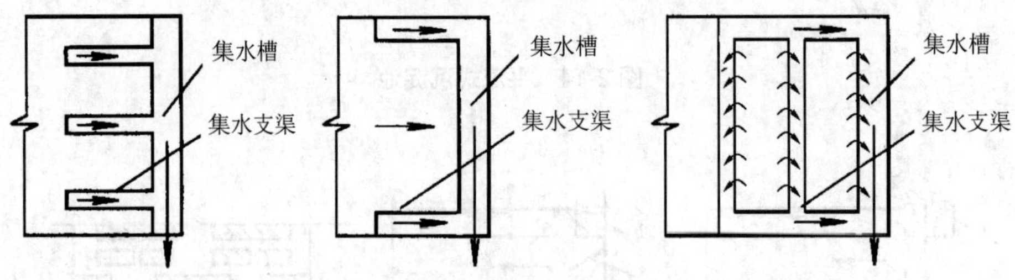

图 2-17　增加出水堰长度的措施

（4）缓冲层

在沉淀区下面 0.5 m 左右的区域，作用是避免已沉污泥被水流搅起以及缓冲冲击负荷。采用重力排泥时缓冲层的高度设为 0.5 m，机械排泥时缓冲层的上缘高出刮泥板 0.3 m。

（5）污泥区

位于沉淀池的最底部，其作用是贮存、浓缩和排除污泥。一般在池的前部设有污泥斗，池底有一定坡度坡向污泥斗，坡度不宜小于 0.01，以保证污泥顺底坡流入污泥斗中。为减少池深，也可采用多斗排泥，如图 2-18（b）所示。污泥斗斜壁与水平面的倾角：方斗 60°，圆斗 55°。排泥方法一般有静水压力排泥和机械排泥。

静水压力排泥是依靠池内静水压力将污泥通过污泥管排出池外，如图 2-18 所示。其排泥装置由排泥管和泥斗组成。静水压力要求：初沉池≥1.5 m；生物膜法后的二沉池≥1.2 m，生物反应池后的二沉池≥0.9 m。排泥管管径不小于 200 mm。

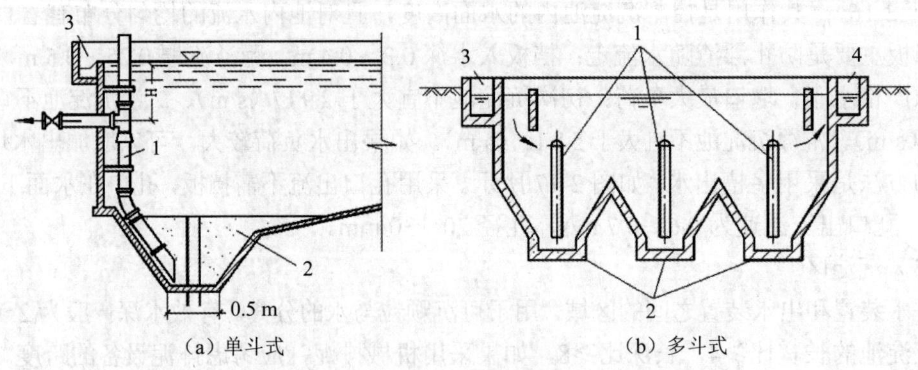

1—排泥管；2—集泥斗；3—进水槽；4—出水槽。

图 2-18　平流式沉淀池静水压力排泥装置

目前平流沉淀池一般都采用机械排泥。机械排泥是利用机械装置，通过排泥泵或虹吸将池底积泥排至池外。机械排泥装置有链带式刮泥机、行车式刮泥机、泵吸式排泥和虹吸式排泥装置等。前面的平流沉淀池（图 2-14）就是一个采用行车式刮泥机的平流式沉淀池。它工作时，小车沿池壁顶的轨道往返移动，利用刮泥板将污泥推入贮泥斗，浮渣刮入浮渣槽。吸泥机式排泥与行车式刮泥机有点相似，吸泥机安装在一个桁架上，吸泥口插入污泥区，整个桁架利用电机和传动机构在沉淀池壁顶的轨道行走，在行进过程中，将沉淀池底部的积泥吸出并排入排泥沟。采用吸泥机可使集泥与排泥同时完成，沉淀池底部不需坡度，也不用设污泥斗。机械排泥装置的行进速度一般为 0.3～1.2 m/min。

2．沉淀池设计

平流式沉淀池当用于污水处理时，其设计应符合《室外排水设计标准》（GB 50014—2021）的要求；当用于净水处理时，其设计应符合《室外给水设计规范》（GB 50013—2019）的要求。

除构造部分已介绍的数据外，还应熟悉以下设计参数。

① 城市污水沉淀池的设计参数应参考表 2-4。

表 2-4　城市污水沉淀池设计参数

沉淀池类型		沉淀时间/h	表面负荷/[m^3/（m^2·h）]	每人每日污泥量/[g/（人·d）]	污泥含水率/%	固体负荷/[kg/（m^2·d）]
初次沉淀池		0.5～2.0	1.5～4.5	16～36	95～97	—
二次沉淀池	生物膜法后	1.5～4.0	1.0～2.0	11～26	96～98	≤150
	活性污泥法后	1.5～4.0	0.6～1.5	14～32	99.2～99.6	≤150

② 工业废水比较复杂，可先取得小试资料及相关数据，再进行设计。

③ 沉淀池的超高不应小于 0.3 m。

④ 按表面负荷设计平流池时，可按水平流速进行校核。最大水平流速：初沉池 7 mm/s，二沉池 5 mm/s。

污泥区（包括污泥斗）的总容积：采用机械排泥时，按 4 h 的污泥量计算；采用静水压力排泥时，初沉池按不大于 2 d 的污泥量计算，生化池后的二沉池按不大于 2 h 的污泥量计算。主要计算公式见表 2-5。

表 2-5　平流沉淀池计算公式

名　称	公　式	符号说明
（1）池子总表面积（A）/m^2	$A=\dfrac{Q_{max}3\,600}{q'}$	Q_{max} —— 最大设计流量，m^3/s q' —— 表面负荷，m^3/（m^2·h）
（2）沉淀部分有效水深（h_2）/m	$h_2=q't$	t —— 沉淀时间，h
（3）沉淀部分有效容积（V'）/m^3	$V'=Q_{max}t3\,600$ 或 $V'=Ah_2$	
（4）池长（L）/m	$L=vt\times 3.6$	v —— 最大设计流量时的水平流速，mm/s
（5）池子总宽度（B）/m	$B=A/L$	
（6）池子个数（分格数）（n）/个	$n=B/b$	b —— 每个池子（分格）宽度，m

名　称	公　式	符号说明
（7）污泥部分所需容积（V）/m^3	$V=\frac{SNT}{1\,000}$ $V=\frac{Q_{\max}(c_1-c_2)\times 86\,400T\times 100}{K_Z\gamma(100-\rho_0)}$	S—— 每人每日污泥量，L/（人·d），一般采用 0.3～0.8 L/（人·d） N—— 设计人口数，人 T—— 两次清除污泥间隔时间，d c_1—— 进水悬浮物浓度，t/m^3 c_2—— 出水悬浮物浓度，t/m^3 K_Z—— 生活污水量总变化系数 γ—— 污泥容重，t/m^3，取 1.0 t/m^3 ρ_0—— 污泥含水率，%
（8）池子总高度（H）/m	$H=h_1+h_2+h_3+h_4$	h_1—— 超高，m h_3—— 缓冲层高度，m h_4—— 污泥部分高度，m
（9）污泥斗容积（V_1）/m^3	$V_1=\frac{1}{3}h_4''\left(f_1+f_2+\left(\sqrt{f_1f_2}\right)\right)$	f_1—— 斗上口面积，m^2 f_2—— 斗下口面积，m^2 h_4''—— 泥斗高度，m
（10）缓冲区容积（V_2）/m^3	$V_2=\left(\frac{l_1+l_2}{2}\right)h_4'b$	l_1—— 梯形上底长，m l_2—— 梯形下底长，m h_4'—— 梯形的高度，m

（三）辐流式沉淀池

1. 基本构造

辐流式沉淀池是一种圆形的、直径较大而有效水深相应较浅的沉淀池（也有将池子做成方形的）。通常采用中心进水、周边出水，污水自进水管流入中心管，经穿孔挡板均匀分配，向四周辐射流向周边的出水堰。下沉的污泥由刮泥机刮至池中心，经排泥管排出（图 2-19）。有少量的辐流式沉淀池采用周边进水、中心出水或周边进水、周边出水的方式，其构造如图 2-20 所示。

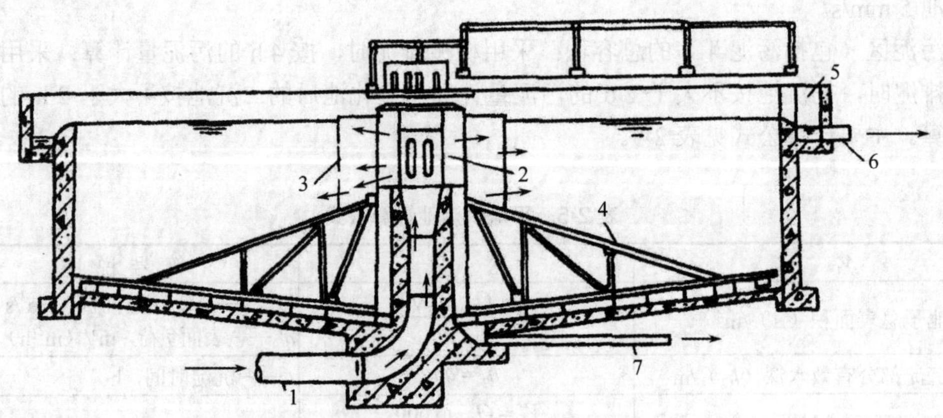

1—进水管；2—中心管；3—穿孔挡板；4—刮泥机；5—出槽；6—出水管；7—排泥管。

图 2-19　中心进水的辐流式沉淀池

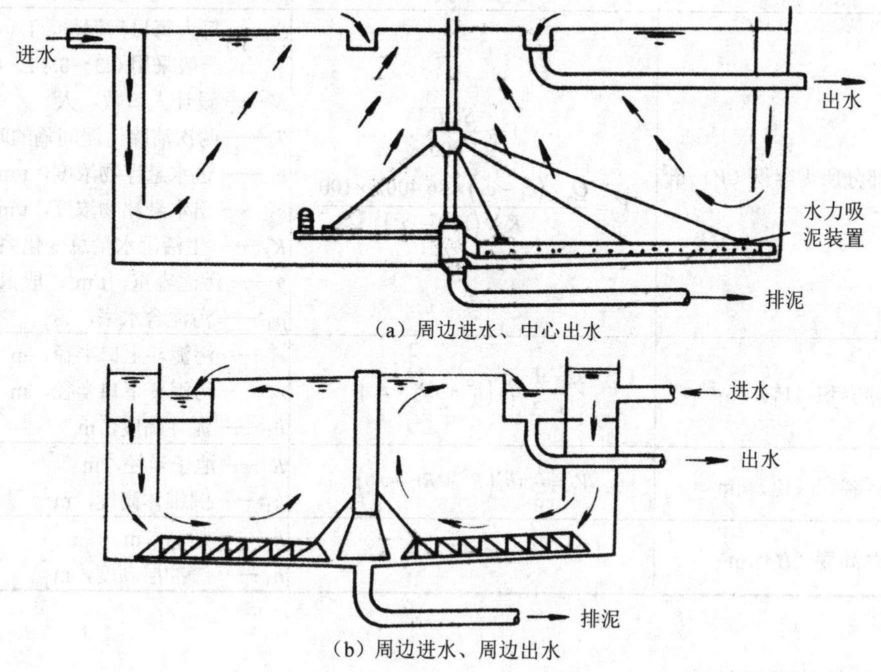

图 2-20 周边进水的辐流式沉淀池

辐流式沉淀池的直径(或正方形的一边)与有效水深之比宜为 6～12，水池直径不宜大于 50 m，坡向泥斗的底坡不宜小于 0.05。穿孔挡板开孔面积为过水断面积的 6%～20%。沉淀的污泥一般采用机械排泥，大多采用周边传动的刮泥机，其驱动装置设在桁架的外缘，刮泥机桁架的一侧装有刮渣板，可将浮渣刮入设于池边的浮渣箱。池径小于 20 m 时，一般用中心传动的刮泥机，其驱动装置设在池子中心走道板上。刮泥机的旋转速度一般为 1～3 r/h，刮泥板的外缘线速度不宜大于 3 m/min。如果池的直径较小，不想采用机械排泥，也可再用多斗排泥，但管理比较麻烦。

2．设计计算

辐流式沉淀池的设计内容主要包括：各部分尺寸的确定、进出水方式，以及排泥装置的选择。辐流式沉淀池取池半径 1/2 处的水流断面作为计算断面，计算公式见表 2-6。

表 2-6 辐流沉淀池计算公式

名　称	公　式	符号说明
(1) 沉淀部分水面面积(F) /m²	$F=\frac{Q_{max}}{nq'}$	Q_{max} —— 最大设计流量，m³/s n —— 池数，个 q' —— 表面负荷，m³/(m²·h)
(2) 池子直径(D) /m	$D=\sqrt{\frac{4F}{\pi}}$	
(3) 沉淀部分有效水深(h_2) /m	$h_2=q't$	t —— 沉淀时间，h
(4) 沉淀部分有效容积(V') /m³	$V'=\frac{Q_{max}}{n}t$　或 $V'=Fh_2$	

名　称	公　式	符号说明
(5) 污泥部分所需容积（V）/m^3	$V=\frac{SNT}{1\,000}$ $V=\frac{Q_{max}(c_1-c_2)\times 86\,400T\times 100}{K_Z\gamma(100-\rho_0)}$	S——每人每日污泥量，L/（人·d），一般采用 0.3～0.8 L/（人·d） N——设计人口数，人 T——两次清除污泥间隔的时间，d c_1——进水悬浮物浓度，t/m^3 c_2——出水悬浮物浓度，t/m^3 K_Z——生活污水量总变化系数 γ——污泥容重，t/m^3，取 1.0 t/m^3 ρ_0——污泥含水率，%
(6) 污泥斗容积（V_1）/ m^3	$V_1=\frac{1}{3}\pi h_5\left(r_1^2+r_1r_2+r_2^2\right)$	r_1——污泥斗上口半径，m r_2——污泥斗下口半径，m h_5——泥斗高度，m
(7) 缓冲区容积（V'）/ m^3	$V_1'=\frac{1}{3}\pi h_4\left(R^2+Rr_1+r_1^2\right)$	R——池子半径，m h_4——圆锥体高度，m
(8) 池子总高度（H）/m	$H=h_1+h_2+h_3+h_4+h_5$	h_1——超高，m h_3——缓冲层高度，m

（四）竖流式沉淀池

1. 基本构造

竖流式沉淀池在平面图形上一般呈圆形或正方形，原水通常由设在池中央的中心管流入，在中心管的下端经反射板拦阻，均匀散开折向上流，水中沉速超过上升流速的悬浮颗粒则向下沉降到污泥斗中，清水从池的顶部周边流出，如图 2-21 所示。由于水流在沉降区的流动方向是从下到上做竖向流动，故称竖流池。

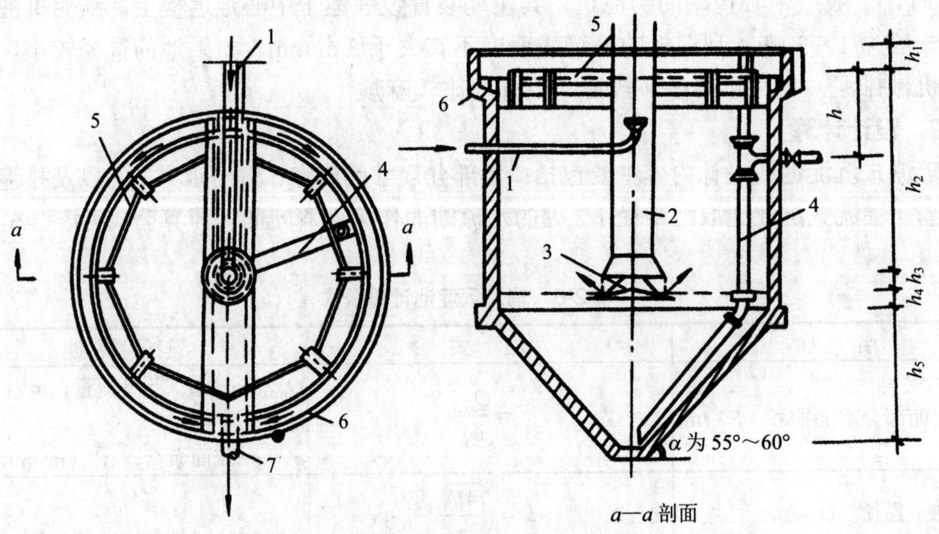

1—进水管；2—中心管；3—反射板；4—排泥管；5—出水挡板；6—出水槽；7—出水管。

图 2-21　圆形竖流式沉淀池

为了达到池内水流均匀分布的目的，直径或边长不能太大，一般为4～7 m，不宜大于10 m。池径或边长与有效水深的比值≤3。中心管内的流速不宜大于30 mm/s，中心管下口应设有喇叭口及反射板，具体尺寸如图2-22所示。反射板板底距泥面至少0.3 m。如果池子直径＞7 m，为了使池内水流分布均匀，可增设辐射方向的流出槽，流出槽前设挡板以隔除浮渣。污泥依靠静水压力将污泥从排泥管中排出，排泥管直径、污泥斗尺寸、排泥静水压力等参数同前。

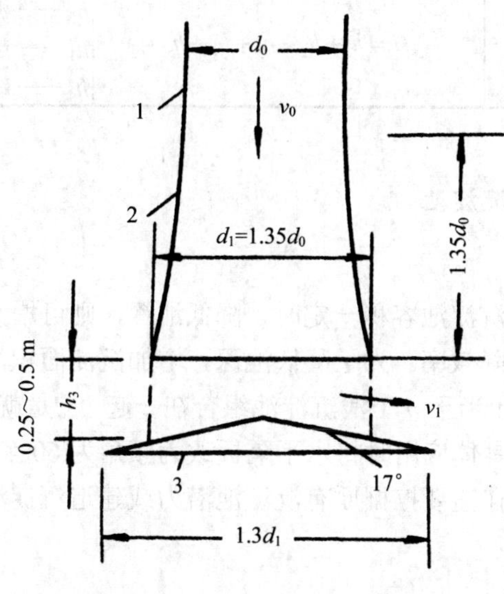

1—中心管；2—喇叭口；3—反射板。

图2-22 中心管及反射板的结构尺寸

2. 设计计算

竖流式沉淀池设计公式见表2-7。

表2-7 竖流沉淀池计算公式

名 称	公 式	符号说明
（1）中心管面积（F）/m^2	$f=\frac{Q_{max}}{v_0}$	q_{max}—— 每池最大设计流量，m^3/s v_0—— 中心管内流速，m/s v_1—— 污水由中心管喇叭口与反射板之间的缝隙流出速度，m/s d_1—— 喇叭口直径，m v—— 污水在沉淀池中的流速，m/s t—— 沉淀时间，h S—— 每人每日污泥量，L/（人·d），一般采用0.3～0.8 L/（人·d） N—— 设计人口数，人 T—— 两次清除污泥间隔时间，d c_1—— 进水悬浮物浓度，t/m^3
（2）中心管直径（D）/m	$d_0=\sqrt{\frac{4f}{\pi}}$	
（3）中心管喇叭口与反射板之间的缝隙高度（h_2）/m	$h_3=\frac{q_{max}}{v_1\pi d_1}$	
（4）沉淀部分有效端面积（V）/m^3	$A=\frac{q_{max}}{v}$	
（5）沉淀池直径（D）/m	$D=\sqrt{\frac{4A(A+f)}{\pi}}$	
（6）沉淀部分有效水深（h_2）/m	$h_2=vt\times 3\,600$	

名　称	公　式	符 号 说 明
（7）污泥部分所需容积（V）/ m^3	$V=\dfrac{SNT}{1\,000}$ $V=\dfrac{Q_{\max}(c_1-c_2)\times 86\,400T\times 100}{K_Z\gamma(100-\rho_0)}$	c_2 —— 出水悬浮物浓度，t/m^3 K_Z —— 生活污水量总变化系数 γ —— 污泥容重，t/m^3，取 1.0 t/m^3 ρ_0 —— 污泥含水率，%
（8）圆截锥部分容积（V_1）/m^3	$V_1=\dfrac{1}{3}\pi h_5(R^2+Rr+r^2)$	R —— 圆锥上口半径，m r —— 圆锥下口半径，m
（9）池子总高度（H）/m	$H=h_1+h_2+h_3+h_4+h_5$	h_5 —— 泥斗高度，m h_1 —— 超高，m h_4 —— 缓冲层高度，m

（五）斜板（管）式沉淀池

1．基本构造

根据哈真浅池理论，沉淀池容积一定时，降低池深，则可增大表面积，进而可降低表面负荷，提高沉淀池的沉降效率。为了降低池深，增加沉淀面积，可考虑在沉淀池内加水平隔板将其分成 n 层，这相当于 n 个浅沉淀池组合在一起，于是就可将沉淀面积增加 n 倍。为了解决排泥的问题，在具体应用时将水平隔板改为倾角为 60°斜板或斜管（图 2-23），这就是斜板（管）沉淀池。在需要挖掘原有沉淀池潜力或建造沉淀池面积受限制时，常用到斜板（管）沉淀池。

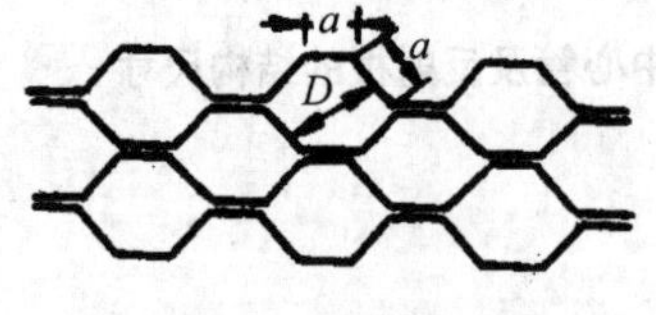

I — I 剖面

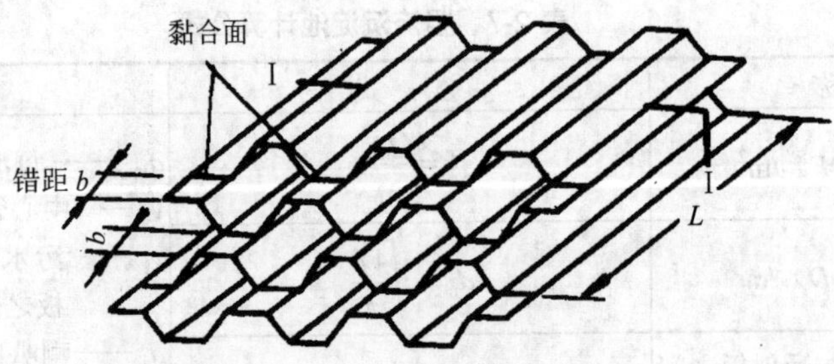

图 2-23　塑料片正六角形斜管黏合

斜板（管）沉淀池的沉淀效率高，不但有浅池理论作依据，而且由于平板的间距（或管道的管径）较小，各层又相互隔开，互不干扰，能够很好地满足水流紊动性和稳定性的要求，也为水中固体颗粒的沉降提供了十分有利的条件。

斜板沉淀池按水流方向，可分为同向流（水流与污泥方向相同）、异向流（水流与污泥方向相反）、侧向流（水流与污泥方向垂直）三种形式；斜管沉淀池只有同向流和异向流两种。在这几种形式中，以异向流应用得最广。在异向流斜板（管）沉淀池中，水流向上流动，污泥下滑（图 2-24）。

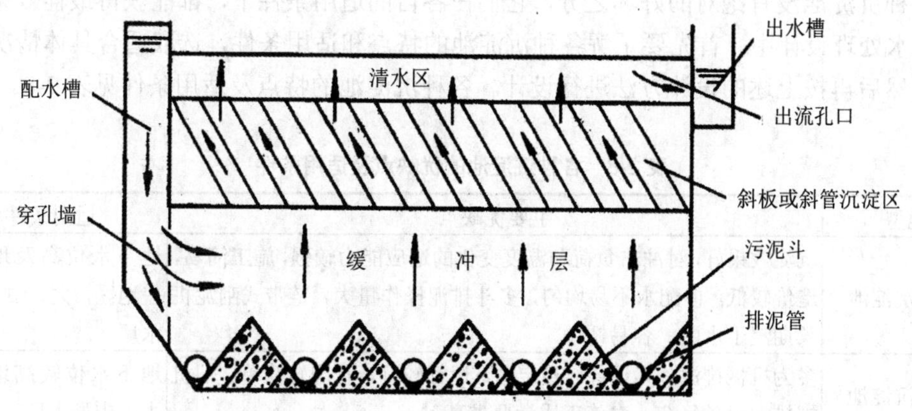

图 2-24　异向流斜管沉淀池

斜板（管）区下面的缓冲层高度为 1.0 m。斜板（管）区上面的清水区高度为 0.7～1.0 m。斜板（管）斜长为 1.0～1.2 m，倾角为 60°，斜板净距（或斜管孔径）为 80～100 mm。板（管）材要求轻质、坚固、无毒、价廉，目前较多采用聚丙烯塑料或聚氯乙烯塑料，国内许多厂家生产有定型产品。斜板（管）因容易积泥或滋生藻类而会引起堵塞，因此，斜板（管）沉淀池应设冲洗设施。

2．设计计算

由于斜板（管）沉淀池的许多参数都是固定的，其设计计算比较简单。斜板（管）沉淀池的设计仍可采用表面负荷来计算。表面负荷值可取表 2-5 推荐值的 2 倍。以异向流斜板（管）沉淀池为例介绍设计计算如下：

（1）清水区面积

$$A=\frac{Q}{0.91q} \tag{2-14}$$

式中：Q —— 设计流量，m^3/h；

q —— 表面负荷，$m^3/(m^2 \cdot h)$，取表 2-5 推荐值的 2 倍；

0.91 —— 斜板区面积利用系数。

（2）沉淀池高度

$$H=h_1+h_2+h_3+h_4+h_5 \tag{2-15}$$

式中：h_1 —— 沉淀池超高，一般取 0.3 m；

h_2 —— 清水区高度，m；

h_3 —— 斜板（管）沉淀区高度，m，根据斜板（斜管）长度和倾角计算；

h_4 —— 缓冲层高度，m；

h_5 —— 污泥区高度，m，计算方法参见平流沉淀池。

（六）各种沉淀池特点比较

各种沉淀池没有绝对的好坏之分，它们在各自的适用条件下，都能获得最佳效果。因此，在水处理设计中，首先要了解各种沉淀池的特点和适用条件，选取适合具体情况的沉淀池，然后再按上述的设计方法进行设计。各种沉淀池的特点及适用条件见表 2-8。

表 2-8 各种沉淀池的优缺点及适用条件

池型	主要优缺点	适用条件
平流式沉淀池	沉淀效果好，对冲击负荷和温度变化的适应能力较强，施工简易，造价较低。但配水不易均匀，多斗排泥操作量大，链带式刮泥机长期浸于水中，容易锈蚀	地下水位高及地质较差地区，大、中、小型水厂
辐流式沉淀池	多为机械排泥，其设备已趋定型，运行较好，管理较简单。但机械排泥设备复杂，对施工质量要求高	地下水位较高地区，大、中型水厂
竖流式沉淀池	排泥方便，管理简单，占地面积小。但池深大，造价高，对冲击负荷和温度变化的适应能力较差，池径不宜过大，否则布水不均匀	小型水厂
斜板（管）式沉淀池	停留时间短，水力条件好，沉淀效率高，占地省。但斜管费用较高，且 5～10 年后须更换，斜板（管）内可能滋生藻类和积泥，要求絮凝池有良好的絮凝效果	大、中、小型水厂

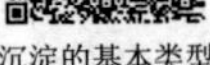
沉淀的基本类型

沉淀过程分析

平流沉淀池

斜管沉淀池

三、沉砂池

沉砂池的功能是从污水中分离密度相对较大（约 2.65 g/cm^3）的无机颗粒，例如砂、炉灰渣等。它一般设在泵站、沉淀池之前，用于保护机件和管道免受磨损，还能使沉淀池中的污泥具有良好的流动性：不仅能防止排放与输送管道被堵塞，而且能分离无机颗粒和有机颗粒，便于分别处理和处置。

根据沉砂池的功能，应注意控制沉砂池内的水流速度，只让密度为 2～3 g/cm^3、粒径＞0.2 m 的无机颗粒沉淀下来，而有机颗粒应随水流出进入下一处理单元。

沉砂池的设计流量应按分期建设考虑，如果污水是自流进入，按每期的最大设计流量计算；如果是提升进入，按每期工作水泵的最大组合流量计算；合流制处理系统，按合流设计流量计算。

城市污水的沉砂量按 0.03 L/m^3 计算，生活污水的沉砂量按 0.01～0.02 L/（人·d）计算，沉砂的含水率约 60%，密度为 1 500 kg/m^3。沉砂池的砂斗容积不应大于 2 d 的沉砂量，采用重力排砂时，砂斗的斗壁与水平面的夹角不应小于 55°。沉砂池一般采用机械排砂的方法，并经砂水分离后贮存或外运；采用人工时，排砂管直径不应小于 200 mm。砂的流动性不如污泥，排砂管应考虑防堵塞措施。

常用的沉砂池有平流沉砂池、曝气沉砂池和旋流沉砂池。

（一）平流沉砂池

1．基本构造

平流沉砂池结构简单，截留效果好，是沉砂池中常用的一种。平流沉砂池由入流渠、出流渠、闸板、水流部分、沉砂斗和排砂管组成，一般设为一池两渠的形式，如图 2-25 所示。平流沉砂池的水流部分，实际上是一个加宽加深的明渠，两端设有闸板，以控制水流，池底设 1～2 个贮砂斗，利用重力排砂，也可用射流泵或螺旋泵排砂。

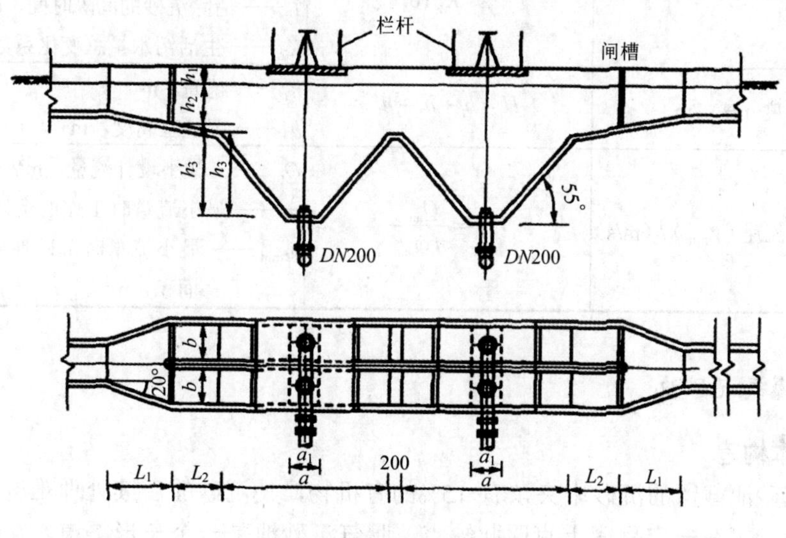

图 2-25　平流沉砂池工艺

2．设计计算

平流沉砂池的设计思路是：根据最大水平流速、最大水力停留时间和有效水深计算出沉砂池的尺寸，然后用最小流速核算，以免过多的污泥随砂粒一起沉淀下来。主要参数如下：

① 池内最大流速为 0.3 m/s，最小流速为 0.15 m/s；

② 最高流量的停留时间不应小于 30 s，一般采用 30～60 s；

③ 有效水深不应大于 1.2 m，一般采用 0.25～1.0 m，每格宽度≥0.6 m；

④ 贮砂斗容积一般按 2 d 内沉砂量考虑；

⑤ 沉砂池超高不宜小于 0.3 m；

⑥ 沉砂池座数或分格数不应少于 2 个，按并联设计，当污水量较少时，可考虑一格工作，一格备用；最小流量时，最小流速应大于 0.15 m/s。

主要计算公式（无砂粒沉降资料）见表 2-9。

表 2-9　平流沉砂池计算公式

名　称	公　式	符 号 说 明
(1) 长度（L）/m	$L=vt$	v —— 最大设计流量时的流速，m/s t —— 最大设计流量时的流行时间，s
(2) 水流断面面积（A）/m^2	$A=\frac{Q_{max}}{v}$	Q_{max} —— 最大设计流量，m^3/s
(3) 池子总宽度（B）/m	$B=\frac{A}{h_2}$	h_2 —— 设计有效水深，m
(5) 沉砂室所需容积（V）/m^3	$V=\frac{Q_{max}XT86\,400}{K_Z10^6}$	X —— 污水沉砂量，$m^3/10^6\ m^3$（污水），一般采用 30 T —— 清除沉砂的间隔时间，d K_Z —— 生活污水量总变化系数
(6) 池子总高度（H）/m	$H=h_1+h_2+h_3$	h_1 —— 超高，m h_3 —— 沉砂室高度，m
(7) 验算最小流速（V_{min}）/（m/s）	$V_{min}=\frac{Q_{min}}{n_1\omega_{min}}$	Q_{mix} —— 最小设计流量，m^3/s n_1 —— 最小流量时工作的沉砂池数目，个 ω_{min} —— 最小流量时沉砂池中的水流断面面积，m^2

（二）曝气沉砂池

1. 基本构造

普通沉砂池截留的沉砂中夹杂有 15%的有机物，使沉砂的后续处理难度增加，采用曝气沉砂池，可在一定程度上克服此缺点。曝气沉砂池是一个长形渠道，在沉砂池的集砂槽一侧池壁上，距集砂槽底 60～90 cm 的高度处，沿进水端到出水端的整个长度，安装曝气装置，在池底的另一侧有坡度 0.1～0.5 的坡向集砂槽（以保证砂粒滑入集砂槽）（图 2-26）。

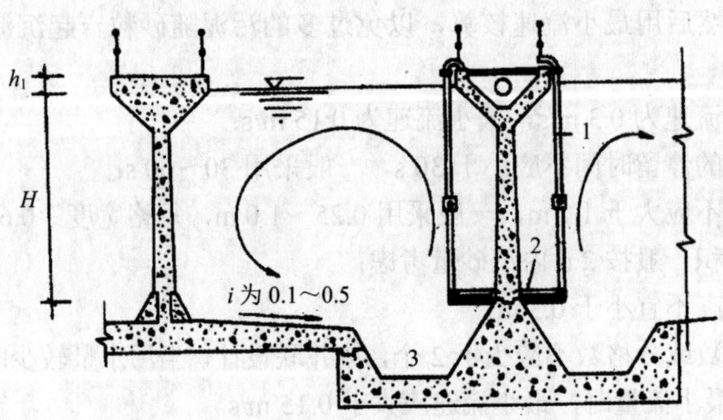

1—压缩空气管；2—空气扩散组件；3—集砂槽。

图 2-26　曝气沉砂池

在水流从进水端流向出水端的过程中，由于曝气的作用，池内水流产生与主流垂直的横向旋流，因此，水流在池内呈螺旋状前进。水的旋流运动，增加了无机颗粒相互碰撞和摩擦的机会，能把砂粒表面的有机物擦掉，获得较纯净的砂粒。在旋流的离心力作用下，这些密度较大的砂粒被甩向外部沉入集砂槽，而密度较小的有机物随水流向前流动而被带到下一处理单元。另外，在水中曝气可脱臭，改善水质，有利于后续处理，还可起到预曝气作用。

2. 设计计算

主要设计参数：

① 最大旋流速度为 0.25～0.30 m/s，水平前进流速为 0.1 m/s。

② 最大流量的停留时间应大于 2 min。

③ 有效水深 2～3 m，宽深比 1.0～1.5。

④ 处理 1 m^3 污水的曝气量为 0.1～0.2 m^3 空气，使旋流速度达到 0.25～0.30 m/s 即可。

⑤ 为防止水流短路，进水方向应与池中旋流方向一致，出水方向应与进水方向垂直。

主要计算公式见表 2-10。

表 2-10 曝气沉砂池计算公式

名　称	公　式	符号说明
(1) 沉砂池总有效容积 (*V*) /m^3	$V=Q_{max}t\times 60$	Q_{max} —— 最大设计流量，m^3/s t —— 最大设计流量时的流行时间，s
(2) 水流断面面积 (*A*) /m^2	$A=\dfrac{Q_{max}}{v_1}$	v_1 —— 最大设计流量时的水平流速，m^3/s，一般采用 0.06～0.12
(3) 池子总宽度 (*B*) /m	$B=\dfrac{A}{h_2}$	h_2 —— 设计有效水深，m
(6) 池长 (*L*) /m	$L=\dfrac{V}{A}$	
(7) 每小时所需空气量 (*q*) /(m^3/h)	$q=dQ_{max}\times 3\,600$	d —— 1 m^3 污水所需空气量，m^3/m^3，一般采用 0.2

（三）钟式沉砂池

钟式沉砂池的结构为圆形，水流状态是旋流，也称旋流沉砂池，如图 2-27 所示。污水从切线方向进入，池中设有可调速的转盘和叶片，使池内水流保持螺旋状环流。在离心力的作用下，污水中密度较大的砂粒被甩向池壁，掉入砂斗；有机物则被留在污水中，随水排走进入下一处理单元。通过调整转速，可以达到最佳沉砂效果。沉砂可用砂泵或空气提升器排除，清洗水回流至沉砂区。

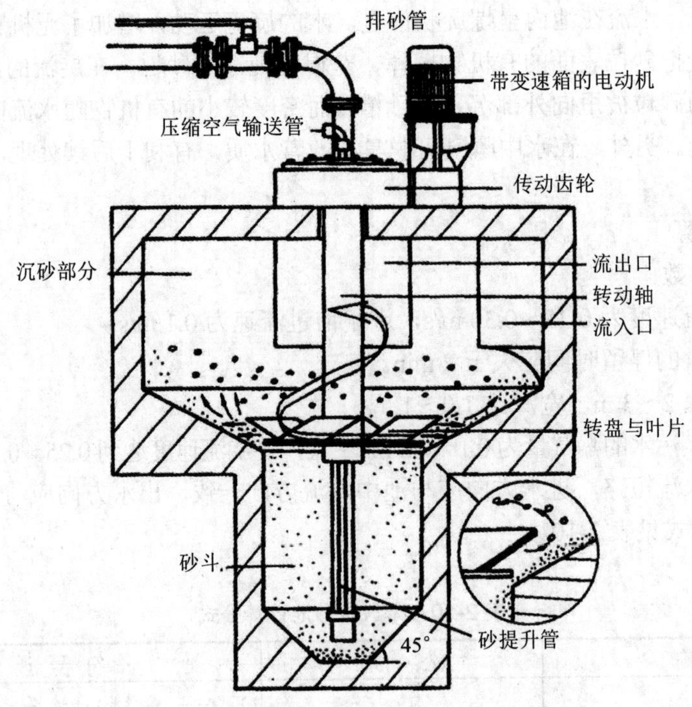

图 2-27 钟式沉砂池

钟式沉砂池已有定型产品可供选用，不用自己单独设计。

不同型号钟式沉砂池的处理流量及各部分尺寸见表 2-11 和图 2-28。

表 2-11 钟式沉砂池各部分尺寸

流量/(L/s)	*A*	*B*	*C*	*D*	*E*	*F*	*G*	*H*	*J*	*K*	*L*
50	1.83	1.0	0.305	0.61	0.30	1.40	0.30	0.30	0.20	0.80	1.10
110	2.13	1.0	0.308	0.76	0.30	1.40	0.30	0.30	0.30	0.80	1.10
180	2.43	1.0	0.405	0.90	0.30	1.55	0.40	0.30	0.40	0.80	1.15
310	3.05	1.0	0.610	1.20	0.30	1.55	0.45	0.30	0.45	0.80	1.35
530	3.06	1.5	0.750	1.50	0.40	1.70	0.60	0.51	0.58	0.80	1.45
880	4.87	1.5	1.00	2.00	0.40	2.20	1.00	0.51	0.60	0.80	1.85
1 320	5.48	1.5	1.10	2.20	0.40	2.20	1.00	0.61	0.63	0.80	1.85
1 750	5.80	1.5	1.20	2.40	0.40	2.50	1.30	0.75	0.70	0.80	1.95
2 200	6.10	1.5	1.20	2.40	0.40	2.50	1.30	0.89	0.75	0.80	1.95

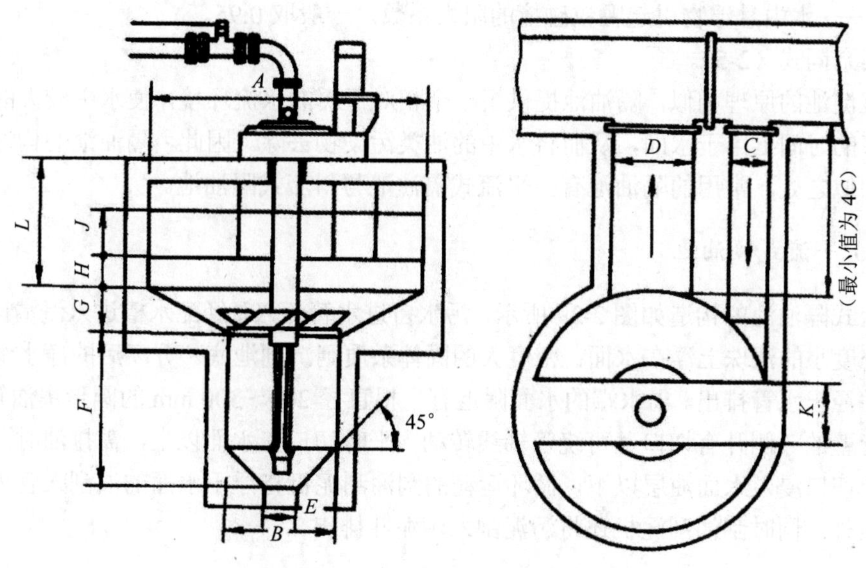

图 2-28 钟式沉砂池各部分尺寸

四、隔油池

（一）含油污水中油的种类与油粒上浮

含油污水主要来源于石油、石油化工、钢铁、炼焦、机械加工与修理、屠宰、餐饮业等工矿企业。在一般的生活污水中，油脂占总有机物的 10%。

油类污染物按组成成分可分为两类：第一类包括动物或植物脂肪；第二类是原油或矿物油的液体部分。

污水中的油类按其存在状态可分为 4 类：

① 浮油：油珠的粒径一般在 100～150 μm，很容易浮于水面形成油膜或油层。浮油是含油污水的主要油组分。

② 分散油：油珠的粒径一般在 10～100 μm，悬浮于水中，静置一定时间后可形成浮油。

③ 乳化油：油珠粒径＜10 μm，一般为 0.1～2 μm，通常由于污水中含有表面活性剂而使之形成稳定的乳化状态，即使长期静置也难以从水中分离出来。乳化油必须先经过破乳处理转化为浮油，然后再加以分离。

④ 溶解油：油珠粒径有的可小到几个纳米，其溶解度很小，在水中呈溶解状态。溶解油的含量一般不大，通常利用化学或生化方法将其分解去除。

对于浮油和分散油等较大的不稳定悬浮油珠颗粒来说，由于油珠颗粒的密度比水小，在静止状态下，油珠颗粒能够上浮。其上浮过程与前面所讲的密度大于水的颗粒的沉淀类同，其上浮的速度可用修正的斯托克斯（Stokes）公式表示：

$$u = \frac{\beta g(\rho - \rho_s)d^2}{18\mu} \tag{2-16}$$

式中：β——水中悬浮物引起颗粒碰撞的阻力系数，一般取 0.95。

其余同式（2-5）。

与沉淀池的原理相似，隔油池提供了一个相对平缓的水流环境，使水中较大的油珠颗粒有足够的时间上浮于水面，从而将水中的油类污染物去除。因此，隔油池的构造与沉淀池也有相似之处。常用的隔油池有：平流式隔油池与斜流式隔油池。

（二）平流式隔油池

平流式隔油池的构造如图 2-29 所示，污水自进水管流入，经配水槽进入澄清区。在该区内，密度小的油珠上浮在水面；密度大的固体杂质则沉到池底。分离后的净水继续流向出水槽并经出水管排出。出水端的水面附近有一根直径 200～300 mm 的圆形集油管，沿其长度在管壁的一侧开有切口并可绕管轴线转动。平时切口在水面以上，需排油时，转动集油管，使切口浸入水面油层以下，循环运动的刮油刮泥机将浮于水面的油刮入管内，沿管道导出池外；同时刮油刮泥机还将污泥刮入污泥斗排出。

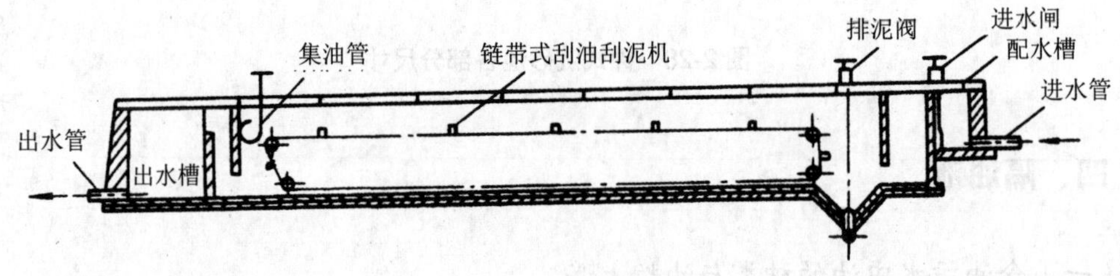

图 2-29 平流式隔油池

污水在池内停留时间一般为 1.5～2 h，水平流速很低，一般为 2～5 mm/s，最大不超过 15 mm/s。隔油池有效水深为 1.5～2 m，池宽和池深之比一般为 0.3～0.4，池长和池深之比不小于 4，超高不应小于 0.4 m。池上应加盖板，以防止石油气味的散发，同时还起着防雨、防火和保温作用。

平流隔油池的设计一般按油粒上升速度计算。油粒上浮速度 u 可通过试验求出（同沉淀的方法）或直接应用式（2-16）计算。

（1）表面面积

$$A=\alpha\frac{Q}{u} \tag{2-17}$$

式中：Q—— 污水流量，m^3/h；

α—— 修正系数，与隔油池内污水水平流速和油粒上浮速度的比值（v/u）有关，其值按表 2-12 查取。

表 2-12 隔油池修正系数α与 v/u 值的关系

v/u	20	15	10	6	3
α	1.74	1.64	1.44	1.37	1.28

（2）过水断面

$$A_c = \frac{Q}{v} \tag{2-18}$$

（3）池长

$$L = \alpha \frac{v}{u} h \tag{2-19}$$

式中：h —— 隔油池有效水深，m。

平流式隔油池应用较早，它的优点是构造简单，运行管理方便，除油效果稳定。缺点也比较明显：体积大，占地面积大，处理能力低，除油率一般为 60%～70%，且只能除去浮油，这影响了它的推广使用。

（三）斜板式隔油池

斜板式隔油池是借鉴斜板式沉淀池的思路，由平流隔油池改良发展而来，其构造如图 2-30 所示。池内装置的波纹板间距为 20～50 mm，倾角 45°。污水流入隔油池后，沿板面向下流，从出水堰排出。污水从斜板中通过时，水中的油粒上浮到上层板的下表面，并沿板的下表面向上流动，最后从位于水表面的集油管排走；水中的污泥则沉到下板的上表面，滑落入池底部并通过排泥管排出。

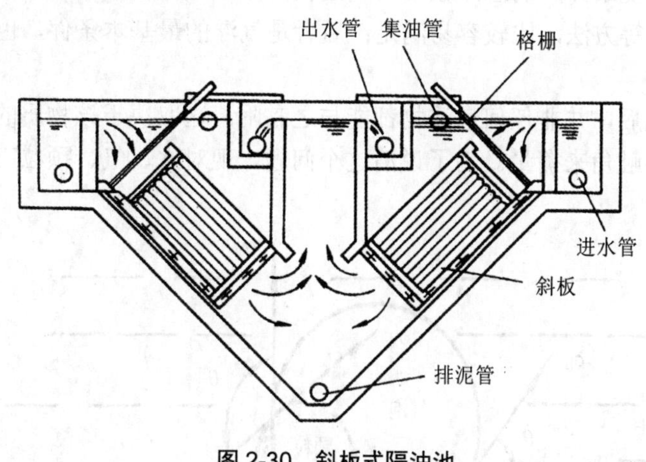

图 2-30 斜板式隔油池

由于大幅度缩短了油粒上浮距离，因此这种隔油池的油水分离效率较高，可分离油滴的最小直径约为 60 μm，污水在池中停留时间一般不大于 30 min，占地面积只有平流式的 1/4～1/3，除油有效率为 70%～80%。我国新建的隔油池大多采用斜板式隔油池。

近些年还广泛使用一种叫“粗粒化装置”的小型高效油水分离装置，其原理是让污水通过一种亲油性粗粒化材料，粗粒化材料快速吸附、黏附水中的微小油粒，并在其表面凝聚粗粒化成大的油滴，这些大油滴可以很容易地利用上浮去除。粗粒化装置除油率很高，可除去 1～2 μm 的油粒，出水含油量可降至 20 mg/L 以下。另外，设备占地面积也小，药剂、动力消耗低，不产生二次污染，是一种很有发展前途的除油装置。

另外，对于难以处理的含油废水，采用气浮除油也是一个很好的方法。

第四节 气 浮

从斯托克斯公式可以看出，对于密度与水接近的颗粒，无论是沉淀还是上浮，其运动速度都很小甚至为零。因此，直接采用上一节所讲的沉淀与上浮方法处理密度与水接近的颗粒，效果都不理想。

气体的密度远小于水以及水中的颗粒物，如果能向水中注入大量的微气泡，并使其与水中欲去除的颗粒黏附在一起，形成密度比水小得多的气浮体，就很容易上浮至水面形成浮渣，从而将这些密度与水接近的颗粒分离出来。这种处理方法称为气浮，也称浮选。在污水处理领域，气浮广泛应用于：分离地面水中的细小悬浮物、藻类及微絮体；代替二次沉淀池，分离和浓缩剩余活性污泥；浓缩化学混凝处理产生的絮状化学污泥；回收含油污水中的悬浮油及乳化油；回收工业污水中的有用物质，如造纸厂污水中的纸浆纤维等。

一、气浮原理

从上面介绍的气浮思路可知，实现气浮分离必须满足两个条件：一是水中有足够数量的微小气泡；二是使欲分离的悬浮颗粒与气泡黏附形成气浮体并上浮。前者可以采用向水中充气、溶气减压等方法，比较容易满足；后者是气浮的最基本条件，也是气浮处理成功与否的关键。

水中通入气泡后，并非任何悬浮物都能与之黏附。这取决于该物质的润湿性。润湿性的大小可用润湿接触角来衡量。为了说清这个问题，现对水、气、颗粒三相黏附界面做一分析（图 2-31）。

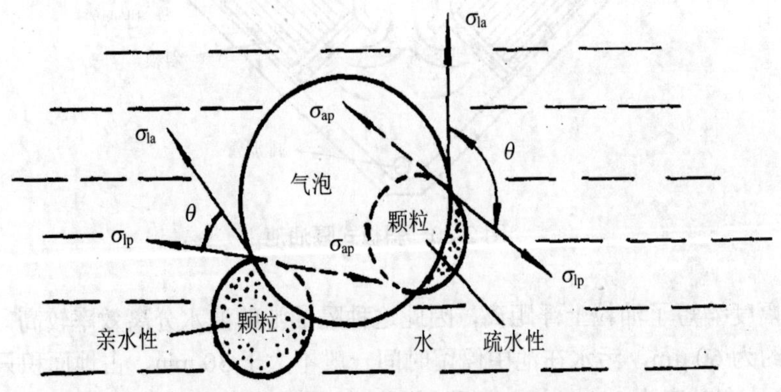

图 2-31 亲水性和疏水性颗粒的接触角

在水、气、颗粒三相交界处，不同介质的相表面上因受力不均匀而存在界面张力，图 2-31 中，σ_{la}为水-气界面张力，σ_{lp}为水-固界面张力，σ_{ap}为气-固界面张力。水-气界面张力σ_{la}与水-固界面张力σ_{lp}的夹角θ称为固体颗粒的润湿接触角。润湿接触角大小取决于固体颗粒的表面特性。接触角越大，固体颗粒润湿性越弱，颗粒与气泡接触面也就越大，两者结合牢固，容易黏附气泡形成气浮体。通常将$\theta<90°$的颗粒，称为亲水性颗粒；$\theta>90°$的颗粒，称为疏水性颗粒。

因此，气浮的第二个条件，实际上就是要求欲去除颗粒表面具有疏水性。对于本身就是疏水性的颗粒，可直接用气浮法去除；而对于亲水性颗粒，就需要采取措施改变其表面特性使其变成疏水性颗粒，这样才可用气浮法去除。在实际生产中，为提高气浮处理的分离效率，往往都投加浮选剂。浮选剂主要是一种能改变水中悬浮颗粒表面润湿性的表面活性物质，其分子中既有极性基团又有非极性基团，它能将极性基团吸附于亲水颗粒表面，而非极性基指向水相。这样，在亲水性颗粒的表面形成一层非极性吸附层，从而使颗粒具有疏水性，可利用气浮处理去除。

在气浮过程中，悬浮颗粒是靠黏附微气泡上浮的，因此水中气泡的数量、分散度、稳定性等都直接影响气浮分离效率。

往水中充入同样体积的空气量，如果气泡体积越小，则气泡数量越多、表面积越大、分散度越高，那么气泡与悬浮颗粒接触、黏附的机会就越多，气浮效果也就越好。实践证明，气泡直径在 100 μm 以下才能很好地附着在悬浮物上面。

在气浮过程中往水中加入一定浓度的表面活性物质，表面活性物质将与气泡相互作用，非极性端伸入气相，极性端伸向水中，由于电荷的相斥作用，从而增加了微气泡的稳定性。这样可促进气泡在水中弥散，防止微气泡兼并变为大气泡；同时也可避免气浮体上升到水面后，由于气泡很快破灭不能形成稳定的气浮泡沫层，而在被刮渣设备去除之前，再次沉入水中。

任何事物都有两面性，表面活性物质虽然可改变颗粒的润湿性、气泡的稳定性，对气浮有利。但当其含量超过一定的限度后，会使油类严重乳化，这时尽管起泡现象强烈，泡沫形成良好，但浮选效果却很差。对于乳化油的气浮应先向污水中投加破乳剂。

用于气浮的药剂种类很多，按其作用不同，可分为捕收剂、起泡剂、调整剂等。捕收剂能改善颗粒润湿性，提高可浮性，常见品种有硬脂酸、脂肪酸及其盐类、胺类等。起泡剂的作用是确保产生大量微细且均匀的气泡，并保持泡沫的稳定，通常为表面活性剂。调整剂的作用是提高气浮过程的选择性、加强捕收剂的作用并改善气浮条件。

气浮处理方法按气泡产生方式的不同分为溶气气浮、充气气浮及电解气浮三类。

二、溶气气浮

溶气气浮是先将空气在压力下送入水中，然后减压使水中的过饱和空气以微细的气泡形式释放出来，从而使水中的杂质颗粒被黏附形成气浮体，上浮到水面分离。溶气气浮产生的气泡直径只有 20～100 μm，粒径均匀，并且可人为控制气泡与污水的接触时间，净化效果比较好。

根据气泡在水中析出时所处压力的不同，溶气气浮又分为加压溶气气浮和溶气真空气浮两类。溶气真空气浮在负压下工作，设备构造复杂，运行维护管理都不方便，生产上应用较少。加压溶气气浮法是目前应用最广泛的一种气浮方法。下面只讲加压溶气气浮。

（一）基本流程

根据加压空气与水的混合方式不同，加压溶气气浮的基本流程可分以下三种。

1. 全流程溶气气浮法

全部污水用泵加压至 3～4 个大气压，在溶气罐内，空气溶解于污水中，然后通过减压阀将污水送入气浮池。析出许多小气泡与污水中的颗粒物形成气浮体，逸出水面，在水面上形成浮渣。用刮板将浮渣连续排入浮渣槽，经浮渣管排出池外，处理后的污水通过集水系统排出。其特点为：溶气量大，动力消耗较大，气浮池容积小（图 2-32）。

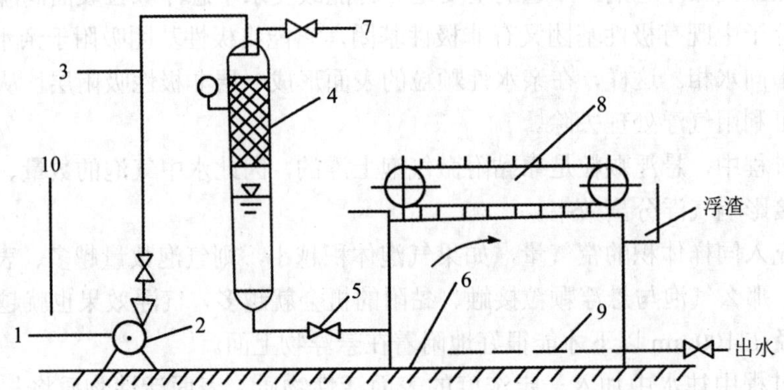

1—原水；2—加压泵；3—空气；4—压力溶气罐（内含填料）；5—减压阀；
6—气浮池；7—放气阀；8—刮渣机；9—集水系统；10—化学药剂。

图 2-32 全溶气方式加压气浮流程

2．部分溶气气浮法

取部分污水（通常占总水量的 15%～40%）加压溶气，其余污水直接进入气浮池并在气浮池中与溶气水混合。其特点为：动力消耗低，溶气罐的容积较小，气浮池的大小与全部进水加压溶气气浮法相同，但较部分回流溶气气浮法小（图 2-33）。

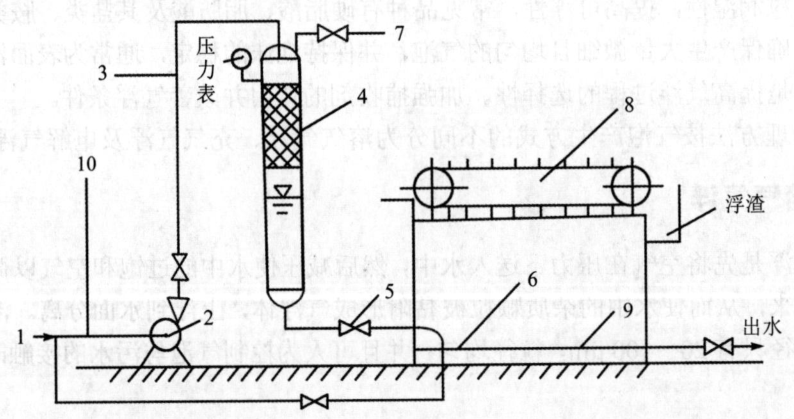

1—原水；2—加压泵；3—空气；4—压力溶气罐（内含填料）；5—减压阀；
6—气浮池；7—放气阀；8—刮渣机；9—集水系统；10—化学药剂。

图 2-33 部分溶气方式加压气浮流程示意

3．部分回流溶气气浮法

取部分出水进行回流加压溶气，减压后进入气浮池，与直接进入气浮池的污水混合。回流量一般为污水的 25%～50%。其特点为：动力消耗低，气浮过程中不促进乳化，避免了原水中悬浮物对溶气罐的影响，是生产中最常采用的一种形式（图 2-34）。

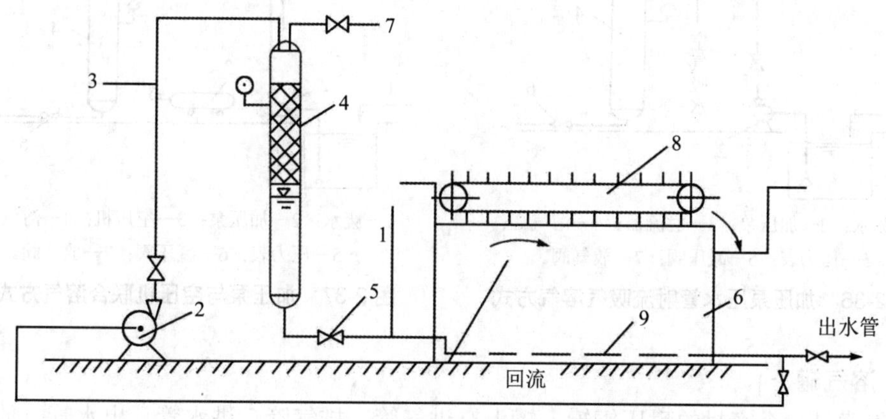

1—原水；2—加压泵；3—空气；4—压力溶气罐（内含填料）；5—减压阀；6—气浮池；7—放气阀；8—刮渣机；9—集水系统。

图 2-34 部分回流溶气方式加压气浮流程示意

（二）主要设备

从基本流程中就可以看出，加压溶气气浮法的主要设备有：加压泵、供气设备、溶气罐、减压阀、溶气释放器和气浮池等。

1．加压泵

加压泵用于提升污水，并对水气混合物加压，使受压空气溶于水中。压力越高，则溶气量越大，溶气水量越少，压力过高或过低均对气浮不利，应根据气浮所需空气量的多少、溶气罐的大小等选取。

2．供气设备

供气方式有加压泵吸水管吸气、加压泵压水管射流吸气和加压泵—空压机联合溶气三种方式（图 2-35～图 2-37）。泵前进气，是由水泵压水管引出一支管返回吸水管，在支管上安装水力喷射器，省去了空压机。前两种方式，所需设备比较简单，能耗较高，一般用于对气浮要求不高且水量较小的工程。第三种方法是目前常用的供气方法，由空气压缩机直接向溶气罐供给空气，溶气效果好、功耗较小，但设备复杂难以操作，而且空压机的噪声一般比较大。

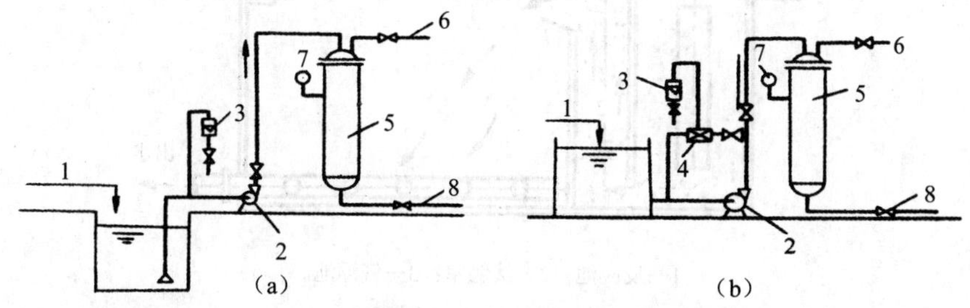

1—废水；2—加压泵；3—气量计；4—射流器；5—溶气管；6—放气管；7—压力表；8—减压阀。

图 2-35 加压泵吸水管吸气溶气方式示意

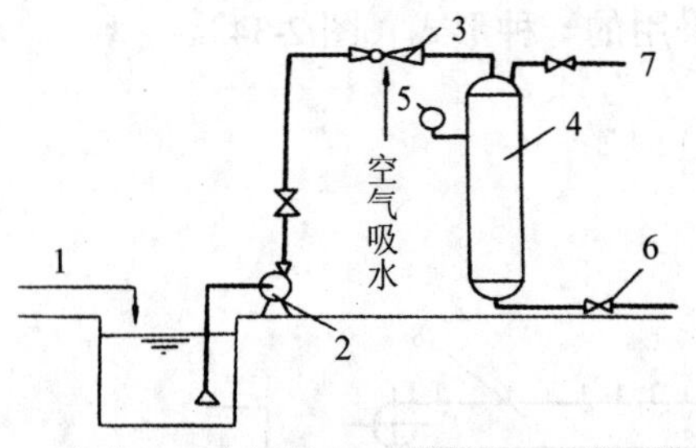

1—废水；2—加压泵；3—射流器；4—溶气罐；5—压力表；6—减压阀；7—放气阀。

图 2-36 加压泵压水管射流吸气溶气方式

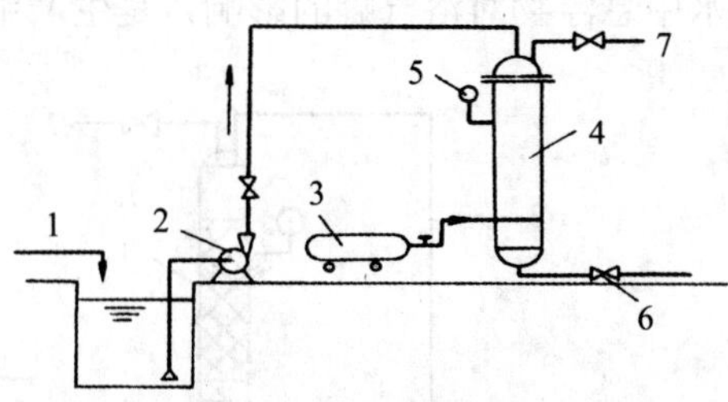

1—废水；2—加压泵；3—空压机；4—溶气罐；5—压力表；6—减压阀；7—放气阀。

图 2-37 加压泵与空压机联合溶气方式

3．溶气罐

溶气罐是一个密封的耐压钢罐，罐上有进气管、排气管、进水管、出水管、放空管、液位计与压力表等。空气与水在罐内混合、溶解。为了提高溶气量和速度，罐内常设若干隔板或填料。操作时需定期开启罐顶放空阀，将积存在罐顶部未溶解的空气排掉，以免减少罐容，影响气浮效果。

4．减压释放设备

减压释放设备的作用是使压力溶气水中的溶解空气在减压后迅速以气泡形式释放出来，满足气浮需要。生产中采用的减压释放设备有减压阀和专用释放器两类。

减压阀可利用现成的截止阀，比较简单，其缺点是：开启度难以准确调节，流量容易改变，减压阀安装在气浮池外，在减压阀后的管道内容易造成气泡合并变大。

专用释放器是根据溶气释放规律制造的，安置在气浮池内压力溶气水管道的末端。其优点是消能释气瞬间完成，几乎能将水中溶解的空气全部释放出来，而且释放的微气泡平均直径较小（20～30 μm），气泡密集，附着性能好。由于形成强烈的搅动和涡流，会产生微细气泡。

5．气浮池

提供水中悬浮颗粒与微气泡黏附、上升、去除的场所，目前常用的气浮池有平流式和竖流式两种，均为敞口式水池（图 2-38、图 2-39）。

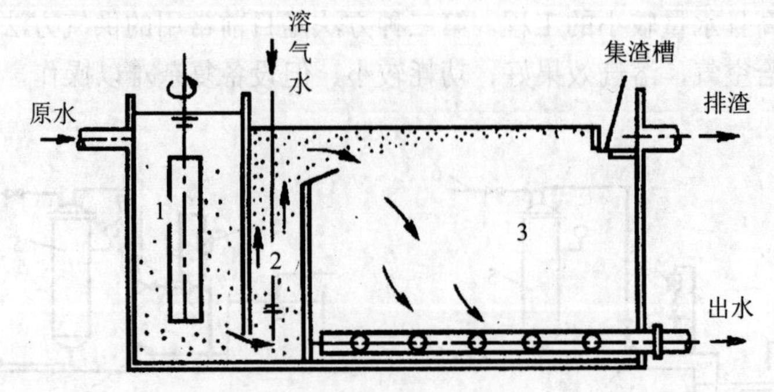

1—反应池；2—接触室；3—气浮池。

图 2-38 平流式气浮池

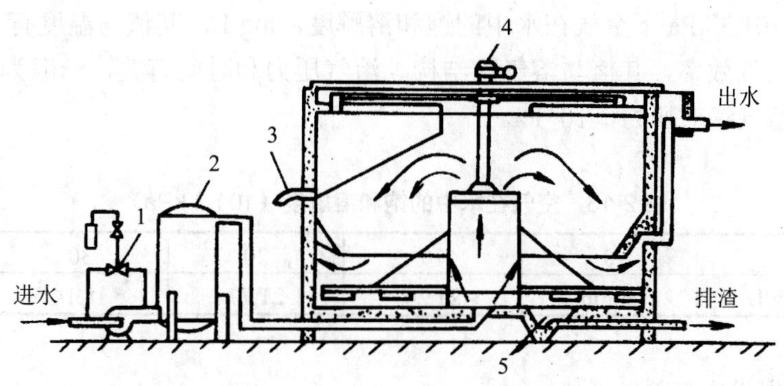

1—射流器；2—溶气罐；3—泡沫排出管；4—变速装置；5—沉渣斗。

图 2-39　竖流式气浮池

竖流式气浮池结构紧凑，水力条件好，但结构复杂，维护检修比较麻烦。平流式气浮池的池深较浅，构造简单，造价低，管理方便，目前应用较多。

（三）设计计算

本书以应用最多的回流溶气平流气浮池为例，介绍气浮池设计的基本方法。

气浮池的设计计算比较简单，主要是确定溶气水量和所需提供的空气量，计算气浮池的体积、尺寸，其余设备根据需要选取即可。

1．主要设计参数

① 溶气罐的压力为 0.2～0.4 MPa。混合时间一般为 2～5 min。

② 气固比 G/S（空气析出量与原水中悬浮固体量的比值）应按气浮效率的要求通过实验确定。当无实测数据时，一般可选用 0.005～0.060，原水的悬浮物含量高时，取下限，低时则取上限。

③ 气浮池的表面负荷通常为 5～10 $m^3/(m^2 \cdot h)$。废水在气浮池停留时间为 10～20 min。

④ 平流气浮池的有效工作水深一般为 1.5～2.0 m，不超过 2.5 m。对长宽比没有严格要求，一般以单格宽度不超过 10 m、池长不超过 15 m 为宜。

⑤ 一般采用刮渣机逆水流方向定期刮渣，刮渣机的水平移动速度控制在 5 m/min 以内。

⑥ 气浮池集水应力求均匀，一般采用穿孔集水管，给水管的最大流速宜控制在 0.5 m/s 左右。

2．主要计算公式

（1）压力溶气水量

$$Q_r = \frac{c_0 Q(\mathrm{G/S})}{a_0(fp-1)} \tag{2-20}$$

式中：Q_r —— 压力溶气水量，m^3/h；

c_0 —— 污水中悬浮污染物浓度，mg/L；

Q —— 污水流量，m^3/h；

G/S —— 气固比，见设计参数说明；

a_0 —— 101.3 kPa 下空气在水中的饱和溶解度，mg/L，其值与温度有关（表 2-13）；

f —— 溶气效率，其值与溶气罐结构、溶气压力和时间有关，一般为 0.5～0.8；

p —— 溶气绝对压力，10^5 Pa。

表 2-13　空气在水中的饱和溶解度（101.3 kPa）

温度/℃	0	10	20	30	40
溶解度 a_0/（mg/L）	36.06	27.26	21.77	18.14	15.51

（2）所需提供空气量

$$Q_a = \frac{Q_r K_T p}{f} \tag{2-21}$$

式中：Q_a —— 所需提供空气量，L/h；

K_T —— 溶解常数，随温度而变，L/（m^3·kPa），不同温度下的 K_T 值见表 2-14。

表 2-14　不同温度下的 K_T 值

温度/℃	0	10	20	30	40	50
K_T/[L/（m^3·kPa）]	0.285	0.218	0.180	0.158	0.135	0.120

设计空气量应按所需提供空气量的 1.25 倍供给，以留有余地。通常，空气的实际用量为处理水量的 1%～5%（体积比）。

（3）气浮池的面积

$$A = \frac{Q_r + Q}{v_s} \tag{2-22}$$

式中：A —— 气浮池的面积，m^2；

v_s —— 气浮池内水流下降的平均速度，m/h，其值等于气浮池的表面负荷。

气浮池的尺寸，参照前面的参数说明确定（略）。

三、充气气浮

充气气浮没有溶气设备，直接将空气注入气浮池水中，利用机械剪切力将空气粉碎成细小的气泡进行浮选。充气气浮所形成的气泡直径大约为 1 000 μm，气浮效率不太高。但由于设备简单，对于水量较小、悬浮颗粒较大而且处理效率要求不高的废水，用充气气浮比较方便，成本较低。目前应用较多的是叶轮气浮和扩散板曝气气浮。

1. 叶轮气浮

叶轮气浮设备如图 2-40 所示。在气浮池底部设有旋转叶轮，在叶轮的上面装着带有导向叶片的固定盖板，盖板上有孔洞。当电动机带动叶轮旋转时，在盖板下形成负压，空气从进气管吸入，污水由盖板上的小孔进入，在叶轮的搅动下，空气被粉碎成细小的气泡，并与水充分混合成为水气混合体，甩出导向叶片之外，又经整流板稳流后，在池体内平稳地垂直上升，进行浮选。形成的泡沫不断地被刮板刮出池外。

这种气浮池采用正方形，边长不超过叶轮直径的 6 倍。叶轮直径一般为 200～400 mm，最大不超过 700 mm，叶轮转速为 900～1 500 r/min。池有效水深一般为 1.5～2.0 m，最大不超过 3.0 m。气浮时间为 15～20 min。

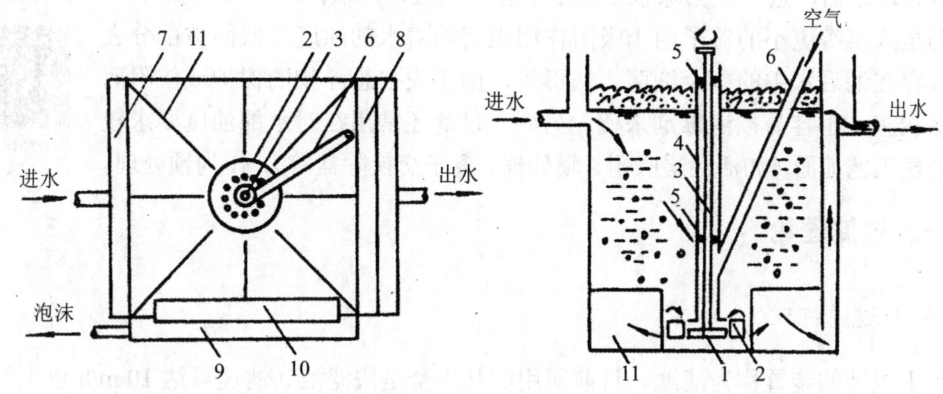

1—叶轮；2—盖板；3—转轴；4—轮套；5—轴承；6—进气管；7—进水槽；8—出水槽；9—泡沫槽；10—刮沫板；11—整流板。

图 2-40　叶轮气浮设备构造

2. 扩散板曝气气浮

构造原理与一般的曝气池相似。在气浮池的下部，安置有扩散板或微孔管等曝气装置，压缩空气直接通过曝气装置的微细孔隙，以微小气泡的形式进入水中，进行气浮。为了提高气浮效率，应尽量控制气泡的体积，所以曝气装置的微细孔隙一般做得比较小，但在使用中容易发生微孔堵塞。

四、电解气浮

电解气浮是在直流电的作用下，用不溶性材料作阳极与阴极对污水进行电解，在阴阳两极分别产生大量的氢气和氧气微小气泡，将污水中悬浮颗粒黏附并带到水面，达到分离净化污水的目的。在电解气浮的过程中，在阳极附近电离形成的氢氧化物一般呈絮状，可起着混凝剂的作用，能使气浮过程和混凝过程结合进行。电解气浮法所产生的气泡直径远小于充气气浮和溶气气浮，气浮效果较好，产渣量少，装置构造也比较简单；另外，电解气浮还具有氧化、脱色和杀菌作用。因此，电解气浮是一种很有前途的污水净化方法。它的缺点主要是耗电量大。

第五节　过　滤

从广义上讲，过滤就是利用过滤介质对流动水流中的悬浮颗粒施加一定的限制，而流动的水流继续向前流动将悬浮物抛弃，从而完成固液分离。前面所讲的格栅、筛网以及第四章的膜分离等都可归属为过滤，这些过滤方法都是将颗粒物截流在过滤介质的表面，所以又称为表面过滤。平常所讲的过滤，一般是指采用一定厚度的粒状过滤介质（以下简称“滤料”）层进行过滤，过滤时，水中的颗粒物可以深入过滤介质层的内部，所以又称滤层过滤。本节只讲这种过滤。

在废水处理中，过滤一般用于废水的深度处理（包括中水回用）。用在混凝、沉淀或澄清等处理之后，进一步去除水中的细小悬浮颗粒，降低浊度。在过滤时，水中有机物、细菌乃至病毒等更小的粒子由于吸附作用也将随着水的浊度降低而被部分去除。残存在滤后水中的剩余细菌、病毒等，由于失去悬浮物的保护或依附而呈裸露状态，也容易被消毒剂杀死。另外，过滤还常用在对水的浊度要求较高的处理工艺前面（如活性炭吸附、膜处理、离子交换除盐等），作为预处理。

过滤的机理

一、过滤理论

（一）过滤机理

用于过滤的装置称为滤池。目前所用的几乎全是快滤池（滤速可达 10 m/h 以上），其基本组成是以 0.5～1.2 mm 石英砂作为滤料，滤料层厚度一般为 70 cm 左右。过滤时，水自上而下流过，将杂质阻留在滤料层中，得到清水；阻留杂质过多、失去过滤功效时，用清水自下而上反冲洗，将滤料冲洗干净后就可重新开始过滤。

水流自上而下通过滤料层时，水中颗粒的运动过程可分为 3 个阶段：① 颗粒迁移，被水流挟带的颗粒由于拦截、沉淀、惯性、扩散、水动力等物理-力学作用，脱离水流流线向滤料颗粒表面靠近；② 颗粒黏附，由于物理-化学作用，水中悬浮颗粒被黏附在滤料颗粒表面上，或黏附在滤粒表面原来黏附的颗粒上；③ 颗粒剥落，在黏附的同时，已黏附在滤料上的悬浮颗粒在水流剪切力的作用下，重新进入水中，被下层滤料截留，避免了污泥局部聚积，使整个滤料的截污能力得以发挥。因此，过滤主要是悬浮颗粒与滤料颗粒之间黏附作用的结果，过滤机理可以归纳为以下 3 种主要作用。

1．阻力截留

当污水自上而下流过颗粒滤料层时，粒径较大的悬浮颗粒首先被截留在表层滤料的空隙中，随着此层滤料间的空隙越来越小，截污能力也变得越来越大，逐渐形成一层主要由被截留的固体颗粒构成的滤膜，并由它起重要的过滤作用。

2．重力沉降

污水通过滤料层时，众多的滤料表面提供了巨大的沉降面积。水中颗粒由于自身的重力作用或惯性作用而脱离流线被抛向滤料表面。

3．接触絮凝

由于滤料具有巨大的比表面积，它对悬浮物有明显的物理吸附作用。此外，静电力等也会使滤料颗粒黏附水中的悬浮颗粒，就像在滤料层内部发生接触絮凝。

在实际过滤过程中，上述 3 种机理往往同时起作用，只是因条件不同而有主次之分。对粒径较大的悬浮颗粒，以阻力截留为主；对于细微悬浮物，以发生在滤料深层的重力沉降和接触絮凝为主。

（二）滤料层中杂质分布规律

由于反冲洗时的水力筛分作用，在滤料层中按自上而下的顺序，滤料粒径逐渐由细到粗，滤层中孔隙尺寸也因此逐渐由小增大。根据过滤时颗粒运动过程的分析可知：在过滤开始阶段，水中颗粒首先被表层滤料截留；随着过滤时间延长，越来越多的颗粒被黏附在滤料上，并陆续脱落向下层移动被下层滤料截留。由于表层滤料粒径最小，其黏附比表面积也最大，截留杂质量最多，而滤料间孔隙尺寸却又最小。因此，滤料截留的颗粒杂质主要集中在滤料层的上部，尤其是其表面。过滤到一定程度后，表层滤料间的孔隙将会逐渐被堵塞，甚至在滤料层表面形成一层“泥膜”[图 2-41（a）]，致使过滤阻力剧增。此时，如果继续过滤，将会导致以下几种结果：① 在一定过滤水头下，滤速急剧减小，产水效率下降；② 在一定滤速下水头损失达到极限值，无法满足过滤水头要求；③ 由于滤层表面受力不均匀而使“泥膜”产生裂缝[图 2-41（b）]，大量的水流自裂缝中流出，造成水中杂质颗粒穿透滤层而使出水水质恶化。无论哪种情况，即使下层滤料的截留能力尚未完全发挥作用，也必须停止过滤，冲洗滤料，恢复滤料的过滤能力。

滤料层能容纳杂质的多少及其分布规律受进水水质、水温、滤速、滤料粒径级配、滤料形状，以及水中颗粒的凝聚程度等许多因素影响。

单位体积滤层中所截留的杂质量，称为滤层截污量。在一个过滤周期内，整个滤层单位体积滤料中的平均含污量，称为“滤层含污能力”，单位以 g/cm^3 或 kg/m^3 计。图 2-42 曲线与坐标轴包围面积除以滤层总厚度即为滤层含污能力。在滤层厚度一定的条件下，此面积越大，滤层含污能力也越大。在水质不变、滤速不变的情况下，提高滤层含污能力可相应延长过滤周期。

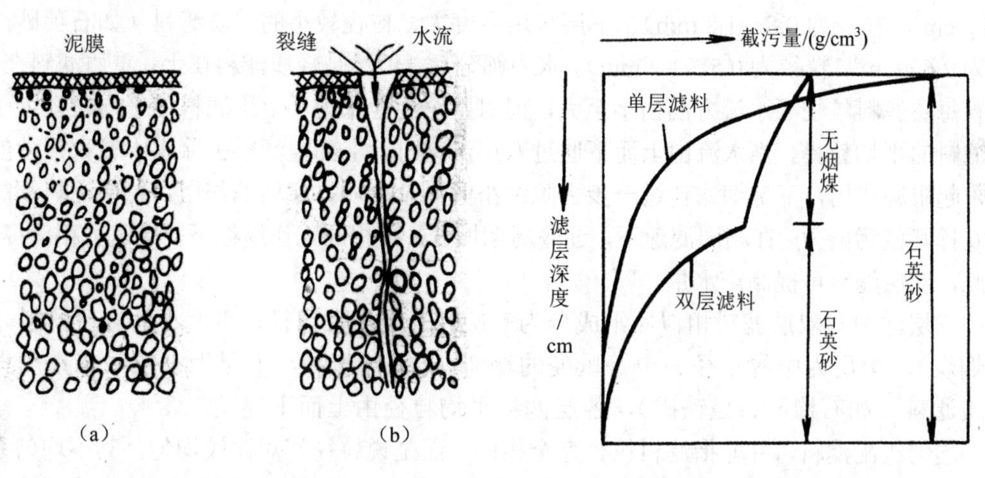

图 2-41 滤池“泥膜”示意　　图 2-42 滤料层杂质分布

为提高整个滤层含污能力，最好采用“反粒度”过滤方法，即顺水流方向，滤料粒径由大到小。实现“反粒度”过滤有两种途径：一是改变水流方向，如“上向流”过滤（下部进水、上部出水）、“双向流”过滤（上下进水、中间出水），这种滤池结构复杂，操作不方便，应用上有一定的局限性；二是改变滤料层的组成，比较有代表性的为双层滤料滤池、三层滤料滤池及均匀级配滤料滤池，它们的滤料组成如图 2-43 所示。

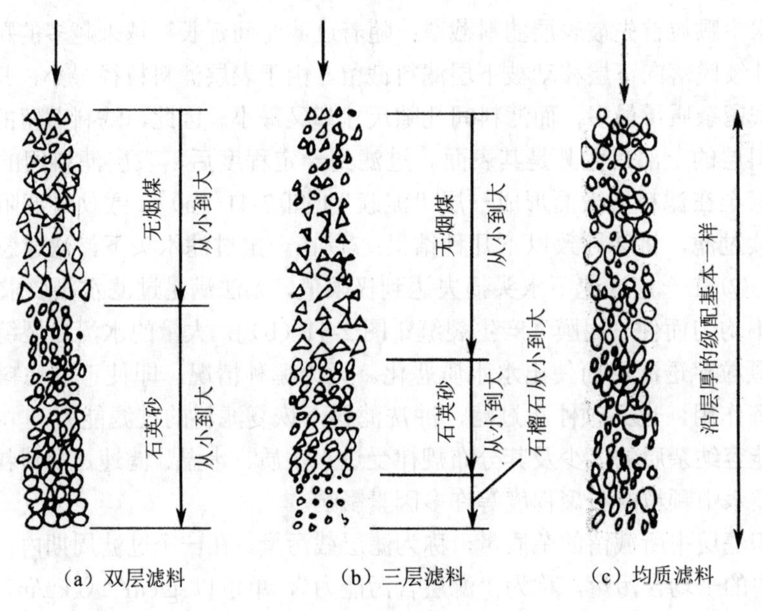

(a) 双层滤料　(b) 三层滤料　(c) 均质滤料

图 2-43　滤料层构造

双层滤料的组成为：上层采用密度小、粒径较大的轻质滤料（如无烟煤，密度约 1.5 g/cm^3，粒径为 0.8～1.8 mm），下层采用密度大、粒径较小的重质滤料（如石英砂，密度为 2.6 g/cm^3，粒径为 0.5～1.2 mm）。水力筛分后，仍然是轻质滤料在上，重质滤料在下。尽管每层滤料粒径顺水流方向由小至大，但对整个滤池来说，上层滤料的平均粒径大于下层滤料的平均粒径。当水流由上而下通过双层滤料时，上部粗滤料去除水中较大尺寸的杂质，起粗滤作用，下部细滤料进一步去除细小的剩余杂质，起精滤作用，每层滤料都能充分发挥其截污能力。在相同滤速下，过滤周期增长；在相同工作周期下，滤速可相应提高。因此，双层滤料可提高产水量。

三层滤料与双层滤料相似，组成分为三层：上层为大粒径、重度小的轻质滤料（如无烟煤），中层为中等粒径、中等重度的滤料（如石英砂），下层为小粒径、重度大的重质滤料（如石榴石、磁铁矿），各层滤料平均粒径由上而下递减。

均匀级配滤料，并非指滤料粒径完全相同，而是说粒径相对比较均匀，其不均匀系数 K_{80}（K_{80} 的含义参见下节滤料内容）一般为 1.3～1.4。在铺设滤料层时，整个滤层深度方向的任一横断面上，滤料组成和平均粒径均匀一致。反冲洗时，一般采用气—水反冲洗，避免产生水力筛分。

（三）过滤的水头损失

在过滤过程中，待滤水流经滤层时，由于滤层的阻力所产生的压力降，称为水头损失。水头损失是滤池设计、运行必须考虑的一个指标。

过滤开始时，滤层是干净的，水流经过干净滤层的水头损失称“清洁滤层水头损失”，或称“起始水头损失”，用 h_0 表示。可采用卡曼-康采尼（Carman-Kozony）公式计算：

$$h_0 = 180 \frac{\nu}{g} \cdot \frac{(1-m_0)^2}{m_0^3} \left(\frac{1}{\varphi \cdot d_0} \right)^2 l_0 \upsilon \tag{2-23}$$

式中：h_0 —— 清洁滤层水头损失，cm；

ν —— 水的运动黏度，cm^2/s；

g —— 重力加速度，981 cm/s^2；

m_0 —— 滤料孔隙率；

d_0 —— 与滤料体积相同的球体直径，cm；

l_0 —— 滤层厚度，cm；

υ —— 滤速，cm/s；

φ —— 滤料颗粒球度系数。

随着过滤过程的进行，滤料层截留杂质越来越多，孔隙变小。当滤层上部截留了大量杂质，以至滤层某一深度处的水头损失超过该处水深时，便出现负水头现象。图 2-44 中，过滤时间为 t_2 时，a 和 c 之间的部位，出现负水头现象，其中砂面以下 25 cm 的 b 处出现最大负水头。

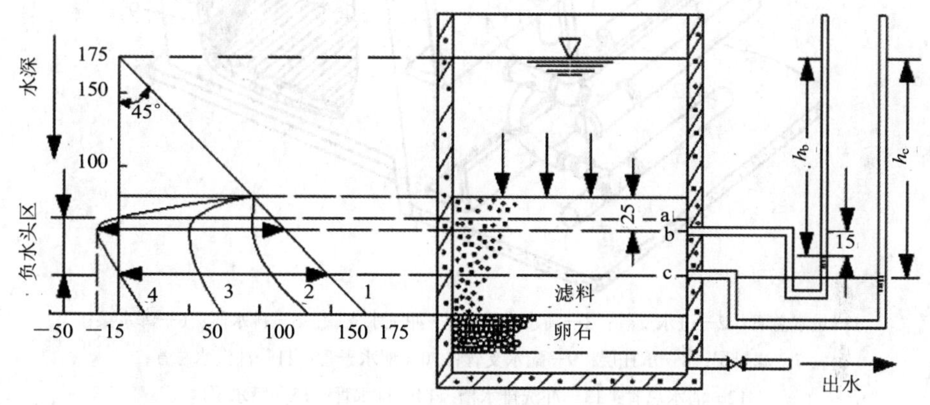

1—静水压强线；2—清洁滤料过滤时水压线；

3—过滤时间为 t_1 时的水压线；4—过滤时间为 t_2（$t_2 > t_1$）时的水压线。

图 2-44　过滤时滤层压力变化

负水头会导致溶解于水中的气体释放出来形成气囊，从而减少有效过滤面积，使滤速和水头损失增加，甚至会影响滤后水的水质。另外，气囊还会穿过滤层上升，有可能把部分细滤料或轻质滤料带出，破坏滤层结构。反冲洗时，气囊更易将滤料带出滤池。

要避免出现负水头现象，一般有两种解决方法：一是增加滤层上的水深；二是使滤池出水水位等于或高于滤层表面。虹吸滤池和无阀滤池由于其出水水位高于滤层表面，所以不会出现负水头现象。

二、快滤池组成与构造

（一）普通快滤池组成与工作过程

发展到今天，快滤池的类型很多，很难进行归纳分类，一般只能根据它们的某些特点（如滤料层、水流方向、阀门位置、工作压力等）进行相对区分。尽管各种滤池形式不同，但其基本组成都是一样的，都包括池体、滤料、配水系统与承托层、反冲洗装置等几部分。工作过程也都是过滤、冲洗两个阶段交替进行。最容易说明快滤池组成和工作原理的普通快滤池如图 2-45 所示。

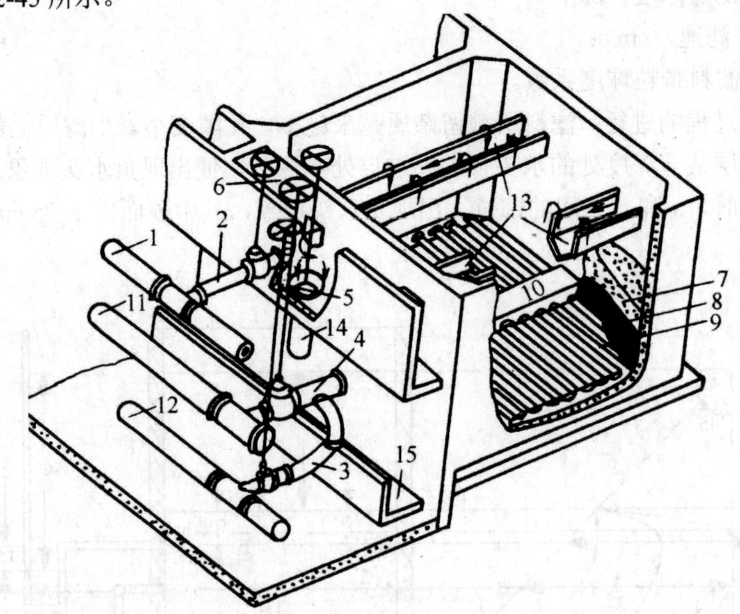

1—进水总管；2—进水支管；3—清水支管；4—冲洗水支管；5—排水阀；6—浑水渠；7—滤料层；8—承托层；9—配水支管；10—配水干管；11—冲洗水总管；12—清水总管；13—冲洗排水槽；14—排水管；15—废水渠。

图 2-45　普通快滤池构造剖视

1．过滤

过滤时，开启进水支管 2 与清水支管 3 的阀门；关闭冲洗水支管 4 的阀门与排水阀 5。浑水依次经过进水总管 1、进水支管 2、浑水渠 6 进入滤池，进入的滤池水经过滤料层 7、承托层 8 过滤后，由配水支管 9 汇集起来，再经配水干管 10、清水支管 3、清水总管 12 流往清水池。

浑水流经滤料层时，水中杂质即被截留在滤料层中。随着滤料层中截留杂质量越来越多，滤料颗粒间孔隙越来越小，滤层中的水头损失越来越大。当水头损失增至一定程度（普通快滤池一般为 2.0～2.5 m），以至于滤池出水流量下降，甚至滤出水的浊度有所上升、不符合出水水质要求时，滤池就要停止过滤，进行反冲洗。

2．反冲洗

反冲洗时，关闭进水支管 2 与清水支管 3 的阀门；开启排水阀 5 与冲洗水支管 4 的阀门。冲洗水依次经过冲洗水总管11、冲洗水支管4、配水干管10进入配水支管9，冲洗水通过配水支管9及其上面的许多孔眼流出，由下而上穿过承托层及滤料层，均匀地分布在滤池平面上。滤料在由下而上的水流中处于悬浮状态，由于水流剪力及颗粒间的相互碰撞作用，滤料颗粒表面杂质被剥离下来，从而得到清洗。冲洗废水经冲洗排水槽13、浑水渠6、排水管14、废水渠15进入下水道。冲洗一直进行到滤料基本洗干净为止。

冲洗结束后，即可关闭冲洗水支管4的阀门与排水阀5，开启进水支管2与清水支管3的阀门，重新开始过滤。

（二）滤料

从前述的过滤理论可知，滤料的主要作用是作为载体提供黏附水中细小悬浮物所需的面积。根据其用途，对滤料的要求如下：

① 具有足够的机械强度，以防冲洗时滤料产生磨损和破碎现象。

② 具有足够的化学稳定性，以免滤料与水产生化学反应而恶化水质，尤其不能含有对人类健康和生产有害的物质。

滤料

③ 具有一定的颗粒级配和适当孔隙率，外形接近球形，表面比较粗糙而有棱角。

④ 最好能就地取材，货源充足，价格低廉。

石英砂是使用最广泛的滤料。在双层和多层滤料中，常用的还有无烟煤、磁铁矿、石榴石、金刚砂、钛铁矿等。在轻质滤料中，可采用聚苯乙烯及陶粒等。

1．滤料粒径级配

滤料大都是由天然矿物经粉碎而制得的，其颗粒大小不等，形状不规则。通常用粒径（正好可通过某一筛孔的孔径）表示滤料颗粒的大小，用不均匀系数表示滤料粒径级配（即不同粒径颗粒所占的质量比例）。在《室外给水设计规范》（GB 50013—2019）中，用滤料有效粒径（d_{10}）和滤料不均匀系数（K_{80}）来规定滤料粒径级配。

有效粒径（d_{10}）是指滤料经筛分后，小于总质量10%的滤料颗粒粒径。

不均匀系数（K_{80}）是指滤料经筛分后，小于总质量 80%的滤料颗粒粒径与有效粒径之比。其具体计算公式为：

$$K_{80}=\frac{d_{80}}{d_{10}} \tag{2-24}$$

式中：d_{10} —— 有效粒径，它反映滤料中细颗粒尺寸，mm;

d_{80} —— 小于总质量80%的滤料颗粒粒径，反映滤料中粗颗粒尺寸，mm。

K_{80}越大，说明粗、细滤料颗粒的尺寸相差越大，颗粒越不均匀；K_{80}越接近于1，滤料越均匀。

生产中也常有用最大粒径（d_{max}）、最小粒径（d_{min}）和不均匀系数（K_{80}）表示滤料粒径级配。

如果滤料粒径过大，会影响出水水质，反洗时也较难充分松动滤料，反洗效果不好；如果粒径过小，过滤周期较短，影响产水量，反洗时还容易被冲出滤池。如果K_{80}过大，则滤料颗粒很不均匀，滤料层的孔隙率小、含污能力低；反冲洗时，也不好同时兼顾粗、细滤料颗粒对冲洗强度的不同要求。但过分要求K_{80}接近1，滤料价格会比较高。表2-15是《室外给水设计规范》（GB 50013—2019）中所推荐的滤池滤速及滤料组成。

表 2-15 滤池滤速及滤料组成

滤料种类	滤料组成				正常滤速/（m/h）	强制滤速/（m/h）
	粒径/mm		不均匀系数 K_{80}	厚度/mm		
单层细砂滤料	石英砂	$d_{10}=0.55$	＜2.0	700	7～9	9～12
双层滤料	无烟煤	$d_{10}=0.85$	＜2.0	300～400	9～12	12～16
	石英砂	$d_{10}=0.55$	＜2.0	400		
三层滤料	无烟煤	$d_{10}=0.85$	＜1.7	450	16～18	20～24
	石英砂	$d_{10}=0.50$	＜1.5	250		
	重质矿石	$d_{10}=0.25$	＜1.7	70		
均匀级配粗砂滤料	石英砂	$d_{10}=0.9～1.2$	＜1.4	1 200～1 500	8～10	10～13

注：滤料相对密度为：石英砂 2.50～2.70 g/cm³；无烟煤 1.40～1.60 g/cm³；重质矿石 4.4～5.20 g/cm³。

双层滤料或三层滤料经反冲洗以后，有可能会在两种滤料的交界面处出现部分混杂，这主要取决于煤、砂、重质矿石等滤料的密度差、粒径差、粒径级配、滤料形状、水温及反冲洗强度等因素。只要按照《室外给水设计规范》（GB 50013—2019）给定的数据配置滤料，一般都能保证滤料的合理分层。生产经验表明，即使煤—砂交界面混杂厚度在 5 cm 左右，对过滤也有益无害。

2．滤料筛分

为满足过滤对滤料粒径级配的要求，应对采购的原始滤料进行筛选。以石英砂滤料为例，取某砂样 300 g，洗净后于 105℃恒温箱中烘干，待冷却后称取 100 g，放于一组筛子过筛；筛后称出留在各个筛子上的砂量，填入表 2-16，并计算出通过相应筛子的砂量；然后以筛孔孔径为横坐标、通过筛孔砂量为纵坐标，绘出筛分曲线，如图 2-46 所示。

表 2-16 筛分试验记录

筛孔孔径/mm	留在筛上的砂量		通过该号筛的砂量	
	质量/g	砂质量占全部砂样品的百分数/%	质量/g	砂质量占全部砂样品的百分数/%
2.362	0.1	0.1	99.9	99.9
1.651	9.3	9.3	90.6	90.9
0.991	21.7	21.7	68.9	68.9
0.589	46.6	46.6	22.3	22.3
0.246	20.6	20.6	1.7	1.7
0.208	1.5	1.5	0.2	0.2
筛底盘	0.2	0.2		
合计	100.0	100		

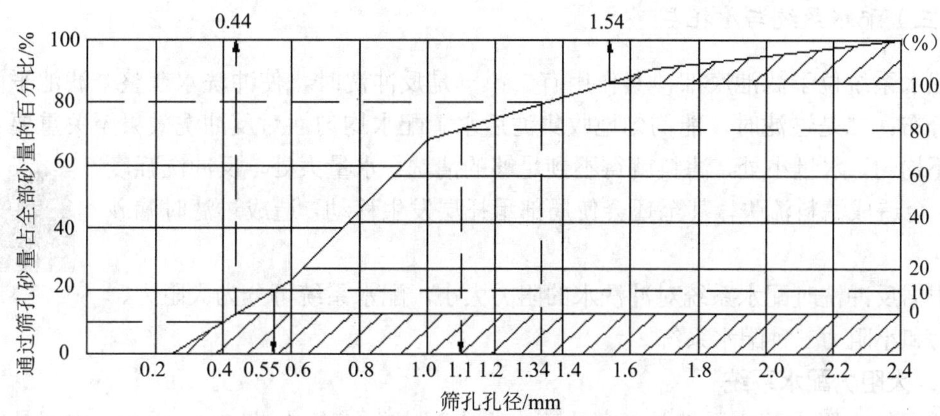

图 2-46 滤料筛分曲线

根据图 2-46 的筛分曲线，可求得该砂样的 d_{10}=0.4 mm，d_{80}=1.34 mm，并进一步算出 K_{80}=1.34/0.4=3.37。由于 K_{80}＞2.0，故该滤料不符合过滤级配要求，必须进行筛选。

按 GB 50013—2019 要求：d_{10}=0.55 mm，K_{80}=2.0。则可算出 d_{80} =2.0×0.55=1.10 mm。按此要求筛选滤料，步骤如下：

首先，自横坐标 0.55 mm 和 1.10 mm 两点分别作垂线与筛分曲线相交，自两交点作平行线与右边纵坐标轴相交。然后，以两交点分别作为 10%和 80%，并在 10%和 80%之间分成 7 等份，以此向上下两端延伸，即得 0 和 100%之点，重新建立新坐标，如图 2-48 右侧纵坐标所示。再自新坐标原点 0 和 100%作平行线与筛分曲线相交，此两点以内即为所选滤料，其余部分应全部筛除（图中阴影部分）。由图可知，粗颗粒（d＞1.54 mm）约筛除 13%，细颗粒（d＜0.44 mm）约筛除 13%，共计 26%左右。

3．滤料孔隙率的测定

滤料层孔隙率是指滤料层中孔隙所占的体积与滤料层总体积之比。其测定方法为：取一定量的滤料，在 105℃下烘干、称重，并用比重瓶测出其密度，然后放入过滤筒中，用清水过滤一段时间后，量出滤层体积，按下式求出滤料孔隙率 m：

$$m = 1 - \frac{G}{\rho \cdot V} \tag{2-25}$$

式中：G —— 滤料质量，kg；

ρ —— 滤料颗粒密度，kg/m^3；

V —— 滤料层体积，m^3。

一般来讲，孔隙率越大，滤层的含污能力越高，过滤周期越长，产水量越大；但孔隙率过大，悬浮杂质容易穿透，影响出水水质。

滤料层孔隙率与滤料颗粒的形状、粒径、均匀程度以及滤料层的压实程度等因素有关。形状不规则和粒径均匀的滤料，孔隙率较大。一般石英砂滤料层的孔隙率在 0.42 左右。

在过滤和反冲洗过程中，由于碰撞、摩擦等原因，滤料会出现破碎和磨蚀，从而造成滤料层孔隙率减小，在生产中应根据滤料的磨损情况及时更换、补充滤料。

（三）配水系统与承托层

配水系统位于滤池底部，其作用有二：一是反冲洗时，使冲洗水在整个滤池平面上均匀分布；二是过滤时，能均匀地收集滤后水。配水均匀性对反冲洗效果至关重要。若配水不均匀，水量小处，滤料就得不到足够的清洗；水量大处，反冲洗强度过高，会造成滤料流失，甚至还会使局部承托层发生移动，造成过滤时漏砂现象。

配水配气系统

根据反冲洗时配水系统对冲洗水的阻力大小，配水系统可分为大阻力、中阻力和小阻力三种配水系统。

1. 大阻力配水系统

常用的大阻力配水系统是“穿孔管大阻力配水系统”，如图 2-47 所示。中间是一根配水干管（或渠），在其两侧接出若干根间距相等、彼此平行的支管。在支管下部开有两排与管中心线成 45°角且交错排列的配水小孔。反冲洗时，水流从干管起端进入后，流入各支管，由各支管孔口流出，再经承托层自下而上对滤料层进行冲洗，最后流入排水槽。

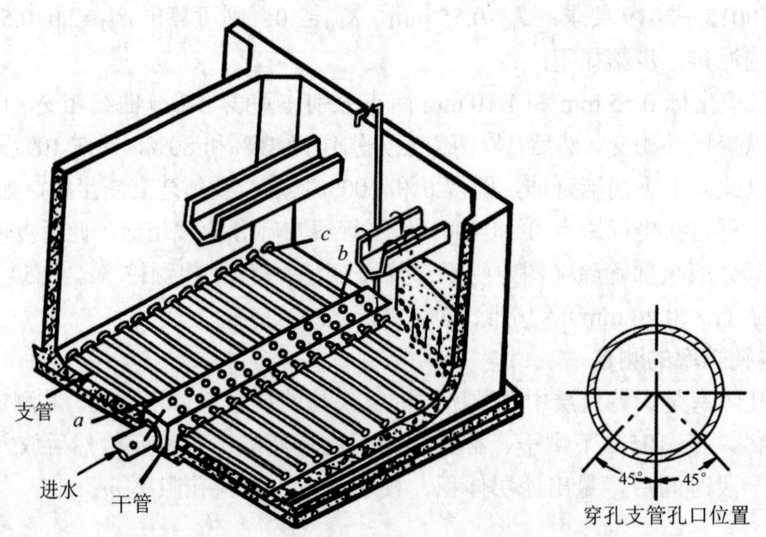

图 2-47 穿孔管大阻力配水系统

图 2-47 中 a 点和 c 点处的孔口分别是距进水口最近和最远的两孔，其孔口内压力水头相差最大。如果 a 孔和 c 孔的出流量近似相等，则其余各孔口的出流量更相近，即可认为在整个滤池平面上冲洗水是均匀分布的。由水力分析可以导出 a 孔与 c 孔的出流量关系为：

$$Q_c = \sqrt{\frac{S_1 + S_2'}{S_1 + S_2''}Q_a^2 + \frac{1}{S_1 + S_2''} \cdot \frac{v_1^2 + v_2^2}{2g}} \tag{2-26}$$

式中：Q_c —— c 孔的出流量；

S_1 —— 孔口阻力系数，各孔口尺寸和加工精度相同时，其阻力系数均相同；

S_2'、S_2'' —— a 孔和 c 孔处承托层及滤料层阻力系数之和；

Q_a —— a 孔的出流量；

v_1 —— 干管起端流速；

v_2 —— 支管起端流速。

从式（2-60）可以看出，两孔口出流量不可能相等。但如果减小孔口面积以增大孔口阻力系数 S_1，就可以削弱承托层和滤料层阻力系数 S_2'、S_2''及配水系统压力不均匀的影响，从而使 Q_a 接近 Q_c，实现配水均匀。这就是大阻力配水系统的基本原理。

通常认为反冲洗配水均匀时，应满足 $Q_a/Q_c \geqslant 0.95$，即配水系统中任意两孔口出流量之差不大于 5%，由此可进一步推导出，大阻力配水系统构造尺寸应满足下式：

$$\left(\frac{f}{\omega_1}\right)^2+\left(\frac{f}{n\omega_2}\right)^2 \leqslant 0.29 \tag{2-27}$$

式中：f —— 配水系统孔口总面积，m^2；

ω_1 —— 干管截面积，m^2；

ω_2 —— 支管截面积，m^2；

n —— 支管根数。

穿孔管大阻力配水系统的构造尺寸可根据设计参数来确定，见表 2-17。

表 2-17 穿孔管大阻力配水系统设计参数

类 别	设计参数	类 别	设计参数
干管起端流速/（m/s）	1.0～1.5	配水孔口直径/mm	9～12
支管起端流速/（m/s）	1.5～2.0	配水孔间距/mm	75～300
孔口流速/（m/s）	5.0～6.0	支管中心间距/m	0.2～0.3
开孔比/%	0.20～0.28	支管长度与直径之比	＜60

注：① 开孔比（α）是指配水孔口总面积与滤池面积之比；

② 当干管（渠）直径大于 300 mm 时，干管（渠）顶部也应开孔布水，并在孔口上方设置挡板；

③ 干管（渠）的末端应设直径为 40～100 mm 的排气管，管上安装阀门。

大阻力配水系统的优点是配水均匀性较好，但系统结构较复杂，检修困难，而且水头损失很大（通常在 3.0 m 以上），冲洗时需要专用设备（如冲洗水泵），动力耗能多。

2．中、小阻力配水系统

根据式（2-26）分析可知，如果将干管起端流速 v_1 和支管起端流速 v_2 减小至一定程度，即使不增大孔口阻力系数 S_1，同样可以实现均匀配水，这就是小阻力配水系统的基本原理。

生产中，最常用的小阻力配水系统是在滤池底部留有较大的配水空间，在配水空间上铺设钢筋混凝土穿孔滤板，板上铺设一层或两层尼龙网后，直接铺放滤料（尼龙网上也可适当铺设一些卵石），如图 2-48（a）、（b）所示。另外，滤池采用气、水反冲洗时，还可以采用长柄滤头作配水系统，如图 2-48（c）所示。

小阻力配水系统的开孔比通常都大于 1.0%，水头损失一般小于 0.5 m。开孔比越大，则孔口阻力越小，配水均匀性越差。由于小阻力配水系统的配水均匀性比大阻力配水系统差，一般其多用于单格面积不大于 20 m^2 的无阀滤池、虹吸滤池等。

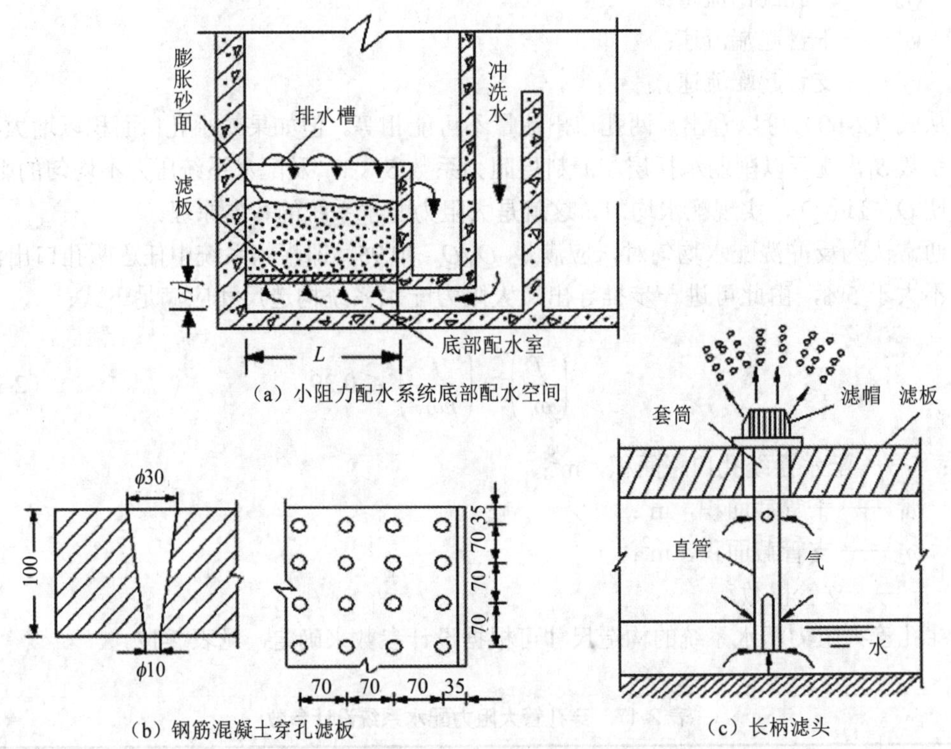

图 2-48 小阻力配水系统

中阻力配水系统，是指开孔比介于大、小阻力配水系统之间的配水系统，其开孔比一般为 0.4%～1.0%，水头损失一般为 0.5～3.0 m。中阻力配水系统的配水均匀性优于小阻力配水系统。最常见的中阻力配水系统是穿孔滤砖，如图 2-49 所示。

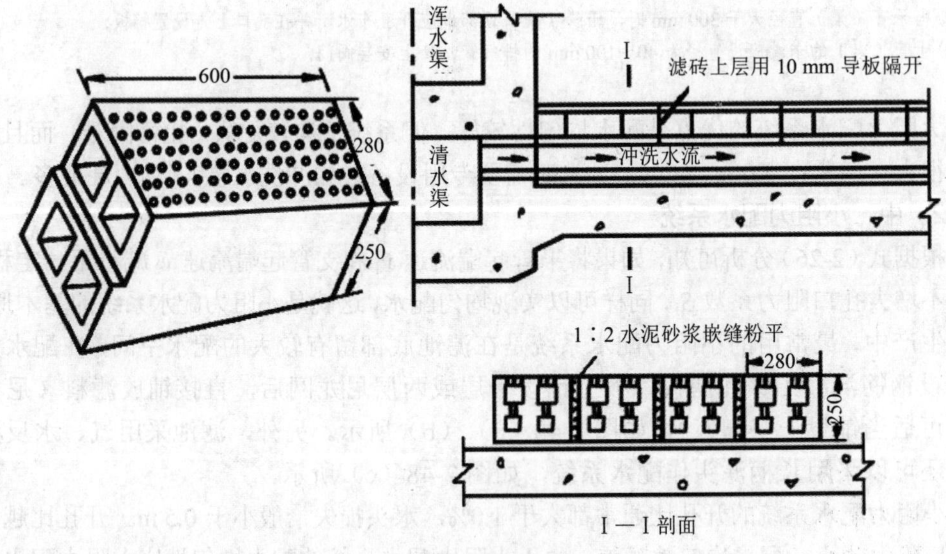

图 2-49 穿孔滤砖

穿孔滤砖的构造分上下两层连成整体。铺设时，各砖的下层相互连通，起到配水渠的作用；上层各砖之间用导板隔开，互不相通，单独配水。其实际效果就是将滤池分成滤砖大小的许多小格，保证配水均匀。

由于中阻力和小阻力配水系统的结构相似，划分界限也不是很明确，有时也将它们统称为小阻力配水系统。

3．承托层

承托层一般是配合管式大阻力配水系统使用，承托层设于滤料层和底部配水系统之间。其作用有两个：一是支承滤料，防止过滤时滤料通过配水系统的孔眼流失；二是反冲洗水时均匀地向滤料层分配反冲洗水。

承托层

滤池的承托层一般由一定厚度的天然卵石或砾石组成，其粒径和级配应根据冲洗时所产生的最大冲击力确定，保证反冲洗时承托层不能发生移动。单层或双层滤料的快滤池大阻力配水系统承托层粒径和厚度，见表 2-18。

三层滤料滤池的承托层宜按表 2-19 采用。

表 2-18　快滤池大阻力配水系统承托层粒径和厚度

层次（自上而下）	粒径/mm	厚度/mm	层次（自上而下）	粒径/mm	厚度/mm
1	2～4	100	3	8～16	100
2	4～8	100	4	16～32	本层顶面高度至少应高出配水系统孔眼 100 mm

表 2-19　三层滤料滤池承托层材料、粒径与厚度

层次（自上而下）	材料	粒径/mm	厚度/mm
1	重质矿石（如石榴石、磁铁矿等）	0.5～1.0	50
2	重质矿石（如石榴石、磁铁矿等）	1～2	50
3	重质矿石（如石榴石、磁铁矿等）	2～4	50
4	重质矿石（如石榴石、磁铁矿等）	4～8	50
5	砾石	8～16	100
6	砾石	16～32	本层顶面高度至少应高出配水系统孔眼 100 mm

注：配水系统如用滤砖且孔径为 4 mm 时，第 6 层可不设。

铺装承托层时应严格控制好高程，分层清楚，厚薄均匀，且在铺装前应将黏土及其他杂质清除干净。

如果采用中小阻力配水系统，承托层可以完全省去，或者适当减小，或者适当铺设一些粗砂或细砾石，视配水系统具体情况而定。

（四）滤池冲洗

滤池的反冲洗

滤池冲洗的目的是清除截留在滤料层中的杂质，使滤池在短时间内恢复过滤能力。

1. 滤池冲洗方法

快滤池的冲洗方法有三种：高速水流反冲洗、气—水反冲洗、表面辅助冲洗加高速水流反冲洗。应根据滤料层组成、配水配气系统，或参照相似条件下已有滤池的经验选取冲洗方式。《室外给水设计规范》所推荐的冲洗方式和程序如表 2-20 所示。

表 2-20 冲洗方式和程序

滤料组成	冲洗方式、程序
单层细砂级配滤料	① 水冲，② 气冲—水冲
单层粗砂均匀级配滤料	气冲—气水同时冲—水冲
双层煤、砂级配滤料	① 水冲，② 气冲—水冲
三层煤、砂、重质矿石级配滤料	水冲

（1）高速水流反冲洗

高速水流反冲洗是利用高速水流反向通过滤料层、使滤层膨胀呈流态化、在水流剪切力和滤料颗粒间碰撞摩擦的双重作用，把截留在滤料层中的杂质从滤料表面剥落下来，然后被冲洗水带出滤池。这是应用最早的一种冲洗方法，其滤池结构和设备简单，操作简便。

为了保证冲洗效果，要求必须有一定的冲洗强度、适宜的滤层膨胀度和足够的冲洗时间。《室外给水设计规范》对这三项指标的推荐值如表 2-21 所示。

表 2-21 冲洗强度、膨胀度和冲洗时间（水温 20℃）

滤 层	冲洗强度/[L/（m^2·s）]	膨胀度/%	冲洗时间/min
单层细砂级配滤料	12～15	45	7～5
双层煤、砂级配滤料	13～16	50	8～6
三层煤、砂、重质矿石级配滤料	16～17	55	7～5

注：1. 当采用表面冲洗设备时，冲洗强度可取低值。
2. 由于全年水温、水质有变化，应考虑有适当调整冲洗强度的可能。
3. 选择冲洗强度应考虑所用混凝剂品种。
4. 膨胀度数值仅作设计计算用。

① 反冲洗强度。反冲洗强度是指单位面积滤层上所通过的冲洗流量，以 L/（m^2·s）计。也可换算成反冲洗流速，以 cm/s 计［1 cm/s = 10 L/（m^2·s）］。

反冲洗强度过小时，滤层膨胀度不够，滤层孔隙中水流剪力小，截留在滤层中的杂质难以被剥落，滤层冲洗不净；反冲洗强度过大时，滤层膨胀度过大，由于滤料颗粒过于离散，滤层孔隙中水流剪力降低、滤料颗粒间相互碰撞摩擦的概率减小，滤层冲洗效果差，严重时还会造成滤料流失。故反冲洗强度过大或过小，冲洗效果均会降低。

水的黏度随温度的改变而改变，所需反冲洗强度也会随之改变。一般来说，水温增减1℃，反冲洗强度相应增减 1%。

② 滤层膨胀度。滤层膨胀度是指反冲洗时滤层膨胀后所增加的厚度与滤层膨胀前厚度之比，用 e 表示：

$$e = \frac{L - L_0}{L_0} \times 100\% \qquad (2\text{-}28)$$

式中：L_0 —— 滤层膨胀前厚度，cm；

L —— 滤层膨胀后厚度，cm。

滤料膨胀度由反冲洗强度和滤料的颗粒大小、密度所决定，同时受水温影响。理想的膨胀率应该是出现在截留杂质较多、上层滤料恰好完全膨胀起来，而下层最大颗粒滤料刚刚开始膨胀的时候，这时才能获得较好的冲洗效果。如果最粗滤料刚开始膨胀时的冲洗强度导致上层细滤料膨胀度过大甚至引起滤料流失，应调整滤料级配。

③ 冲洗时间。反冲洗时间不足时，滤料颗粒表面清洗不干净；同时，反冲洗废水因来不及从滤池流走，导致冲洗废水中的污物重返滤层，覆盖在滤层表面而形成“泥膜”或进入滤层形成“泥球”。

（2）气—水反冲洗

将压缩空气压入滤池，利用上升空气气泡产生的振动和擦洗作用，将附着于滤料表面的杂质清除下来并使之悬浮于水中，然后再用水反冲洗把杂质排出池外。气—水反冲洗所需的空气由鼓风机或空气压缩机和储气罐组成的供气系统供给，冲洗水由冲洗水泵或冲洗水箱供应，配气、配水系统多采用长柄滤头。

采用气—水反冲洗有以下优点：① 空气气泡的擦洗能有效地使滤料表面污物破碎、脱落，冲洗效果好，节省冲洗水量；② 可降低冲洗强度，冲洗时滤层不膨胀或微膨胀，杜绝或减轻滤料的水力筛分，提高滤层含污能力。不过，气—水反冲洗需增加气冲设备，池子结构及冲洗操作也较复杂。但总的来说，还是优势明显，近年来应用也日益增多。

《室外给水设计规范》所推荐的气—水冲洗强度及冲洗时间如表 2-22 所示。

表 2-22　气—水冲洗强度及冲洗时间

滤料种类	先气冲洗		气水同时冲洗			后水冲洗		表面扫洗	
	强度/[L/(m²·s)]	时间/min	气强度/[L/(m²·s)]	水强度/[L/(m²·s)]	时间/min	强度/[L/(m²·s)]	时间/min	强度/[L/(m²·s)]	时间/min
单层细砂级配滤料	15～20	3～1	—	—	—	8～10	7～5	—	—
双层煤、砂级配滤料	15～20	3～1	—	—	—	6.5～10	7～5	—	—
单层粗砂均匀级配滤料	13～17	2～1	13～17	3～4	4～3	4～8	8～5	—	—
	13～17	2～1	13～17	2.5～3	5～4	4～6	8～5	1.4～2.3	全程

（3）表面冲洗

表面冲洗是在滤料砂面以上 50～70 mm 处放置穿孔管。反冲洗前先用穿孔管孔眼或喷嘴喷出的高速水流，冲洗掉表层 10 cm 厚滤料中的污泥，然后再进行水反冲洗。表面冲洗可提高冲洗效果，节省冲洗水量。

根据穿孔管的安置方式，表面冲洗可分为固定式（较多的穿孔管均匀地固定布置在砂面上方）和旋转式（较少的穿孔管布置在砂面上方，冲洗臂绕固定轴旋转，使冲洗水均匀地布洒在整个滤池）两种。其表面冲洗强度分别是 2～3 L/（m^2·s）和 0.50～0.75 L/（m^2·s），冲洗时间均为 4～6 min。

2．冲洗水的供给

普通快滤池反冲洗水供给方式有冲洗水泵和冲洗水塔（箱）两种。水泵冲洗建设费用低，冲洗过程中冲洗水头变化较小，但由于冲洗水泵是间隙工作且设备功率大，电网负荷极易不均匀；水塔（箱）冲洗操作简单，补充冲洗水的水泵较小，并允许在较长的时间内完成，耗电较均匀，但水塔造价较高。若有地形可利用时，采用水塔（箱）冲洗较好。

（1）冲洗水塔（箱）

为避免冲洗过程中冲洗水头相差太大，水塔（箱）内水深不宜超过 3 m。水塔（箱）容积按单格滤池所需冲洗水量的 1.5 倍计算：

$$W=\frac{1.5Fqt\times 60}{1000}=0.09Fqt \tag{2-29}$$

式中：W—— 水塔（箱）容积，m^3；

q—— 反冲洗强度，L/（$m^2 \cdot s$）；

F—— 单格滤池面积，m^2；

t—— 冲洗历时，min。

水塔（箱）底高出滤池冲洗排水槽顶的高度（H_0），可按下式计算：

$$H_0=h_1+h_2+h_3+h_4+h_5 \tag{2-30}$$

式中：h_1—— 从水塔（箱）至滤池的管道中总水头损失，m；

h_2—— 滤池配水系统水头损失，m；

h_3—— 承托层水头损失，m；

h_4—— 滤料层水头损失，m；

h_5—— 备用水头，一般取 1.5～2.0 m。

$$h_2=\frac{1}{2g}\left(\frac{q}{10\alpha\mu}\right)^2 \tag{2-31}$$

式中：q—— 反冲洗强度，L/（$s \cdot m^2$）；

α—— 配水系统开孔比；

μ—— 孔口流量系数。

$$h_3=0.022\,qZ \tag{2-32}$$

式中：Z—— 承托层厚度，m。

$$h_4=\frac{\rho_s-\rho}{\rho}(1-m_0)L_0 \tag{2-33}$$

式中：ρ_s、ρ—— 滤料和水的密度，g/cm^3；

m_0—— 滤层膨胀前的孔隙率；

L_0—— 滤层膨胀前的厚度，m。

（2）水泵冲洗

冲洗水泵要考虑备用，可单独设置冲洗泵房，也可设于二级泵站内。水泵流量按冲洗强度和滤池面积计算：

$$Q = qF \tag{2-34}$$

式中：q —— 反冲洗强度，L/（s·m^2）；

F —— 单格滤池面积，m^2。

水泵扬程为：

$$H = H_0 + h_1 + h_2 + h_3 + h_4 + h_5 \tag{2-35}$$

式中：H_0 —— 排水槽顶与清水池最低水位高差，m；

h_1 —— 清水池至滤池的管道中总水头损失，m。

其余符号同上。

3. 冲洗废水的排除

滤池冲洗废水的排除设施包括反冲洗排水槽和废水渠。反冲洗时，冲洗废水先溢流入反冲洗排水槽，再汇集到废水渠，然后排入下水道（或回收水池），如图 2-50 所示。

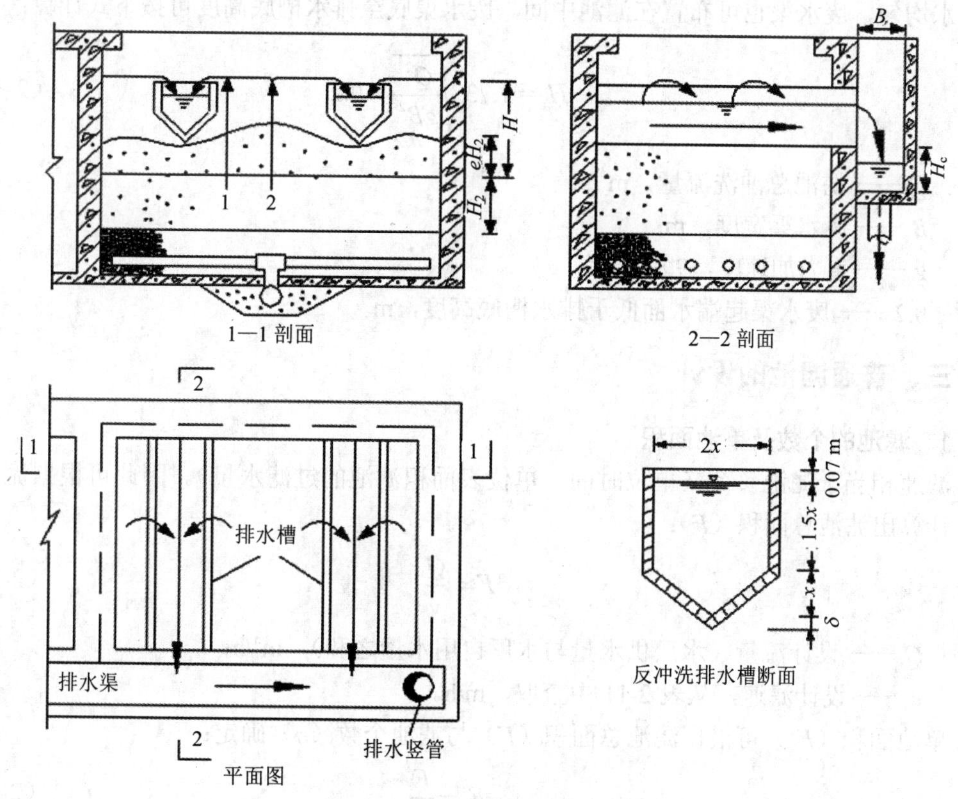

图 2-50 反冲洗水排除示意

为了及时均匀地排除冲洗废水，反冲洗排水槽设计应符合以下要求：

① 排水槽以上保持 7 cm 左右的超高，废水渠起端水面低于排水槽底 20 cm。以避免形成壅水，使排水不畅而影响冲洗均匀。

② 排水槽的槽口高度应保持水平一致，施工时其误差应限制在 2 mm 以内。

③ 排水槽总平面面积一般应小于 25%的滤池面积，避免影响反冲洗上升水流。

④ 相邻两槽中心距一般为 1.5～2.0 m，间距过大会影响排水的均匀性。

生产中常用的反冲洗排水槽断面，如图 2-51 所示，反冲洗排水槽底可以水平设置，也可以设置一定坡度。反冲洗排水槽顶距未膨胀滤料表面的高度（H）为：

$$H = eH_2+2.5x+\delta+0.07 \tag{2-36}$$

$$x = 0.45Q_1^{0.4} \tag{2-37}$$

式中：e —— 冲洗时滤层膨胀度，%；

H_2 —— 未膨胀滤料层厚度，m；

x —— 反冲洗排水槽断面模数，m，其值可按式（2-71）计算；

δ —— 反冲洗排水槽底厚度，m；

Q_1 —— 每条反冲洗排水槽出口流量，m^3/s。

式中 0.07 m 为反冲洗排水槽超高。

废水渠为矩形断面，如图 2-51 所示。可沿滤池池壁一侧布置。当滤池面积很大时，为使排水均匀，废水渠也可布置在滤池中间。废水渠底至排水槽底高度可按下式计算：

$$H_c = 1.73\sqrt[3]{\frac{Q^2}{gB^2}}+0.2 \tag{2-38}$$

式中：Q —— 滤池总冲洗流量，m^3/s；

B —— 废水渠宽度，m；

g —— 重力加速度，9.81 m/s^2；

0.2 —— 废水渠起端水面低于排水槽底高度，m。

三、普通滤池的设计

1. 滤池的个数及单池面积

滤速相当于滤池负荷（单位时间、单位表面积滤池的过滤水量）。因此可根据流量和滤速计算出滤池总面积（F）：

$$F = \frac{Q}{v} \tag{2-39}$$

式中：Q —— 设计流量（水厂供水量与水厂自用水量之和），m^3/h；

v —— 设计滤速，从表 2-11 中查取，m/h。

单池面积（F'）可根据滤池总面积（F）与滤池个数（n）确定：

$$F' = \frac{F}{n} \tag{2-40}$$

如果滤池个数增多，则单池面积小，冲洗效果好，运转灵活，但滤池总造价高，操作管理较麻烦；若滤池个数过少，则单池面积过大，冲洗效果欠佳，尤其是当某个滤池反冲洗或停产检修时，对水厂生产影响较大。设计时，滤池个数可参考表 2-23 来选取，但最少不能少于 2 个。

表 2-23 单池面积与滤池总面积

滤池总面积/m^2	单池面积/m^2	滤池总面积/m^2	单池面积/m^2
60	15～20	250	40～50
120	20～30	400	50～70
180	30～40	600	60～80

表 2-15 中有两个滤速。在设计时，用正常滤速计算滤池面积和个数，用强制滤速验算调整。即按 1 个或 2 个滤池停产检修、其余滤池分担全部负荷考虑，计算其超负荷工作的滤速（v_n），滤速（v_n）应能满足表 2-15 中的强制滤速要求。

2. 滤池尺寸的确定

单个滤池平面可为正方形也可为矩形。滤池长宽比决定于处理构筑物的总体布置，同时与造价也有关系，应通过技术经济比较确定。一般情况下，单个滤池的长宽比可参考表 2-24。

表 2-24 单个滤池长宽比

单个滤池面积/m^2	长：宽
≤30	1：1
＞30	1.25：1～1.5：1
选用旋转式表面冲洗时	1：1、2：1、3：1

滤池总深度包括：

- 滤池保护高度：0.20～0.30 m；
- 滤层表面以上水深：1.5～2.0 m；
- 滤层厚度：单层砂滤料一般为 0.70 m，双层及多层滤料一般为 0.70～0.80 m；
- 承托层厚度：见表 2-18 和表 2-19。

另外还要考虑配水系统的高度；滤池总深度一般为 3.0～3.5 m。

3. 管（渠）设计

快滤池管（渠）断面应根据设计流速来确定，参见表 2-25。

表 2-25 快滤池管（渠）设计流速

管 渠	设计流速/（m/s）	管 渠	设计流速/（m/s）
进 水	0.8～1.2	冲洗水	2.0～2.5
清 水	1.0～1.5	排 水	1. 0～1.5

注：考虑到处理水量有可能增大，流速不宜取上限值。

4. 管廊布置

集中布置滤池的管（渠）、配件及闸阀的场所称为管廊。管廊中的管道一般采用金属材料，也可用钢筋混凝土渠道。管廊布置应力求紧凑、简约；要有良好的防水、排水、通风及照明设备；要留有设备及管配件安装、维修的必要空间。

当滤池个数少于 5 个时，宜采用单行排列，管廊设置于滤池一侧；超过 5 个时，宜采用双行排列，管廊设置于两排滤池中间。后者布置紧凑，但应注意通风、采光和检修条件。

5．设计中注意的问题

① 滤池底部应设排空管，其入口处设栅罩，池底应有一定的坡度，坡向排空管。

② 每个滤池宜装设水头损失计及取样管。

③ 滤池壁与砂层接触处应拉毛成锯齿状，以免过滤水在该处形成“短路”。

④ 滤池清水管上应设置短管，管径一般采用 75～200 mm，以便排放初滤水。

⑤ 各种密封渠道上应设人孔，以便检修。

⑥ 污水的黏度和悬浮物的含量比给水处理的原水高，可结合实际情况，适当加大滤料的粒度和滤料层的厚度，同时注意加强反冲洗能力。

四、滤池运行中的主要指标

滤池运行中的主要指标

- 滤速：指每平方米滤池面积在 1 h 内滤过的水量，它是衡量滤池生产能力的指标。
- 水头损失：指滤层上面的水位与过滤后水位之间的高差。用 *m* 表示。它代表了滤层对水流阻力的大小。
- 冲洗强度：指滤池反冲洗时，单位滤池面积上冲洗水或气的流量，它是衡量冲洗能否得到保证的主要指标，用 *q* 表示。
- 膨胀率：冲洗前的滤料厚度与冲洗时滤料膨胀后的厚度之比。它是检验冲洗强度大小的指标，用%表示。
- 杂质穿透深度：过滤时，若从滤料中某一深度取的水样恰好达到了过滤后的水质要求，该深度就是杂质穿透深度，用 *m* 表示。
- 滤料含污能力：指滤池内单位面积滤料在一个周期内所截留的杂质质量，以 kg/m^3 表示。
- 工作周期：工作周期是指过滤开始到需要冲洗的时间，即滤池两次冲洗间隔的实际运行时间，用 *h* 表示。

五、影响过滤的主要因素

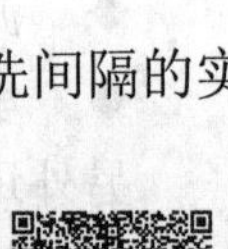

影响过滤的主要因素

影响过滤的因素很多，也很复杂。但一般认为主要有以下几点：

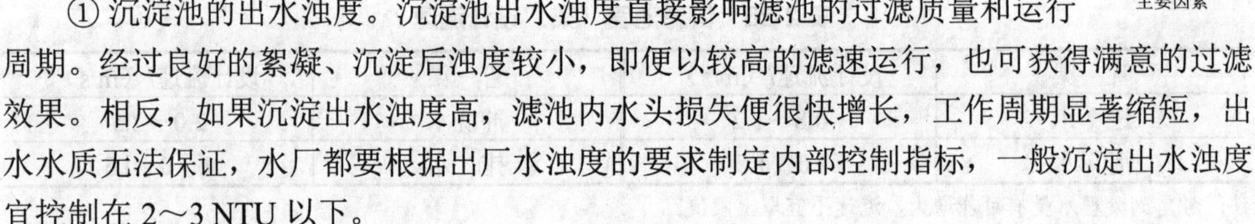

① 沉淀池的出水浊度。沉淀池出水浊度直接影响滤池的过滤质量和运行周期。经过良好的絮凝、沉淀后浊度较小，即便以较高的滤速运行，也可获得满意的过滤效果。相反，如果沉淀出水浊度高，滤池内水头损失便很快增长，工作周期显著缩短，出水水质无法保证，水厂都要根据出厂水浊度的要求制定内部控制指标，一般沉淀出水浊度宜控制在 2～3 NTU 以下。

② 滤速。滤速大，出水量也大，滤池的负荷增加，容易影响出水水质，缩短工作周期；滤速低，出水浊度低，工作周期就长。但考虑国内实际情况，从兼顾水质、水量和运行要求出发，滤速宜控制在 6～8 m/s 为好，如果由于水量需要滤速已经超出正常范围，宜将滤料改为双层滤料。

③ 滤料粒径与级配。滤料是滤池的主要部分，是滤池工作好坏的关键，滤料的粒径与级配、滤层的厚度直接影响出水水质、工作周期和冲洗水量。

滤料粗，滤速就大，水头损失增长就慢、工作周期也长，但杂质穿透深度大，如果滤层厚度不够就会影响出水水质，滤料粗还需要有较高的冲洗强度。

双层滤料或三层滤料因为上层滤料质轻粒大，所以既能增加滤速又不需要大幅提高冲洗强度，因此是提高滤速的重要途径。

④ 冲洗条件。经过一个周期，滤层内特别是上部截留了大量泥渣和其他杂质，把这些杂质冲洗干净恢复到过滤前的状态是过滤能够持续进行的重要条件。合理的冲洗条件包括要求合理的冲洗强度、正确的冲洗方法，保持一定的滤层膨胀率和冲洗时间。

⑤ 水温。水温也是影响过滤的一个因素。水温低，水的黏度大，水中杂质不易分离，因此在滤层中穿透深度就大。冬季水温低，如要维持相同的出水水质，滤速应该小一些。

⑥ 原水加氯。对受有机污染的原水采取原水加氯，不仅有利于絮凝沉淀和消毒，而且也由于灭活了水中的藻类，可以防止滤层堵塞、改善过滤性能、提高出水水质。但原水加氯会增加三卤甲烷等有机氯的有害成分，因此要适当控制。

⑦ 投加助滤剂。对滤池，尤其是直接过滤的滤池，如果在原水浊度较高时，或水温较低时再加注一些助滤剂，可以改善过滤性能。加注量要严格控制，否则会影响滤池的工作周期。

综上所述，对过滤来说，在确保出水水质的前提下如果需要增加出水量、提高过滤速度则主要是依靠降低沉淀出水浊度，合理选配滤料。维持良好的冲洗条件等。

六、常见的其他类型快滤池

虹吸滤池

在普通快滤池的基础上，发展演变出多种形式的快滤池。

（一）虹吸滤池

虹吸滤池是一个整体滤池组，通常由6～8格单元滤池组成，一般称为“一组（座）滤池”。这些单元滤池可以排列成圆形、矩形或设在圆形澄清池的外圈。图2-51为一组滤池的剖面图。剖面图中有两个单元滤池，右侧表示正在过滤的单元，左侧表示正在冲洗的单元。清水渠12位于中间，每个单元滤池的底部配水空间通过清水渠相互连通，在清水渠的一端设有清水出水堰，用以控制清水渠内水位。每格单元滤池都设有排水虹吸管13和进水虹吸管2，分别用来代替排水阀门和进水阀门控制虹吸滤池的过滤和反冲洗。

过滤过程：利用真空系统16对进水虹吸管2抽真空使之形成虹吸，待滤水由进水总渠1经进水虹吸管2流入单元滤池进水槽3，再经溢流堰4溢流入布水管5后进入滤池。进入滤池的水自上而下通过滤料层6、承托层7、小阻力配水系统8、底部配水空间9，进入清水室10，最后通过连通孔11进入清水渠12，经清水出水堰溢流入清水池。随着过滤过程的进行，滤料层中截留的杂质越来越多，过滤水头损失不断增大，由于各过滤单元的进、出水量不变，因此滤池内水位不断地上升。当某一单元滤池的水位上升到最高设计水位（或滤后水不符合要求）时，该单元滤池便需停止过滤，进行反冲洗。

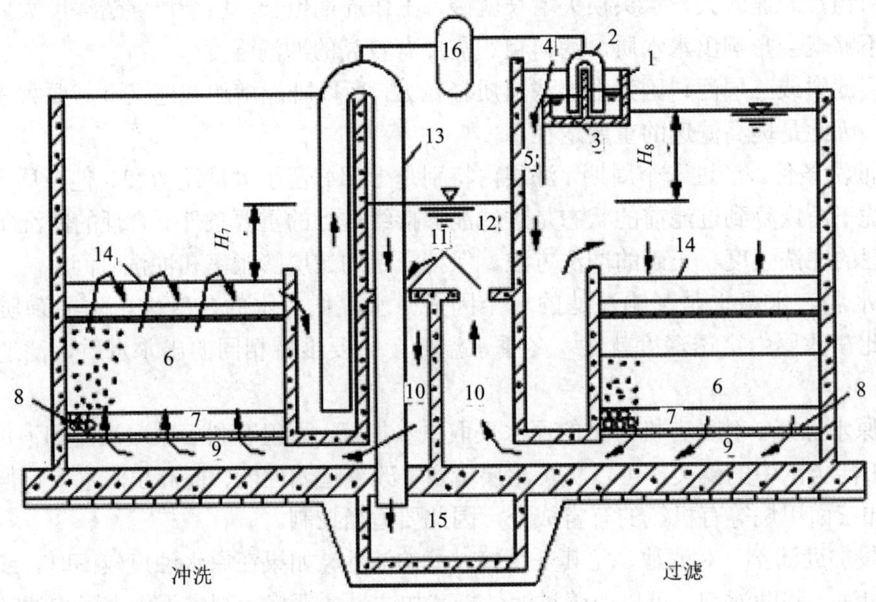

1—进水总渠；2—进水虹吸管；3—进水槽；4—溢流堰；5—布水管；6—滤料层；
7—承托层；8—配水系统；9—底部配水空间；10—清水室；11—连通孔；
12—清水渠；13—排水虹吸管；14—排水槽；15—排水渠；16—真空系统。

图 2-51 虹吸滤池的构造及工作过程

反冲洗过程：先破坏失效单元滤池进水虹吸管的真空，使该格单元滤池停止进水，滤池水位逐渐下降，滤速逐渐降低。当滤池内水位下降速度显著变慢时，利用真空系统 16 对排水虹吸管 13 抽真空使之形成虹吸。滤池内剩余待滤水被排水虹吸管 13 迅速排入滤池底部排水渠 15，滤池内水位迅速下降。当池内水位低于清水渠 12 中的水位时，反冲洗正式开始，滤池内水位继续下降。当滤池内水面降至冲洗排水槽 14 顶端时，反冲洗水头达到最大值。其他格单元滤池的滤后水作为该格单元滤池反冲洗所需的清水，源源不断地从清水渠 12 经连通孔 11、清水室 10 进入该格单元滤池的底部配水空间 9，经小阻力配水系统 8、承托层 7，自下而上通过滤料层 6，对滤料层进行反冲洗。冲洗废水经排水槽 14 收集后由排水虹吸管 13 排入滤池底部排水渠 15 排走。当滤料冲洗干净后，破坏排水虹吸管 13 的真空，冲洗停止。然后再用真空系统 16 使进水虹吸管 2 恢复工作，过滤重新开始。

虹吸滤池的主要优点是：无须大型阀门及相应的开闭控制设备，操作管理方便，易于实现自动化；不需要设置冲洗水塔（箱）或冲洗水泵；出水水位高于滤料层，过滤时不会出现负水头现象。存在的主要问题是：由于虹吸滤池的构造特点，池深比普通快滤池大且池体构造复杂；冲洗均匀性较差，冲洗效果不像普通快滤池那样稳定。

虹吸滤池适用于 5 000～50 000 m^3/d 的中、小型水厂的给水处理。

V 形滤池

（二）V 形滤池

V 形滤池是 20 世纪 70 年代由法国德格雷蒙（DEGREMONT）公司设计

发展起来的一种快滤池。该滤池从两侧边进水（也可一侧进水），因滤池的进水槽设计成V字形，故称为V形滤池，其构造如图2-52所示。

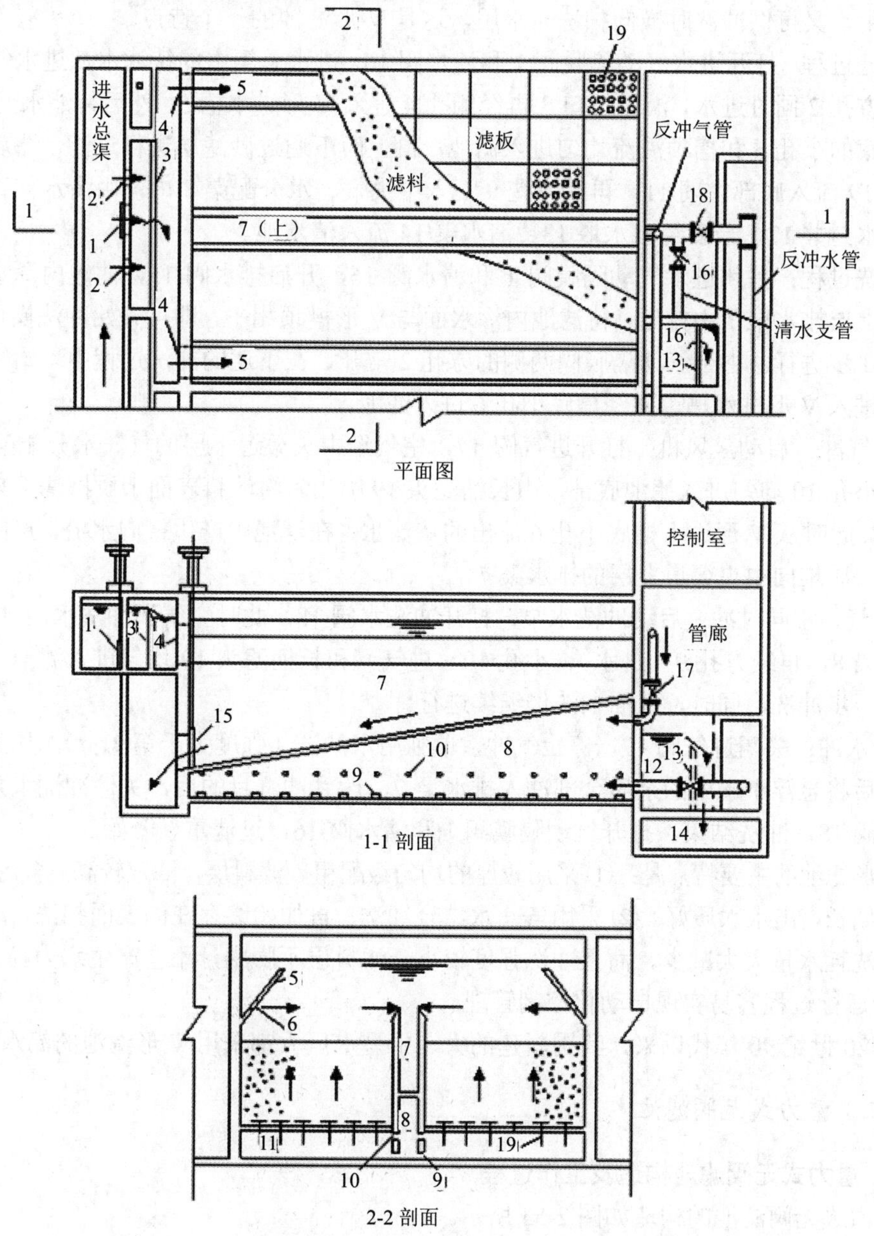

1—进水气动隔膜阀；2—方孔；3—堰口；4—侧孔；5—V形槽；6—小孔；7—排水渠；8—气、水分配渠；9—配水方孔；10—配气小孔；11—底部空间；12—水封井；13—出水堰；14—清水渠；15—排水阀；16—清水阀；17—进气阀；18—冲洗水阀；19—长柄滤头。

图2-52 V形滤池构造示意

通常一组滤池由数只滤池组成。每只滤池中间设置双层中央渠道，将滤池分成左、右两格。中央渠道的上层为排水渠7，作用是排除反冲洗废水；下层为气、水分配渠8，其作用是过滤时收集滤后清水，冲洗时均匀分配气和水。在气、水分配渠8上部均匀布置一排配气小孔 10，下部均匀布置一排配水方孔 9。滤板上均匀布置长柄滤头 19，每平方米布置 50～60 个，滤板下部是底部空间 11。在 V 形进水槽底设有一排小孔 6，既可作为过滤时进水用，又可供冲洗时横向扫洗布水用，这是 V 形滤池的一个特点。

过滤过程：打开进水气动隔膜阀 1 和清水阀 16，进水总渠中的待滤水从进水气动隔膜阀 1 和方孔 2 同时进水，溢过堰口 3 再经侧孔 4 进入 V 形进水槽 5，然后待滤水通过 V 形进水槽底的小孔 6 和槽顶溢流均匀进入滤池，自上而下通过砂滤层进行过滤，滤后水经长柄滤头 19 流入底部空间 11，再经方孔 9 汇入中央气、水分配渠 8 内，由清水支管流入管廊中的水封井 12，最后经出水堰 13、清水渠 14 流入清水池。

冲洗过程：关闭进水气动隔膜阀 1 和清水阀 16，开启排水阀 15，滤池内浑水从中央渠道的上层排水渠 7 中排出，待滤池内浑水面与 V 形槽顶相平，即可开始冲洗操作，冲洗一般分 3 步进行。由于气动隔膜阀两侧的方孔 2 常开，在下述的冲洗过程中，始终有小股待滤水进入 V 形进水槽，并经槽底小孔 6 进入滤池。

① 气冲：启动鼓风机，打开进气阀 17，空气经中央渠道下层的气、水分配渠 8 的上部配气小孔 10 均匀进入滤池底部，由长柄滤头 19 喷出，将滤料表面杂质擦洗下来并悬浮于水中。此时从 V 形进水槽底小孔 6 流出的待滤水，在滤池中产生横向水流，形同表面扫洗，将杂质推向中央渠道上层的排水渠 7。

② 气、水同时冲：启动冲洗水泵，打开冲洗水阀 18，此时空气和冲洗水同时进入气、水分配渠 8，再经方孔 9（进水）、小孔 10（进气）和长柄滤头 19 均匀进入滤池。使滤料得到进一步冲洗，同时，表面扫洗仍继续进行。

③ 水冲：关闭进气阀 17，停止气冲，单独用水冲洗（强度大于第②步），加上表面扫洗，最后将悬浮于水中的杂质全部冲入排水渠 7，达到冲洗目的后，关停冲洗水泵，关闭冲洗水阀 18，冲洗结束。打开气动隔膜阀 1 和清水阀 16，过滤重新开始。

V 形滤池的主要特点是：① 采用较厚的均匀级配粗砂滤料层，滤速较高，含污能力大，过滤周期长，出水水质好。② 采用气—水结合冲洗，再加始终存在的表面扫洗，冲洗效果好，冲洗耗水量大大减少。而且冲洗强度较小，滤料层不膨胀，不会产生水力筛分现象。③ 整个运行过程容易实现自动化控制管理。

自 20 世纪 90 年代以来，我国新建的大、中型水厂大都采用 V 形滤池的滤水工艺。

（三）重力式无阀滤池

1. 重力式无阀滤池构造及工作过程

重力式无阀滤池的构造如图 2-53 所示。

过滤时，待滤水经进水分配槽 1，由进水管 2 进入虹吸上升管 3，再经伞形顶盖 4 下面的配水挡板 5 整流和消能后，均匀地分布在滤料层 6 的上部，水流自上而下通过滤料层 6、承托层 7、小阻力配水系统 8，进入底部集水空间 9，然后沿连通渠（管）10 上升到冲洗水箱 11（顶盖 4 上面的空间），冲洗水箱中的水位开始逐渐上升，当水箱水位上升到出水渠 12 的溢流堰顶后，溢流入渠内，最后经滤池出水管进入清水池。

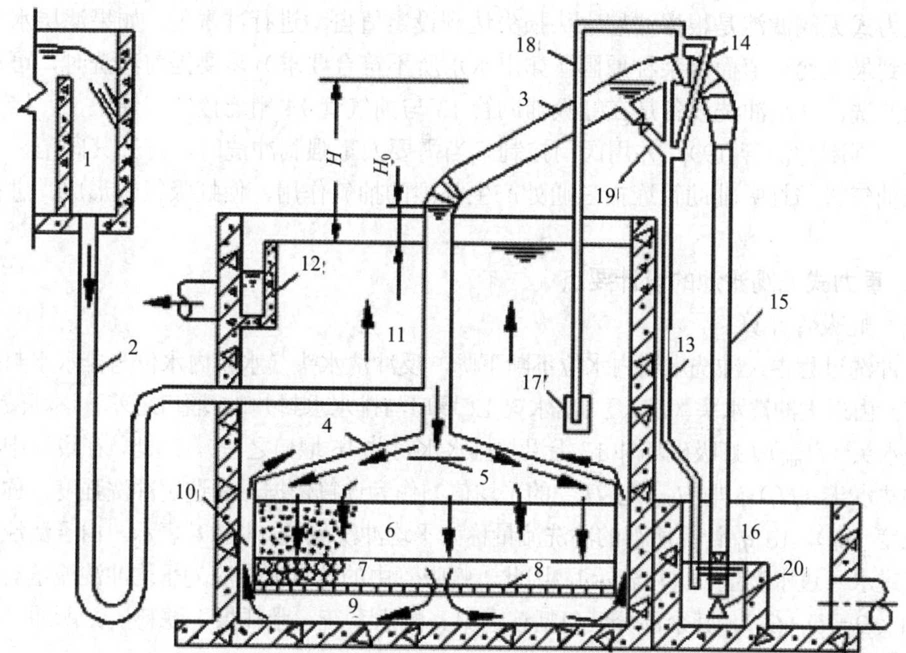

1—进水分配槽；2—进水管；3—虹吸上升管；4—伞形顶盖；5—配水挡板；6—滤料层；7—承托层；
8—配水系统；9—底部配水空间；10—连通渠（管）；11—冲洗水箱；12—出水渠；
13—虹吸辅助管；14—抽气管；15—虹吸下降管；16—水封井；17—虹吸破坏斗；
18—虹吸破坏管；19—强制冲洗管；20—冲洗强度调节器。

图 2-53　重力无阀滤池的构造及工作过程

过滤开始时，虹吸上升管内水位与冲洗水箱中水位的高差 H_0 就是过滤起始水头损失，一般为 0.2 m 左右。随着过滤的进行，滤料层内截留杂质量逐渐增多，过滤水头损失也逐渐增加，从而使虹吸上升管 3 内的水位逐渐升高。当水位上升到虹吸辅助管 13 的管口时，水便不断通过虹吸辅助管 13 向下流进水封井 16，依靠管内下降水流形成的负压和水流的挟气作用，利用抽气管 14 不断将虹吸管中空气抽出，使虹吸管中真空度逐渐增大。其结果，虹吸上升管 3 中水位进一步升高，虹吸下降管 15 也将排水水封井 16 中的水吸到一定高度。当虹吸上升管 3 中的水位升高到越过虹吸管顶端、沿虹吸下降管 15 下落时，下落水流与虹吸下降管 15 中上升的水柱汇成一股冲出管口，把管中残留空气全部带走，形成虹吸。此时，由于伞形顶盖 4 内的水被虹吸管排出池外，造成滤层上部压力骤降，所以冲洗水箱内的清水沿着与过滤时相反的方向自下而上通过滤层，对滤料层进行反冲洗。冲洗后的废水经虹吸管进入排水水封井 16 排出。自虹吸上升管中的水从辅助管流下到形成反冲洗，仅需数分钟时间。因此也可以说，虹吸辅助管管口与冲洗水箱中最高水位的差 H 为无阀滤池冲洗前的水头损失，《室外给水设计规范》建议，可采用 1.5 m。

在冲洗过程中，进水管 2 继续进水，直接通过虹吸管排走，比较细的虹吸破坏管 18 也直接从冲洗水箱抽吸少量的冲洗水。随着反冲洗的进行，冲洗水箱 11 内水位逐渐下降。当水位下降到虹吸破坏斗 17 以下、虹吸破坏管 18 将虹吸破坏斗 17 中的水抽吸完后，虹吸破坏管的管口与大气相通，空气由虹吸破坏管进入虹吸管，虹吸即被破坏，冲洗结束，过滤自动重新开始。

重力式无阀滤池是根据滤层水头损失达到设定值自动进行冲洗的。如果滤层水头损失还未达到最大允许值而因某种原因（如出水水质不符合要求）需要提前冲洗时，可进行人工强制冲洗。强制冲洗设备是在虹吸辅助管 13 与抽气管 14 相连接的三通上部，接一根压力水管（强制冲洗管 19），并用阀门控制。当需要人工强制冲洗时，打开其阀门，高速水流便在抽气管与虹吸辅助管连接三通处产生强烈的抽气作用，使虹吸很快形成，进行强制反洗。

2．重力式无阀滤池的设计要点

（1）虹吸管计算

在冲洗过程中，冲洗水箱内水位不断下降，反冲洗水头（水箱内水位与排水水封井堰口水位差）由最大冲洗水头（H_{max}）（出水渠 12 堰口与排水水封井 16 堰口之差）逐渐减小到最小冲洗水头（H_{min}）（虹吸破坏斗 17 上沿与排水水封井 16 堰口之差）。因此，在设计中通常以平均冲洗水头（H_a）（即 H_{max} 与 H_{min} 的平均值）作为计算依据，来选定冲洗强度，称为平均冲洗强度（q_a）。由 q_a 计算所得的冲洗流量称为平均冲洗流量，以 Q_1 表示。由于滤池在冲洗时继续进水（进水流量以 Q_2 表示），因此，虹吸管中的计算流量应为平均冲洗流量与进水流量之和（$Q=Q_1+Q_2$）。其余部分（包括连通渠、配水系统、承托层、滤料层）所通过的计算流量仍为冲洗流量（Q_1）。

冲洗过程总水头损失即为水流在整个流程中（包括连通渠、配水系统、承托层、滤料层、挡水板及虹吸管等）的水头损失之和，总水头损失为：

$$\sum h = h_1 + h_2 + h_3 + h_4 + h_5 + h_6 \tag{2-41}$$

式中：h_1 —— 连通渠水头损失，m；

h_2 —— 小阻力配水系统水头损失，m，视所选配水系统形式而定；

h_3 —— 承托层水头损失，m；

h_4 —— 滤料层水头损失，m；

h_5 —— 挡板水头损失，一般取 0.05 m；

h_6 —— 虹吸管沿程和局部水头损失之和，m。

按平均冲洗水头和计算流量即可求得虹吸管管径。管径一般采用试算法确定：初步选定管径，算出总水头损失（$\sum h$），当$\sum h$ 接近 H_a 时，所选管径适合，否则重新计算。

在有地形可利用的情况下（如丘陵、山地），降低排水水封井堰口标高，可以增加平均冲洗水头（H_a），进而可以减小虹吸管管径，节省建设费用。

无阀滤池在实际运行过程中，由于运行条件的改变或季节的变化，往往需要调整反冲洗强度。为此，应在虹吸下降管管口处设置反冲洗强度调节器，如图 2-54 所示。反冲洗强度调节器由锥形挡板和螺杆组成，后者可使锥形挡板上、下移动而改变出口开启度，从而改变出口阻力、调整反冲洗强度。因此，在选择虹吸管管径时，管径应适当大些，以保证$\sum h <H_a$时，其差值用于调节反冲洗强度调节器。

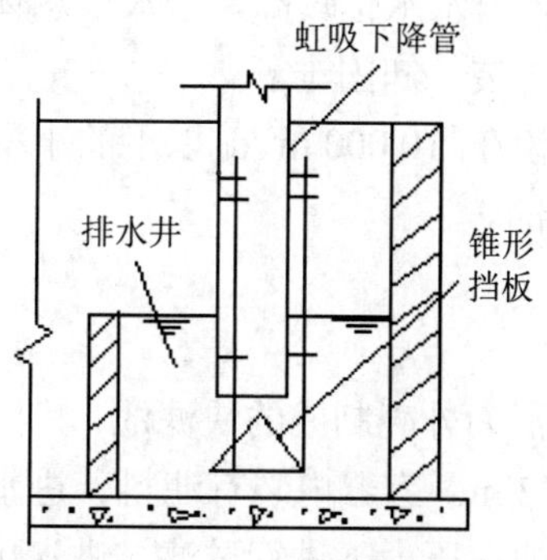

图 2-54 反冲洗强度调节器

（2）冲洗水箱

重力式无阀滤池冲洗水箱与滤池整体浇制，位于滤池上部。水箱容积按冲洗一次所需的水量确定：

$$V = 0.06\, qFt \tag{2-42}$$

式中：q —— 冲洗强度，L/（s·m^2）；

F —— 滤池面积，m^2；

t —— 冲洗时间，min，一般取 4～6 min。

为减少冲洗水箱内水位变化对反冲洗强度的影响，在设计时，常采用多格滤池合用一个冲洗水箱的方法，减小冲洗水箱水深，同时也可降低滤池的总高度，有利于与滤前处理构筑物在高程上的衔接并降低造价。不过，如果合用水箱的滤池数过多，会产生不正常冲洗现象。因此，《室外给水设计规范》规定：无阀滤池的分格数，宜采用 2～3 格。

（3）进水分配槽

进水分配槽的作用，是通过槽内堰顶溢流使各格滤池独立进水，并保持进水流量相等。分配槽堰顶标高应等于虹吸辅助管和虹吸上升管连接处的管口标高加进水管水头损失，再加 10～15 cm 富余高度，以保证堰顶自由跌水。槽底标高应考虑气、水分离效果，若槽底标高较高，大量空气会随水流进入滤池，无法正常进行过滤或反洗。通常，将槽底标高降至滤池出水渠堰顶以下约 0.5 m，就可以保证过滤期间空气不会进入滤池。

（4）U 形进水管

进水管上设置 U 形存水弯，是为防止滤池冲洗时空气经进水管进入虹吸管，破坏虹吸。为安装方便，同时也为了水封更加安全，常将存水弯底部置于水封井的水面以下。

（5）配水系统

无阀滤池采用低水头反冲洗时，应采用小阻力配水系统。

无阀滤池在反冲洗时不能停止进水。这样不仅浪费水量，而且使虹吸管管径增大。为此，在实际生产中，经常做一些变形改进。最简单的方法是在进水管上加装阀门，改为单阀滤池，当反冲洗时停止进水。另一种常用的方法是加装虹吸式自动停止进水装置。

重力式无阀滤池的优点是：运行全部自动，操作管理方便；节省大型阀门，造价较低；出水面高出滤层，在过滤过程中滤料层内不会出现负水头。其主要缺点是：冲洗水箱建于滤池上部，滤池的总高度较大，出水水位较高，给水厂总体高程布置带来困难；池体结构较复杂，滤料处于封闭结构中，装、卸困难。

重力式无阀滤池适用于规模在 10 000 m^3/d 以下的小型水厂。单池平面积一般不小于 16 m^2，少数也有达 25 m^2 以上的。

（四）压力滤池

压力滤池是用钢制压力容器为外壳制成的快滤池，其构造如图 2-55 所示。压力滤池外形呈圆柱状，直径一般不超过 3 m。容器内装有滤料、进水和反冲洗配水系统，容器外设置各种管道和阀门等。压力滤池在压力下进行过滤，进水用水泵直接打入，滤后水常借压力直接送到用水设备、水塔或后面的处理设备中。根据压力滤池的形状和特性，生产中常称其为过滤罐、压力过滤器、机械过滤器等。

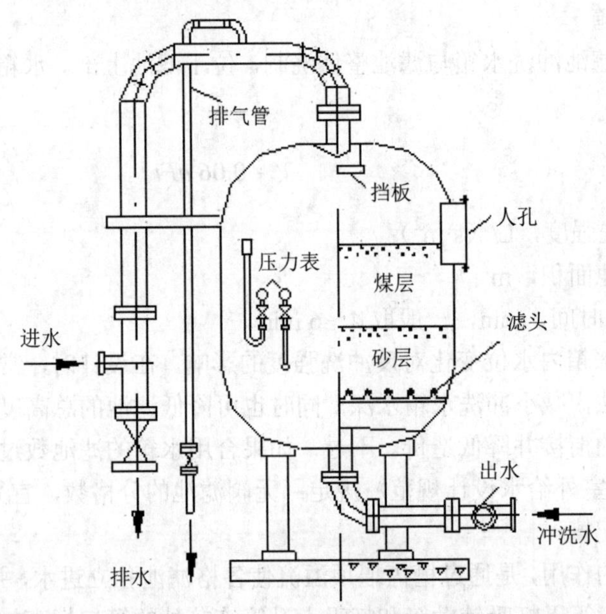

图 2-55　双层滤料压力滤池

压力滤池的配水系统大多采用小阻力系统中的缝隙式滤头，滤层厚度也比较大（一般为 1.0～1.2 m），其中允许水头损失值一般可达 5～6 m。压力滤池的进水管和出水管上都安装有压力表，两表的压力差值即为过滤时的水头损失。运行中，为提高冲洗效果和节省冲洗水量，可考虑用压缩空气辅助冲洗。

压力滤池的优点是：有现成的成套产品，可根据生产需要直接购买，运转管理也比较方便；由于它是在压力的作用下进行过滤，有较高余压的滤后水被直接送到用水点，可省去清水泵站。其缺点是耗用钢材多，滤料进出不方便。常在工业给水处理中与离子交换器串联使用，也可用于临时性给水处理。

（五）移动罩滤池

移动罩滤池是由若干滤格为一组构成的滤池，滤料层上部相互连通，滤池底部配水区也相互连通，整个滤池共用一套进水和出水系统。运行时，利用一个可移动的冲洗罩依次轮流罩在各滤格上，对其进行冲洗，其余各滤格正常过滤。反冲洗滤格所需的冲洗水由其余滤格的滤后水供应，冲洗废水利用虹吸或泵吸的方式从冲洗罩的顶部抽出。移动罩滤池因有移动冲洗罩而得名，它综合有虹吸滤池和无阀滤池的某些特点。

图 2-56 为一座由 24 格组成、双行排列的虹吸式移动罩滤池示意图。

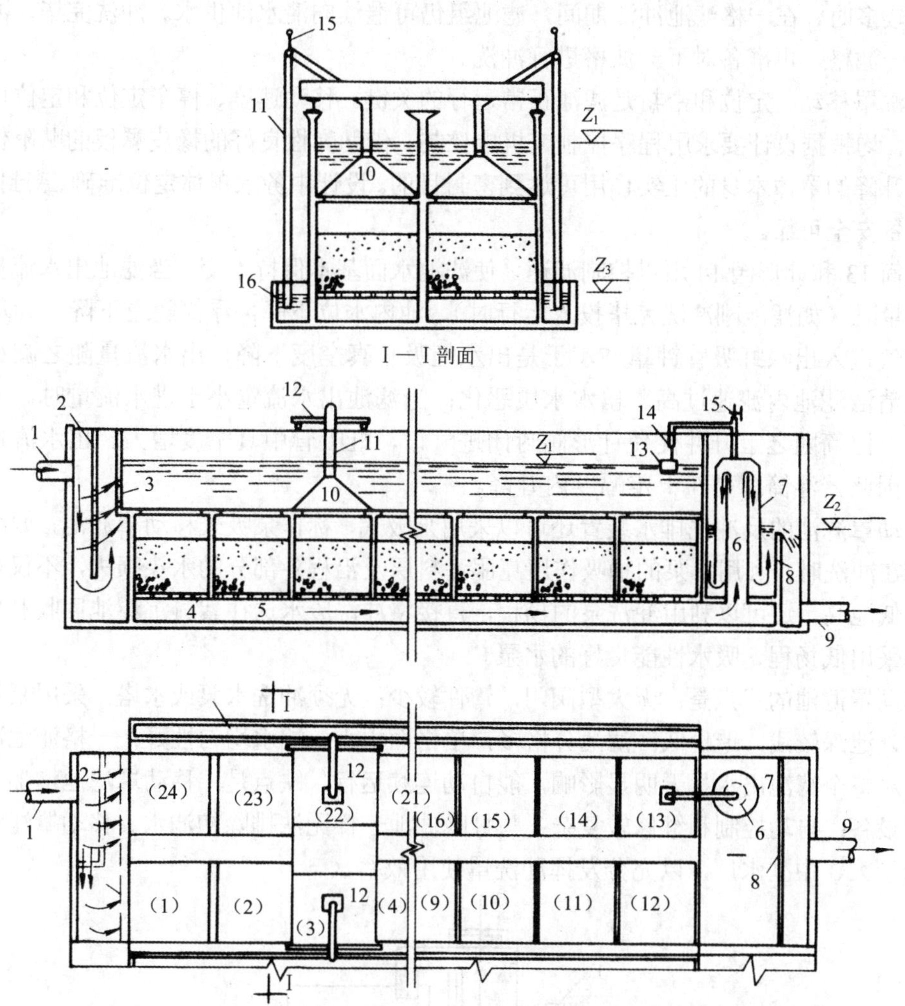

1—进水管；2—穿孔配水墙；3—消力栅；4—配水系统的配水孔；5—配水系统的配水室；6—出水虹吸中心管；7—出水虹吸管钟罩；8—出水堰；9—出水管；10—冲洗罩；11—排水虹吸管；12—桁车；13—浮筒；14—针形阀；15—抽气罐；16—排水渠。

图 2-56　虹吸式移动罩滤池

过滤过程：待滤水由进水管 1 经穿孔配水墙 2 及消力栅 3 进入滤池，通过滤层过滤，由底部配水孔 4、配水室 5 流入钟罩式虹吸管的中心管 6。当虹吸中心管 6 内水位上升到管顶溢流时，带走虹吸管钟罩 7 和中心管 6 间的空气，达到一定真空度时，虹吸形成，滤后水便从钟罩 7 和中心管 6 间的空间流出，经出水堰 8、出水管 9 流入清水池。滤池内水面标高 Z_1 和出水堰上水位标高 Z_2 之差即为过滤水头，一般取 1.2～1.8 m。

冲洗过程：当某一格滤池需要冲洗时，冲洗罩 10 由桁车 12 带动移至该滤格上面就位，并封住该格顶部，用抽气设备抽出排水虹吸管 11 中的空气，形成虹吸导通。在冲洗水头（出水堰顶水位 Z_2 和排水渠中水封井上的水位 Z_3 之差，一般取 1.0～1.2 m）作用下，即开始对该滤格进行反冲洗。其余滤格的滤后水作为冲洗水，从配水室 5 经冲洗滤格的配水孔 4 进入冲洗滤格，通过承托层和滤料层后，冲洗废水由排水虹吸管 11 排入排水渠 16。当滤格数较多时，在一格滤池冲洗期间，滤池组仍可继续向清水池供水。冲洗完毕，冲洗罩移至下一滤格，再准备对下一滤格进行冲洗。

冲洗罩移动、定位和密封是滤池正常运行的关键。移动速度、停车定位和定位后密封时间等，均根据设计要求用程序控制或机电控制。借助弹性良好的橡皮翼板的贴附作用或者能够升降的罩体本身的压实作用可达到密封目的。设计中务求罩体定位准确、密封良好、控制设备安全可靠。

浮筒 13 和针形阀 14 用以控制滤速，使滤池水面基本保持不变。当滤池出水流量超过进水流量时（如滤池刚冲洗完毕投入运行时），池内水位下降，浮筒随之下降，针形阀打开，空气进入出水虹吸管钟罩 7，于是出水虹吸管真空度下降，出水流量随之减小，从而防止清洁滤池内滤速过高、出水水质恶化；当滤池出水流量小于进水流量时，池内水位上升，浮筒随之上升并促使针形阀封闭进气口，虹吸管中真空度增大，出水流量随之增大。因此，浮筒总是在一定幅度内升降。

移动罩滤池的反冲洗排水装置还可以采用泵吸式，称作泵吸式移动罩滤池，如图 2-57 所示。在冲洗时，利用水泵的抽吸作用克服滤料层及沿程各部分的水头损失，不仅可以进一步降低池高，还可以利用冲洗泵的扬程，直接将冲洗废水送往絮凝沉淀池回收利用。冲洗泵多采用低扬程、吸水性能良好的水泵。

移动罩滤池的优点是：无大型阀门，管件较少；无须冲洗水泵或水塔；采用泵吸式冲洗罩时，池深较浅，造价低；滤池分格多，单格面积小，配水均匀性好；一格滤池冲洗水量小，对整个滤池出水量无明显影响，能自动连续运行。缺点是：移动罩滤池增加了机电及控制设备；自动控制和维修较复杂；与虹吸滤池一样无法排除初滤水。移动罩滤池一般较适用于大、中型水厂，以充分发挥冲洗罩使用效率。

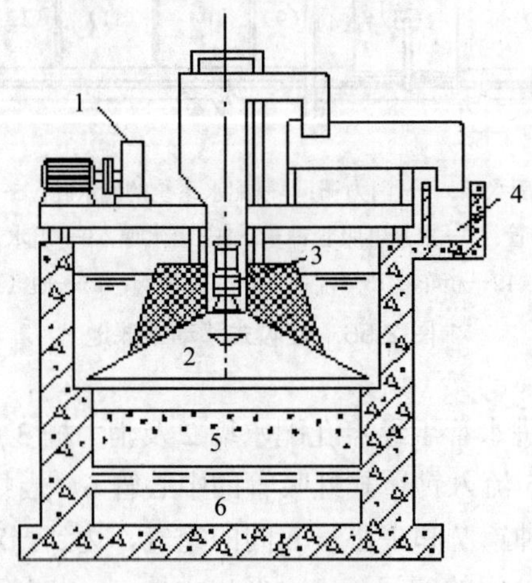

1—传动装置；2—冲洗罩；3—冲洗水泵； 4—排水槽；5—滤层；6—底部积水空间。

图 2-57 泵吸式移动罩滤池

第六节　离心分离与磁分离

一、离心分离原理

利用快速旋转所产生的离心力使污水中的悬浮颗粒分离的过程叫离心分离。

含固体悬浮物的污水在离心设备中做快速旋转运动时，由于悬浮物的密度与水不同，质量大的固体颗粒受到的离心力大，被抛到外圈；而质量小的水则被推向内圈，从而达到悬浮颗粒与污水分离的目的。离心分离的效率主要取决于在离心装置中施加给悬浮颗粒的离心力的大小。通常将固体颗粒在离心力场中所受离心力与重力的比值，称为离心分离因数，用 K_c 表示，它是反映离心分离设备性能的重要指标。

$$K_c = \frac{F_c}{F_g} = \frac{mr\omega^2}{mg} = \frac{r\omega^2}{g} = \frac{\pi^2 n^2 r}{900g} \tag{2-43}$$

式中：F_c、F_g —— 离心力和重力，N；

m —— 颗粒质量，kg；

r —— 距转动轴线距离，即旋转半径，m；

ω —— 旋转的角速度，rad/s；

g —— 重力加速度，9.81 m/s^2；

n —— 转速，r/min。

由式（2-43）可知，分离因数的大小取决于离心装置的转速和半径的大小，尤其是与转速呈平方关系，随着转速的加快，分离因数大幅度提高。因此，离心分离的分离效果，远超过重力沉降法。

二、离心分离机

离心分离机，简称离心机，是利用自身高速旋转带动设备内部的污水旋转，从而离心分离的机械设备，其主要部件是一个高速旋转的转鼓。

离心机的种类很多，按其分离因数的大小来区分有：常速离心机（K_c＜3 000），主要用于一般悬浮液的分离和污泥的脱水；高速离心机（K_c＞3 000），主要用于细粒状悬浮液；超速离心机（K_c＞12 000），主要用于分离颗粒极细的乳化液、油类。

离心机设备紧凑、效率高，但设备复杂、处理成本高，一般只用于处理小批量的废水、很难处理的废水和污泥脱水。可根据水力负荷、固体负荷和固体回收率等处理要求，按离心机产品目录选型。

三、旋流分离器

旋流分离器的圆筒形器体固定不动，污水沿切线方向高速进入器体内造成旋转，从而产生离心力使悬浮颗粒甩向器壁分离。根据产生水流旋转能量的来源，又分为压力式旋流分离器和重力式旋流分离器两种。

1．压力式旋流分离器

图 2-58 是一种压力式水力旋流分离器的示意图。待处理污水经水泵加压后，以 6～10 m/s 的速度从上部沿切线方向进入旋流分离器。水流先向下旋流（一次涡流），然后再向上旋流（二次涡流），从中心管溢流到顶部的出流室经排水管排出。在旋流过程中，污水中粗大的固体颗粒，在离心力的作用下被甩向器壁，并在本身重力作用下沿器壁下滑，在底部排泥口排出。

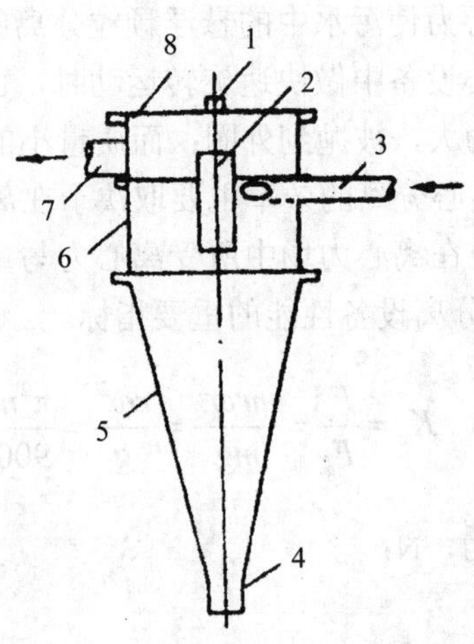

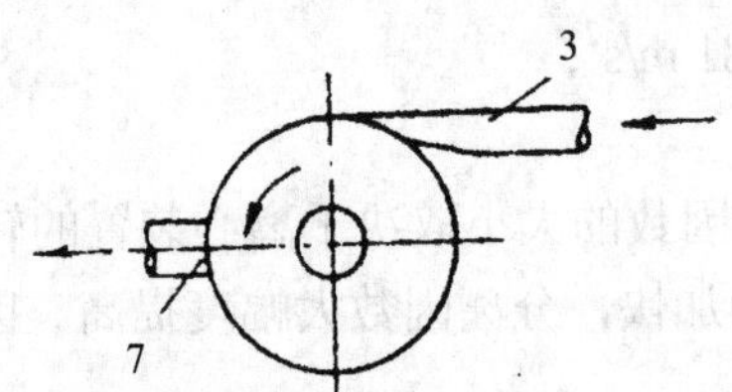

1—通风管；2—中心管；3—进水管；4—排泥管；
5—圆锥体；6—圆筒；7—出水管；8—顶盖。

图 2-58　压力式水力旋流分离器

水力旋流器中的角速度取决于入流的流速，不可能很高，因此它的分离因数不会太高。目前水力旋流器主要用来去除液体中密度较大的悬浮颗粒。

水力旋流器的分离效率与悬浮粒直径密切相关。通常用极限直径（分离效率是 50%的颗粒直径）作为判别水力旋流器分离程度的主要标准之一。极限直径的计算公式很多，但计算结果相差较大，为准确计算与评价，应对废水进行可行性试验。

压力式水力旋流器优点是：体积小，单位容积处理能力高，构造简单，易安装维修，广泛用于污水澄清及浓缩处理。缺点是：设备易磨损，动力消耗大。

2．重力式旋流分离器

图 2-59 是重力式旋流分离器的构造示意图。污水借助进、出水的压力差从下部沿切线方向进入旋流分离器，并以螺线形上升，在重力和离心力的作用下，水中的悬浮颗粒被抛向池壁并滑向池底，污水中若有油污则可浮在水表面上，由油泵收集。重力式旋流分离器，

设备容积大，进水口流速较小，对于分离效果，重力所起的作用比离心力大。正因为如此，重力式旋流分离器又称水力旋流沉淀池。

重力式旋流分离器通常用于污水中较大密度悬浮物固体的分离，如砂粒、铁屑等。

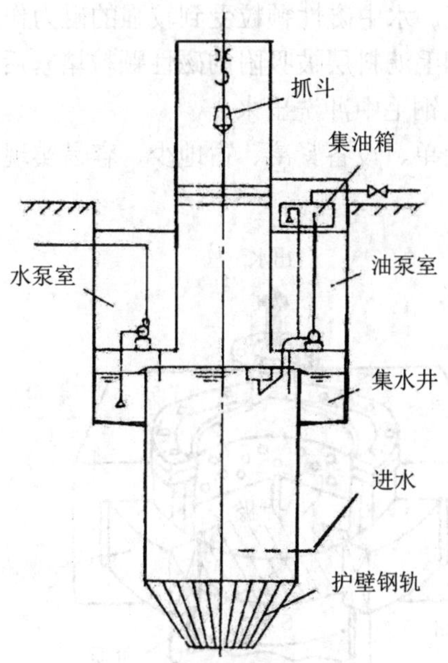

图 2-59 重力式旋流分离器

四、磁分离

一切宏观物体，在某种程度上都具有磁性，但各种物质的磁性强弱各有差异。针对这种差异，利用外加磁力将水中固体颗粒分离的方法，称为磁分离。磁分离不但已成功地应用于钢铁工业废水中磁性悬浮物的分离，而且经过适当的辅助处理之后，还能用于其他工业废水、城市污水和地面水的处理。常用的磁分离方法可按其工作原理分为 3 类。

1．磁凝聚

使废水快速通过外加均匀磁场，水中的磁性颗粒物被磁化，形成如同具有南北极的磁体，由于在磁场中停留时间很短，而且磁场梯度为零，颗粒不会被磁体捕集。但颗粒之间却可相互吸引，聚集成大颗粒。当废水通过磁场以后，由于磁性颗粒有一定的矫顽力，仍可继续产生凝聚作用。水中的颗粒直径的增大可提高其沉降效率，因此，磁凝聚可作为提高沉淀或磁盘吸附工作效率的预处理方法。

2．磁盘吸附

用不锈钢板制成直径为 800～1 000 mm 的磁盘底板。在底板的两面，按极性交错、单层密排的方式黏结数百至上千块永久磁块，然后再用铝板或不锈钢板覆面制成磁盘。

根据盘面场强的不同要求，将 2～4 层盘片按一定间隙隔开，串在一根转轴上。磁盘转动时，盘面下部浸入水中，由于磁盘磁场有一定的磁力梯度，磁性颗粒被吸到盘面上，当这部分盘面转出水面后，上面的泥渣由刮刀刮下，从而将磁性颗粒从水中分离出来。

3. 高梯度磁过滤法

高梯度磁力过滤器的结构如图 2-60 所示，其主要部件是激磁线圈和内部装填不锈钢毛的过滤筒体。在激磁线圈中通直流电使过滤筒体产生强磁场，不锈钢毛被磁化并使磁力线紊乱，形成很高的磁场梯度。水中磁性颗粒受到较强的磁力作用而被吸附在钢毛表面，而水则从钢毛间隙流过。当钢毛滤料层被吸附的磁性颗粒堵塞后，可切断电源，使磁场磁力消失，被捕集的杂质便可从钢毛中冲洗出来。

高梯度磁过滤法工艺简单、设备紧凑、占地少、容易实现自动化，但基建及运行费用高、能耗大。

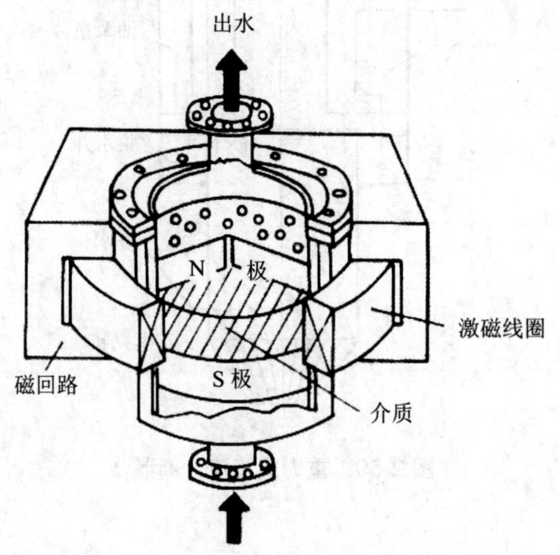

图 2-60 高梯度磁力过滤器的构造

复习思考题

一、名词解释

自由沉淀　截流沉速　反粒度过滤　不均匀系数　离心分离因数

二、填空题

1. 按主要调节功能来分，调节池可分为______、______两类。
2. 沉淀的类型有______、______、______、______。
3. 废水中的油类按其存在状态可分为______、______、______、______。
4. 实现气浮必须满足的两个基本条件是______、______。
5. 过滤的机理可归纳为______、______、______等三个作用。
6. 避免滤层出现负水头现象的方法有______、______。

三、判断题

1. 颗粒沉淀速度不但取决于颗粒与水的密度差，而且还受温度的影响。(　　)

2. 隔油池主要除去水中溶解的油类污染物。(　　)

3. 充气气浮是利用溶气罐往水中充气。(　　)

4. 较细的滤料可以防止杂质颗粒穿透滤料层，因此滤料颗粒越细，过滤效果越好。(　　)

5. V 形滤池的冲洗过程一般不会产生水力筛分现象。(　　)

四、问答题

1. 平面格栅、回转式格栅、阶梯式格栅各有什么特点？

2. 自由沉淀、絮凝沉淀、拥挤沉淀、压缩沉淀各有什么特点？一般都发生在水处理的哪些过程中？

3. 为什么斜板（管）沉淀池的沉淀效率较高？

4. 平流式沉淀池、辐流式沉淀池和竖流式沉淀池各有什么特点？分别适用于哪些情况？

5. 试述曝气沉砂池的构造，它有什么优点？

6. 为什么气浮处理一般都加浮选剂？

7. 什么是“负水头”现象？负水头对过滤和反冲洗造成的危害是什么？

8. 什么是滤料“有效粒径”和“不均匀系数”？不均匀系数过大对过滤和反冲洗有何影响？

9. 大阻力配水系统和小阻力配水系统的基本原理各是什么？两者各有何优缺点？

10. 试分析反冲洗强度对反冲洗效果的影响。

11. 试述 V 形滤池构造和特点。

五、计算题

1. 某厂过滤用砂的筛分试验结果见下表，试求该砂的 d_{10}、d_{80}、K_{80}。根据过滤要求：d_{10}=0.55 mm，K_{80}=2.0。试问筛选这批滤料时，共需筛除多少原砂？

筛孔/mm	0.105	0.149	0.210	0.297	0.42	0.59	0.84	1.19	1.68	2.38	3.0
通过率/%	1.2	2.0	3.0	4.6	8.0	17.5	56.0	71.5	84.5	95.0	100

2. 设计一组虹吸滤池，初选设计滤速 v=6 m/h，格数 n=6。根据《室外给水设计规范》规定，若要求冲洗强度应达到 15 L/（s·m^2）。则：

（1）该设计是否符合要求？（通过计算说明）

（2）若不符合要求，应如何调整设计？

六、综合题

到水厂参观或现场教学，针对其物理处理单元所采用的工艺和运行操作情况，进行综合分析并提出自己的看法。

第三章　水的化学处理

水的化学处理法是利用化学反应来去除水中有害污染物和杂质，对于给水来说使之符合生活饮用、工业使用所要求的水质，对于排水来说达到改善水质、控制污染的目的。本章主要介绍中和、混凝、化学沉淀、氧化还原和消毒。

通过本章学习，要求掌握各种化学处理方法的基本原理、工艺特点、工艺流程以及各种方法的应用范畴。化学处理法需要用到一些药剂和相应的处理构筑物，要求能够熟练掌握加药量及构筑物的设计计算。

第一节　中　和

工业生产中会产生酸性废水和碱性废水。酸性废水中常见的酸性物质有盐酸、硫酸、硝酸、磷酸、氢氟酸、氢氰酸等无机酸以及醋酸、甲酸、柠檬酸等有机酸。碱性废水中常见的碱性物质有苛性钠、碳酸钠、硫化钠及胺等。如果将这些废水任意排放，不仅会污染环境、腐蚀管道、破坏生物处理系统的正常运行，而且也是极大的浪费。因此，对酸或碱性废水首先应当考虑回收和综合利用，必须排放时，需要进行无害化处理。

当酸或碱性废水质量浓度较高时，例如在3%以上，应考虑回收和综合利用的可能性，例如用其制造硫酸亚铁、硫酸铁、石膏、化肥等，也可考虑供其他工厂使用。当质量浓度不高（$<3\%$）、回收和综合利用的经济意义不大时，才考虑中和处理，使废水的 pH 恢复到中性附近的一定范围。

一、基本原理

中和处理发生的主要反应是酸与碱的中和反应。在中和反应中存在一个等当点，即酸碱双方的当量恰好相等。强酸与强碱互相中和时，因生成的强酸强碱盐不会发生水解，则等当点为中性点，此时溶液的 pH 为 7.0。若中和的一方为弱酸或弱碱，因中和过程所生成的盐发生水解，即使达到等当点，溶液也并非中性，pH 的大小取决于所生成盐的水解度。

中和处理所使用的药剂称中和剂。酸性废水处理采用的中和剂有石灰、白云石、石灰石、苏打、苛性钠、氧化镁等。碱性废水中和处理则通常采用盐酸或硫酸。

中和处理一般应先考虑将酸性废水与碱性废水互相中和，再考虑向酸碱性废水中投加中和剂，或采用过滤中和等。

二、酸性废水的中和处理

（一）酸碱废水互相中和

酸碱废水互相中和处理是一种简单经济的以废治废的处理方法。酸碱废水互相中和时，应进行中和能力的计算。中和时两种废水的酸或碱的当量数应相等。在中和处理中应控制碱性废水的投加量，使处理后的废水呈中性或弱碱性。根据当量定律，可按式（3-1）进行计算。

$$\sum Q_b B_b \geqslant \sum Q_a B_a \alpha k \tag{3-1}$$

式中：Q_b —— 碱性废水流量，m^3/h；

B_b —— 碱性废水的质量浓度，mg/L；

Q_a —— 酸性废水的流量，m^3/h；

B_a —— 酸性废水的质量浓度，mg/L；

α —— 药剂比耗量，即中和 1 kg 酸所需碱量（表 3-1），kg/kg；

k —— 反应不完全系数，一般取 1.5～2。

表 3-1 碱性中和剂的比耗量

酸	中和 1 kg 酸所需的碱量/（kg/kg）				
	CaO	$Ca(OH)_2$	$CaCO_3$	$MgCO_3$	$CaCO_3$
H_2SO_4	0.571	0.755	1.020	0.860	0.940
HNO_3	0.455	0.590	0.795	0.688	0.732
HCl	0.770	1.010	1.370	1.150	1.290
CH_3COOH	0.466	0.616	0.830	0.695	—

（二）药剂中和

药剂中和法常用于酸性废水的处理。常用石灰石、电石渣、石灰作中和剂，也有采用碳酸钠和苛性钠作中和剂的。反应原理都是酸、碱中和反应，中和剂的投加量，可按化学反应式进行估算，具体参考表 3-2。

表 3-2 中和各种酸所需碱、盐的理论比耗量 单位：g/g

酸的名称	分子量	NaOH	$Ca(OH)_2$	CaO	$CaCO_3$	$MgCO_3$	Na_2CO_3	$CaMg(CO_3)_2$
		40	74	56	100	84	106	184
HNO_3	63	0.64	0.59	0.45	0.79	0.67	0.84	0.73
HCl	36.5	1.10	1.01	0.77	1.37	1.15	1.45	1.26
H_2SO_4	98	0.82	0.76	0.57	1.02	0.86	1.08	0.94
H_2SO_3	82	0.98	0.90	0.68	—	—	1.29	1.12
CO_2	44	1.82	1.61	（1.27）	（2.27）	（1.91）	—	2.09
$C_2H_4O_2$	60	0.67	0.62	（0.47）	（0.83）	（0.70）	0.88	0.77

酸的名称	分子量	$NaOH$	$Ca(OH)_2$	CaO	$CaCO_3$	$MgCO_3$	Na_2CO_3	$CaMg(CO_3)_2$
		40	74	56	100	84	106	184
$CuSO_4$	160	0.25	0.46	0.35	0.62	0.52	0.66	0.57
$FeSO_4$	152	0.53	0.48	0.37	0.66	0.55	0.70	0.60
H_2SiF_6	144	0.56	0.51	0.30	0.69	—	0.73	0.63
$FeCl_2$	127	0.63	0.58	0.44	0.79	—	0.84	0.72
H_3PO_4	98	1.22	1.13	0.86	1.53	—	1.62	1.41

注：1. 在碱、盐的分子式下面的数值为该碱、盐的分子量；

2. 括号中记入的药剂量，表示不建议采用的药剂，因其反应很慢。

由于药剂中常含有不参与中和反应的惰性杂质：如沙土、黏土等，因此药剂的实际耗量应比表 3-2 中的理论比耗量大些。药剂的纯度应根据药剂分析资料确定，当缺乏分析资料时，可参考以下数据：生石灰含 60%～80%的有效 CaO，熟石灰含 65%～75%的 $Ca(OH)_2$；废石灰及电石渣含 60%～70%的有效 CaO；石灰石含 90%～95%的 $CaCO_3$；白云石含 45%～50%的 $CaCO_3$。

当废水量少（每小时几吨到十几吨）时宜采用间歇处理，两三池（格）交替运行，废水量大时宜采用连续式运行，目前多采用二级或三级处理，具体处理工艺见图 3-1。

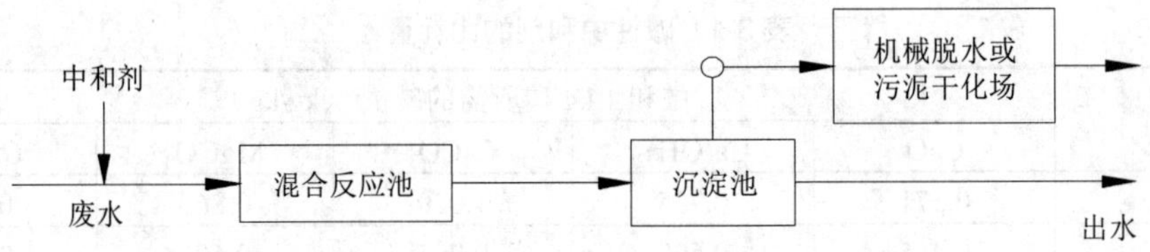

图 3-1 药剂中和处理工艺流程

石灰的投加方式包括干投和湿投。干投是将石灰粉直接投入水中。投配时可使用具有电磁振荡装置的石灰投配器。石灰投入废水渠，经混合槽折流混合 0.5～1 min 后，进入沉淀池将沉渣进行分离。干投法设备简单，但缺点是反应不彻底，反应速度慢、投药量大，一般为理论值的 1.4～1.5 倍，劳动强度大、卫生条件差。

目前常用的是湿投法。湿投法的步骤是先将石灰消解，配制成石灰乳液，然后再投加。石灰乳液的质量分数一般在 10%左右，可用泵送到投配器，经投配器加入到混合反应设备中。送到投配器的石灰乳量大于投加量时，则剩余部分回流至溶液槽，溶液槽至少采用两个，轮换使用。保持投配器液面不变，投加量由投配器控制。当短时间停止投加石灰乳时，石灰乳可在系统内循环流动，不易堵塞管道和设备。石灰消解槽不宜采用压缩空气进行搅拌，这是由于石灰乳易与空气中的 CO_2 反应生成 $CaCO_3$ 沉淀，既浪费药剂又堵塞管道，故一般采用机械搅拌。湿投法设备较多，反应迅速彻底、投药量少，仅为理论值的 1.05～1.10 倍。投配装置见图 3-2。

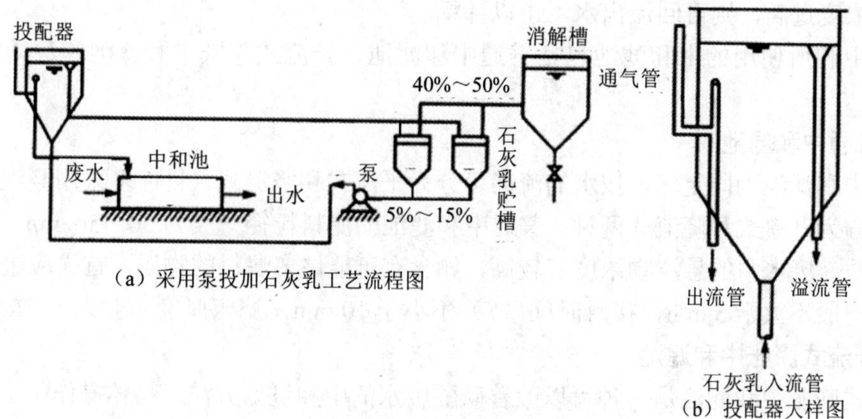

（a）采用泵投加石灰乳工艺流程图
（b）投配器大样图

图 3-2 石灰乳投配装置

中和反应较快，废水与药剂边混合边中和，可用隔板构成狭道或用搅拌桨混合药剂和废水，停留时间一般采用 5～20 min。中和池可间歇运行也可连续运行。当废水量少、废水间歇产生时采用间歇运行较合理。设置两个池子，交替工作，当废水量大时，一般用连续处理。

中和过程中产生的泥渣应及时分离，以防堵塞管道。分离装置可采用沉淀池或气浮池。

药剂中和法的优点是：适用于任何浓度、性质的酸性废水；其对水质水量有一定的耐冲击性，中和剂利用率高，中和过程容易调节。缺点是：操作环境差，药剂配制和投加设备复杂，基建费用高，泥渣多且脱水困难。

药剂中和法处理酸性废水时，投药量 G_b 可以按式（3-2）计算：

$$G_b = G_a \frac{ak}{\alpha} \times 100 \tag{3-2}$$

式中：G_a —— 废水中酸的含量，kg/h；

a —— 中和剂的比耗量（表 3-1），kg/kg；

α —— 中和剂的纯度，%；

k —— 反应不均匀系数，一般取 1.1～1.2；石灰乳中和硫酸时取 1.1，中和盐酸或硝酸时可取 1.05。

药剂中和法处理碱性废水时，常用硫酸作中和剂，其优点是反应速度快、中和完全。若用工业废酸中和，则消耗成本会更低。

（三）过滤中和

污废水流经具有一定中和能力的滤料并发生中和反应的方法称为过滤中和法。工业上常用石灰石、大理石或白云石作为中和滤料处理酸性废水，反应在滤池中进行。水流方式一般为竖流式（升流或降流均可）。

过滤中和法较药剂中和法具有操作方便、劳动条件好及运行费用低等优点。但以石灰石为滤料处理浓度较高的酸性废水尤其是硫酸废水时，由于在中和过程中会生成硫酸钙，其在水中的溶解度较小，易在滤料表面形成覆盖层，阻碍滤料和酸的中和反应；因此，废水的硫酸质量浓度一般为 1～2 g/L。用白云石作为滤料时，硫酸质量浓度可适当提高。若硫酸质量浓度过高，则可回流出水，予以稀释。

过滤中和所使用的中和滤池包括普通中和滤池、升流式膨胀中和滤池和滚筒式中和滤池。

1．普通中和滤池

普通中和滤池为固定床，按水的流向可分为平流式和竖流式。目前多采用竖流式。竖流式又可分为升流式和降流式两种。普通中和滤池的滤料粒径一般为 30～50 mm，不能混有粉料杂质。废水中的悬浮物浓度若较高，如含有可能堵塞滤料的物质，首先应进行预处理。滤速一般不大于 5 m/h，接触时间（T）不小于 10 min，滤床厚度一般为 1～1.5 m。

2．升流式膨胀中和滤池

升流式膨胀中和滤池是一种可以改善硫酸废水的中和过滤方法。具体操作是：废水从滤池底部进入，水流自下而上流动，最终从池顶流出。废水上升滤速可高达 50～70 m/h，滤料之间相互碰撞摩擦，加上生成的 CO_2 气体作用，有助于防止滤料结壳，滤料表面不断更新，具有较好的中和效果。滤池分为四部分：底部为进水设备，一般采用大阻力穿孔管布水，孔径 9～12 mm；进水设备上面是承托层，厚度为 0.15～0.2 m，卵石粒径为 20～40 mm；承托层上面为石灰石滤料，石灰石滤料粒径较小（0.5～3 mm），滤床膨胀率保持在 50%左右，膨胀后的滤层高度为 1.5～1.8 m；滤层上部清水区高度一般为 0.5 m，水流速度由快到慢，出水由出水槽或渠均匀汇集出流。滤床总高度为 3 m 左右，直径大于 2 m。图 3-3 为升流式膨胀中和滤池。

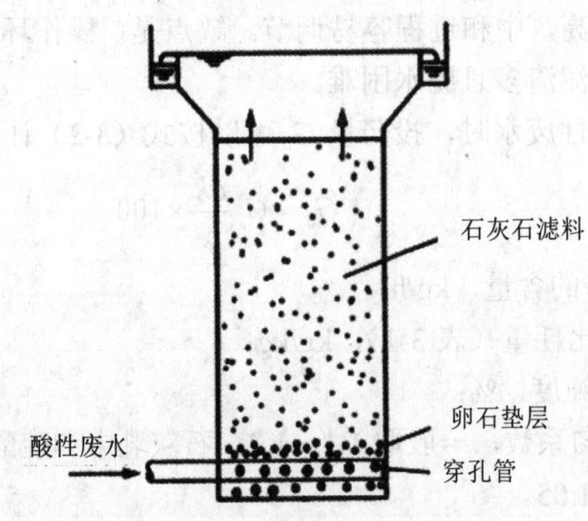

图 3-3　升流式膨胀中和滤池

当污废水中硫酸质量浓度小于 2 200 mg/L 时，经中和处理后，出水的 pH 可提高至 6～6.5。

随着过滤的运行，滤池中的滤料有所消耗或污染，应定期补充或更换。膨胀中和滤池一般每班加料 2～4 次。当出水 pH≤4.2 时，需倒床换料。滤料量较大时，需考虑加料和倒床机械化操作，以减轻劳动强度。

3．滚筒式中和滤池

装于滚筒中的滤料随滚筒一起转动，使滤料相互碰撞；该方法可及时剥离由中和产物形成的覆盖层，可加快中和反应速度。废水由滚筒的另一端流出（图 3-4）。

滚筒直径一般为 1 m 或更大，长度为直径的 6～7 倍。转轴倾斜角度为 0.5°～1°，滚筒转速约为 10 r/min。滤料粒径十几毫米，装料体积约为转桶体积的一半。进水中硫酸浓度可以超过允许浓度的数倍，滤料粒径不必太小。但滚筒负荷率低［约为 36 m^3/（$m^2 \cdot h$）］，运转时噪声较大，构造复杂且动力费用较高，同时对设备材料的耐腐蚀性能要求较高。

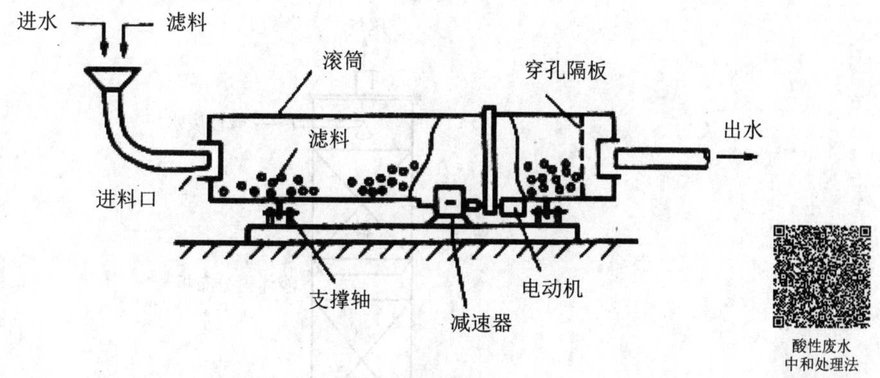

图 3-4 滚筒式中和滤池

酸性废水中和处理法

酸碱废水中和处理工程实例

三、碱性废水的中和处理

（一）药剂中和

碱性废水的中和剂主要是采用无机酸，因为其价格较低。使用无机酸的优点是：反应产物的溶解度高，泥渣量少，但出水溶解固体浓度高。无机酸中和碱性废水的工艺、设备和酸性废水的加药中和设备基本相同。酸性中和剂的比耗量见表 3-3。

表 3-3 酸性中和剂比耗量

碱的名称	中和 1 kg 碱需要的酸/（kg/kg）							
	H_2SO_4		HCl		HNO_3		CO_2	SO_2
	100%	98%	100%	36%	100%	65%		
NaOH	1.22	1.24	0.91	2.53	1.57	2.42	0.55	0.80
KOH	0.88	0.90	0.65	1.80	1.13	1.74	0.39	0.57
$Ca(OH)_2$	1.32	1.34	0.99	2.70	1.70	2.62	0.59	0.86
NH_3	2.88	2.93	2.10	5.90	3.71	5.70	1.29	1.88

（二）烟道气中和

在工业上还常用喷淋塔来处理碱性废水。中和剂则是含有 CO_2 和少量 SO_2、H_2S 的烟道气。

烟道气中的 CO_2 和少量 SO_2、H_2S 与碱性废水反应式如下：

$$CO_2+2NaOH = Na_2CO_3+H_2O$$
$$SO_2+2NaOH = Na_2SO_3+H_2O$$
$$H_2S+2NaOH = Na_2S+2H_2O$$

喷淋塔的滤料是一种惰性填料，本身并不参与中和反应，喷淋塔属于一种竖流式滤池。运行时碱性废水从塔顶通过布水器喷出，流向填料床，烟道气则自塔底进入，升入填料床。水、气在填料床中接触，废水和烟道气从而都得到了净化，使废水中和、烟尘消除（图 3-5）。

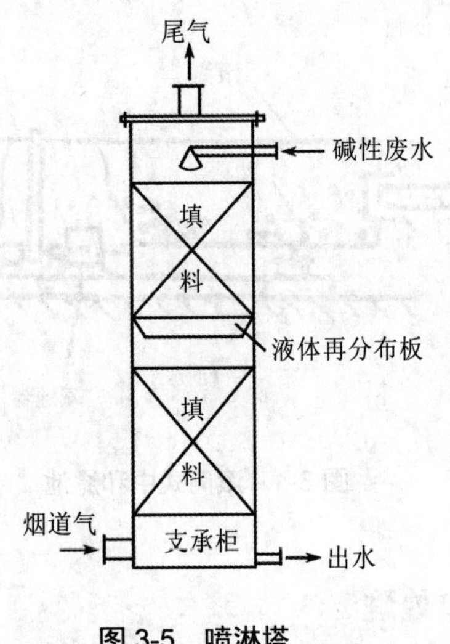

图 3-5　喷淋塔

四、中和处理在工程中的应用

江西某钢厂新建生产规模为 14 万 t/a 无缝钢管生产工艺。酸洗车间所产生的废酸液总量：2.26 万 m^3/a，含硫酸 50 g/L、$FeSO_4$ 230 g/L；酸性废水总量：27.28 万 m^3/a，含硫酸 0.7 g/L、$FeSO_4$ 1.72 g/L。

综合考虑，确定采取工艺流程如下：废酸液先进入石灰中和池进行中和预处理，石灰中和池出水再与酸性废水集中进入调节池调节水质水量，然后通过耐酸泵打入升流式膨胀中和滤塔，塔内用白云石作中和滤料，再经脱气塔去除 CO_2。如果出水 pH 还达不到排放标准，则需要再通过溶解槽补加部分碱液进一步中和，然后进入平流式沉淀池进行沉淀，沉淀池出水进入清水池以作回用或外排。石灰中和池沉淀废渣、调节池污泥和沉淀池污泥一起打入污泥浓缩池浓缩，再经带式压滤机进行脱水后外排，其处理工艺流程如图 3-6 所示。

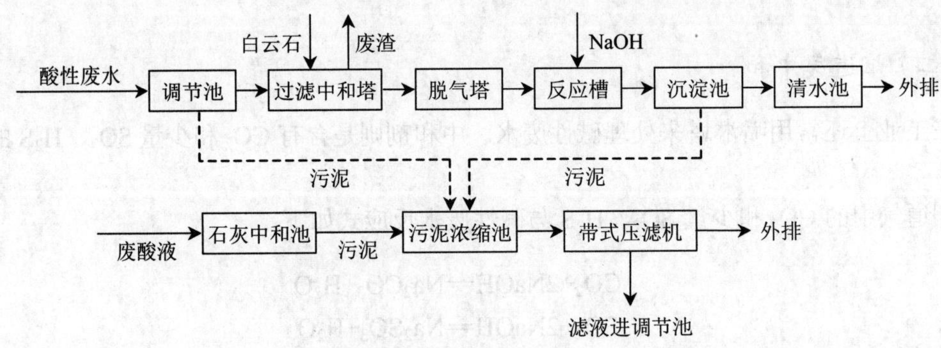

图 3-6　酸性废水处理工艺流程

设计参数：石灰中和池 HRT=3 h；调节池 HRT=10 h；变速升流式膨胀滤塔上部滤速 40 m/h，下部滤速 140 m/h；脱气塔填料层高 2 m，共 3 层；反应槽 HRT=2.5 h；平流式沉淀池 HRT=1.5 h，q=2 m^3/（m^2·h）；污泥浓缩池 HRT=3 h。

滤料粒径为 0.5～3 mm，平均粒径为 1.2 mm。

该处理站进水 pH 为 2.1～3.4，经处理后出水 pH 为 6.1～6.9。

第二节　混　凝

混凝就是在混凝剂的离解和水解产物作用下，使水中的胶体杂质和细小悬浮物脱稳，并聚结成可以与水分离的絮凝体的过程。一般来讲，水中胶体颗粒脱稳的过程称为凝聚，脱稳的胶体颗粒相互聚集成大的矾花的过程称为絮凝。混凝是凝聚和絮凝的总称。混凝法与污水的其他处理法相比，优点是设备简单，维护方便，处理效果好，间歇或连续运行均可以。缺点是由于不断向污水中投药，经常性运行费用较高，沉渣量大，且脱水较困难。

一、基本原理

1．胶体稳定性

有研究表明，胶体微粒都带电荷。天然水中的黏土类胶体、废水中的淀粉微粒和胶态蛋白质都带有负电荷，胶体微粒的结构如图 3-7 所示。

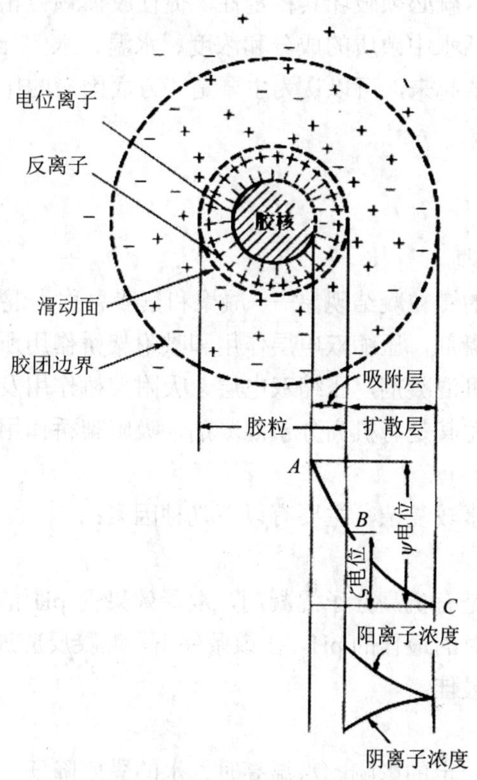

图 3-7　胶体微粒结构及其电位分布

（1）胶体结构

胶核表面的电位离子与溶液主体之间所产生的电位称为总电位（或称 ψ 电位），而胶粒与扩散层之间由于胶粒剩余电荷的存在所产生的电位称为界面动电位（或称 ζ 电位）。

ζ 电位可以用电泳或电渗的速度计算出来，它随着温度、pH 及溶液中反离子浓度等外部条件而变化。

ζ 电位的正负与胶体所带电荷有关，若胶体带负电，则 ζ 电位为负值，若胶体带正电，ζ 电位为正值。通常，ζ 电位的绝对值范围为 10～200 mV。

（2）胶体颗粒的稳定性与脱稳

胶体颗粒在水中具有稳定性的原因：

① 胶体微粒质量很轻，做无规则的布朗运动；

② 胶体颗粒彼此之间存在静电排斥力，从而不能相互靠近以结成较大颗粒而下沉；

③ 在胶体颗粒周围形成水化膜，阻止胶体颗粒与带相反电荷的离子中和，妨碍颗粒之间接触并凝聚下沉。由于胶粒带电，所以能将极性的水分子吸引到它的周围形成一层水化膜。水化膜也可阻止胶粒间的相互接触。但是水化膜是伴随着胶粒带电而产生的，如果胶粒的 ζ 电位消除或减弱，水化膜也会随之减弱或消失。

ζ 电位的绝对值越高，胶粒带电量越大，胶粒间产生的静电斥力也越大；同时，扩散层中反离子越多，水化作用也越大，水化膜也越厚，胶粒也就越稳定。

脱稳的关键在于减少胶粒的带电量，可以通过压缩扩散层厚度，降低 ζ 电位来达到。

2. 混凝机理

为使胶体颗粒沉降，就必须破坏其稳定性，促使胶体颗粒相互聚集长大。

影响混凝的因素包括水中杂质的成分和浓度、水温、水的 pH、碱度以及混凝剂的性质和混凝条件等。但归结起来，可以认为主要是 4 方面因素的作用：

① 压缩双电层机理；

② 吸附电中和机理；

③ 吸附架桥机理；

④ 沉淀网捕卷扫机理。

混凝机理

上述 4 种作用产生的微粒凝结现象——凝聚和絮凝总称为混凝。

对于不同类型的混凝剂，压缩双电层作用和吸附架桥作用所起的作用程度并不相同。对硫酸铝、氯化铁等无机混凝剂，压缩双电层、吸附架桥作用及网捕作用都同时起作用；而对一些高分子混凝剂尤其是有机高分子混凝剂，吸附架桥作用则可能是起主导作用的。

3. 影响混凝的因素

影响混凝效果的因素较复杂，主要有以下几种因素：

（1）pH

高分子混凝剂尤其是有机高分子混凝剂，混凝效果受 pH 的影响较小。每种混凝剂都有一个相对的最佳的 pH，在该条件下，混凝反应速度最快，絮体溶解度小，混凝效果最佳。

影响混凝的因素

（2）温度

温度对混凝效果有一定的影响。水温高时，水的黏度降低，布朗运动加快，胶粒互相碰撞的机会增多，从而可提高混凝效果。对于无机盐类混凝剂，由于其水解反应是吸热反应，所以温度升高时，水解反应速度加快，可缩短混凝时间。当水温低于 5℃时，铝盐水解速度减慢。当然，温度过高也有负面影响，如对某些高分子混凝剂，当温度大于 90℃时，混凝剂会老化生成非水溶性物质，将大大降低混凝效果。

（3）共存杂质

水中黏土杂质，粒径细小而均匀者对混凝不利，粒径参差者对混凝有利。颗粒浓度过低往往对混凝不利，回流沉淀物或投加混凝剂可提高混凝效果。水中存在大量有机物时，能被黏土吸附，使微粒具备有机物的高度稳定性，此时，向水中投加氯以氧化有机物，破坏其保护作用，常能提高混凝效果。水中的盐类也影响混凝效果，如水中的 Ca^{2+}、Mg^{2+}、硫化物及磷化物一般对混凝有利，而某些阴离子、表面活性剂对混凝不利。

（4）混凝剂的种类、投加量及投加次序

一般的投加量范围是：普通的铁盐、铝盐为 10～100 mg/L；聚合盐为普通盐的 1/3～1/2；有机高分子絮凝剂为 1～5 mg/L。在实际生产中，混凝剂品种的选择和最佳投加量、最佳操作条件主要通过混凝试验来确定。

当使用多种混凝剂时，其最佳投加次序应通过试验确定。一般而言，当无机混凝剂与有机混凝剂并用时，先投加无机混凝剂，再投加有机混凝剂。但当处理的胶粒在 50 μm 以上时，常先投加有机混凝剂吸附架桥，再加无机混凝剂压缩双电层而使胶体脱稳。

（5）水力条件（搅拌）

混凝过程中的水力条件对混凝效果至关重要。须控制搅拌强度和搅拌时间。搅拌强度常用速度梯度（G）来表示。在混合阶段，控制 G 在 500～1 000 s^{-1}，搅拌时间应控制在 10～30 s。反应阶段，控制 G 在 20～70 s^{-1}，反应时间一般为 15～30 min。

为确定最佳的工艺条件，一般情况下，可以用烧杯搅拌法进行混凝的模拟试验。

二、混凝剂和助凝剂

混凝剂与助凝剂

1．混凝剂

常用混凝剂应符合以下要求：混凝效果好且对人体健康无害，价廉易得且使用方便。混凝剂的种类较多，目前应用最广泛的是铝盐和铁盐。铝盐中常见的有硫酸铝、硫酸铝钾（俗称明矾）、三氯化铝、聚合氯化铝（PAC）及聚合氯化铝铁（PAFC）等。铁盐主要有硫酸亚铁、硫酸铁、氯化铁和聚合氯化铁（PFS）等。混凝剂分类见表 3-4。

表 3-4　混凝剂分类

<table>
<tr><th colspan="3">分　　类</th><th>混　　凝　　剂</th></tr>
<tr><td rowspan="5">无机类</td><td rowspan="3">低分子</td><td>无机盐类</td><td>硫酸铝、硫酸铁、硫酸亚铁、铝酸钠、氯化铁、氯化铝</td></tr>
<tr><td>碱类</td><td>碳酸钠、氢氧化钠、氧化钙</td></tr>
<tr><td>金属电解产物</td><td>氢氧化铝、氢氧化铁</td></tr>
<tr><td rowspan="2">高分子</td><td>阳离子型</td><td>聚合氯化铝（PAC）、聚合硫酸铝、聚合硫酸铁</td></tr>
<tr><td>阴离子型</td><td>活性硅酸</td></tr>
<tr><td rowspan="2">有机类</td><td rowspan="2">表面活性剂</td><td>阴离子型</td><td>月桂酸钠、硬脂酸钠、油酸钠、松香酸钠、十二烷基苯、磺酸钠</td></tr>
<tr><td>阳离子型</td><td>十二烷胺醋酸、十八烷胺醋酸、松香胺醋酸、十二烷基三甲基氯化铵</td></tr>
</table>

分类			混凝剂
有机类	低聚合度高分子	阴离子型	藻朊酸钠、羧甲基纤维素钠盐
		阳离子型	水溶性苯胺盐酸盐、聚乙烯亚胺
		非离子型	淀粉、水溶性脲醛树脂
		两性型	动物胶、蛋白质
	高聚合度高分子	阴离子型	聚丙烯酸钠、水解聚丙烯酰胺、磺化聚丙烯酰胺
		阳离子型	聚乙烯吡啶盐、乙烯吡啶共聚物
		非离子型	聚丙烯酰胺（PAM）、氯化聚乙烯

2．助凝剂

在污水混凝处理中，有时使用单一的混凝剂不能取得良好的效果，往往需要投加辅助药剂以提高混凝效果，这种辅助药剂称为助凝剂。

助凝剂的作用是提高絮凝体的强度，增加其重量，促进沉降，且使污泥有较好的脱水性能，或者用于调整 pH，破坏对混凝作用有干扰的物质。

按其功能，助凝剂可分 3 类：

① pH 调整剂。常用的 pH 调整剂有 H_2SO_4、CO_2、$Ca(OH)_2$、NaOH、Na_2CO_3 等。

② 氧化剂类。当采用硫酸亚铁作混凝剂时可用 Cl_2 将 Fe^{2+}氧化成 Fe^{3+}等。

③ 絮凝结构改良剂。助凝剂也可用以改善絮体的结构。利用高分子助凝剂的强烈吸附架桥作用，使细小松散的絮体变得粗大而密实，常用的有聚丙烯酰胺、活化硅酸、骨胶、粉煤灰、海藻酸钠、黏土等。

有些高分子物质，如淀粉、活化硅酸、PAM 等本身就具有混凝及助凝作用。混凝剂和助凝剂的选择和用量要根据不同污水的试验数据加以确定，选择的原则是价格低、来源广、用量少、效率高，生成的絮凝体密实，沉淀快，容易与水分离等。

PAC、PFS、PAM 三种混凝剂颜色区分

三、混凝工艺与设备

（一）混凝过程

混凝沉淀的处理过程包括投药、混合、反应及沉淀分离几个阶段。混合阶段的作用是将药剂快速、均匀地分散到废水中，以压缩胶体颗粒的双电层，降低或消除胶体颗粒的稳定性，使这些胶粒聚集长大形成大的絮凝体。混合阶段需要剧烈地搅拌，作用时间要短，瞬间混合效果最好。

反应阶段的作用是促使失去稳定性的胶体颗粒聚结长大，成为可见的矾花絮体。反应阶段需要较长的时间，只能缓慢地搅拌。在反应阶段，由聚结作用所生成的微粒与废水中原有的悬浮微粒由于碰撞、吸附架桥等作用而生成较大的絮体，然后送入沉淀池进行分离。

（二）混凝设备

混凝设备包括：混凝剂的配制和投加设备、混合设备和反应设备。

1. 混凝剂的配制和投加设备

混凝剂投加可分为干投法（使用较少）和湿投法（应用较多）两种形式。

（1）混凝剂的溶解和配制

混凝剂溶液的配制过程包括溶解与调制两步。溶解一般在溶解池（溶药池）中进行。其作用是把块状或粒状的药剂溶解成浓溶液。调制则在溶液池中进行，其作用是把浓溶液配成一定浓度的溶液。

常见的搅拌方法有机械搅拌、水泵搅拌和压缩空气搅拌。机械搅拌是利用电机带动搅拌桨或涡轮；水泵搅拌是直接用水泵从溶解池内抽取溶液再循环回溶解池；压缩空气搅拌是向溶解池内通入压缩空气实施搅拌。上述几种装置在溶解无机盐类混凝剂时必须采取防腐措施，管、配件等都相应使用防腐材料。

混凝剂投配流程：

药剂→溶解池→溶液池→计量设备→投加设备→混合设备→反应设备

溶解池容积：

$$W=\frac{24\times 100\cdot a\cdot Q}{1000\times 1000\cdot b\cdot n}=\frac{a\cdot Q}{417\cdot b\cdot n} \tag{3-3}$$

式中：Q —— 水量，m^3/h；

a —— 混凝剂的投加量，mg/L；

b —— 溶液的质量分数，无机物10%～20%，有机物0.5%～1%，计算时代入10～20；

n —— 每日配药次数。

溶解池容积：

$$W_1=（0.2\sim 0.3）W$$

药剂溶解完全后，可将其用清水稀释到一定浓度后备用。溶液池的体积一般为溶解池体积的3～5倍。

（2）混凝剂溶液的投加

混凝剂的投加形式包括三种形式：重力式、压力式和泵前吸入式（图3-8、图3-9）。常见的有泵前重力投加及水射器投加。采用水泵进行混合时，药剂加在泵前吸水井或吸水管处，一般采用重力投加，即所谓的泵前重力投加。当采用混合设备或管道混合时，若允许提高溶液池位置，也可采用重力投加。

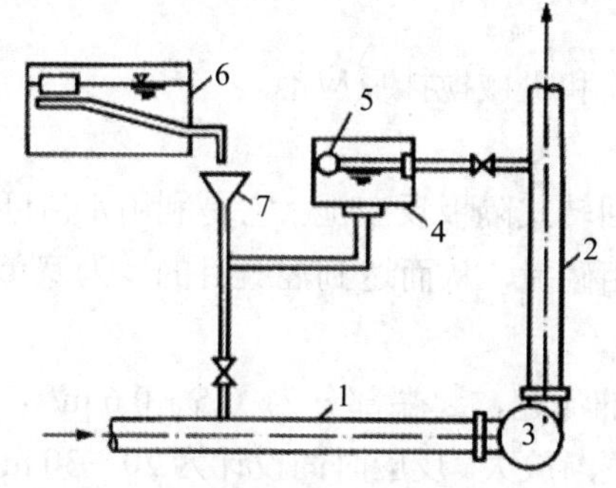

1—吸水管；2—出水管；3—水泵；4—水封箱；5—浮球阀；6—溶液池；7—漏斗管。

图3-8　泵前重力投加

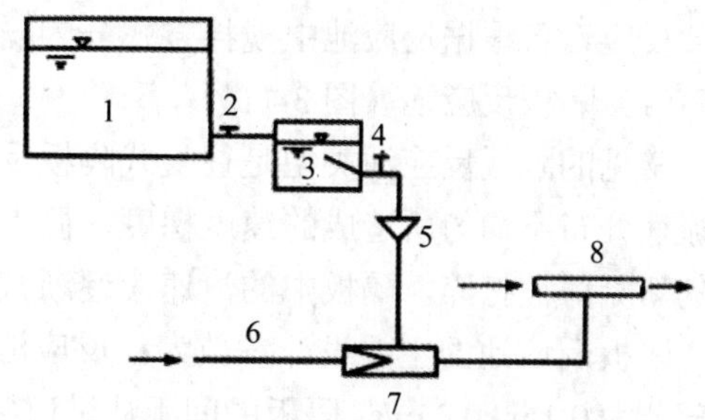

1—溶液池；2—阀门；3—投药箱；4—阀门；5—漏斗；6—高压水管；7—水射器；8—原水管道。

图3-9　水射器投加

混凝剂投加时，要求计量准确，而且能随时调节。计量方法多种多样，常用的计量设备有浮杯计量设备、孔口计量设备及转子计量设备，其中转子流量计是计量设备中应用最多的。也可直接用计量泵投加。

2．混合设备

混合的作用是将药剂迅速均匀地扩散到污水中，达到充分混合，以确保混凝剂的水解与聚合，使胶体颗粒脱稳，并互相聚集成细小的矾花。

混合阶段需要剧烈短促的搅拌，混合时间要短，在 10～30 s 内完成，一般不得超过 2 min。

常见的有隔板混合及机械混合两种形式。对应的混合池称为隔板混合池与桨板混合池（图 3-10）。

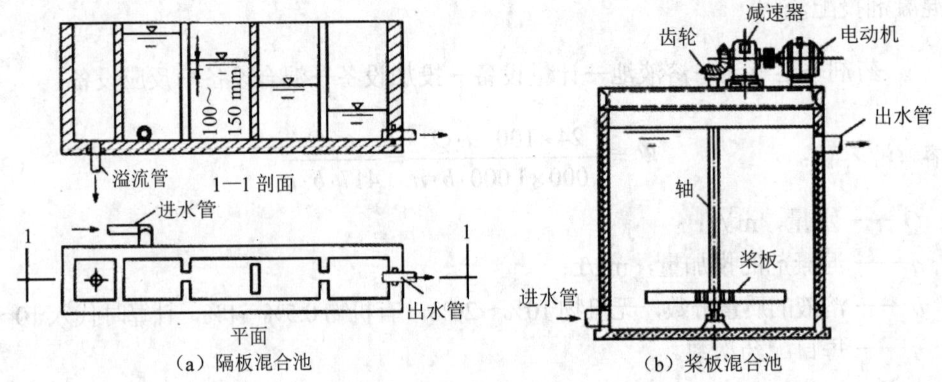

图 3-10　混合设备

隔板混合池内设有数块隔板，水流通过隔板孔道时产生急剧的收缩和扩散，形成涡流，使药剂与原水充分混合。隔板间距约为池宽的 2 倍。隔板孔道交错设置，流过孔道的水流速不应小于 1 m/s，池内平均流速不小于 0.6 m/s。混合时间一般为 10～30 s。隔板混合一般适应水流量变化较小时的混合，如果水流量变化大，混合效果就不太好。

机械混合是借助于电动机带动搅拌桨进行搅拌的一种混合，所以又称桨板混合。搅拌时，桨板的外缘线速度一般为 2 m/s 左右，混合时间约为 10 s，搅拌的强度可以通过调节转速来调节，比较灵活。缺点是增加了能耗及人工维护保养工作量。

3．反应设备

反应设备根据反应池中搅拌方式分为隔板反应池和机械搅拌反应池。

（1）隔板反应池（图 3-11）

常见的隔板反应池类型是往复式隔板反应池和回转式隔板反应池，它是利用水流断面上流速分布不均匀所造成的速度梯度，促进颗粒互相碰撞，从而达到混凝目的。为避免结成的絮凝体被打碎，隔板中的流速应逐渐减小。

隔板反应池的主要设计参数为：反应池隔板间的流速，起端部分为 0.5～0.6 m/s，末端部分为 0.15～0.2 m/s。隔板的间距从进口到出口，逐渐放大。反应时间设计为 20～30 min。

为了便于施工和检修，隔板间距应大于 0.5 m。池底应有 0.02～0.03 坡度并设排泥管。转弯处的过水断面应是隔板间过水断面面积的 1.2～1.5 倍，反应池的总水头损失为 0.3～0.5 m。

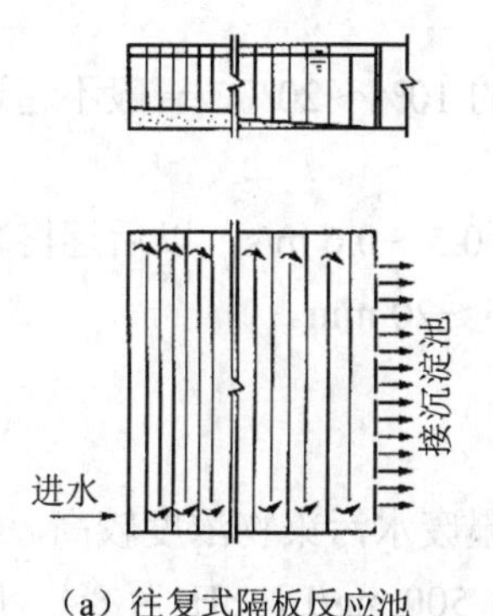

（a）往复式隔板反应池

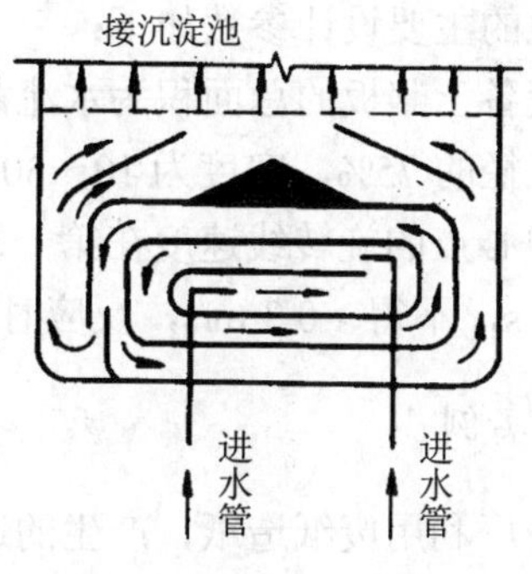

（b）回转式隔板反应池

图 3-11　隔板反应池

隔板反应池

隔板反应池工程实例

隔板反应池排泥渠

合建式反应絮凝池及沉淀池

隔板式反应池结构简单，管理方便，混凝效果好，缺点是反应时间较长。由于池体容积较大，特别适合处理水流量大的污水处理厂。如果水流量过小，隔板间距相应过狭，会给施工和维修带来困难。

（2）机械搅拌反应池（图 3-12）

机械搅拌反应池是利用搅拌桨的转动引起水中的颗粒相互碰撞而进行混凝，转动轴可以是水平轴式，也可以是垂直式。

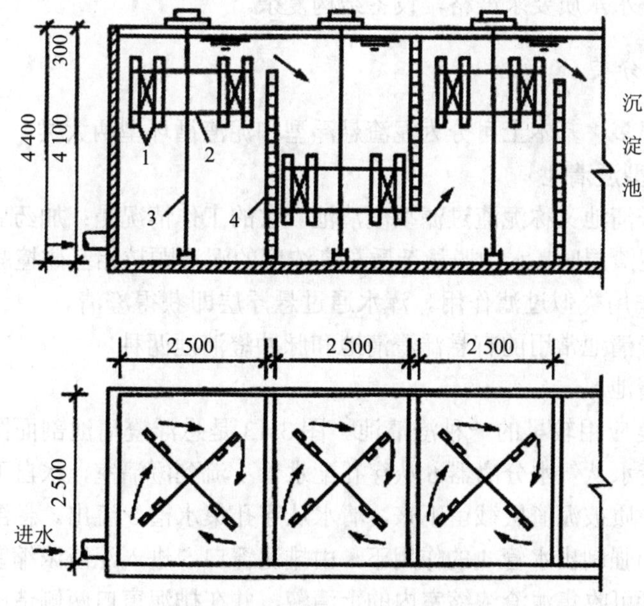

1—浆板；2—叶轮；3—旋转轴；4—隔墙。

图 3-12　机械搅拌反应池

桨板反应池的主要设计参数如下：

每台搅拌设备上桨板的总面积为水流截面积的10%～20%，一般不超过25%。桨板长度不大于叶轮直径的75%，宽度为10～30 cm。

叶轮半径中心点的旋转线速度在第一格采用 0.5～0.6 m/s，以后逐格减少，最后一格采用0.1～0.2 m/s，不得＞0.3 m/s，反应时间为15～20 min。

（三）工程实例

北京造纸一厂利用废纸造纸，产生的造纸脱墨废水污染物浓度较高，COD为1 500～2 000 mg/L，BOD为1 000 mg/L，SS为1 000～1 500 mg/L，pH为8.4。废水中主要含有碎纸浆、短纤维、油墨等物质，它们大都以悬浮物、漂浮物的形式存在。

经过试验研究，决定采用两级混凝气浮+过滤处理工艺。混凝剂采用碱式氯化铝，投配量为 500～800 mg/L，处理后要求达到北京市排入城市下水道 B 级标准，即：COD≤500 mg/L，BOD≤500 mg/L，SS≤500 mg/L，pH为6.0～9.0。如果投加混凝剂后，再投加聚丙烯酰胺作助凝剂，则矾花变大，上浮速度变快。

经过处理后，实际处理出水水质：COD≤100 mg/L，BOD≤50 mg/L，SS≤5 mg/L，pH为7.20～7.46。

四、澄清池

澄清池是用于混凝处理的一种设备。在澄清池内能同时实现混凝剂与原水的混合、反应和絮体沉淀分离等过程。保持泥渣处于悬浮、浓度均匀、活性稳定的工作状态是所有澄清池的共同要求。

澄清池具有处理效果好、生产效率高、药剂用量省、占地面积小等优点，且设计已标准化，缺点是对进水水质要求严格，设备结构复杂。

（一）澄清池分类

澄清池形式很多，基本上可分为泥渣悬浮型和泥渣循环型两大类。

1．泥渣悬浮型澄清池

泥渣悬浮型澄清池又称泥渣过滤型澄清池。它的工作情况是：加药后，原水由下而上通过悬浮状态的泥渣层时，水中脱稳杂质与高浓度的泥渣颗粒相互碰撞凝聚，并被泥渣层拦截下来。这种作用类似过滤作用。浑水通过悬浮层即获得澄清。

泥渣悬浮型澄清池常用的有悬浮澄清池和脉冲澄清池两种。

（1）悬浮澄清池

悬浮澄清池是应用较早的一种澄清池。图3-13是悬浮澄清池剖面图和工艺流程。

加药后，污废水从气水分离器6从穿孔配水管1流到澄清室，水自下而上通过泥渣悬浮层2后，水中杂质被泥渣层截留下来，清水从穿孔集水槽3流出。悬浮层中不断增加的泥渣在自行扩散和强制出水管4的作用下，由排泥窗口5进入泥渣浓缩室，经浓缩后定期清除。强制出水管可收集泥渣浓缩室内的上清液，并在排泥窗口两侧造成静水位差，以使澄清室内的泥渣流入浓缩室。气水分离器的作用是分离水中的空气，以免空气进入澄清室后扰动悬浮层。

悬浮澄清池一般用于小型水厂。

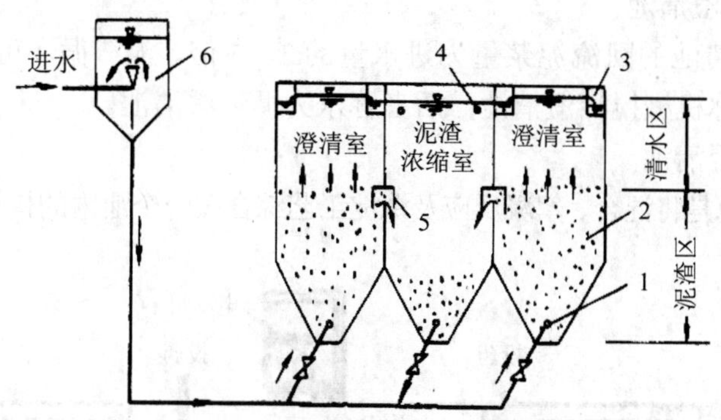

1—穿孔配水管；2—泥渣悬浮层；3—穿孔集水槽；
4—强制出水管；5—排泥窗口；6—气水分离器。

图 3-13 悬浮澄清池

（2）脉冲澄清池

脉冲澄清池剖面图和工艺流程见图 3-14。

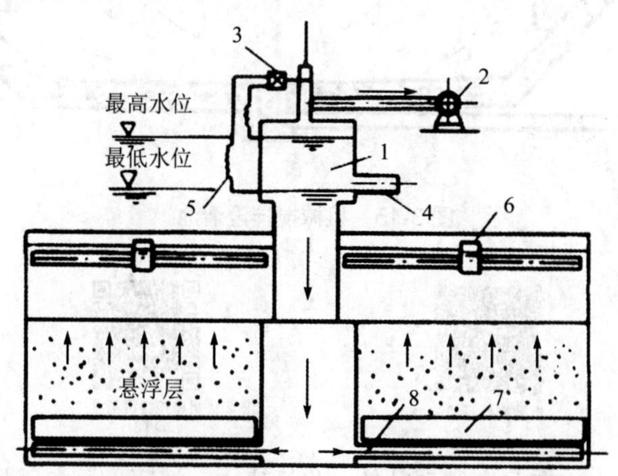

1—进水室；2—真空泵；3—进气阀；4—进水管；5—水位电极；
6—集水槽；7—稳流板；8—配水管。

图 3-14 脉冲澄清池

脉冲澄清池的特点是上升流速存在周期性的变化，这种变化是由脉冲发生器引起的。当上升流速小时，泥渣悬浮层收缩、浓度增大而使颗粒排列紧密；当上升流速大时，泥渣悬浮层膨胀。悬浮层不断产生周期性的收缩和膨胀，这不仅有利于活性泥渣与微絮凝颗粒进行接触絮凝，还可以使悬浮层的浓度均匀地分布在全池内，并可防止颗粒在池底沉积。

其工作原理是：原水由进水管 4 进入进水室 1。真空泵 2 造成的真空使进水室内水位上升，此为充水过程。当水面达到进水室的最高水位时，进气阀 3 自动开启，使进水室与大气相通。这时进水室内水位迅速下降，向澄清池放水，此为放水过程。当水位下降到最低水位时，进气阀 3 又自动关闭，真空泵则自动启动，再次使进水室形成真空，进水室内水位又上升，如此反复进行脉冲工作，从而使悬浮层产生周期性的膨胀和收缩。

2．泥渣循环型澄清池

泥渣循环型澄清池的回流泥浆量为进水量的 3～5 倍。泥渣循环可借助机械抽升或水力抽升完成。前者称机械搅拌澄清池；后者称水力循环澄清池。

（1）机械搅拌澄清池

机械搅拌澄清池是将混合、絮凝反应及沉淀工艺综合在一个池内的构筑物单元（图 3-15）。

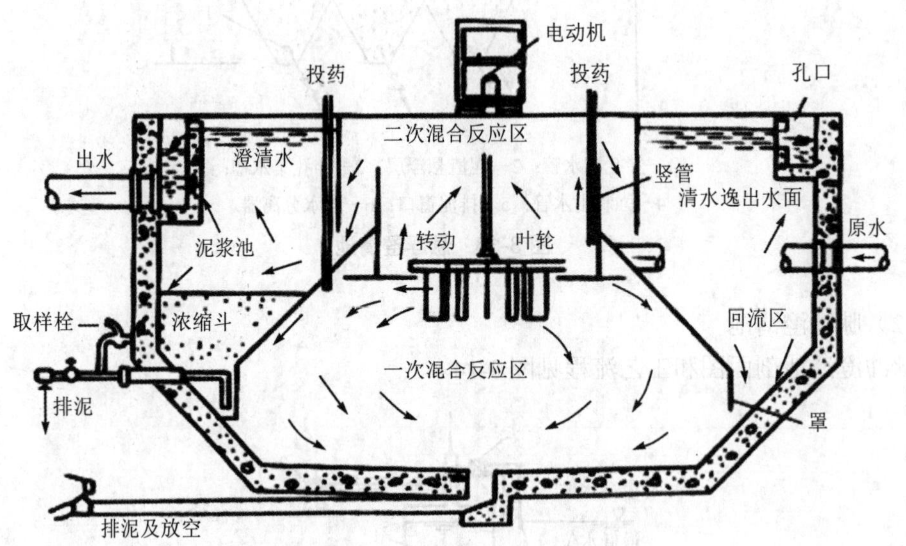

图 3-15 机械搅拌澄清池

机械搅拌澄清池中心有一个转动叶轮，将污废水、混凝剂同澄清区沉降下来的回流泥浆混合，以促进较大絮体的形成。加过混凝剂的污废水在一次混合反应区和二次混合反应区内与高浓度的回流泥渣相接触，达到较好的絮凝效果，结成大而重的絮凝体，在分离室中进行分离。

回流泥浆量为进水量的 3～5 倍，可通过调节叶轮的开启度来控制。为保持池内悬浮层浓度的稳定，需要排除多余的污泥，所以在池内要设置 1～3 个泥渣浓缩斗。当池子直径较大或进水含砂量较高时，需要装设机械刮泥机。

搅拌设备一般转速在 5～7 r/min。分离室中下部为泥渣层，上部为清水层，清水向上经集水槽流至出水槽。清水层须有 1.5～2.0 m 的深度，以便因排泥不当而导致泥渣层厚度变化时，可减少对出水水质的扰动，以保证出水水质。

向下沉降的泥渣沿锥底的回流缝再一次进入混合反应区，重新进行絮凝，一部分泥渣则自动排入泥渣浓缩斗进行浓缩，达到一定浓度后经排泥管排出。澄清池底部设放空管，备放空检修之用。当泥渣浓缩斗排泥还不能消除泥渣上浮时，也可用放空管排泥。

该池的优点是：效率较高且比较稳定，对原水水质和处理水量的变化适应性较强，操作运行比较方便，故应用比较广泛。

（2）水力循环澄清池

图 3-16 表示水力循环加速澄清池的剖面图。

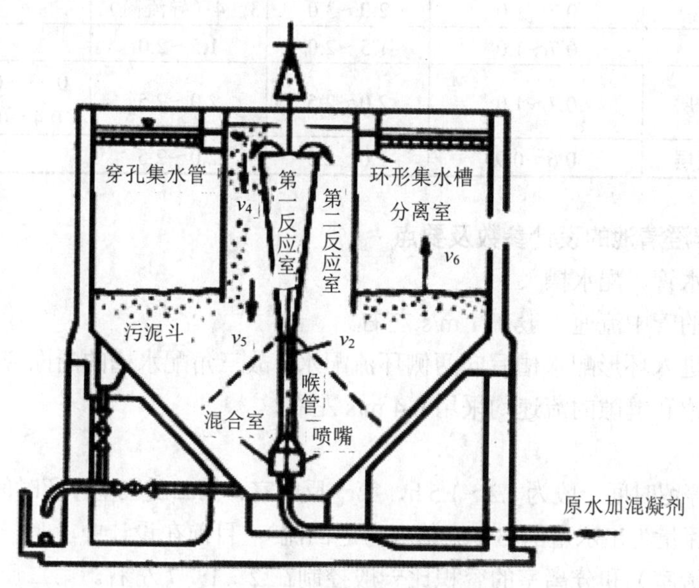

图 3-16　水力循环加速澄清池

原水从池子底部进入，先经喷嘴喷出，喷嘴上面为混合室、喉管和第一反应室。喷嘴和混合室共同组成一个射流器，喷嘴的高速水流将池子锥形底部含有大量絮凝体的水吸进混合室，与原水混合后，经第一反应室喇叭口溢流进入第二反应室。吸进来的流量即回流量，一般为进水流量的 2～4 倍。第一反应室和第二反应室构成一个悬浮区，第二反应室的出水进入分离室，相当于进水流量中的清水向上流向出口，剩余流量向下流动，经喷嘴吸入并与进水混合，再重复以上过程。喉管的高度可用池顶的升降阀进行调节。

泥渣循环型澄清池中大量高浓度的回流泥渣与原水中的胶体颗粒的接触碰撞机会增多，且因回流泥渣与杂质粒径相差较大，故絮凝效果较好。在机械搅拌澄清池中，泥渣回流量还可按要求进行调整控制，加之泥渣回流量大、深度高，故对原水的水量、水质和水温的变化适应性较强，但机械设备复杂，维修工作量大。水力循环澄清池结构较简单，无须机械设备，但泥渣回流量难以控制，且因反应室容积较小、絮凝时间较短，回流泥渣接触絮凝作用的发挥受到影响。故水力循环澄清池处理效率不如机械搅拌澄清池高，此外耗药量较大，对原水水量、水质和水温的变化适应性较差。且因池子直径和高度有一定比例，直径越大，高度也越大，故水力循环澄清池一般适用于中、小型水厂。

（二）澄清池的设计计算

1. 澄清池主要设计参数

澄清池主要设计参数见表 3-5。

表 3-5 澄清池主要设计参数

类型		清水区		悬浮层高度/m	停留时间/h
		上升流速/（mm/s）	高度/m		
机械搅拌澄清池		0.8～1.1	1.5～2.0	—	1.2～1.5
水力循环澄清池		0.7～1.0	2.0～3.0	3～4（导流筒）	1.0～1.5
脉冲澄清池		0.7～1.0	1.5～2.0	1.5～2.0	1.0～1.3
悬浮澄清池	单层	0.7～1.0	2.0～2.5	2.0～2.5	0.33～0.5（悬浮层） 0.4～0.8（清水区）
	双层	0.6～0.9	2.0～2.5	2.0～2.5	—

2．机械搅拌澄清池的设计参数及要点

（1）原水进水管、配水槽

原水进水管的管中流速一般在 1 m/s 左右。

由于进水管进入环形配水槽后向两侧环流配水，故三角配水槽的断面应按设计流量的一半确定。配水槽和缝隙的流速均采用 0.4 m/s 左右。

（2）反应室

水在池中总停留时间一般为 1.2～1.5 h，第一反应室、第二反应室停留时间 20～30 min。第二反应室计算流量为出水量的 3～5 倍（考虑回流）。目前在设计中，第一反应室、第二反应室（包括导流室）和分离室的容积比一般控制在 2∶1∶7 左右。第二反应室和导流室的流速一般为 40～60 mm/s。

（3）分离室

上升流速一般采用 0.8～1.1 mm/s，处理低温低浊水时可采用 0.7～0.9 mm/s。

（4）集水槽

集水槽可采用淹没孔口式或三角堰出水。孔径可为 20～30 mm。孔口流速一般为 0.5～0.6 m/s。集水槽中流速为 0.4～0.6 m/s，出水管流速 1.0 m/s。

穿孔集水槽的设计流量应考虑流量增加的余地，超载系数一般取 1.2～1.5。

（5）泥渣浓缩室

泥渣浓缩室的容积大小影响排出泥渣的浓度和排泥间隔的时间。根据澄清池的大小，可设浓缩室 1～4 个，其容积为澄清池容积的 1%～4%。小型池可用底部排泥。进水悬浮物含量＞1 g/L 或池径≥24 m 时，应设机械排泥设备。

（三）澄清池的应用实例

青岛市团岛污水处理厂回用水供水规模 4 万 m^3/d，回用水是污水处理厂处理水进行深度处理后回用的。

本工程污水深度处理中沉淀部分采用改进型的水力循环澄清池。这种水力循环澄清池由进水嘴、喉管、第一反应室、第二反应室和沉淀区等构成。同传统的水力循环澄清池相比，具有水头损失小、出水水质好和运转稳定等优点。

设计流量按供水量加上 10%的自用水量计，Q=44 000 m^3/d=1 833 m^3/h。共设两个池，单池设计流量 917 m^3/h，主要设计参数为：喷嘴出口流速 4.1 m/s，喉管内混合液体上升流速 0.2 m/s，第一反应室出口流速 0.04 m/s，第一反应室反应时间 1.0 min，第二反应室进口

流速 0.03 m/s，第二反应室反应时间 4.0 min，澄清区液面上升流速 2.2 mm/s，池外径 14.5 m，池总高 10.3 m，混凝剂种类聚丙烯酰胺，投加量 5 mg/L；投加质量分数 1%，投加点在澄清池前面的静态混合器中。

第三节　化学沉淀

一、基本原理

向污废水中投加某种化学物质，使它和其中某些溶解物质发生化学反应，生成难溶的盐或氢氧化物而沉淀下来，这种污废水处理方法称之为化学沉淀法。这种方法常用于处理一些有害的重金属离子（如 Hg^{2+}、Cd^{2+}、Cr^{6+}、Pb^{2+}、Cu^{2+}等），有时也用于去除某些酸根离子（如 SO_4^{2-}、PO_4^{3-}等）。

化学沉淀法

化学沉淀法的工艺过程包括：① 投加化学药剂，与水中污染物发生反应，形成难溶的沉淀物而析出；② 通过凝聚、沉降、上浮、过滤、离心等方法进行固液分离；③ 泥渣的处理和回收利用。

氢氧化物沉淀法工程实例

二、氢氧化物沉淀法

1．原理

许多金属离子可以生成氢氧化物沉淀而得以去除。

2．应用

某矿山废水含铜 83.4 mg/L、总铁 1 260 mg/L、二价铁 10 mg/L、pH 为 2.23，沉淀剂采用石灰乳，其工艺流程如图 3-17 所示。

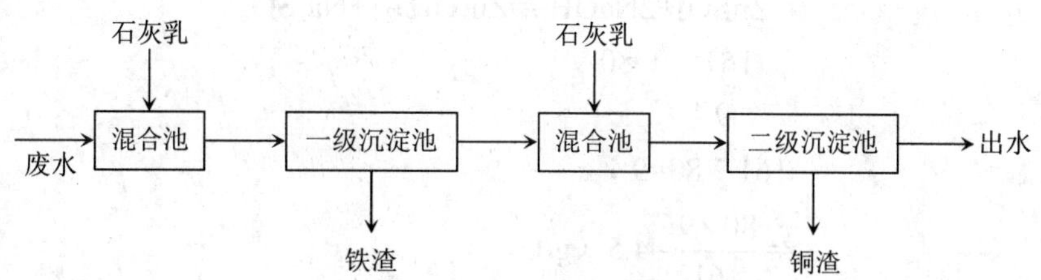

图 3-17　矿山废水处理工艺流程

一级化学沉淀可先控制 pH 为 3.47，使铁先沉淀析出。二级化学沉淀应控制 pH 在 7.5～8.5，使铜沉淀析出。废水经二级化学沉淀后，出水可达标排放，铁渣和铜渣可回收利用。

三、硫化物沉淀法

1．原理

大多数金属硫化物的溶解度比其氢氧化物的溶解度小得多，所以可形成硫化物沉淀而被去除。硫化物沉淀法是向废液中加入硫化铵、硫化氢或碱金属的硫化物，使要去除的金属离子生成难溶的硫化物沉淀，以达到分离纯化的目的。

硫化物沉淀法常用的沉淀剂有 H_2S、Na_2S、NaHS、$(NH_4)_2S$ 等。

2. 应用

在碱性条件下（pH 为 8～10），向废水中投加硫化钠，使其与废水中的汞离子或亚汞离子进行反应：

$$2Hg^{+}+S^{2-}═Hg_2S═HgS\downarrow+Hg\downarrow$$

$$Hg^{2+}+S^{2-}═HgS\downarrow$$

此法在处理含汞废水时生成的硫化汞颗粒较小、沉淀物难以分离，为了提高除汞效果，常投加适量的混凝剂，如硫酸亚铁等进行共沉。这种方法称为硫化物共沉法。具体做法是先投加稍微过量的硫化钠，待生成硫化汞和汞的沉淀后，再投加适量的硫酸亚铁。部分 Fe^{2+} 离子也能生成 $Fe(OH)_2$ 沉淀。反应生成的 FeS 和 $Fe(OH)_2$ 可作为 HgS 的载体。HgS 吸附在载体表面上，与载体共同沉淀。

【例】黏胶纤维厂纺织车间的酸浴是硫酸和硫酸锌的溶液。生产中产生的废水和酸浴组成相同，是稀释了的酸浴。废水中需处理的是锌离子和硫酸，前者可采用化学沉淀法去除。由溶度积简表可以查得 ZnS 和 $Zn(OH)_2$ 的 K_s 都很小，因此，硫化物和氢氧化物都可以作为锌的沉淀剂。若采用硫化物，将与硫酸反应产生有毒的 H_2S，增加处理的复杂性。所以采用氢氧化物沉淀法。该厂本身也耗用大量 NaOH，故其产生的碱性废水应首先利用。数量不足时，再外加 NaOH 或 $Ca(OH)_2$。注意，在外加的碱性物质中，若需碱量不多，最好用 NaOH，这样比较经济，也便于操作管理，同时不仅可避免由于使用 $Ca(OH)_2$ 而产生 $CaSO_4$ 沉淀，增加废渣的量，还可以为沉渣 $Zn(OH)_2$ 回用于生产酸浴创造条件。若采用氢氧化钠沉淀法去除废水中的锌，则 NaOH 的浓度是多少？

【解】假设废水的 pH 已调到 7 或更高些，$ZnSO_4$ 的质量浓度为 9 g/L，则用于沉淀 Zn^{2+} 的 NaOH 的量可计算如下：

$$ZnSO_4+2NaOH═Zn(OH)_2\downarrow+Na_2SO_4$$

$$161 \qquad 80$$

$$9 \qquad x$$

$$161:80=9:x$$

$$x=\frac{80\times 9}{161}=4.5\ (g/L)$$

但残留的锌离子浓度取决于废水的 pH。若排放城市沟道前锌离子质量浓度必须低于 5 mg/L，则出水应达到的 pH 可计算如下：

查得 $Zn(OH)_2$ 的 $K_s=1.8\times10^{-14}$

$[Zn^{2+}]=5\ mg/L=5\times10^{-3}/65.4\ mol/L$

$[OH^-]=(K_s/[Zn^{2+}])^{1/2}$

$$[OH^-]=\left(\frac{1.8\times10^{-14}}{5\times10^{-3}/65.4}\right)^{\frac{1}{2}}=10^{-4.81}$$

$[H^+][OH^-]=10^{-14}$

$[H^+]=10^{-9.19}$，即 pH 为 9.19。

四、其他沉淀法

1. 钡盐沉淀法

主要用于处理六价铬的废水，采用的沉淀剂有氯化钡、碳酸钡、氢氧化钡、硝酸钡等。如以碳酸钡作为沉淀剂处理含铬废水，则反应如下：

$$BaCO_3+CrO_4^{2-}=BaCrO_4\downarrow+CO_3^{2-}$$

这种从一种沉淀转化为另一种沉淀的方法称为沉淀的转化。

为了提高除铬效果，反应时应投加过量的碳酸钡，反应时间为25～30 min。出水中过量的Ba^{2+}可以用石膏去除。

$$CaSO_4+Ba^{2+}=BaSO_4\downarrow+Ca^{2+}$$

2. 碳酸盐沉淀法

碳酸盐沉淀法包括：

① 以难溶的碳酸钙作为沉淀剂，利用沉淀转化原理，使某些金属离子（如Pb^{2+}、Cd^{2+}、Zn^{2+}、Ni^{2+}）生成溶度积更小的碳酸盐而析出。

② 以可溶性的碳酸钠作为沉淀剂，使水中金属离子生成难溶的碳酸盐沉淀而析出。

3. 铁氧体沉淀法

铁氧体是一类复合氧化物，其具有一定的晶体结构，具有较高的导磁率和较高的电阻率，不溶于酸、碱、盐溶液，也不溶于水。沉淀工艺可分为中和法和氧化法两种。

例如用铁氧体沉淀法处理含铬废水。向含铬废水中加入过量的硫酸亚铁溶液，使其中的六价铬和亚铁离子发生氧化还原反应，即Cr^{6+}被还原为Cr^{3+}，Fe^{2+}被氧化为Fe^{3+}，调整溶液的pH，使Cr^{3+}、Fe^{2+}和Fe^{3+}转化为氢氧化物沉淀，然后再向其中加入过氧化氢，使部分Fe^{2+}氧化为Fe^{3+}，组成$Fe_3O_4\cdot xH_2O$的磁性氧化物，即铁氧体。

铁氧体沉淀法去除水中重金属离子的工艺过程是向污废水中投加铁盐，通过控制工艺条件，使废水中各种金属离子形成不溶性的铁氧体晶体，再通过固液分离，达到去除重金属离子的目的。

该方法的优点是能一次去除多种金属离子，出水水质好，设备简单、操作方便，耐冲击能力强，沉渣易分离。缺点是不能单独回收有用的金属，需要消耗大量的硫酸亚铁、苛性钠及热能，出水中的硫酸盐含量较高，处理时间较长，处理成本较高。

五、工程实例

沈阳中兴制革有限公司含铬废水来源于铬鞣和复鞣工段，Cr^{3+}含量较高，废水处理工艺如下：

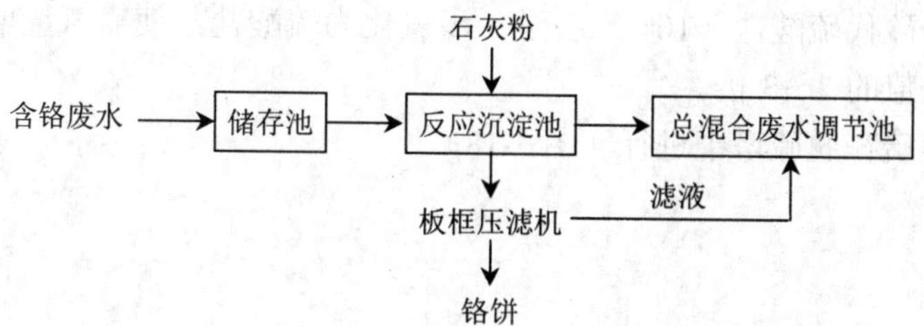

废水先进入储存池，再进入反应沉淀池，在反应沉淀池加入石灰进行混合，使反应液的 pH 为 8～8.5，通入蒸汽，使水温为 70～75℃，静置沉淀 2 h，上清液进入总混合废水调节池。沉淀下来的铬泥由板框压滤机压成铬饼。

第四节　氧化还原

一、氧化还原基本原理

经氧化还原反应，把溶解于废水中的有毒有害物质，转化为无毒无害的物质，或转化为气体或固体以使其容易从水中分离出去，这种废水处理方法称为氧化还原法。

对于无机物，氧化还原反应的实质是元素（原子或离子）失去或得到电子，因而引起化合价的升高或降低。

对于有机物的氧化还原反应，难以用电子得失来分析，因为碳原子是以共价键与其他原子结合的。一般来讲，加氧或去氢称为氧化，加氢或去氧称为还原。

在氧化还原反应中，有毒有害物质作还原剂时，需外加氧化剂（如空气、氯气、漂白粉、次氯酸钠、臭氧、三氯化铁等）。当有毒有害物质作氧化剂时，需外加还原剂（如硫酸亚铁、亚硫酸盐、氯化亚铁、铁屑、锌粉、二氧化硫等）。电解时阳极是一种氧化剂，阴极是一种还原剂。下面我们介绍常见的几种氧化还原处理废水的方法。

二、化学氧化

1. 空气氧化

空气氧化法是以空气中的 O_2 作为氧化剂来氧化污废水中的有机物或还原性物质的方法。目前常用空气氧化法处理含硫废水。

硫化物一般是以铵盐〔NH_4HS 或$(NH_4)_2S$〕或钠盐（NaHS 或 Na_2S）的形式存在于废水中。在酸性废水中则是以 H_2S 的形式存在。当含硫量不大、无回收价值时，可采用空气氧化法脱硫。空气氧化法一般在碱性条件下脱硫效果较好。

向污废水中同时注入空气和热蒸气，硫化物转化为无毒的硫酸盐或硫代硫酸盐。

$$2S^{2-}+2O_2+H_2O \longrightarrow S_2O_3^{2-}+2OH^-$$

$$2HS^-+2O_2 \longrightarrow S_2O_3^{2-}+H_2O$$

$$S_2O_3^{2-}+2O_2+2OH^- \longrightarrow 2SO_4^{2-}+H_2O$$

由上式可以看出，氧化 1 kg 硫化物（以 S 计），理论需氧量为 1 kg，相当于约 3.7 m^3 空气。由于部分硫代硫酸盐（10%）会进一步氧化为硫酸盐，使需氧量增加。故实际操作中供气量为理论值的 2～3 倍。

空气氧化脱硫在脱硫塔中进行（图 3-18）。

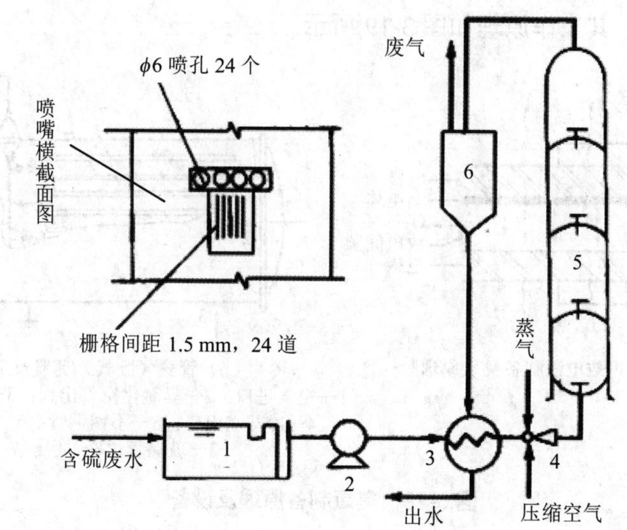

1—隔油池；2—泵；3—换热器；4—射流器；5—空气氧化塔；6—分离器。

图 3-18 氧化脱硫塔

含硫污废水经隔油沉渣后与压缩空气及水蒸气充分混合，升温至 80～90℃后，进入氧化塔，塔径一般不大于 2.5 m，塔身共分 4 段，每段高 3 m 左右。每段进口处设喷嘴，用于雾化进料。塔内气水体积比不小于 15，污废水在塔内的平均停留时间 1.5～2.5 h。

试验表明，当操作温度为 90℃、废水含硫量为 2 900 mg/L 时，脱硫率可达 98.3%；当操作温度为 64℃时，若其他条件相同，脱硫率为 94.3%。

2. 臭氧氧化

臭氧氧化法是利用臭氧（O_3）的强氧化能力，使污废水中的污染物氧化分解成低毒或无毒的化合物，从而使水质得到净化。它不仅可降低污废水中的 BOD、COD，还可脱色、除臭、除味、杀菌、杀藻等。因而，该处理方法越来越受到人们的重视。

臭氧氧化法

（1）臭氧的物理化学性质

臭氧是氧的同素异形体，分子式为 O_3。常温下的臭氧为淡蓝色气体，具有一种特殊的臭味。在标准状态下，其密度为 2.144 g/L。

臭氧是一种强氧化剂，其氧化能力仅次于氟，比氧、氯及高锰酸盐等常用的氧化剂的氧化效果都好。除金、铂外，臭氧几乎对所有金属具有腐蚀作用，不含碳的铁、铬合金耐臭氧腐蚀性较好，可用作制造臭氧发生器、氧化设备及零部件。

臭氧在空气中极不稳定，会自行分解为氧气并释放出大量的热，当温度升高时，其分解速度会加快。体积分数为 1%以下的臭氧，在常温常压下，其半衰期为 16 h 左右，故臭氧不易贮存，需现用现制。臭氧在纯水中的分解速度是在空气中的几十倍。水中臭氧质量浓度为 3 mg/L 时，其在常温常压下的半衰期仅为 5～30 min，并随水中 pH 的提高而加快。

（2）臭氧的制备

臭氧的制备方法较多，常见的制备方法有放射法、紫外线辐射法、无声放电法、等离子射流法和电解法等。无声放电法又包括气相中放电和液相中放电两种。水处理中多采用气相中无声放电法，其工作原理如图 3-19 所示。

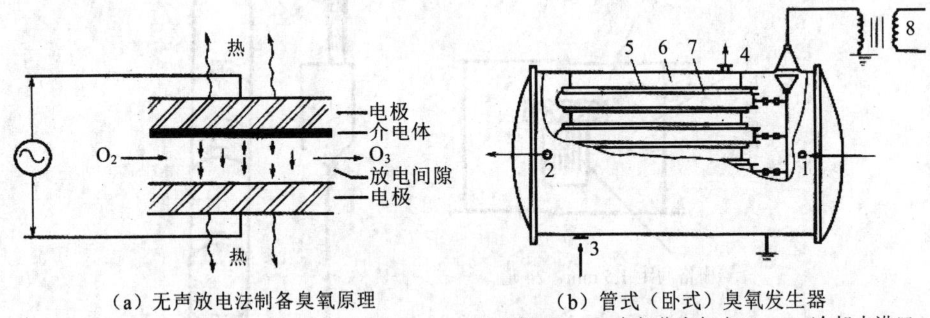

（a）无声放电法制备臭氧原理

（b）管式（卧式）臭氧发生器

1—空气进口；2—臭氧化空气出口；3—冷却水进口；4—冷却水出口；5—不锈钢管；6—放电间隙；7—玻璃管；8—变压器。

图 3-19 臭氧制备原理及设备

在玻璃管外套上一个不锈钢管，以便两者之间形成放电间隙。玻璃管内壁涂上石墨作为一个电极。交流电源经变压器升压后，将高压交流电加在石墨层和不锈钢管之间，使放电间隙产生高速电流。玻璃管作为介电体可以防止两极间产生火花放电。将干燥的空气或氧气从一端通入放电间隙，它们受到高速电子流的轰击，发生反应后从另一端流出，就成为臭氧化空气或臭氧化氧气。反应式如下：

第一步：$O_2 \longrightarrow 2O$

第二步：$3O \longrightarrow O_3$

反应过程中伴随有 $O+O_2 \rightarrow O_3$，该反应和第二步反应一样，其逆反应即是臭氧的分解，尤其是在高温条件下，分解速度会加快。由于在放电间隙产生大量热，这使得臭氧分解加快，因而用此种方法生产臭氧的产率不高。

当以空气为原料生产臭氧时，实际电耗为 16～18 kW·h/kgO$_3$。

臭氧发生器选型主要是考虑臭氧的需要量（Q_{O_3}），再折合成臭氧化（干燥）空气量（$Q_干$），具体计算可按式（3-4）计算：

$$Q_{O_3}=1.06QC \tag{3-4}$$

式中：Q_{O_3} —— 臭氧需要量，g/h；

Q —— 废水的处理量，m^3/h；

1.06 —— 安全系数；

C —— 臭氧投加量，mg/L。

影响臭氧氧化的主要因素包括污废水中杂质的浓度、pH、性质、臭氧的浓度、臭氧反应器类型和水力停留时间等。臭氧投加量应通过试验确定。

臭氧化（干燥）空气量按式（3-5）计算：

$$Q_干=\frac{Q_{O_3}}{\rho_{O_3}} \tag{3-5}$$

式中：$Q_{干}$ —— 臭氧化干燥空气量，m^3/h；

ρ_{O_3} —— 臭氧化空气质量浓度，g/m^3，一般取 10～14 g/m^3。

（3）臭氧接触反应设备

根据臭氧化空气与水的接触方式，臭氧接触反应设备可以分为气泡式、水膜式和水滴式三种。

气泡式反应器是将臭氧加入水中后，水作为吸收剂，臭氧作为吸收质，二者在气液两相之间进行传质，同时臭氧与水中的还原性溶解物质进行氧化反应，因此属于化学吸收的一种，它不仅和相间的传质速率有关，还和化学反应速度有关。气泡式反应器是我国目前水处理中应用最多的一种。实践表明，气泡越小、越密，气-液的接触面积越大，但是液体的扰动较小，因此，应通过试验确定气泡的最佳尺寸。

气泡产生的方式包括多孔扩散式、机械表面曝气及塔板式三种。常见的是在臭氧接触反应设备底部安装几组多孔扩散装置，使臭氧空气分散成微小气泡进入水中。多孔扩散装置常见的有穿孔管、微孔滤板和穿孔板。根据气-液两相流动的方向不同，又可分为同向流和异向流两种（图 3-20、图 3-21）。

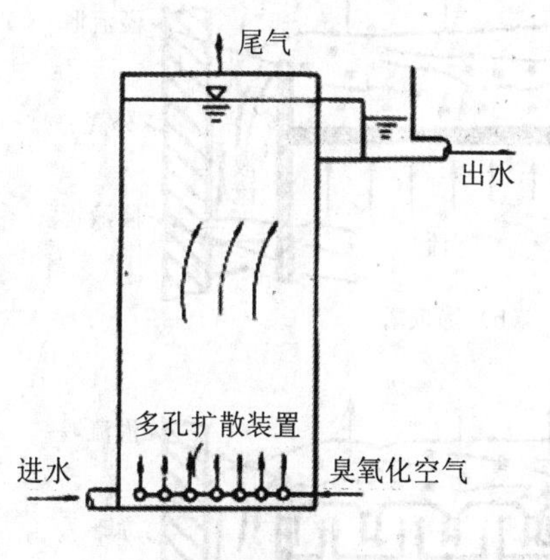

图 3-20　同向流反应器

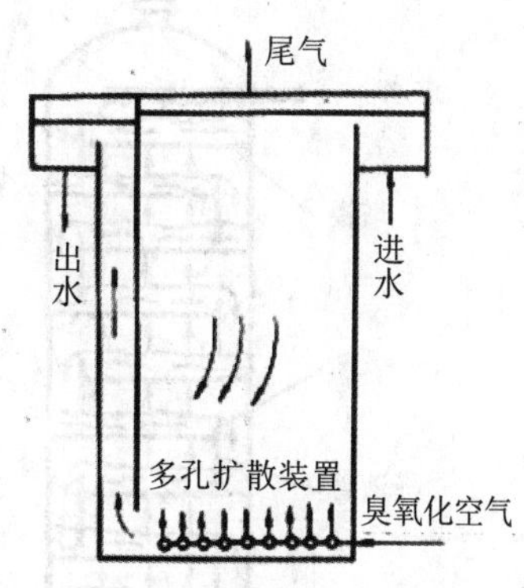

图 3-21　异向流反应器

同向流反应器底部的臭氧浓度大，原水杂质浓度也大，大部分臭氧被易于氧化的还原性物质消耗掉。而上部臭氧浓度小，此处的污染物质较难氧化，低浓度的臭氧往往难以将它去除。因此，臭氧利用率较低，一般为 75%，但这种同向流反应器常用于臭氧消毒，因其可促进高浓度臭氧与细菌充分接触。

异向流反应器可使低浓度的臭氧与污染物浓度较大的水相接触，臭氧利用率较高，基本上可达 80%，目前工业上用于臭氧氧化处理污废水时常采用这种反应器。

图 3-22 为表面曝气式反应器。反应器内部安装曝气叶轮，臭氧化空气在池内沿液面流动，高速旋转的叶轮在其周围形成水跃，使水剧烈搅动而卷入臭氧化空气，气-液界面不断更新，使臭氧充分溶于水中。

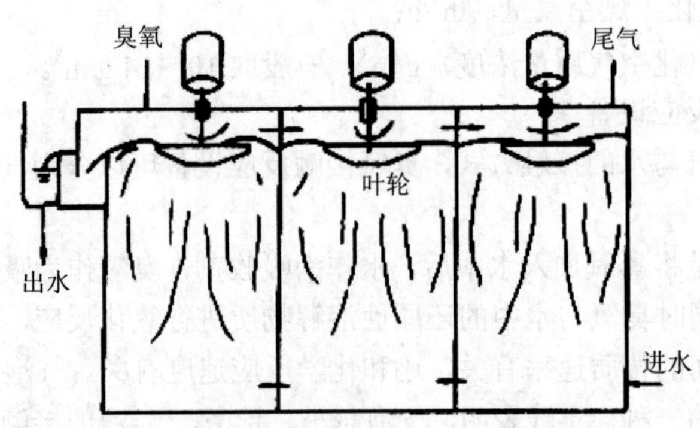

图 3-22 表面曝气式反应器

图 3-23 为塔板式反应器，有筛板塔和泡罩塔。此外还有填料塔和喷雾塔。

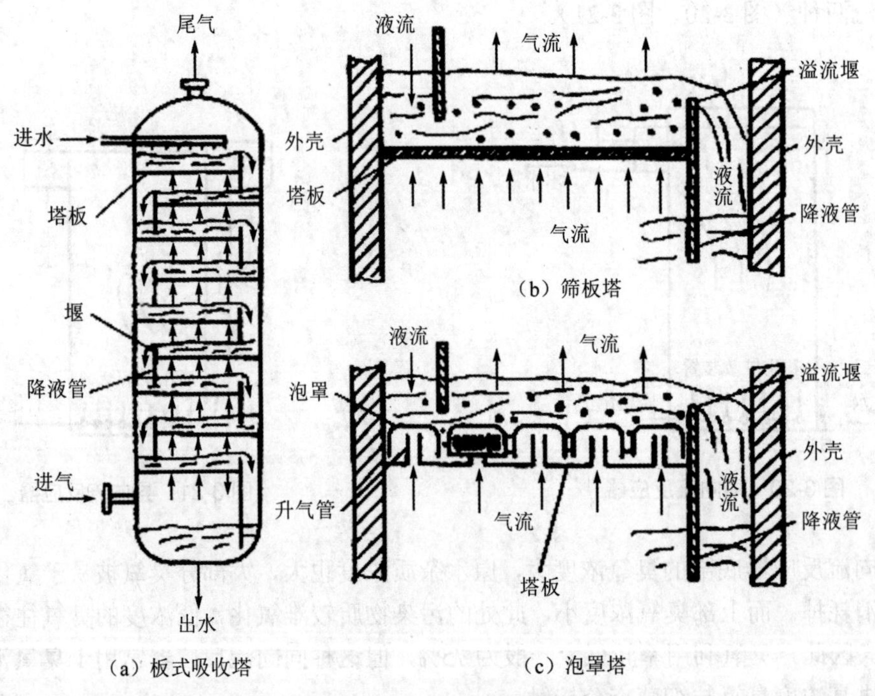

图 3-23 塔板式反应器

臭氧反应器的容积可按式（3-6）计算：

$$V = \frac{Qt}{60} \tag{3-6}$$

式中：V —— 臭氧反应器的容积，m^3；

t —— 水力停留时间，min，根据试验确定，一般为 5～10 min；

Q —— 污水的流量，m^3/h。

（4）臭氧氧化在废水处理中的应用

臭氧氧化法在工业上运用较多的是含氰或含酚废水、印染废水的处理等。它的优点是：氧化能力强，对脱色、除臭、杀菌、去除有机物和无机物都有显著的效果，处理后废水中的臭氧易分解，不易产生二次污染，一般也不产泥，设备操作运行方便。但缺点是臭氧发生装置造价高，臭氧产率低，臭氧利用率低等，这使得臭氧氧化造价高，处理成本也较高。

下面以处理含氰废水为例来简要介绍臭氧氧化的实际应用。

臭氧氧化法在废水处理中的应用

氰与臭氧的反应式为：

$$2KCN+2O_3 \longrightarrow 2KCNO+2O_2\uparrow$$

$$2KCNO+H_2O+3O_3 \longrightarrow 2KHCO_3+N_2\uparrow+3O_2\uparrow$$

按上式反应，第一步，每去除 1 mg CN^-需臭氧 0.74 mg，生成的 CNO^-的毒性为 CN^-的 1%；第二步氧化到无害状态时，每去除 1 mg CN^-需臭氧 1.85 mg。整个工艺流程如图 3-24 所示。

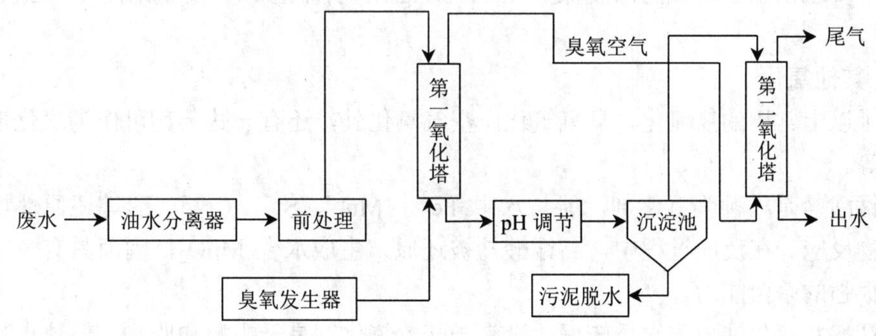

图 3-24　臭氧氧化法处理含氰废水工艺流程

在前处理装置中，先把废水中的金属离子除去，第一氧化塔用过的臭氧化空气可继续送入第二氧化塔进行反应。

3. 氯氧化

向污废水中加入氧化剂，将有毒有害物质转化成无毒或毒性较小的新物质，此种方法称为药剂氧化法。目前常用的药剂氧化法是氯氧化法。

氯系氧化剂有：液氯、次氯酸钠、氯气、漂白粉等。其原理都是利用氧化剂产生的 ClO^-的强氧化作用。

许多工业废水含有氰化物，如化工、焦化、煤气、电镀等废水。在废水中，氰通常是以游离的 CN^-、HCN 及稳定性不同的各种金属络合物的形式存在，如$[Zn(CN)_4]^{2-}$、$[Ni(CN)_4]^{2-}$、$[Fe(CN)_6]^{3-}$等。氯氧化法常用来处理含氰废水，国内外比较成熟的工艺是碱性氯氧化法。

氰根离子的氧化破坏分为两阶段进行，具体如下：

第一阶段，CN^-被氧化为 CNO^-：

在碱性条件下：$CN^-+ClO^-+H_2O \longrightarrow CNCl+2OH^-$

$$CNCl+2OH^- \longrightarrow CNO^-+Cl^-+H_2O\ (pH\geqslant 10)$$

第二阶段，CNO^-可在不同的 pH 条件下，进一步氧化水解：

$$2CNO^-+3ClO^-+H_2O=N_2\uparrow+3Cl^-+2HCO_3^-\ (pH 为 7.5\sim9)$$

第一阶段反应中，pH 越高反应速度越快，pH 小于 8.5 则存在放出剧毒物 CNCl 的风险。故一般处理工艺为：废水 pH 大于 11，当 CN^-质量浓度高于 100 mg/L 时，pH 最好控制在 12～13。在此情况下，反应可在 10～15 min 完成，实际采用 20～30 min。

上述处理方法的缺陷是：氰酸盐毒性虽低，仅为氰的千分之一，但 CNO^-在低 pH 条件下易水解生成 NH_3，且存在重新溢出 CNCl 的风险。

$$CNO^-+2H^++H_2O=NH_4^++CO_2\uparrow\ (pH<2.5)$$

因此，要想处理彻底，需将 CNO^-进一步氧化成 N_2 和 CO_2，消除氰酸盐对环境的污染。

在进一步氧化氰酸盐的过程中，控制 pH 的范围是至关重要的。pH＞12，则反应停止，pH 太低，氰酸根会水解生成 NH_3 并与 HClO 反应生成有毒的 CNCl。实际生产中控制 pH 在 7.5～8.0，可用硫酸调节 pH，反应过程适当搅拌以促进反应完全。

通常要求出水中余氯的浓度保持在 3～5 mg/L，以保证 CN^-质量浓度下降到 0.1 mg/L 以下。

4．其他氧化

除了以上常用的氯氧化、臭氧氧化、空气氧化外，还有一些药剂可作为氧化剂，如高锰酸盐等。

高锰酸盐是一种强氧化剂，能与水中 Fe^{2+}、Mn^{2+}、S^{2-}、CN^-、酚等还原性物质及有机化合物反应。在反应过程中，高锰酸盐被还原，生成水合 MnO_2，因而具有一定的吸附作用和很强的杀菌能力。

高锰酸盐氧化法出水水质较好，没有异味，氧化剂易于投配和监测。但缺点是处理成本较高，且高锰酸盐对鱼类的毒性较大（鱼类安全的最高质量浓度为 5 mg/L），故宜与其他水处理方法配合使用，同时还可降低处理成本。

三、化学还原

1．药剂还原

利用某些化学药剂的还原性，可将废水中的有毒有害物还原成低毒或无毒的化合物，该种方法称为药剂还原法。生产应用中常见的是用硫酸亚铁和亚硫酸盐还原处理含铬废水。

（1）硫酸亚铁还原法

向含铬污废水中投加 $FeSO_4$ 作为还原剂（起还原作用的是 Fe^{2+}离子），在酸性条件下（pH 为 2～3），使废水中 Cr^{6+}还原为 Cr^{3+}。然后再加碱进行中和，调节 pH 到 7.5～8.5，生成氢氧化铬、氢氧化铁沉淀，其反应式为：

$$H_2Cr_2O_7+6H_2SO_4+6FeSO_4\longrightarrow Cr_2(SO_4)_3+3Fe_2(SO_4)_3+7H_2O$$

$$Cr_2(SO_4)_3+Fe_2(SO_4)_3+12NaOH\longrightarrow 2Cr(OH)_3\downarrow+2Fe(OH)_3\downarrow+6Na_2SO_4$$

沉淀物为铁的氢氧化物和铬的氢氧化物的混合物，需要妥善处理，以防二次污染。如果采用石灰乳进行中和沉淀，污泥中还有 $CaSO_4$ 沉淀。

$FeSO_4$石灰还原法的主要工艺设计参数为：

废水中Cr^{6+}质量浓度为50～100 mg/L；pH为1～3；还原剂用量为：$FeSO_4 \cdot 7H_2O$∶Cr^{6+}（质量比）为（25～30）∶1，反应时间T不小于30 min，中和沉淀时pH为7～9。

工艺流程包括集水、还原、沉淀、固液分离和污泥脱水等工序，可连续操作，也可间歇操作。

（2）亚硫酸盐还原法

常用$NaHSO_3$、Na_2SO_3、焦亚硫酸钠作为还原剂。焦亚硫酸钠水解后生成$NaHSO_3$。

六价铬与亚硫酸钠的反应：

$$H_2Cr_2O_7+3Na_2SO_3+3H_2SO_4 = Cr_2(SO_4)_3+3Na_2SO_4+4H_2O \text{（pH 为 2～3）}$$

六价铬与亚硫酸氢钠反应；

$$2H_2Cr_2O_7+6NaHSO_3+3H_2SO_4 = 2Cr_2(SO_4)_3+3Na_2SO_4+8H_2O \text{（pH 为 2～3）}$$

还原后用NaOH中和至pH为7～8，生成氢氧化铬沉淀。

采用NaOH中和生成氢氧化铬纯度高，可回收利用。也可用石灰中和沉淀，费用较低，但操作复杂，且反应速度慢、产泥量大、难以回收利用。

亚硫酸盐还原法设计工艺参数：

废水中Cr^{6+}质量浓度一般控制在100～1 000 mg/L；废水pH为2～3；

还原剂用量：亚硫酸钠（亚硫酸氢钠或焦亚硫酸钠）∶六价铬（物质的量比）为4（4或3）∶1；还原反应时间为30 min。氢氧化铬沉淀pH控制在7～8。

2．化学还原法处理酸性镀铜废水

用连二亚硫酸钠（$Na_2S_2O_4$）作还原剂，在酸性条件下，从$CuSO_4$溶液中还原出金属铜粉，放出SO_2。反应如下：

$$CuSO_4+Na_2S_2O_4 = Na_2SO_4+Cu+2SO_2\uparrow$$

反应沉淀后，上清液无色透明，Cu^{2+}含量在1 mg/L以下。部分SO_2可溶于水中生成H_2SO_3，因此处理后滤液中含有H_2SO_3及过量的$Na_2S_2O_4$，具有很强的还原性，可用于处理含六价铬的废水。

3．金属还原法

利用金属单质较强的还原性，将水中具有氧化性的金属离子还原成单质析出的方法，称为金属还原法。投加至污废水中的金属则被氧化成离子溶入水中。此方法常用来处理含重金属离子的废水，典型例子是铁屑还原处理含汞废水，反应式如下：

$$Fe+Hg^{2+} \longrightarrow Fe^{2+}+Hg\downarrow$$

$$2Fe+3Hg^{2+} \longrightarrow 2Fe^{3+}+3Hg\downarrow$$

铁屑的还原效果与水中pH相关，当pH偏低时，铁屑首先会将污废水中的H^+还原成H_2逸出，因而会增加铁屑的用量，使处理成本增加，pH为6～9时效果最好。因此，当废水的pH较低时，应先调节pH，再进行处理。反应温度一般控制在20～30℃。

四、工程实例

黄石市无机盐厂主要生产重铬酸钠和铬酸酐，废水主要污染物是 Cr^{6+}，含量 13 mg/L 左右，全年排出含铬废水约 7 万 t。

废水处理工艺流程如图 3-25 所示：

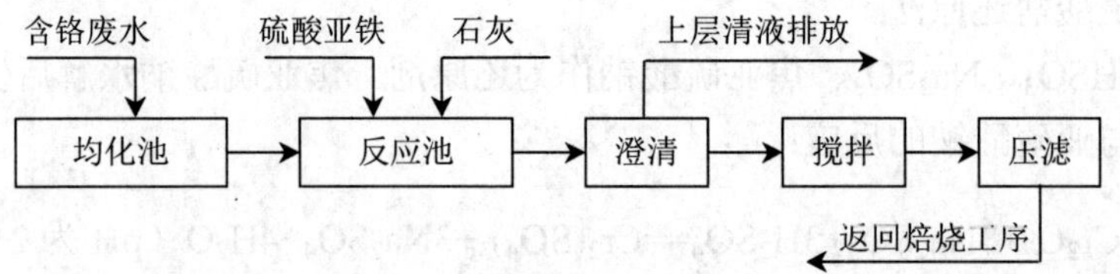

图 3-25 硫酸亚铁还原法处理含铬废水工艺流程

含铬废水进入均化池后，由计量泵送入反应池，分析废水中的 Cr^{6+} 含量，按照化学计量式加入硫酸亚铁（过量 20%），并进行快速搅拌。废水中的 Cr^{6+} 在酸性条件下与硫酸亚铁发生反应生成 Cr^{3+}。反应 20 min 后，分析 Cr^{6+} 含量指标，达到排放标准后，加入石灰调节 pH 为 8 左右，使 Cr^{3+} 生成 $Cr(OH)_3$ 沉淀，同时 Fe^{3+}、Fe^{2+} 分别生成 $Fe(OH)_3$、$Fe(OH)_2$ 沉淀。继续搅拌 20 min 后，停止搅拌，任其自然沉降，上清液直接排出厂外，沉淀物经板框压滤机分离，滤液排放，滤渣烘干返回重铬酸钠焙烧配料工序。

此工艺流程还原时间 20 min，澄清时间 20 min，废水处理后 Cr^{6+} 含量小于 0.5 mg/L。

第五节 消 毒

一、消毒的目的与方法

消毒的目的就是要杀灭水中的病原微生物，防止疾病扩散，保护公用水体。具有消毒作用的化学物质称为消毒剂，一般消毒剂在常用浓度下只能杀死微生物的营养体，对芽孢无杀灭作用。

在生活饮用水处理中，消毒是必不可少的工序。城市污水经过二级处理后，水质大大改善，细菌含量大幅度减少，但仍然存在病原菌等细菌。因此在排放进入水体前，也应进行消毒处理。

水的消毒方法包括物理消毒与化学消毒法，如加热消毒、辐射消毒、氯及氯化物消毒、臭氧消毒、紫外线消毒及某些重金属离子消毒等。

二、物理法消毒

（浸水式）紫外线消毒渠

目前常用的物理消毒方法是紫外线消毒。

紫外线杀菌的机理有两点：① 破坏蛋白质结构使其变性；② 破坏核酸分子结构。紫外光波长为 250～360 nm 时杀菌能力最强。由于紫外光需穿透水层才可起消毒作用，而污水中的悬浮物、有机物、浊度及氨氮都会干扰紫外光的传播。因此，水质越好，紫外线消毒的效果也越好。

紫外线光源是高压石英水银灯，杀菌设备主要有两种：浸水式和水面式。浸水式是把石英灯管置于水中，此法的特点是：紫外线利用率高，杀菌效果好，但设备的构造复杂。水面式的构造简单，但由于反光罩吸收紫外线以及光线的散射，杀菌效果不如前者。紫外线的照射强度为 0.19～0.25 W·s/cm^2，水深为 0.65～1.0 m。

紫外线消毒具有以下优点：① 消毒见效快，效率高。据试验测试，紫外线照射几十秒钟即可起到良好的杀菌效果。一般大肠杆菌的平均去除率可达 98%，细菌总数平均去除率可达 99%。此外还能去除化学法难以杀死的芽孢与病毒等。② 不影响水的物理性质与化学成分，不增加水中异味。③ 操作简单、便于管理，易于实现自动化。紫外线消毒也存在一定的缺点，即消毒持续时间短，不能解决管网中的二次污染问题，此外电耗比较大，水中悬浮物和胶体影响光线透射等。

三、化学法消毒

向污废水中投加化学药剂对水进行消毒的方法称为化学法消毒。

（一）氯消毒

氯消毒经济有效，使用方便，是应用历史最久也最为广泛的消毒方法。

1. 氯消毒原理

氯易溶于水，当氯溶解在清水中时，发生以下水解反应：

氯消毒

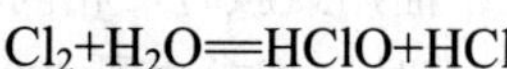

$$Cl_2+H_2O=HClO+HCl$$

次氯酸（HClO）部分离解为 H^+ 和 ClO^-：

$$HClO=H^++ClO^-$$

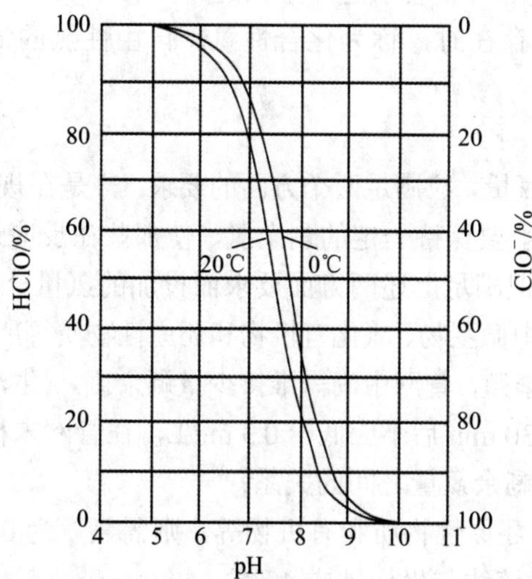

图 3-26　不同 pH 和水温时水中 HClO 和 ClO^- 的比例

氯消毒一般认为主要通过次氯酸（HClO）起作用。HClO 为很小的中性分子，只有它能扩散到带负电的细菌表面，并通过细菌的细胞壁穿透到细菌内部。当 HClO 分子到达细菌内部时，能利用其氧化作用而破坏细菌的酶系统，从而使细菌死亡。ClO^-虽亦具有杀菌能力，但因其带负电，难以接近带负电的细菌表面，杀菌能力比 HClO 弱得多。而且生产实践表明，pH 越低消毒作用越强，这也证明了 HClO 是消毒的主要因素。

很多地表水源中，由于受有机污染物的影响，一般含有一定的氨氮。氯加入这种水中，产生如下的反应：

$$Cl_2+H_2O=HClO+HCl$$

$$NH_3+HClO=NH_2Cl+H_2O$$

$$NH_2Cl+HClO=NHCl_2+H_2O$$

$$NHCl_2+HClO=NCl_3+H_2O$$

从上述反应可见：次氯酸（HClO）、一氯胺（NH_2Cl）、二氯胺（$NHCl_2$）和三氯胺（NCl_3）都存在，它们在平衡状态下的含量比例决定于氯、氨的相对浓度，pH 和温度。一般来讲，当 pH＞9 时，NH_2Cl 占优势；当 pH=7.0 时，NH_2Cl 和 $NHCl_2$ 同时存在，近似等量；当 pH＜6.5 时，主要是 $NHCl_2$；而 NCl_3 只有在 pH＜4.5 时才存在。

从消毒效果而言，水中有氯胺时仍然可理解为依靠 HClO 起消毒作用。只有当水中的 HClO 因消毒而消耗完全后，反应才向左进行，继续产生消毒所需的 HClO。因此当水中存在氯胺时，消毒作用比较缓慢，需要较长的接触时间。根据实验室静态试验结果，用氯消毒，5 min 内可杀灭细菌效率达 99%以上；而用氯胺时，相同条件下，5 min 内仅达 60%；需要将水与氯胺的接触时间延长到十几个小时，才能达到 99%以上的灭菌效果。

比较三种氯胺的消毒效果，$NHCl_2$ 要胜过 NH_2Cl，但前者具有臭味。当 pH 低时，$NHCl_2$ 所占比例大，消毒效果较好。NCl_3 消毒作用极差，且具有恶臭味（含量到 0.05 mg/L 时，人已不能忍受）。一般自来水中不太可能产生 NCl_3，而且它在水中溶解度很低、不稳定且易气化，所以 NCl_3 的恶臭味并不会引起严重问题。

水中的氯以氯胺形式存在时，称为化合性氯。自由性氯的消毒效果比化合性氯要高得多。

2．加氯量

氯化法消毒所需的加氯量，应满足两个方面的要求：一是在规定的反应终了时，应达到指定的消毒指标；二是出水要保持一定的剩余氯，使那些在反应过程中受到抑制而未杀死的致病菌不能复活。通常把满足上述两方面要求而投加的氯量分别称为需氯量和余氯量。

需氯量指用于灭活水中微生物、氧化有机物和还原性物质等所消耗的部分。为了抑制水中残余病原微生物的再度繁殖，管网中尚需维持少量剩余氯。《生活饮用水卫生标准》规定：出厂水游离性余氯在接触 30 min 后不应低于 0.3 mg/L，在管网末梢不应低于 0.05 mg/L。

不同情况下加氯量与剩余氯量之间的关系：

① 如水中无微生物、还原性物质和有机物等，则需氯量为 0，加氯量等于剩余氯量，如图 3-27 中所示的虚线，该线与坐标轴成 45°角。

② 若水中已受到有机物和细菌等污染，氧化这些有机物和灭活细菌需要消耗一定的氯，即需氯量。加氯量必须超过需氯量才能保证一定的剩余氯。当水中有机物较少，而且

主要不是游离氨和含氮化合物时，需氯量 OM 满足以后就会出现余氯量，如图 3-27 中的实线 MP。

③ 当水中的有机物主要是氨和氮化合物时，情况比较复杂。如图 3-28 中 $OMABP$ 曲线所示。曲线与直线之间的垂直距离表示需氯量，曲线与横坐标之间的垂直距离表示余氯量。OM 段表示水中污染物及细菌消耗的氯，余氯量为零，此阶段消毒效果不可靠。MA 段表示氯与氨生成氯胺，有化合性余氯存在，并有一定消毒效果。AB 段表示部分氯胺与加入的氯发生反应，生成不起消毒作用的 N_2、NO、N_2O 等化合物。化合余氯减少，到折点 B，化合余氯降至最低值，BP 表示此阶段已经没有杂质消耗氯，投加的氯全部成为余氯，消毒效果最好。

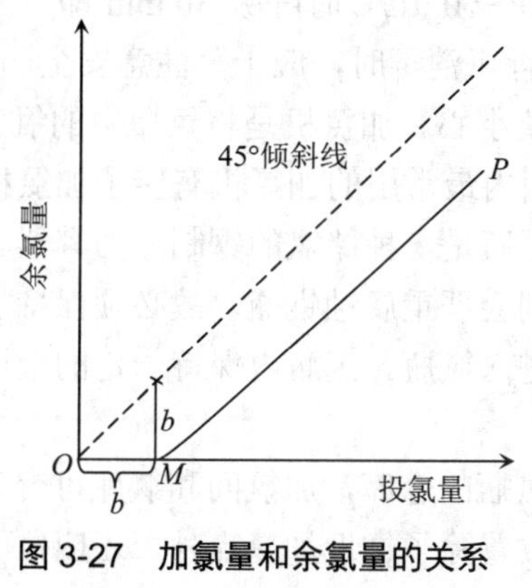

图 3-27　加氯量和余氯量的关系

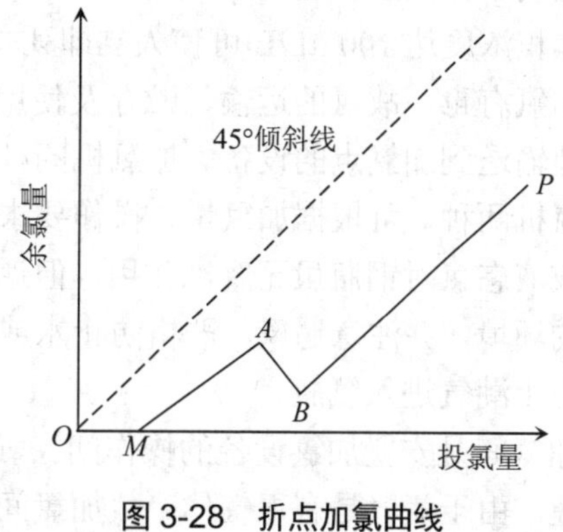

图 3-28　折点加氯曲线

从整个曲线来看，到达峰点 A 时，余氯最高，但这是化合性余氯而非自由性余氯。到达折点 B 时，余氯最低。如继续加氯，余氯增加，此时所增加的是自由性余氯。加氯量超过折点需要量时称为折点氯化，工业生产一般通过该方法确定加氯量，此即为折点加氯法。

消毒时加氯量的多少根据原水水质和消毒的目的有所不同。对给水处理来说，当原水游离氨在 0.3 mg/L 以下时，通常加氯量控制在折点后；原水游离氨在 0.5 mg/L 以上时，峰点 A 以前的化合性余氯量已足够消毒，加氯量可控制在峰点 A 前以节约加氯量；原水游离氨在 0.3～0.5 mg/L 时，加氯量难以掌握，如控制在峰点前，往往化合性余氯减少，有时达不到要求；控制在折点后则浪费加氯量。

缺乏试验资料时，一般的地面水经混凝、沉淀和过滤后或清洁的地下水，加氯量可控制在 1.0～1.5 mg/L；一般的地面水经混凝、沉淀而未经过滤时可采用 1.5～2.5 mg/L。

对于污废水处理来说，加氯量因不同水质和消毒需要而差别很大，应通过试验确定。一般城市污水一级处理排放时，加氯量在 20～30 mg/L，二级处理排放时，加氯量为 5～10 mg/L。接触时间约 1 h，废水经消毒后，1 h 后的余氯量应不小于 0.5 mg/L。

3．加氯点

饮用水消毒一般在过滤工艺之后，为给水处理的最后一步。

在混凝反应时同时加氯，称为预氯化，可氧化水中的有机物，提高混凝效果，去除色度。用硫酸亚铁作为混凝剂时，可以同时加氯，将亚铁氧化成三价铁，促进硫酸亚铁的凝聚作用。预氯化还能防止构筑物中滋生青苔、细菌，并延长氯胺消毒的接触时间，使加氯量维持在图 3-28 中的 *MA* 段，以节省加氯量。对于受污染的水源，氯与有机物结合会产生有害的副产物，如三氯甲烷（TCM）、一溴二氯甲烷（BDCM）、二溴一氯甲烷（DBCM）、三溴甲烷（TBM）等，并将上述四种副产物之和称为总三卤甲烷（TTHMs），对动物具有致癌作用。故应取消滤前加氯。

当城市管网延伸较长，难以保证管网末梢的余氯时，需要在管网中途补充加氯。这样既能保证管网末梢的余氯，又不致使水厂附近管网中的余氯过高。管网中途加氯的位置一般都设在加压泵站或水库泵站内。

4．加氯设备

氯通常是以液氯的形式贮存在钢瓶中，需要在有压的条件下使用、操作。氯是有毒气体，空气中体积浓度达 30 μL/L 时即可引起咳嗽，40～60 μL/L 时呼吸 30 min 即有生命危险。体积浓度达 100 μL/L 可使人立即死亡，因此进行氯消毒时，应十分注意安全。

因氯有毒，故氯的运输、贮存及使用应特别谨慎小心。加氯机是将氯瓶中的氯安全、准确地输送到加氯点的设备。加氯机的种类繁多，国内最常用的加氯机有转子加氯机和真空加氯机两种。可根据加氯量、操作要求等选用。氯瓶是一种储氯的钢制压力容器。干燥氯气或液态氯对钢瓶虽无腐蚀作用，但遇水或受潮则会严重腐蚀钢瓶，故必须保持加氯间干燥的环境，并注意通风，严格防止水或潮湿空气进入氯瓶。氯瓶内保持一定的余压也是为了防止潮气进入氯瓶。

加氯间是安置加氯设备的操作间。氯库是储备氯瓶的仓库，加氯间和氯库可合建，也可分建。由于氯气是有毒气体，故加氯间和氯库的位置除了靠近加氯点外，还应位于主导风向的下方，且需与经常有人值班的工作间隔开。加氯间和氯库在建筑上的通风、防火、保温、照明等应特别注意，还应设置一系列安全报警、事故处理设施等。

加氯设备应结构坚固，防冻保温，通风良好，并备有检修及抢救设备。

（二）二氧化氯消毒

采用二氧化氯消毒本质上也是一种氯消毒法，但它具有与通常氯消毒不同之处：二氧化氯一般只起氧化作用，不起氯化作用，因此它与水中杂质形成的三氯甲烷等比氯消毒要少得多。二氧化氯也不与氨作用，在 pH 为 6～10 时的杀菌效率几乎不受 pH 影响。

二氧化氯（ClO_2）极不稳定，气态和液态 ClO_2 均易爆炸，故必须以水溶液的形式现场制取，并及时使用。ClO_2 在水中以溶解气体形式存在，不发生水解反应。在水处理过程中，ClO_2 参与氧化还原反应会生成副产物 ClO_2^-。制取 ClO_2 的方法较多。在给水处理中，ClO_2 主要用亚氯酸钠（$NaClO_2$）和氯（Cl_2）制取，反应如下：

$$2NaClO_2+Cl_2=2ClO_2+2NaCl$$

由于亚氯酸钠较贵，且二氧化氯生产出来即须应用，不能贮存，所以只有水源严重污染（如含氨量达每升几毫克或有大量酚存在）而一般氯消毒有困难时，才采用二氧化氯消毒。

（三）漂白粉消毒

漂白粉由 Cl_2 和石灰加工而成，分子式可简单表示为 $Ca(ClO)_2$，有效氯约为 30%。漂白精分子式为 $Ca(ClO)_2$，有效氯达 60%左右。两者均为白色粉末，有氯的气味，易受光、热和潮气作用而分解、使有效氯降低，故必须放在阴凉干燥和通风良好的地方。漂白粉加入水中反应如下：

$$Ca(ClO)_2+2H_2O = 2HClO+Ca(OH)_2$$

反应后生成 HClO，因此消毒原理与氯气相同。

漂白粉消毒一般用于小水厂或临时性给水。

（四）次氯酸钠消毒

次氯酸钠 NaClO 是用发生器的钛阳极电解食盐水而制得的，反应如下：

$$NaCl+H_2O \longrightarrow NaClO+H_2\uparrow$$

NaClO 也是强氧化剂和消毒剂，但消毒效果不如氯强。NaClO 消毒作用仍依靠 HClO，反应如下：

$$NaClO+H_2O = HClO+NaOH$$

NaClO 发生器有成品出售。由于 NaClO 易分解，故通常采用 NaClO 发生器现场制取，就地投加，不宜贮运。制作成本就是食盐和电耗费用。NaClO 消毒通常用于小型水厂。

（五）臭氧消毒

臭氧（O_3）由 3 个氧原子组成，在常温常压下，它是淡蓝色的、具有强烈刺激性的气体。臭氧密度约为空气的 1.7 倍，易溶于水，在空气或水中均易分解消失。臭氧对人体健康有影响，空气中臭氧浓度达到 15～20 mg/L 即有致命危险，故在水处理过程中散发出来的臭氧尾气必须处理。

臭氧具有很强的氧化能力，仅次于氟，约是氯的两倍。因此，臭氧的消毒能力比氯更强。臭氧消毒法的特点是：消毒效率高，速度快，几乎对所有的细菌、病毒、芽孢都是有效的；同时能有效地降解水中残留有机物，去除色、味等；pH、温度对消毒效果影响很小。但臭氧消毒法的设备投资大，电耗大，成本高，设备管理较复杂。

此法适用于出水水质较好，排入水体卫生条件要求高的污水处理场合。有些国家的污水处理厂采用此法消毒，近年来我国的上海、北京等地的污水处理厂也有使用。

当臭氧用于消毒过滤水时，其投加量一般不大于 1 mg/L，如用于去色和除臭味，则可增加至 4～5 mg/L。剩余臭氧量和接触时间是决定臭氧处理效果的主要因素。一般来说，如维持剩余臭氧量为 0.4 mg/L，接触时间为 15 min，可得到良好的消毒效果（包括杀灭病毒）。

四、应用实例

徐州医学院附属医院是一个综合性的大型医院，其排放的污水水量 $Q = 800\ m^3/d$，BOD_5=97.5 mg/L，COD_{Cr}=195 mg/L，SS=160 mg/L。污水中含有大量病菌、病毒和寄生虫卵。设计水量水质：

Q=840 m^3/d，BOD_5=120 mg/L，COD_{Cr}=250 mg/L，SS=220 mg/L。

处理后水质：

BOD_5＜50 mg/L，COD_{Cr}＜100 mg/L，SS＜80 mg/L，大肠菌群＜1 000 个/L，

消毒应用实例

余氯＞3 mg/L。

污水处理经化粪池、格栅、CASS，加入消毒液进入接触消毒池消毒处理。消毒剂采用次氯酸钠，投加量为 20 mg/L，消毒时间为 1 h。本方案采用 2 台产量为 600 g/h 的次氯酸钠发生器。

复习思考题

一、名词解释

化学沉淀　消毒　电动电位　凝聚　絮凝　折点加氯　游离氯　结合氯

二、简答题

1. 酸碱废水中和处理的基本原则是什么？
2. 常用的无机盐混凝剂有哪些？
3. 澄清池分为哪几类？
4. 影响混凝的因素有哪些？
5. 水处理中常用的消毒方法有哪些？

三、问答题

1. 试述胶体颗粒在水中稳定的原因。
2. 碱式氯化法处理含氰废水为什么要严格控制 pH？
3. 试述混凝的机理。
4. 试述混凝的过程以及相应所要求的水力条件。
5. 臭氧氧化法有哪些优缺点？
6. 氯消毒过程中，为什么 pH 会影响消毒效果？

四、计算

1. 投石灰以去除废水中的 Zn^{2+} 离子，生成 $Zn(OH)_2$ 沉淀。当 pH 为 7 和 9 时，溶液中的 Zn^{2+} 浓度各为多少（mg/L）？（$K_s=1.8\times10^{-14}$，温度为 18～20℃）

2. 用氢氧化物沉淀法处理含镉废水，要将 Cd^{2+} 浓度降到 0.1 mg/L，需要将溶液的 pH 值提高到多少？（$K_s=2.2\times10^{-14}$，温度为 18～20℃）

3. 含盐酸废水量 100 m^3/d，盐酸浓度为 5 g/L，用石灰石进行中和处理，石灰石的有效成分为 50%，试求石灰石的用量。

4. 河水总碱度 0.1 mmol/L（按 CaO 计）。硫酸铝（Al_2O_3 含量为 16%）投加量 25 mg/L，问：是否需要投加石灰以保证硫酸铝顺利水解？设水厂每日产水量 50 000 m^3，试计算水厂每天需要多少千克石灰？（石灰纯度按 50%计，剩余碱度取 0.4）

5. 某水厂采用精制硫酸铝作为混凝剂，其最大投量为 35 mg/L。水厂设计水量 100 000 m^3/d。混凝剂每日调制 3 次，溶液浓度按 10%计，试计算溶解池和溶液池体积各为多少？

第四章　水的物理化学处理

本章主要介绍水的物理化学处理的基本原理、工艺条件、主要设备及其应用。其中吸附法为基本和主要的方法，应重点学习掌握；熟悉常见的离子交换设备和离子交换法在污水处理中的应用；对其他的方法进行了解。

通过学习和实验，应能达到针对不同污水优选处理方法，确定合适的工艺流程。

第一节　吸　附

一、吸附的概念

吸附是一种物质附着在另一种物质表面上的过程，它可发生在气液、气固、液固两相之间。在相界面上，物质的浓度自动发生累积或富集。

在水处理中，吸附法主要是指将水中一种或多种物质吸附在多孔性固体物质表面，从而予以回收或去除的方法。吸附法可有效完成对水的多种净化功能，例如脱色、脱臭、脱除重金属离子、脱除放射性元素、脱除多种用一般方法不易处理的剧毒或难生物降解有机物等。

吸附过程中具有吸附能力的多孔性固体物质称为吸附剂，例如活性炭、活化煤、焦炭、煤渣、吸附树脂、木屑等，其中活性炭的使用最为普遍；而废水中被吸附的物质则称为吸附质。

吸附法可作为离子交换、膜分离技术处理系统的预处理单元，用以分离去除对后续处理单元有毒害作用的有机物、胶体和离子型物质，还可以作为二级处理后出水的深度处理单元，以获取高质量的处理出水，进而实现废水的资源化应用。吸附过程可有效捕集浓度很低的物质，且出水水质稳定、效果较好，吸附剂可以再生后重复使用，同时在吸附剂再生过程中，可以回收被吸附的有用物质，所以吸附法在水处理技术领域得到了广泛的应用。但是，吸附法对进水的水质要求较为严格，运行费用较高。

（一）吸附的分类

吸附剂表面的吸附力可分为三种，即分子间引力（范德华力）、化学键力和静电引力，因此吸附可分为三种类型：物理吸附、化学吸附和离子交换吸附。

1．物理吸附

物理吸附是一种常见的吸附现象，也称为范德华力吸附，是由吸附质与吸附剂之间的分子间引力产生的吸附过程。物理吸附的特征表现在以下几个方面：

① 物理吸附是可逆过程，当系统的温度升高时，吸附剂表面的吸附质由于分子的热运

动会脱附或解吸。

② 由于物理吸附是由分子间力引起的，所以吸附热较小，一般在 41.9 kJ/mol 以内。

③ 没有特定的选择性。由于物质间普遍存在着分子间引力，同一种吸附剂可以吸附多种吸附质，只是因为吸附质间性质的差异而导致同一种吸附剂对不同吸附质的吸附能力有所不同。物理吸附可以是单分子层吸附，也可以是多分子层吸附。

④ 影响物理吸附的主要因素是吸附剂的比表面积和细孔分布。

2．化学吸附

化学吸附是吸附质与吸附剂之间通过化学键力结合而引起的吸附过程。化学吸附的特征为：

① 吸附热大，相当于化学反应热，吸附热一般为 83.7～418.7 kJ/mol。

② 有选择性，一种吸附剂只能对一种或几种吸附质发生吸附作用，且只能形成单分子层吸附。

③ 化学吸附比较稳定，当吸附的化学键力较大时，吸附反应为不可逆。

④ 吸附剂表面的化学性能、吸附质的化学性质以及温度条件等，对化学吸附有较大的影响。

3．离子交换吸附

离子交换吸附是指吸附质的离子由于静电引力聚集到吸附剂表面的带电点上，同时吸附剂表面原先固定在这些带电点上的其他离子被置换出来，等于吸附剂表面放出一个等当量离子。这种吸附实质上是吸附剂的表面发生了离子交换反应。在吸附质浓度相同的条件下，离子所带电荷越多，吸附越强。而对于电荷相同的离子，其水化半径越小，越易被吸附。

物理吸附、化学吸附和离子交换吸附并不是孤立的，往往相伴发生。在污水处理中，大多数的吸附现象往往是上述 3 种吸附作用的综合结果。吸附质、吸附剂以及吸附温度等具体吸附条件的不同，使得不同的吸附占主要地位。例如同一吸附体系在中、高温下可能主要发生化学吸附，而在低温条件下可能主要发生物理吸附。

（二）吸附平衡和吸附等温线

吸附过程是吸附和解吸的一个可逆的平衡过程。当废水与吸附剂充分接触后，一方面溶液中的吸附质被吸附剂吸附；另一方面，由于热运动，一部分已被吸附的吸附质脱离吸附剂的表面，又回到液相中去。这种吸附质被吸附剂吸附的过程称为吸附过程；已被吸附的吸附质脱离吸附剂的表面又回到液相中去的过程称为解吸过程。当吸附速度和解吸速度相等时，即单位时间内吸附的数量等于解吸的数量时，则吸附质在溶液中的浓度和吸附剂表面上的浓度都不再改变而达到平衡，即达到动态的吸附平衡。此时吸附质在溶液中的浓度称为平衡浓度。

吸附剂吸附能力的大小以吸附容量 q_e（g/g）表示。所谓吸附容量是指单位质量的吸附剂（g）所吸附的吸附质的质量（g）。吸附量可用下式计算：

$$q_e = \frac{V(c_0 - c_e)}{W} \tag{4-1}$$

式中：q_e——吸附剂的平衡吸附容量，g/g；

V—— 溶液体积，L；

c_0 —— 溶液的初始吸附质浓度，g/L；

c_e —— 吸附平衡时的吸附质浓度，g/L；

W—— 吸附剂投加量，g。

吸附分等温吸附和等压吸附，在水污染控制中主要利用等温吸附。在温度一定的条件下，吸附容量随吸附质平衡浓度的提高而增加。把吸附容量随平衡浓度而变化的曲线称为吸附等温线。

表示吸附等温线的方程式称为吸附等温式，在污水处理中，常用的吸附等温式是弗兰德利希经验公式：

$$q = Kc^{\frac{1}{n}} \tag{4-2}$$

式中：K，n—— 常数；

其他符号意义同前。

将上式改写为对数式：

$$\lg q = \lg K + \frac{1}{n}\lg c \tag{4-3}$$

以 $\lg c$ 和 $\lg q$ 分别作为横坐标和纵坐标，便得到一条直线，称为弗兰德利希等温线，这条直线的截距为 $\lg K$，斜率为 $1/n$。$1/n$ 越小，吸附性能越好。一般认为 $1/n$ 为 0.1～0.5 时，吸附处理出水水质较好；$1/n>2$ 时，出水水质较差。但当 $1/n$ 较大时，由于吸附质平衡浓度较高，故吸附量较大，吸附能力发挥得也越充分，这种情况最好采用连续式吸附操作。当 $1/n$ 较小时，多采用间歇式吸附操作。

吸附容量是选择吸附剂和设计吸附设备的重要数据。这些指标虽然表示吸附剂对该吸附质的吸附能力，但这些指标与对水中吸附质的吸附能力不一定相符，因此，还应参考试验数据确定吸附容量、进行设备的设计。吸附容量的大小决定了吸附剂再生周期的长短。

（三）吸附的影响因素

在实际应用中，若想达到预期的吸附净化效果，除了需要针对所处理的废水性质选择合适的吸附剂外，还必须将处理系统控制在最佳的工艺操作条件下。影响吸附的因素主要有吸附剂的性质、吸附质的性质和吸附过程的操作条件等。

1. 吸附剂的性质

吸附剂的性质主要有比表面积、种类、极性、颗粒大小、细孔的构造和分布情况及表面化学性质等。吸附是一种表面现象，比表面积越大、颗粒越小，吸附容量就越大，吸附能力就越强。吸附剂表面化学结构和表面荷电性质，对吸附过程也有较大影响。一般是极性分子（或离子）型的吸附剂易吸附极性分子（或离子）型的吸附质，反之亦然。活性炭基本可以看成是一种非极性的吸附剂，对水中非极性物质的吸附能力大于极性物质。

用于水处理的活性炭应有三项要求：吸附容量大、吸附速度快、机械强度好。活性炭的吸附容量除其他外界条件外，主要与活性炭比表面积有关，比表面积大，微孔数量多，可吸附在细孔壁上的吸附质就多。吸附速度主要与粒度及细孔分布有关，水处理用的活性炭，要求过渡孔（半径为 2～100 nm）较为发达，有利于吸附质向微细孔中扩散。活性炭的粒度越小，吸附速度越快，一般粒度在 8～30 目较适宜，活性炭的机械耐磨强度直接影响活性炭的使用寿命。

2．吸附质的性质

吸附质的性质主要有溶解度、表面自由能、极性、吸附质分子大小和不饱和度、吸附质的浓度等。

① 吸附质的溶解性能对平衡吸附有重大影响。溶解度越小的吸附质越容易被吸附，也就越不容易被解吸。对于有机物在活性炭上的吸附，随同系物含碳原子数的增加，有机物疏水性增强，溶解度减小，因而活性炭对其的吸附容量越大，如活性炭从水中吸附有机酸的次序是按甲酸—乙酸—丙酸—丁酸依次增加。

② 吸附质分子的大小和化学结构对吸附也有较大的影响。吸附质分子体积越大，其扩散系数越大，吸附效率也就越大。吸附过程由颗粒内部扩散控制时，受吸附质分子大小的影响较为明显。对于活性炭吸附剂来说，在同系物中，分子大的较分子小的易被吸附；不饱和键的有机物较饱和的易被吸附；芳香族的有机物较脂肪族的有机物易被吸附。

③ 吸附质的浓度在一定范围时，随着浓度增高，吸附容量增大。

3．吸附过程的操作条件

吸附过程的操作条件主要包括水的 pH、共存物质、温度、接触时间等。

（1）pH

pH 会影响吸附质在水中的离解度、溶解度及其存在状态，同样会影响吸附剂表面的荷电性和其他化学特性，从而影响吸附的效果。活性炭从水中吸附有机污染物质的效果，一般随溶液 pH 的增加而降低，pH 高于 9.0 时，不易吸附，pH 越低效果越好。在实际应用中，通过试验确定最佳 pH 范围。

（2）共存物质

应用吸附法处理水时，通常水中不是单一的污染物质，而是多组分污染物的混合物。物理吸附过程中，吸附剂可对多种吸附质产生吸附作用，所以多种吸附质共存时，吸附剂对其中任一种吸附质的吸附能力，都要低于组分浓度相同但只含有该吸附质时的吸附能力，即每种溶质都会以某种方式与其他溶质竞争吸附活性中心点。另外，废水中有油类或悬浮物质存在时，油类物质会在吸附剂表面形成油膜，对膜扩散产生影响；悬浮物质会堵塞吸附剂孔隙，对孔隙扩散产生干扰和阻碍作用，故应采取预处理措施。

（3）温度

吸附过程一般是放热过程，所以低温有利于吸附，特别是以物理吸附为主的场合。吸附过程的热效应较低，在通常情况下温度变化并不明显，因而温度对吸附过程的影响不大。用活性炭处理水时，温度对吸附的影响不显著。而在活性炭再生时，则需要通过大幅度加温以促使吸附质解吸。

（4）接触时间

只有保证足够的时间使吸附剂和吸附质接触，才能达到吸附平衡，吸附剂的吸附能力才能得到充分利用。达到吸附平衡所需要的时间长短取决于吸附操作，吸附速度越快，达到平衡所需要的接触时间就越短。

综上所述，影响吸附的因素很多，应综合分析，根据具体情况，选择最佳吸附条件，取得最好的吸附效果。

二、吸附剂

（一）吸附剂种类

广义而言，一切固体物质的表面都有吸附作用。但实际上，只有多孔性物质或磨得极细的物质，由于其具有很大的比表面积，才有明显的吸附能力，也才能作为吸附剂。

工业应用的吸附剂必须满足以下要求：① 吸附选择性好；② 吸附容量大；③ 吸附平衡浓度低；④ 机械强度高；⑤ 化学性质稳定；⑥ 容易再生和再利用；⑦ 制作原料来源广泛，价格低廉。

可用于水处理的吸附剂种类很多，包括活性炭、磺化煤、焦炭、煤灰、炉渣、硅藻土、白土、沸石、麦饭石、木屑、腐殖酸、氧化硅、活性氧化铝、树脂吸附剂等。其中应用较为广泛的是活性炭、吸附树脂和腐殖酸类吸附剂。

常见吸附剂

铝-硅系吸附剂是亲水性的吸附剂，对极性物质选择吸附，因此作为吸潮剂、脱水剂和精制非极性溶液的吸附剂；活性炭是疏水性吸附剂，对水溶性小的有机物具有较强的吸附作用，因此常作为城市污水与工业废水处理用的吸附剂。

这里我们重点介绍污水处理中应用最广的活性炭，简单介绍其他种类的吸附剂。

1. 活性炭

（1）活性炭的分类

在生产中应用活性炭的种类很多。一般都制成粉末状或颗粒状。粉末状活性炭吸附能力强，制备容易，价格低廉，但再生困难，一般不能重复使用。颗粒状活性炭价格较贵，但可再生后重复使用，并且使用时的劳动条件较好，因而在水处理中常使用颗粒状活性炭。

纤维活性炭是一种新型高效的吸附材料，它将有机碳纤维经过活化处理后制成，具有发达的微孔结构和巨大的比表面积，并拥有众多的官能团，其吸附性能远远超过目前的普通活性炭，但对制造原料的要求较高，工艺过程也较为严格。

（2）活性炭的一般性质

活性炭是用含碳为主的物质（如煤、木屑、果壳以及含碳的有机废渣等）作原料，经高温炭化和活化制得的疏水性吸附剂。活性炭的主要成分除了碳以外，还含有少量的氧、氢、硫等元素，以及水分、灰分。

活性炭外观为暗黑色，具有良好的吸附性能，化学稳定性好，可耐强酸及强碱，能经受水浸、高温。比重比水轻，是多孔性的疏水性吸附剂。

（3）活性炭水处理的特点

① 活性炭对水中有机物有较强的吸附特性。由于活性炭具有发达的细孔结构和巨大的比表面积，所以对水中溶解的有机污染物（如苯类化合物、酚类化合物、石油及石油产品等）具有较强的吸附能力，而且对用生物法和其他化学法难以去除的有机污染物，如亚甲基蓝表面活性物质、除草剂、杀虫剂、农药、合成洗涤剂、合成染料、胺类化合物，及许多人工合成的有机化合物等都有较好的去除效果。

② 活性炭对水质、水温及水量的变化有较强的适应能力。对同一种有机污染物的污水，活性炭在高浓度或低浓度时都有较好的去除效果。

③ 活性炭水处理装置占地面积小，易于自动控制，运转管理简单。

④ 活性炭对某些重金属（如汞、铅、铁、镍、铬、锌、钴等）化合物也有较强的吸附能力，所以，活性炭用于电镀废水、冶炼废水处理也有很好的效果。

⑤ 饱和炭可经再生后重复使用，不产生二次污染。

⑥ 可回收有用物质，如处理高浓度含酚废水，用碱再生后可回收酚钠盐。

2. 其他吸附剂

（1）树脂吸附剂

树脂吸附剂又称吸附树脂，是一种人工合成的有机材料制造的新型有机吸附剂。它具有立体网状结构，微观上呈多孔海绵状，具有良好的物理化学性能，在 150℃下使用不熔化、不变形，耐酸耐碱，不溶于一般溶剂，比表面积达 800 m^2/g。

按吸附树脂的特性，可以将其划分为非极性、弱极性、极性和强极性四种类型。在吸附树脂的制造过程中，其结构特性可以较容易地进行人为控制，例如，可以根据吸附质的特性要求设计特殊的专用树脂，但价格较高。

吸附树脂是在水处理中有发展前途的一种新型吸附剂，具有选择性好、稳定性高、应用范围广泛等特点，吸附能力接近活性炭，比活性炭更易再生。在应用上，其性能介于活性炭与离子交换树脂之间，适用于微溶于水、极易溶于有机溶剂、分子量略大且带有极性的有机物的吸附处理，例如脱色、脱酚和除油等。

（2）沸石分子筛

沸石分子筛是一类通式为（M^{2+}、M^+）$O \cdot Al_2O_3 \cdot nSiO_2 \cdot mH_2O$ 的铝硅酸盐晶体，具有很多孔穴和微孔，孔径大小均匀一致。M^{2+}、M^+为二价或一价金属离子，n 为硅铝比，m 为结晶分子数。沸石分子筛作为一种极性吸附剂，可根据溶质极性的不同对极性分子进行选择性吸附。

天然沸石因为成因和晶体结构不同，性质相差较大，吸附能力较弱，所以工业上常用人工合成沸石或改性天然沸石。

（3）腐殖酸类吸附剂

腐殖酸是一组具有芳香结构、性质相似的酸性物质的复合混合物。腐殖酸的结构单元中含有大量的活性基团，包括酚基、羧基、醇基、甲氧基、羰基、醌基、胺基和磺酸基等。腐殖酸对阳离子的吸附性能，由上述活性基团决定。

作为吸附剂使用的腐殖酸类物质有两类。一类是直接或经简单处理后用做吸附剂的天然富含腐殖酸的物质，如泥煤、风化煤、褐煤等；另一类是将富含腐殖酸的物质用适当的黏合剂制备腐殖酸系树脂，造粒成型后应用。

腐殖酸类物质能吸附污水中的多种金属离子，尤其是重金属和放射性离子，吸附率达 90%～99%。腐殖酸对阳离子的吸附净化过程包括离子交换、螯合、表面吸附、凝聚等作用，既有化学吸附，也有物理吸附。金属离子的存在形态不同，吸附净化的效果也不同。当金属离子浓度高时，离子交换占主导地位；当金属离子浓度低时，以螯合作用为主。

腐殖酸类物质在吸附重金属离子后，容易解吸再生，重复利用。常用的解吸剂有 H_2SO_4、HCl、NaCl、$CaCl_2$ 等。但应用中存在吸附容量不高、机械强度低、pH 适用范围窄等问题，还需要进一步的研究。

（二）吸附剂的再生

吸附剂在达到吸附饱和后，必须进行脱附再生，才能重复使用。吸附剂的再生，就是在吸附剂本身结构不发生或极少发生变化的情况下，用某种方法将被吸附的物质，从吸附剂的细孔中除去，以达到能够重复使用的目的。

活性炭的再生方法有加热法、蒸汽法、药剂法、臭氧氧化法、生物法等。

1．加热再生法

加热再生法分低温和高温两种方法。

（1）低温法

适于吸附浓度较高的简单低分子量的碳氢化合物和芳香族有机物的活性炭的再生。由于沸点较低，一般加热到 200℃即可脱附。一般采用水蒸气再生，可直接在塔内进行。被吸附的有机物脱附后可加以利用。

（2）高温法

适用于水处理粒状炭的再生，高温加热再生过程一般分五步进行：第一步，进行脱水，使活性炭和输送液体进行分离；第二步，进行干燥处理，加温到 100～130℃，将吸附在活性炭细孔中的水分蒸发出来，同时部分低沸点的有机物也能够挥发出来；第三步，进行炭化，继续加热到 300～700℃，高沸点的有机物由于热分解，一部分成为低沸点的有机物进行挥发，另一部分被炭化，留在活性炭的细孔中；第四步，进行活化处理，将炭化后留在活性炭细孔中的残留炭，用活化气体（如水蒸气、二氧化碳及氧）进行汽化，达到重新造孔的目的，活化温度一般为 700～1 000℃；第五步，进行冷却处理，活化后的活性炭用水急剧冷却，以防止氧化。

活性炭高温加热再生系统组成如图 4-1 所示。

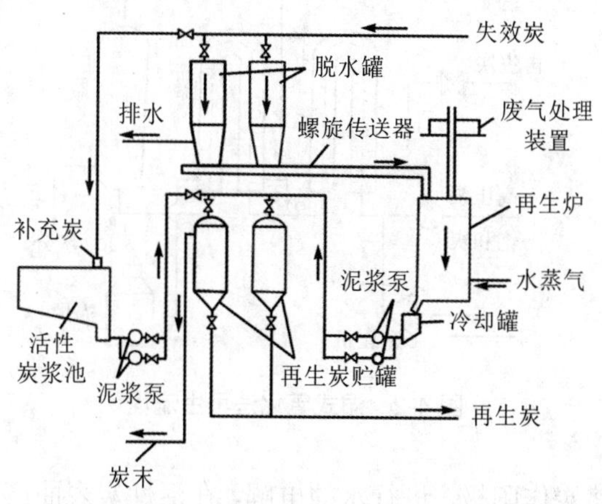

图 4-1　高温加热再生系统

几乎所有有机物都可以采用高温加热再生法再生。再生炭质量均匀，性能恢复率高，一般在 95%以上；再生时间短，粉状炭需几秒钟，粒状炭需 30～60 min；不产生有机再生废液。但再生设备造价高，再生损失率高，再生一次活性炭损失率达 3%～10%，由于在高温下进行工作，再生炉内衬材料耗量大，且需要严格控制温度和气体条件（水蒸气和

CO_2 等活化气体注入量为 0.8～1.0 kg/kg 活性炭）。

2．药剂再生法

药剂再生法分无机药剂再生法和有机溶剂再生法两类。

（1）无机药剂再生法

采用碱（NaOH）或无机酸（H_2SO_4、HCl）等无机药剂，使吸附在活性炭上的污染物脱附。如吸附高浓度酚的饱和炭，可以采用 NaOH 再生，脱附下来的酚为酚钠盐，可以回收利用。对于能电离的物质最好以分子形式吸附，以离子形式脱附，即酸性物质宜在酸里吸附，在碱里脱附；碱性物质宜在碱里吸附，在酸里脱附。

（2）有机溶剂再生法

用苯、丙酮及甲醇等有机溶剂，萃取吸附在活性炭上的有机物。例如吸附含二硝基氯苯的染料废水的饱和活性炭，用有机溶剂氯苯脱附后，再用热蒸汽吹扫氯苯，脱附率可达93%。树脂吸附剂从污水中吸附酚类后，一般采用丙酮或甲醇脱附；吸附了 TNT，采用酮脱附。

药剂用量应尽量节省，控制在 2～4 倍吸附剂体积为宜。脱附速度一般比吸附速度慢。药剂再生设备和操作管理简单，可在吸附塔内进行。但使用药剂再生，一般随再生次数的增加，活性炭的吸附性能明显降低，需要补充新炭，废弃一部分饱和炭。

3．氧化再生法

① 湿式氧化法。吸附饱和的粉状炭可采用湿式氧化法进行再生，其工艺流程如图 4-2 所示。饱和炭用高压泵经换热器和水蒸气加热器送入氧化反应塔。在塔内被活性炭吸附的有机物与空气中的氧反应，进行氧化分解，使活性炭得到再生。再生后的炭经热交换器冷却后，再送入再生贮槽。

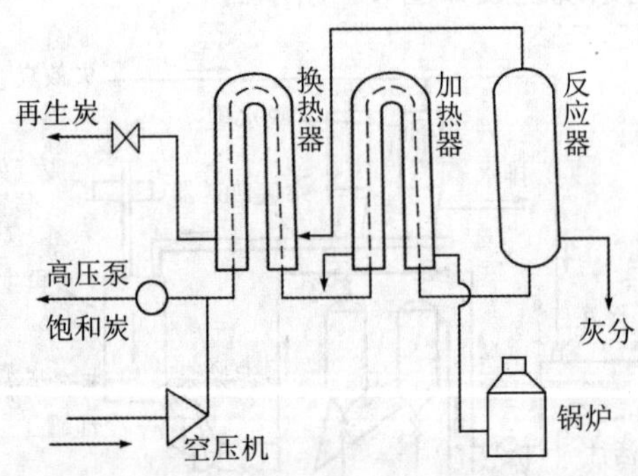

图 4-2 湿式氧化法再生流程

② 电解氧化法。将炭作阳极，进行水的电解，在活性炭表面产生的氧气把吸附质氧化分解。

③ 臭氧氧化法。利用强氧化剂臭氧，将被活性炭吸附的有机物氧化分解。

④ 生物氧化法。利用微生物的作用，将吸附在活性炭上的有机物氧化分解。

三、吸附工艺

（一）吸附操作

吸附操作分为间歇吸附和连续吸附两种。

1．间歇吸附

间歇吸附的工艺过程是：把一定数量的吸附剂投加入待处理的水中，不断进行搅拌，经过一定时间达到吸附平衡时，以静置沉淀或过滤的方法实现固液分离。若一次吸附的出水不符合要求，可增加吸附剂用量，延长吸附时间或进行二次吸附，直到符合要求。

间歇吸附常用于小水量处理或试验研究，常用的设备为一个池子、桶或搅拌槽。

2．连续吸附

连续吸附的工艺过程是：污水不断地流过装填有吸附剂的吸附床（柱、罐、塔），污水中的污染物和吸附剂接触并被吸附，在流出吸附床之前，污染物浓度降至处理目标值以下，直接获得净化出水。实际中的吸附处理系统一般都采用连续吸附工艺。

常用的连续吸附工艺有固定床、移动床和流化床。

（1）固定床

固定床是指在操作过程中吸附剂固定填放在吸附设备中，是水处理吸附工艺中最常用的一种方式。

固定床吸附工艺过程是，当污水连续流经吸附床（吸附塔或吸附池）时，待去除的污染物（吸附质）不断地被吸附剂吸附，吸附剂的数量足够多时，出水中的污染物浓度可降至零。在实际运行过程中，随吸附过程的进行，吸附床上部饱和层厚度不断增加，下部新鲜吸附层则不断减少，出水中污染物浓度会逐渐增加，当其浓度达到出水要求的限定值时，必须停止进水，转入吸附剂的再生程序。吸附和再生可在同一设备内交替进行，也可将失效的吸附剂卸出，送到再生设备进行再生。在这个工艺中，由于再生时尚有部分吸附剂未达到饱和，所以吸附剂的利用不充分。因在这种动态设备中，吸附剂在操作过程中是固定的，所以叫固定床。

根据水流方向不同，固定床又分为升流式和降流式两种形式。

在升流式固定床中，水流自下而上流动，当水头损失增大时，可适当提高水流流速，使填充层稍有膨胀（上下层不能互相混合）就可以达到自清的目的。这种方式由于层内水头损失增加较慢，所以运行时间较长，但对废水入口处（底层）吸附层的冲洗不如降流式。流量变动或操作一时失误都会使吸附剂流失。

降流式固定床如图 4-3 所示。在降流式固定床中，水流自上而下流动，出水水质较好，但经过吸附层的水头损失较大，特别是处理悬浮物浓度较高的废水时，悬浮物易堵塞吸附层，所以要定期进行反冲洗。有时需要在吸附层上部设反冲洗设备。

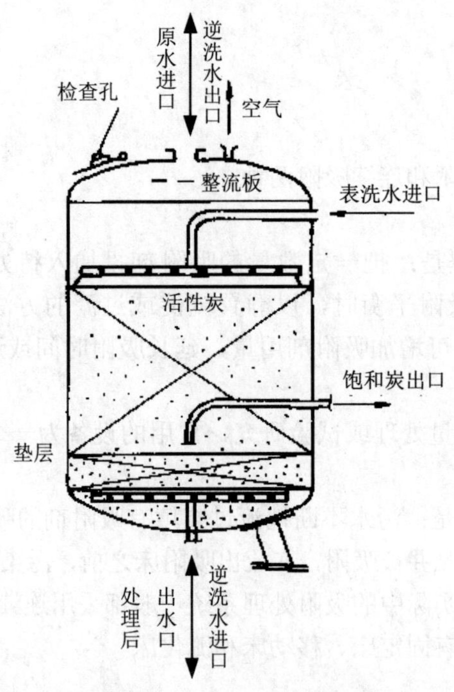

图 4-3 降流式固定床型吸附塔构造示意

根据处理水量、原水的水质和处理要求不同，固定床又可分为单床和多床，多床又有串联式和并联式两种（图 4-4）。多床并联式适用于大规模处理，出水要求较低，而多床串联式适用于小处理量，出水要求较高。

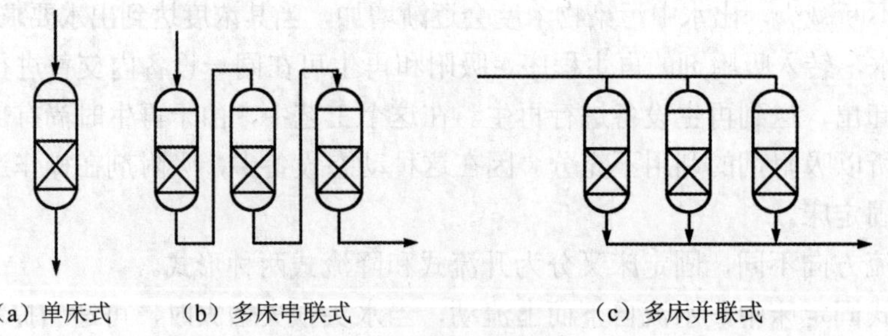

图 4-4 固定床吸附操作示意

（2）移动床

移动床的工作原理是在操作过程中定期将接近饱和的吸附剂从吸附设备中排出，并同时加入等量的吸附剂，也称为脉冲床。在移动床中，废水从下而上流过吸附层，吸附剂由上而下间歇或连续移动（图 4-5）。

移动床的工艺过程是：原水从吸附塔底部流入和吸附剂进行逆流接触，处理后的水从塔顶流出，再生后的吸附剂从塔顶加入，接近吸附饱和的吸附剂从塔底间歇地排出。这种方式较固定床能更加充分地利用吸附剂的吸附容量，并且水头损失小。由于采用升流式，废水从塔底流入，从塔顶流出，被截留的悬浮物随饱和的吸附剂间歇地从塔底排出，故不需要反冲洗设备。但这种操作方式要求塔内吸附剂上下层不能互相混合。操作管理要求高。

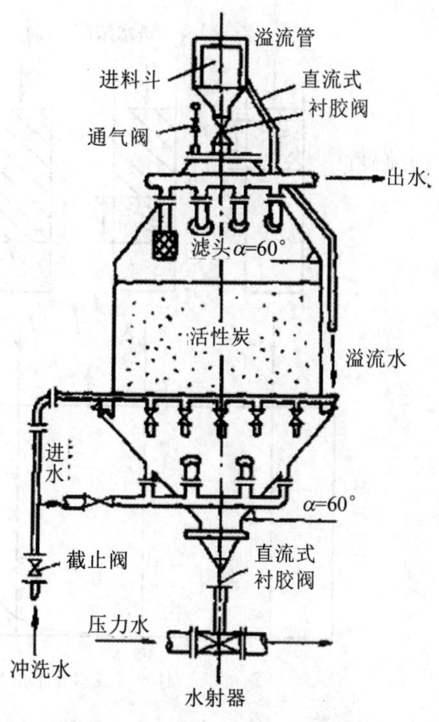

图 4-5　移动床吸附塔构造示意

移动床一次卸出的炭量一般为总填充量的 5%～20%，卸炭和投炭的频率与处理的水量和水质有关，从数小时到一周。在卸料的同时投加等量的再生炭或新炭。移动床高度可达 10 m。移动床进水的悬浮物浓度不大于 30 mg/L。移动床设备简单，出水水质好，占地面积小，操作管理方便，较大规模的废水处理多采用这种形式。

（3）流化床

流化床是指在操作过程中吸附剂悬浮于由下至上的水流中，处于膨胀状态或流化状态。被处理的废水与活性炭基本上也是逆流接触。流化床一般连续卸炭和投炭，空塔速度要求上下不混层，保持炭层呈层状向下移动，所以运行操作要求严格。由于活性炭在水中处于膨胀状态，与水的接触面积大，因此，用少量的炭就可以处理较多的废水，而且基建费用低。这种操作适于处理含悬浮物较多的废水，不需要进行反冲。

由于移动床、流化床操作较复杂，在水处理中应用较少。

（二）吸附装置设计和利用

1．吸附装置设计

当设计资料缺乏时，可通过静态吸附等温线试验，确定吸附剂类型及估算处理 1 m^3 废水所需要的吸附剂数量。再通过动态吸附穿透曲线试验确定设计参数。

吸附床的设计和运行方式的选择，在很大程度上取决于穿透曲线。穿透曲线是指出水浓度随时间变化作图所得到的曲线。动态吸附试验的工作过程如图 4-6 所示，通过监测不同吸附时间出水中吸附质的浓度，以出水中的吸附质浓度（c）为纵坐标，接触时间（t）为横坐标，把测定结果绘制成穿透曲线。

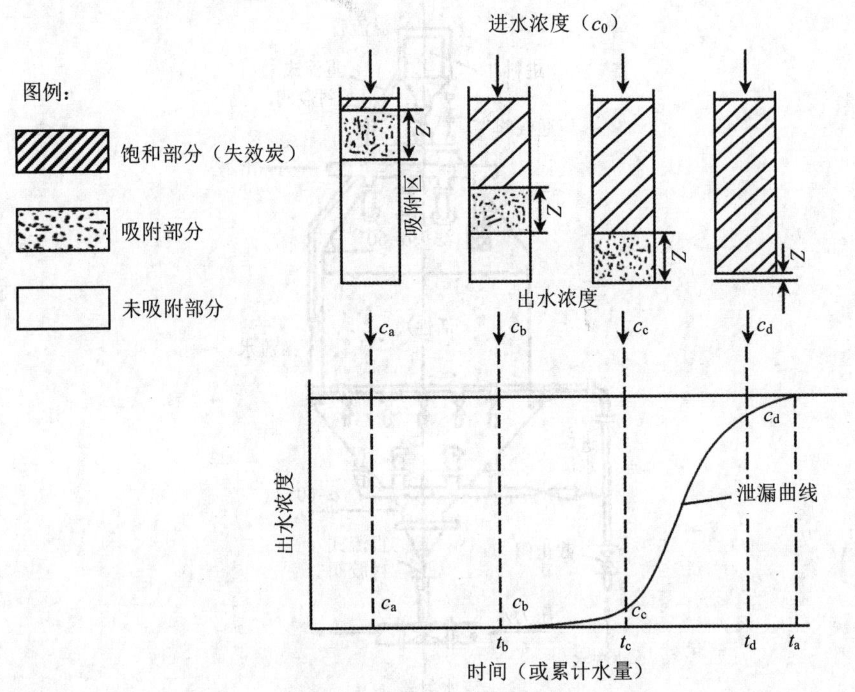

图 4-6　动态吸附试验的工作过程（穿透曲线）

当沿吸附柱不同高度，定时监测处理水中吸附质浓度或吸附剂中的吸附量时，可以发现吸附层分为三个区域：失去吸附能力的饱和区；正在吸附的吸附区；未吸附区。吸附过程的实质也就是吸附区沿水流方向向下移动的过程，当吸附区移动到柱底部时，吸附带的前沿达到柱内整个吸附剂层的下端，此时出水浓度不再保持 c=0，开始出现污染物质，这一时刻就称为吸附柱工作的穿透点（c_b 点，此点称为穿透点），此时必须停止进水，进行再生，若继续进行吸附，则出水吸附质浓度（c_d 点）很快上升至接近于进水浓度，吸附剂则完全饱和，失去其吸附能力。

如果以处理水的要求作为穿透点（c_c 点），则吸附区厚度 Z 可以通过下式计算出：

$$Z = L\left(1-\frac{t_c}{t_d}\right) = v(t_d - t_c) \qquad (4\text{-}4)$$

式中：Z—— 吸附区厚度，m；

t_c—— 从进水开始到吸附层穿透的时间，h；

t_d—— 从进水开始到吸附层耗竭的时间，h；

v—— 滤速，即水流通过吸附层的速度，m/h。

吸附区厚度的影响因素有多种，如进水水质、滤速、吸附剂粒径、处理要求等。进水水质浓度越大，滤速和吸附剂粒径越大，处理要求越高，吸附区厚度就越大。吸附区内吸附剂的吸附能力只是部分被利用，保证处理要求的最小厚度，厚度越大，吸附剂的利用率越低。

在生产上需要通过实验确定合理的设计和运行参数。

吸附塔的设计方法有多种，下面简要介绍一下用通水倍数法进行的吸附塔的设计。

（1）设计步骤

◆ 选定吸附操作方式。

◆ 参考经验数据，选择最佳空塔流速（v_L）。

◆ 根据吸附柱实验，求得通水倍数（n）（单位质量吸附剂所能处理的水的体积）。

◆ 根据水流速度和出水要求，选择最合适的炭层高度（H）[或接触时间（t）]。

◆ 选择吸附装置的个数（N）以及使用方式。

◆ 计算吸附塔总面积（F）和单个吸附塔的面积（f）

$$F = Q/v_L \tag{4-5}$$

$$f = F/N \tag{4-6}$$

◆ 计算再生规模，即每天需再生的饱和炭量（W）

$$W = \sum Q/n \tag{4-7}$$

（2）设计参数

工程中有关数据的确定，应按水质、吸附剂品种及实验确定，一般在以下范围内取值：

塔径：1～3.5 m

吸附塔（填充层）高度：3～10 m

填充层高度与塔径比：（1∶1）～（4∶1）

吸附剂粒径：0.5～2 mm（活性炭）

接触时间：10～50 min

容积（体积）流量（单位体积的吸附剂在单位时间内通过处理水的体积）：

2 m^3/（$h·m^3$）以下（固定床）

5 m^3/（$h·m^3$）以下（移动床）

线速度（单位时间内，水通过吸附层的线速度，又称为空塔速度）：

2～10 m/h（固定床）

10～30 m/h（移动床）

【例 4-1】某炼油厂拟采用活性炭吸附法进行炼油废水深度处理。处理水量 Q 为 600 m^3/h，废水 COD 平均为 90 mg/L，出水 COD 要求小于 30 mg/L，试计算吸附塔的主要尺寸。

根据动态吸附试验结果，决定采用间歇式移动床活性炭吸附塔，主要设计参数如下：

① 空塔速度（v_L）=10 m/h；

② 接触时间（t）=30 min；

③ 通水倍数（n）=6.0 m^3/kg；

④ 活性炭填充密度（ρ）= 0.5 t/m^3。

【解】吸附塔总面积 $F = \dfrac{Q}{v_L} = \dfrac{600}{10} = 60$（$m^2$）

吸附塔个数：采用 4 塔并联，N=4

每个吸附塔的过水面积：

$$f=\frac{60}{4}=15\ (\mathrm{m}^2)$$

吸附塔的直径：

$$D=\sqrt{\frac{4f}{\pi}}=4.5\ (\mathrm{m})$$

每个吸附塔的炭层高度：

$$h=v_{\mathrm{L}}t=10\times0.5=5\ (\mathrm{m})$$

每个吸附塔填充活性炭的体积：

$$V=fh=15\times5=75\ (\mathrm{m}^3)$$

每个吸附塔填充活性炭的质量：

$$G=V\rho=75\times0.5=37.5\ (\mathrm{t})$$

每天需再生的活性炭质量：

$$W=\frac{24Q}{n}=2.4\ (\mathrm{t})$$

2. 吸附容量的利用

从穿透曲线可知，吸附柱出水浓度达到穿透点 c_a 时，吸附带并未完全饱和，如继续通水，尽管出水浓度不断增加，但仍能吸附相当数量的吸附质，直到出水浓度等于原水浓度 c_0 为止。这部分吸附容量的利用问题，特别是当吸附带比较长或不明显时，是设计时必须考虑的重要问题之一。这部分吸附容量的利用，一般有以下两种途径。

（1）采用多柱串联操作

假设采用如图 4-7 所示的三柱串联操作。开始时按Ⅰ柱、Ⅱ柱、Ⅲ柱的顺序通水，当Ⅲ柱出水吸附质浓度达到穿透浓度时，Ⅰ柱中的填充层已接近饱和，再生Ⅰ柱。将备用的Ⅳ柱串联在Ⅲ柱的后面。以后按Ⅱ柱、Ⅲ柱、Ⅳ柱的顺序通水，当Ⅱ柱出水浓度达到穿透浓度时，Ⅱ柱进行再生，把再生后的Ⅰ柱串联在Ⅳ柱后面。这样进行再生的吸附柱中的吸附剂都是接近饱和的。

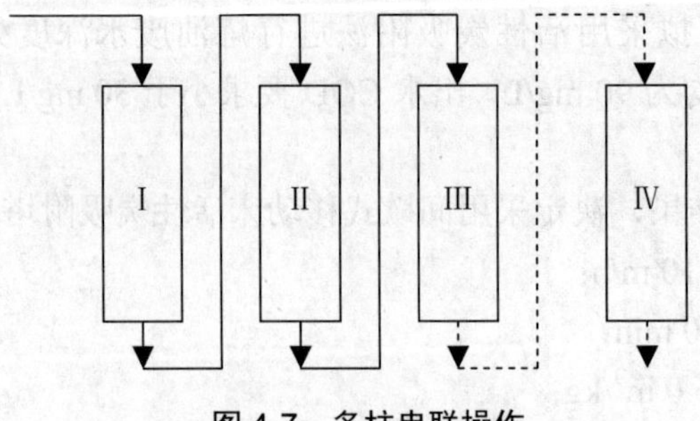

图 4-7 多柱串联操作

（2）采用升流式移动床操作

污水自下而上流过填充层，最底层的吸附剂先饱和。如果每隔一定时间从底部卸出一部分饱和的吸附剂，同时在顶部加入等量的、新的或再生后的吸附剂，这样底部卸出的吸附剂都是接近饱和的，从而能充分地利用吸附剂的吸附容量。

四、应用实例

在废水处理中，吸附法主要用来脱除废水中的微量污染物，以达到深度净化的目的，应用范围包括脱色、脱臭、去除重金属离子、脱除溶解性有机物（这些有机物包括用生化方法难以降解的有机物或一般氧化法难以氧化的溶解性有机物），这些难分解的有机物包括木质素、氯或硝基取代的芳香烃化合物、杂环化合物、洗涤剂、合成染料、杀虫剂、DDT等。当采用粒状活性炭对这类污水进行处理时，不但能够吸附这些难分解的有机物、降低COD，还能使污水脱色、脱臭，把污水处理到可以回用的程度。所以吸附法在污水的深度处理中得到了广泛的应用。近年来随着对废水处理程度和废水回收率的要求越来越高，吸附剂的产量与品种日益增加，而且由于吸附剂可以从废水中回收有用物质，所以吸附法日益受到重视，成为一种十分重要的废水处理方法。

活性炭是目前废水处理中普遍采用的吸附剂，主要用于污水和废水的深度处理，因此需要注意的问题如下：

① 当废水中有机物浓度大时，如经物化法、生化法等预处理，活性炭吸附法处理效果会更好些。

② 活性炭表面多呈碱性，水中金属氧化物往往在活性炭表面上析出，影响处理效果。因此，采用活性炭吸附法处理废水时，水中无机物浓度越低越好。

③ 废水中存在较多悬浮物时，需用过滤法进行预处理。

④ 在废水处理中选用活性炭时，既考虑吸附性能好、机械强度高、价格便宜，又需考虑再生性能好。

⑤ 对于不同水质可用不同类型活性炭处理，如用活化焦炭处理造纸废水的效果优于普通活性炭，用普通活性炭处理纤维厂废水的效果优于褐煤及活化焦炭。

⑥ 处理方法与废水中有机物分子量分布密切相关。例如，混凝沉淀法可选择性去除分子量大于 10^4 的有机物，当分批加入少量活性炭时，却能在分子量更宽范围内去除有机物（分子量小于 10^3）。活性炭适于处理分子量在 10^4 以下的、疏水性的有机污染物。

下面是用过滤吸附法去除炼油厂含硫废水中的油的一个实例。

炼油厂含硫废水是在石油加工过程中产生的废水，该废水含有较高浓度的硫化物、氨、油及酚等物质，具有强烈的恶臭味，不能直接排入污水处理厂，必须预先去除并回收硫和氨。同时处理废水中硫、氨的方法为水蒸气汽提法，汽提回收硫和氨。由于废水中含有大量的油，其浓度可达每升数千到数万毫克，这些油若不预先去除，一旦进入汽提塔，在较高温度下，就会从水中分离，并浮在塔顶部不随釜液排出。油层越积越厚，致使原先塔内的汽液相变成了汽—水—油三相，破坏了塔的正常操作。

由于该废水乳化较严重，且含有许多非烃类物质，很难用沉降法去除油，同时在选择除油方法时，既要降低含油量又不能明显影响硫和氨的浓度，因此，金一中等采用了砂滤法去除含硫废水中的油。

砂滤柱为内径 25 mm 的玻璃柱，滤料高度为 550 mm，底部为烧结多孔板，并以小颗粒鹅卵石为承托层。滤料选用了石英砂、无烟煤、大理石、麦饭石及煤渣等 5 种。单层滤料试验时，大、中、小颗粒各占 1/3；双层滤料试验时，上层滤料占 1/3，下层占 2/3。

试验结果表明单层滤料的最大除油效率依次为：无烟煤＞煤渣＞大理石＞石英砂＞麦饭石。

单层过滤时除油效率低于 20%；双层滤料的除油效率以石英砂/无烟煤及无烟煤/煤渣最高，最大除油率达到 50%以上。两者比较又以石英砂/无烟煤为好，它的时间一效率曲线变化平坦，吸附油容量大。因此，石英砂/无烟煤双层滤料是二级除油工艺的优选滤料。

过滤速度影响除油效率，随过滤速度增大，除油效率降低，因此，在工程允许的前提下，过滤速度应适当降低一些。

当滤料吸油达到饱和时，可利用汽提塔的废水热量反冲洗滤柱，用 50℃热水反冲洗 20 min，滤料除油效率已接近新滤料。用热水冲洗出的含油废水已不含硫和氨，可用通常隔油池或油水分离器回收吸附的油。

第二节　膜分离

一、概述

膜分离技术是 20 世纪 60 年代发展起来的一种高新技术，在能源、电子、石化、环保等各个领域发挥着重要作用。膜分离技术是利用特殊的薄膜对液体中的某些成分进行选择性透过的技术总称。

溶剂透过膜的过程称为渗透，而溶质透过膜的过程称为渗析。常用的膜分离方法有电渗析、反渗透、膜滤（微滤、纳滤、超滤），其次还有自然渗析和液膜技术。表 4-1 为几种主要的膜分离法的特点。图 4-8 为几种膜可分离的颗粒物质粒径范围。

表 4-1　几种主要的膜分离法的特点

过程	推动力	膜孔径/10^{-10} m	透过物	截留物	用途
渗析	浓度差	10～100	低分子量物质、离子	溶剂、大分子溶解物	分离溶质，用于回收酸碱
电渗析	电位差	10～100	电解质离子	非电解质大分子物质	分离离子，用于回收酸碱、苦咸水淡化
反渗透	压力差	＜100	水溶剂	溶质、盐（悬浮物、大分子、离子）	分离小分子物质，用于海水淡化，去除无机离子或有机物
超滤	压力差	10～400	水、溶剂及小分子	生物制品、胶体、大分子	截留分子量大于 500 的大分子

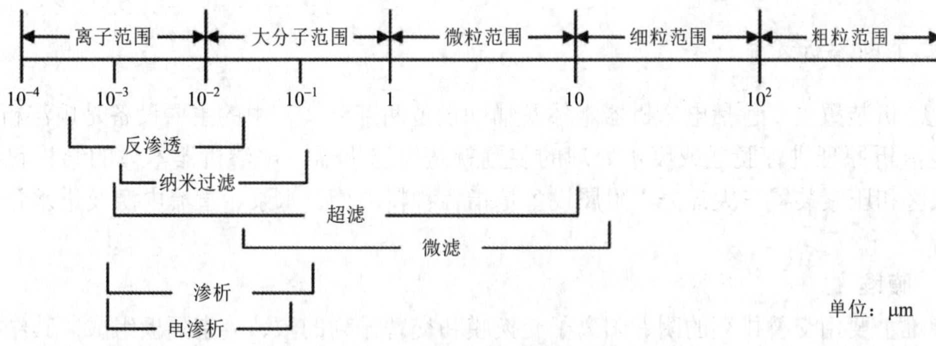

图 4-8 几种膜可分离的颗粒物粒径范围

二、电渗析

（一）电渗析原理

电渗析是在直流电场的作用下，以电位差为推动力，利用离子交换膜的选择透过性，把电解质从溶液中分离出来，从而实现溶液的淡化、浓缩、精制或纯化的目的。

电渗析过程其实是电解和渗析扩散过程的组合。浓度不同的溶液被薄膜隔开，溶质从浓度高的一侧透过膜扩散到浓度低的一侧，这种现象称为渗析。渗透膜一般具有阴、阳离子选择透过性，阳膜常含有带负电荷的酸性活性基团，能选择性地使溶液中的阳离子透过，而溶液中的阴离子则因受阳膜上所带负电荷基团的同性相斥作用不能透过阳膜。阴膜通常含有带正电荷的碱性活性基团，能选择性地使阴离子透过，而溶液中的阳离子则因阴膜上所带正电荷基团的同性相斥作用不能透过阴膜，即阴膜只能透过阴离子而阳膜只能透过阳离子。电渗析过程就是在外加直流电场作用下，阴、阳离子分别往阳极和阴极移动，它们最终相会于离子交换膜。如果膜的固定电荷与离子的电荷相反，则离子可以通过；如果它们的电荷是相同的，则离子被排斥，从而可以制得淡水，这就是电渗析制取淡水的基本过程。图 4-9 是电渗析法在海水淡化中的应用示意图。

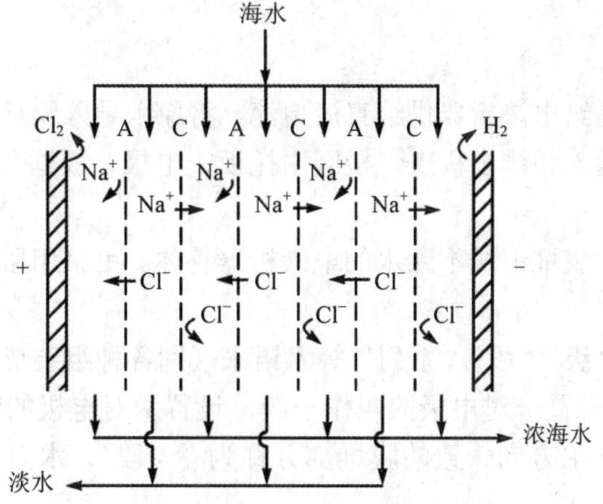

A—阴离子交换膜；C—阳离子交换膜。

图 4-9 电渗析法在海水淡化中的应用示意

（二）电渗析装置

电渗析装置主要包括电渗析器本体及辅助设备两部分。其中的主要设备是电渗析器，利用电渗析原理进行脱盐或废水处理的装置就是电渗析器。电渗析器本体的结构包括膜堆、极区和压紧装置三大部分。附属设备是指各种料液槽、水泵、直流电源及进水预处理设备等。

1．膜堆

膜堆主要由交替排列的阴、阳离子交换膜和交替排列的浓、淡室隔板组成。其结构单元包括阳膜、隔板、阴膜，一个结构单元也叫一个膜对。一台电渗析器由许多膜对组成，这些膜对总称为膜堆。隔板常用 1～2 mm 的硬聚氯乙烯板制成，板上开有配水孔、布水槽、流水道、集水槽和集水孔。隔板放在阴、阳膜之间，起着分隔和支撑阴、阳膜的作用，并形成水流通道，构成浓、淡隔室。如图 4-10 所示。离子减少的隔室称为淡室，其出水为淡水；离子增多的隔室称为浓室，其出水为浓水；与电极板接触的隔室称为极室，其出水为极水。这些水各自具有不同的性质，应分别加以收贮。

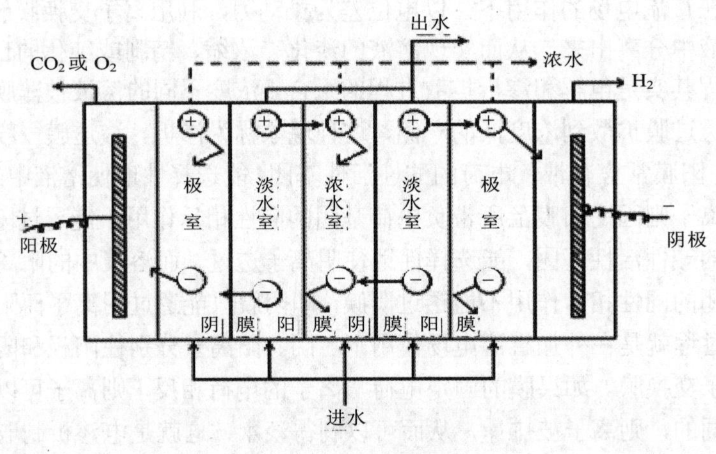

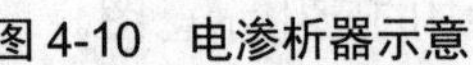
图 4-10　电渗析器示意

电渗析设备

2．极区

极区的主要作用是给电渗析器供给直流电流，将原水导入膜堆的配水孔，将淡水和浓水排出电渗析器，并通入和排出极水。极区由托板、电极、板框和弹性垫板组成。

3．压紧装置

其作用是把极区和膜堆组成不漏水的电渗析器整体。可采用压板和螺栓拉紧，也可采用液压压紧。

在实践中，常用“级”“段”“系列”等术语来区别各种组装形式。电渗析器内电极对的数目为“级”，凡是设置一对电极的叫作一级，设置两对电极的叫作二级，以此类推。电渗析器内，进水和出水方向一致的膜堆部分称为“一段”，水流方向每改变一次，“段”的数目就增加 1。

（三）工程应用实例

我国某电镀厂用电渗析处理回收槽含镍废水，当废水含镍浓度为 1 g/L 时，镍的回收率可达 90%左右，浓水含镍浓度可达 15～35 g/L，pH 在 6 左右，能回用于镀槽。电渗析器电流密度为 6 mA/cm^2 以下，回收 1 kg 硫酸镍耗电 1.5～3 kW·h。

据国外资料介绍，一般电渗析的电流密度与回收槽液含镍浓度如表 4-2 所示，通常能回收槽内镍量的 90%左右。

表 4-2 电渗析法从回收槽液中回收镍的运行条件

项目	运行条件		
回收槽液含镍浓度/（g/L）	2～3	3～5	5～7
电渗析器电流密度/（mA/cm^2）	0.5	0.8	1.0
回收镍量/[kg/（m^2·d）]	0.92	1.47	1.84

三、反渗透

（一）反渗透原理

如果将淡水（溶剂）和盐水（溶质和溶剂）用半透膜隔开，如图 4-11 所示，淡水会自然地透过半透膜至盐水一侧，这种现象称为渗透。当渗透进行到盐水一侧的液面达到某一高度而产生压头，从而抑制了淡水进一步向盐水一侧渗透时，这一压头称为渗透压。如果在盐水一侧加上一大于渗透压的压力，盐水中的水分就会从盐水一侧透至淡水一侧（盐水一侧浓度增大、浓缩），这现象就称为反渗透。

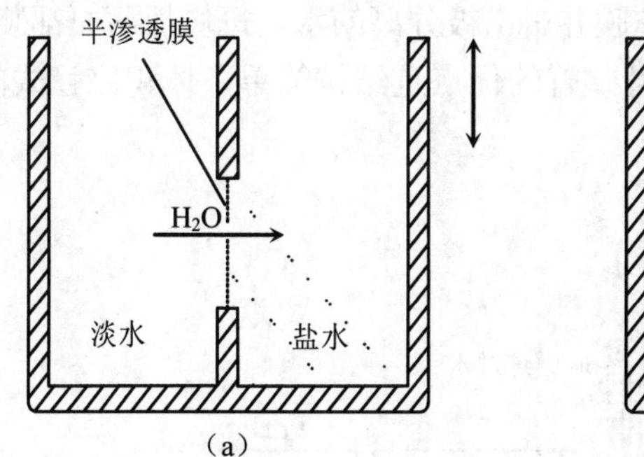

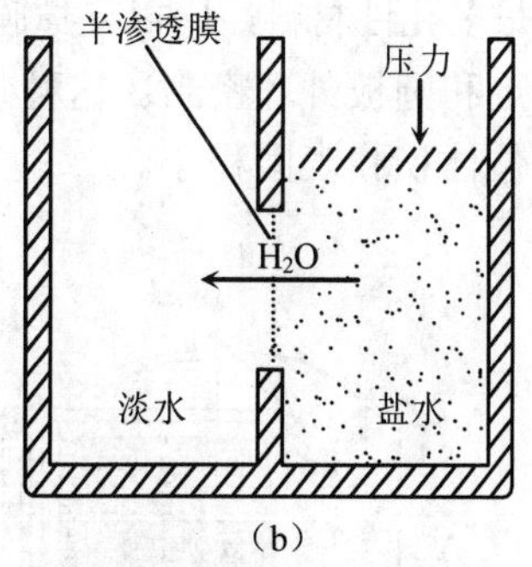

反渗透工作原理

图 4-11 反渗透原理

因此反渗透过程必须具备两个条件：一是必须有一种高选择性和高渗透性（一般指透水性）的选择性半透膜；二是操作压力必须高于溶液的渗透压。

（二）反渗透膜

反渗透膜种类很多，以膜材料、膜形式或其他方式命名。一般来说，反渗透膜要具备以下多种性能：

◆ 单位面积上透水量大，脱盐率高；
◆ 机械强度好，多孔支撑层的压实作用小；
◆ 化学稳定性好，耐酸、碱腐蚀和微生物侵蚀；
◆ 结构均匀，使用寿命长，性能衰减慢；
◆ 制膜容易，价格便宜，原料充足。

水处理中目前常用的膜有两种：醋酸纤维素膜（CA 膜）和芳香聚酰胺膜（PA 膜）。

CA 膜的主体材料是醋酸纤维素，外观为乳白色或淡黄色的含水凝胶膜，有一定韧性，在厚度方向上密度不均匀，属于非对称性膜。CA 膜对无机和有机的电解质去除率较高，甚至可达到 99%。影响 CA 膜工作性能的因素有温度、pH、工作压强、进液流速和工作时间等。进水温度增高则透水量增加，工作温度在 15～30℃时，水温每提高 1℃，透水量增加约 3.5%，但是 CA 膜在水中会水解，温度愈高，水解速度愈快。此外，水解速度还与 pH 有关，在 pH 为 4.5～5.0 时最小。所以供水温度一般以 20～30℃为宜，pH 以 3～7 为最佳，以在酸性条件下工作为好。

芳香聚酰胺膜的主要成膜材料为芳香聚酰胺，也是一种非对称结构的膜。这种反渗透膜具有良好的透水性能、较高的脱盐率，而且工作压强低（2.74 MPa 即可），机械强度高，化学稳定性好，耐压实，能在 pH 为 4～11 时使用，寿命较长。

（三）反渗透装置

反渗透装置有板框式、管式、螺卷式和中空纤维式 4 种。

1．板框式反渗透装置

板框式反渗透装置的结构与压滤机类似（图 4-12）。整个装置由若干圆板一块一块地重叠起来组成。圆板外环由密封圈支撑，使内部组成压力容器，高压水串流通过每块板。圆板中间部分是多孔性材料，用以支撑膜并引出被分离的水。每块板两面都装上反渗透膜，膜周边用胶黏剂和圆板外环密封。这种装置的优点是结构简单，体积比管式的小，缺点是装卸复杂，单位体积膜表面积小。

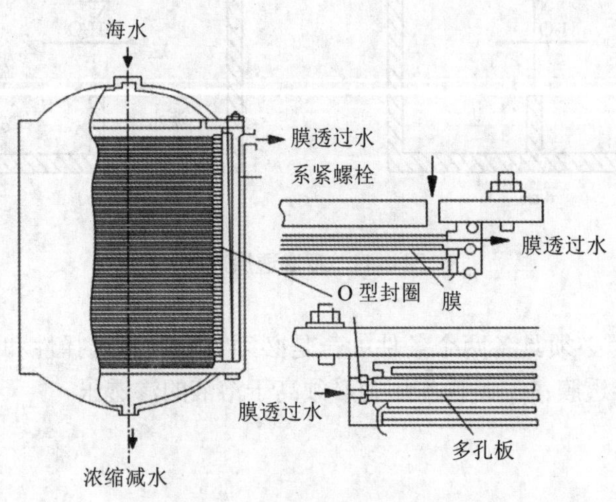

图 4-12　板框式反渗透装置

2. 管式反渗透装置

这种装置是把膜装在耐压微孔承压管内侧或外侧，制成管状膜元件，然后再装配成管式反渗透器（图 4-13）。这种装置的优点是水力条件好，适当调节水流状态就能防止膜的污染和堵塞，能够处理含悬浮物的溶液，安装、清洗、维修都比较方便。它的缺点是：膜的有效面积小，装置体积大，而且两头需要较多的连接装置。

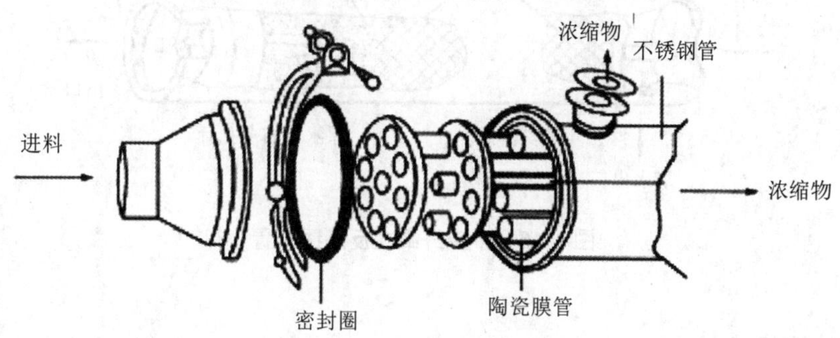

图 4-13 管式膜组件结构示意

3. 螺旋卷式反渗透装置

这种装置是在两层反渗透膜中间夹一层多孔性支撑材料（柔性网格），并将两层膜的三个边密封起来，然后将它们的第四边粘贴在多孔集水管上，再在下面铺上一层供废水通过的多孔透水格网，绕管卷成螺旋卷筒便形成一个螺旋卷式反渗透装置（图 4-14）。这种反渗透器的优点是单位体积内膜的装载面积大、结构紧凑、占地面积小；缺点是容易堵塞，清洗困难，因此对原液的预处理要求严格。

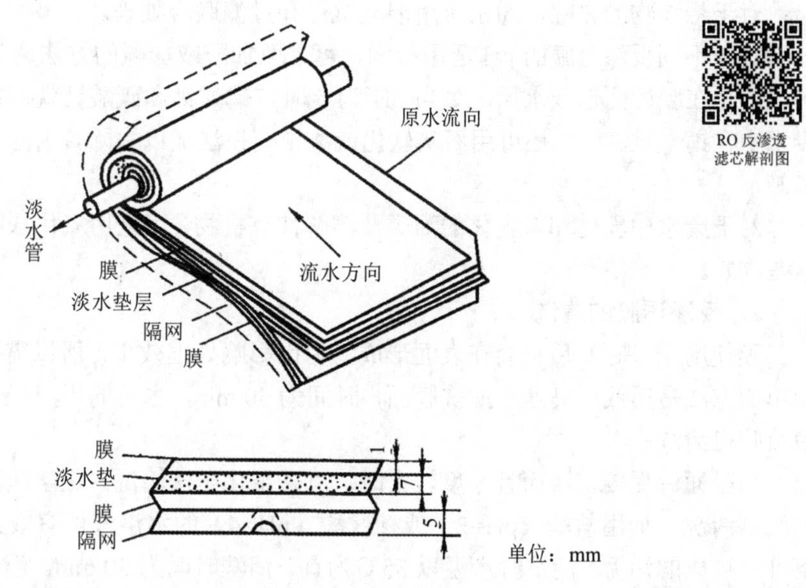

图 4-14 螺旋卷式反渗透装置

4. 中空纤维式反渗透装置

这种装置中装有由制膜液空心纺丝而成的中空纤维管，管的外径为 50～100 μm，壁厚

12～25 μm，管的外径与内径之比约为 2∶1。将几十万根中空纤维膜弯成 U 形装在耐压容器中，即可组成反渗透器（图 4-15）。这种装置的优点是单位体积的膜表面积大，装备紧凑；缺点是原液预处理要求严格，难以发现损坏了的膜。

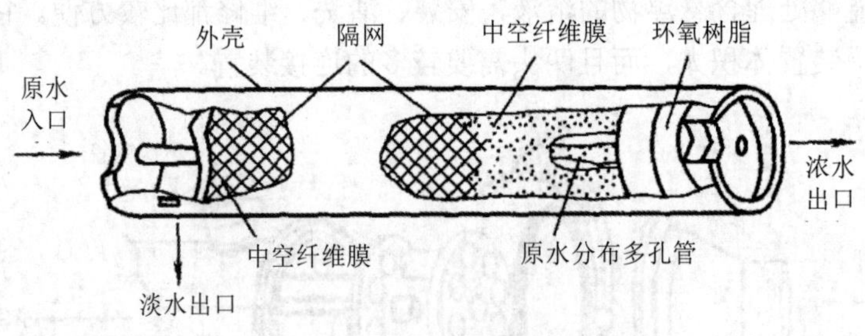

图 4-15　中空纤维式反渗透装置

（四）反渗透工艺

反渗透处理的工艺流程有三种形式，即一级一段连续式工艺、一级一段循环式工艺及多级串联连续式工艺。设计时可根据被处理废水的水质特征、处理要求及选用组件的技术特性选择适宜的工艺。具体的工艺设计可查阅有关设计手册，这里只简单介绍废水的预处理及反渗透膜的清洗。

1．预处理工艺

预处理工艺包括去除水中过量的悬浮物，调节和控制进水的 pH 和水温，以及去除乳化和未乳化的油类与溶解性有机物。

对于悬浮物的去除，通常可用混凝沉淀和过滤联合处理。

对于不同反渗透膜的 pH 适用范围，可采取加酸或加碱的方法调节 pH，适宜的 pH 还可以防止在膜表面形成水垢。如当 pH 为 5 时，磷酸钙和碳酸钙就不易在膜表面沉积。当废水中含钙量过高时，还可用石灰软化或离子交换法加以去除。水温过高时则应采取降温措施。

对于废水中乳化和未乳化的油类及溶解性有机物，可采用氧化法或活性炭吸附法除掉这些物质。

2．反渗透膜的清洗

膜使用一段时间后总会在表面形成污垢而影响处理效果，所以需要定期进行清洗。最简单的方法是用低压高速水冲洗膜面，时间为 30 min，也有的用空气与水混合的高速气—液流喷射清洗。

当膜面污垢较密实而且厚度较大时，可采用化学法清洗。化学法清洗主要是加入化学清洗剂清洗。如用盐酸（pH=2）或柠檬酸（pH=4）的水溶液可有效去除金属氧化物或不溶性盐形成的污垢，清洗时水温以 35℃为宜，清洗时间为 30 min。清洗液清洗完后，再用清水反复冲洗膜面方可投入正常运行。

（五）应用实例

反渗透系统外观

反渗透的应用比较多，如海水淡化、苦咸水淡化、纯水和超纯水制备、城市给水处理、城市污水处理、工业废水处理及放射性废水处理等。下面我们以照相工业废水处理为例了解反渗透在工业废水处理中的应用。

照相的底片须浸泡在药液中处理，而后用水冲洗，此时排出大量的冲洗水。底片自定影液中取出，用水冲洗产生的废水用反渗透法处理结果为：冲洗水中硫代硫酸钠含量约为 5 000 mg/L，渗透液中 24 mg/L，浓缩液中 333 200 mg/L，使用的是醋酸纤维素膜，操作压强为 2.8 MPa，水回收率为 90%时，总盐类去除率为 94%。

四、其他膜分离技术

除了上述介绍的膜分离技术，其他常用的还有超滤、微孔过滤等。超滤又称为超过滤，是利用一定孔径的膜截流溶液中的大分子物质和微粒，而溶液中的溶剂及低分子量物质能透过膜从而达到分离的目的。超滤法在化工废水处理中也得到了很好的应用。例如从含油废水中回收和浓缩油，从合成橡胶废水中回收聚合物，从造纸废水中回收碱及木质素等。由于化工废水中所含溶质涉及各种不同分子量，故常将过滤法与反渗透法及其他方法联用。

微孔过滤（microporous filtration，MF），简称微滤，与反渗透、超滤均属压力驱动型膜分离技术，所分离的组分直径为 0.03～15 μm，主要去除微粒、亚微粒和细粒物质，因此又称为精密过滤，是过滤技术的最新发展。

第三节　气　浮

气浮处理法就是向废水中通入空气，并以微小气泡形式从水中析出成为载体，使水中的乳化油、细微悬浮颗粒等污染物质黏附在气泡上，随气泡一起上浮到水面，形成泡沫—气、水、颗粒（油）三相混合体，通过收集泡沫或浮渣达到分离杂质、净化废水的目的。气浮法主要用来处理废水中靠自然沉降或上浮难以去除的乳化油或相对密度接近于 1 的微小悬浮颗粒。

气浮法有如下特点：① 气浮池的表面负荷可达到 12 m^3/（$m^2 \cdot h$），水在气浮池中停留时间 10～20 min，而且池深仅 2 m 左右，因而占地面积少，节省基建费用；② 气浮池具有预曝气作用，出水和浮渣都含有一定量的氧气，有利于后续处理或再用，且泥渣不易腐化；③ 对低浊度含藻水浮选法处理效率较高，出水水质好；④ 浮渣含水率一般在 96%以下；⑤ 可以回收利用有用物质。但气浮法电耗较高，浮渣怕较大的风雨袭击，目前使用的容器减压释放器容易堵塞。

一、基本原理

气浮过程包括微小气泡的产生、微小气泡与固体或液体颗粒的黏附以及上浮分离等步骤。气浮过程中，细微气泡首先与水中的悬浮粒子相黏附，形成整体密度小于水的“气泡—颗粒”复合体，使悬浮粒子随气泡一起浮升到水面。由此可见，实现气浮分离必须具备以下三个基本条件：一是必须在水中产生足够数量的细微气泡；二是必须使待分离的污染物形成不溶性的固态或液态悬浮体；三是必须使气泡能够与悬浮粒子相黏附。

微小气泡主要通过分散空气、溶解空气再释放及电解三种方式产生。

水中悬浮颗粒的疏水性是气浮的最基本条件。容易被水润湿的物质称为亲水性物质，反之，难以被水润湿的物质称为疏水性物质。一般地，疏水性颗粒易与气泡黏附，而亲水性颗粒难以与气泡黏附。若用气浮法分离细而分散的亲水性颗粒，则必须用浮选剂将其表面特性改变成疏水性，使之能与气泡黏附而上浮。有时还需投加一定量的表面活性剂作为起泡剂，使水中气泡形成稳定的微小气泡，产生的气泡越小，总表面积越大，吸附水中悬浮物的机会越多，对提高气浮效果越有利。但表面活性剂不能超过限度，否则泡沫在水面上聚集过多，由于乳化严重，将显著降低气浮效果。下面我们就介绍一下常见浮选剂的种类。

二、浮选剂

为了增加废水中悬浮颗粒的可浮性、提高浮选效果，需向废水中投加各种化学药剂，这种化学药剂称为浮选剂。浮选剂根据其作用的不同可分为以下几种。

（一）捕收剂

废水中的污染物质是多种多样的，它们中许多颗粒表面亲水、不易或不好浮选，需要投加药剂与颗粒表面作用，以提高可浮性。这种能够提高颗粒可浮性的药剂称为捕收剂。浮选剂大多数由极性-非极性分子所组成。极性-非极性分子的结构一般用符号“○—”表示，圆头表示极性基，易溶于水（因为水是强极性分子），尾端表示非极性基，难溶于水，为疏水性，如硬脂酸、脂肪酸及其盐类、胺类等。以硬脂酸 $C_{17}H_{35}COOH$ 为例，其—$C_{17}H_{35}$ 是疏水性基团，—COOH 是亲水性基团。亲水性基团能够选择性地吸附在悬浮颗粒的表面上，而疏水性基团相对悬浮颗粒朝外，这样，亲水性的颗粒表面就转化为疏水性的表面而黏附在空气泡上。因此，硬脂酸能降低颗粒表面的润湿性，增加悬浮颗粒的可浮性指标，提高它黏附在气泡表面的能力。图 4-16 表示亲水性悬浮颗粒在加入极性-非极性的捕收剂后转化为疏水性颗粒与微小气泡黏附的情形。

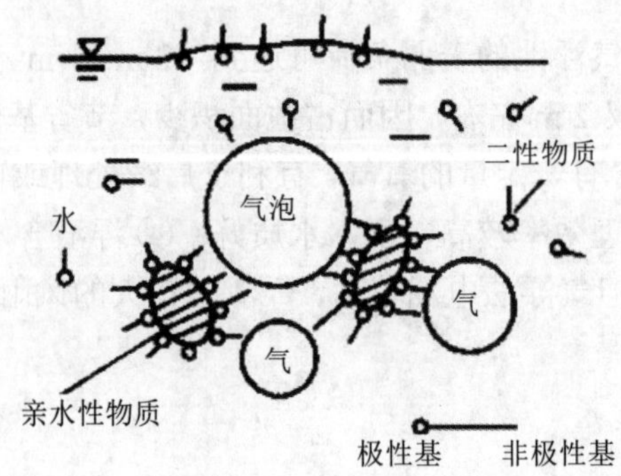

图 4-16 亲水性物质加入捕收剂与微小气泡黏附的情形

（二）起泡剂

浮选过程浮起大量悬浮颗粒或絮体，需要大量的气-液界面，即大量气泡。起泡剂的作用机理主要是：降低液体表面自由能，使液体产生大量微细且均匀的气泡，防止气泡相互兼并，造成相当稳定的泡沫。因此起泡剂的作用是：作用在气-液界面上，以分散空气，形成稳定的气泡。在一定程度上，起泡剂与捕收剂分子间的共吸附和相互作用，加速了颗粒在气泡上的附着。起泡剂大多是含有亲水性和疏水性基团的表面活性剂。

必须指出的是，起泡剂虽然降低了气-液界面自由能，但也同时降低了可浮性指标，对浮选不利。因此，起泡剂的用量不可过多。

（三）调整剂

为了提高浮选过程的选择性、加强捕收剂的作用并改善浮选条件，在浮选过程中常使用调整剂。调整剂包括抑制剂、活化剂和介质调整剂三大类。

（1）抑制剂

水中存在着多种物质，它们并非都是有毒物质或都是值得回收的物质。因此，往往需要从废水中优先浮选出一种或几种有毒或值得回收的物质，这就需要抑制其他物质的可浮性。这种能够降低物质可浮性的药剂称为抑制剂。作用是暂时或永久性地抑制某些物质的上浮性能，而又不妨碍需要去除的悬浮颗粒的上浮，如石灰、硫化钠等。

（2）活化剂

为了达到排放标准规定的悬浮物指标，有时需进一步将这些被抑制的物质去除，这就需要投加一种药剂来消除原来的抑制作用，促进浮选的进行。这种能够消除抑制作用的药剂称为活化剂。

（3）介质调整剂

介质调整剂的主要作用是调整废水的pH，改进和提高气泡在水中的分散度以及提高悬浮颗粒与气泡的黏附能力，如各种酸、碱等。

浮选药剂的作用和分类是相对的，某种药剂在一定条件下属于此类，而在另一条件下可能属于另一类。如硫化钠（Na_2S）在浮选有色金属硫化矿时是抑制剂，而在浮选有色金属氧化矿时是活化剂，但用量多时又是抑制剂。

三、气浮工艺

废水处理中采用的气浮法，按水中气泡产生的方法不同可分为溶气气浮、电解气浮和布气气浮三类。

（一）溶气气浮法

溶气气浮法是使空气在一定压力的作用下溶解于水中，并达到过饱和状态，然后再突然使废水减至常压，这时溶解于水中的空气便以微小气泡的形式从水中逸出，以进行气浮的方法。根据气泡在水中析出时所处压力的不同，溶气气浮又可分为：加压溶气气浮和溶气真空气浮两种类型。在前者，空气在加压条件下溶于水中，而后在常压下析出；后者是空气在常压或加压条件下溶于水中，而在负压条件下析出的方法。

加压溶气气浮法有3种基本流程：

① 全溶气流程如图4-17所示。该法是将全部入流废水进行加压溶气，再经过减压释放装置进入气浮池进行固液分离的一种流程。

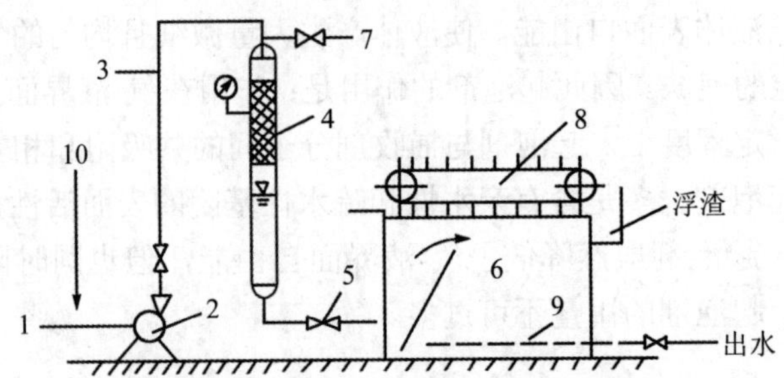

1—废水进入；2—加压泵；3—空气进入；4—压力溶气罐（含填料层）；5—减压阀；
6—气浮池；7—放气阀；8—刮渣机；9—出水系统；10—化学药剂。

图 4-17 全溶气方式加压溶气气浮流程

② 部分溶气流程如图 4-18 所示。该法是将部分入流废水进行加压溶气，其余部分直接进入气浮池。该法比全溶气流程节省电能，同时因加压水泵所需加压的溶气水量与溶气罐的容积均比全溶气方式小，故可节省一些设备。但是由于部分溶气系统提供的空气量亦较少，因此，如欲提供同样的空气量，部分溶气流程就必须在较高的压力下运行。

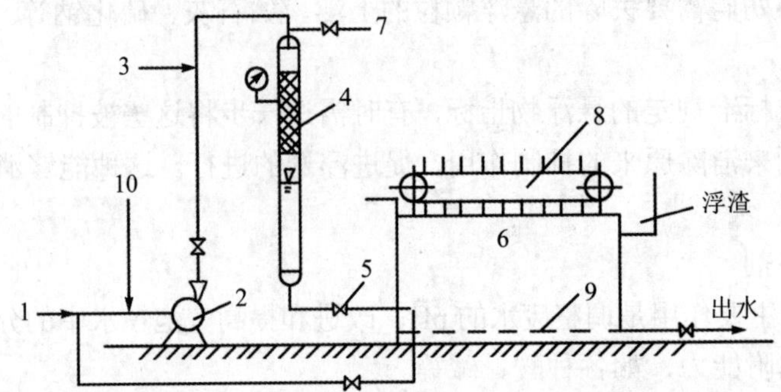

1—废水进入；2—加压泵；3—空气进入；4—压力溶气罐（含填料层）；5—减压阀；
6—气浮池；7—放气阀；8—刮渣机；9—出水系统；10—化学药剂。

图 4-18 部分溶气方式加压溶气气浮流程

③ 回流溶气流程如图 4-19 所示。在这个流程中，将部分澄清液进行回流加压，入流废水则直接进入气浮池。

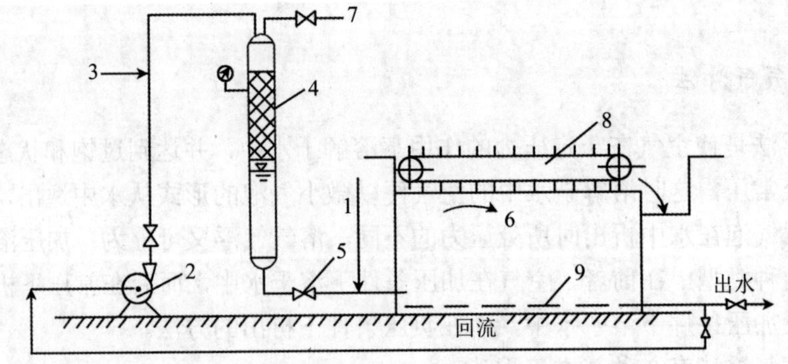

1—废水进入；2—加压泵；3—空气进入；4—压力溶气罐（含填料层）；5—减压阀；
6—气浮池；7—放气阀；8—刮渣机；9—集水管及回流清水管。

图 4-19 回流加压溶气气浮流程

（二）电解气浮

电解气浮法是将正负相间的多组电极浸泡在废水中，当通以直流电时，废水电解，在阴极产生大量的氢气细小气泡，且气泡的直径很小，仅有 20～100 μm，悬浮物黏附其上，将悬浮物带至水面从而达到分离目的的方法。电解气浮法装置的示意见图 4-20。

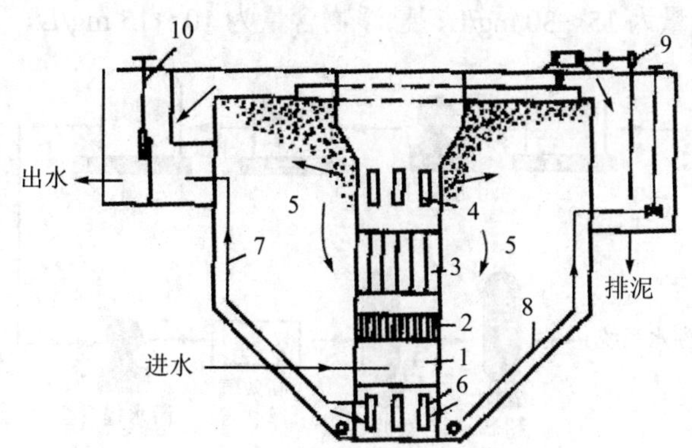

1—入流室；2—整流栅；3—电极组；4—出流孔；5—分离室；6—集水孔；
7—出水管；8—排沉淀管；9—刮渣机；10—水位调节器。

图 4-20 电解气浮法装置示意

电解气浮法产生的气泡小于其他方法产生的气泡，故特别适用于脆弱絮状悬浮物。电解气浮法的表面负荷通常低于 4 $m^3/(m^2·h)$。

电解气浮法主要用于工业废水处理方面，处理水量在 10～20 m^3/h。由于电耗高、操作运行管理复杂及电极结垢等问题，较难适用于大型生产。

（三）布气气浮

布气气浮是利用机械剪切力，将混合于水中的空气粉碎成细小的气泡，以进行气浮的方法。按粉碎气泡方法的不同，又可分为水泵吸水管吸气气浮、射流气浮、扩散板气浮以及叶轮气浮等四种。

布气气浮的优点是：设备简单、易于实现。其缺点是：空气被粉碎得不够充分，形成的气泡粒度较大，一般不小于 1 000 μm，这样在供气量一定的条件下，气泡的表面积就比较小，而且由于气泡直径大、运动速度快，气泡与被去除的污染物质的接触时间短促，这些因素都是布气气浮达不到良好的去除效果的重要原因。

四、应用实例

气浮法广泛应用于含油废水的处理。含油废水经隔油池处理，只能去除颗粒粒径大于 60 μm 的油珠，小于这个粒径的油珠具有很大的稳定性，不易合并变大而迅速上浮，称为乳化油。乳化油易黏附于气泡，增加其上浮速度，例如粒径为 1.5 μm 的油珠，上浮速度不大于 0.001 mm/s，黏附在气泡上后，上浮速度可达 0.9 mm/s，即上浮速度增加约 900 倍。在含油废水处理中，常把气浮处理置于隔油池的后面，作为进一步去除乳化油的措施。

在现阶段，我国大多数油田已进入石油开采的中后期。采出液中的水含量为 70%～80%，有的油田甚至达到 90%，油田污水回注处理可以在保护生态环境的基础上，节省水资源，具有很强的推广和应用价值。不同油田根据油藏特点和自身污水处理效果，对回注水水质指标都做了相应规定。陕西延长油田青化砭采油厂在其回注水处理工艺改造中增加了高效气浮装置，如图 4-21 所示，当进水含油量为 100～500 mg/L、悬浮物含量为 50～200 mg/L 时，出水含油量为 15～30 mg/L、悬浮物含量为 10～15 mg/L。

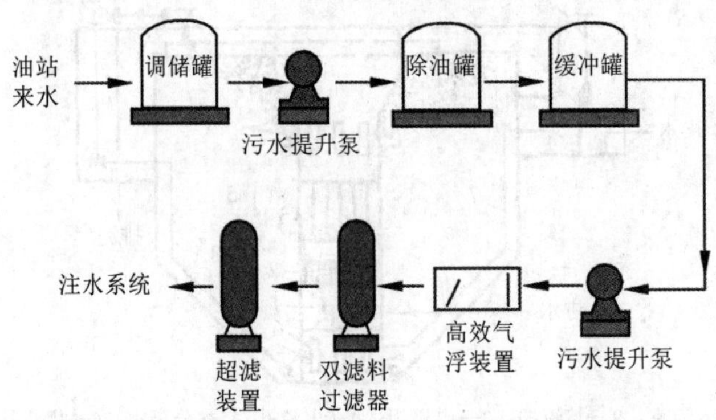

图 4-21 陕西延长石油青化砭采油厂某污水处理站工艺流程

第四节 离子交换

一、基本原理

离子交换法是一种借助于离子交换剂上的离子和水中的离子进行交换反应而去除水中有害离子的方法。在工业废水处理中，主要用于回收贵重金属离子，也用于放射性废水和有机废水的处理。离子交换的实质是不溶性离子化合物（离子交换剂）上的可交换离子与溶液中的其他同性离子发生的交换反应，是一种特殊的吸附过程，通常认为是可逆性化学吸附反应。

按照交换离子带电的性质，离子交换反应可分为阳离子交换和阴离子交换两种类型。下面以阳离子交换为例来说明离子交换的基本原理。如图 4-22 所示，当 A^+离子型的阳离子交换剂（交换剂的可交换离子为 A^+）与含有 B^+的溶液接触时，在一定的条件下进行如下式的离子交换：

$$RA + B^+ \rightleftharpoons RB + A^+ \tag{4-8}$$

该反应是可逆的。由于离子交换材料可以按照需要人工合成，同时运转设备简单，便于管理，因而此法有广泛的应用前景。但一般只能处理低浓度废水。

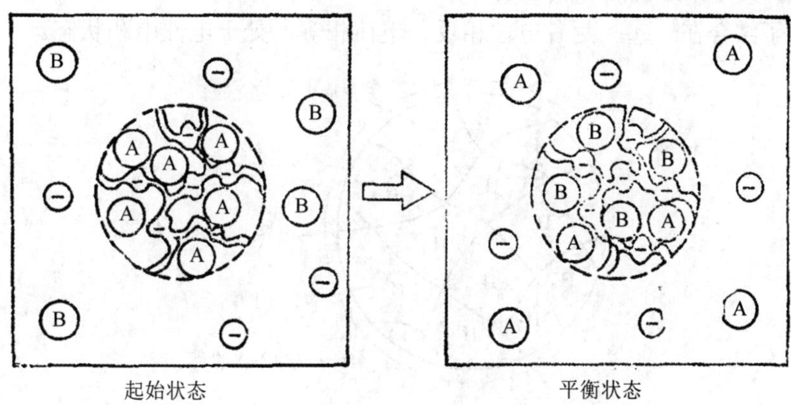

图 4-22 离子交换反应平衡示意

二、离子交换剂

在污水处理中使用的离子交换剂分为无机和有机两大类。前者如天然沸石和人造沸石等；后者是一种高分子聚合物电解质，称为离子交换树脂，它是使用最广泛的离子交换剂。具体分类如下：

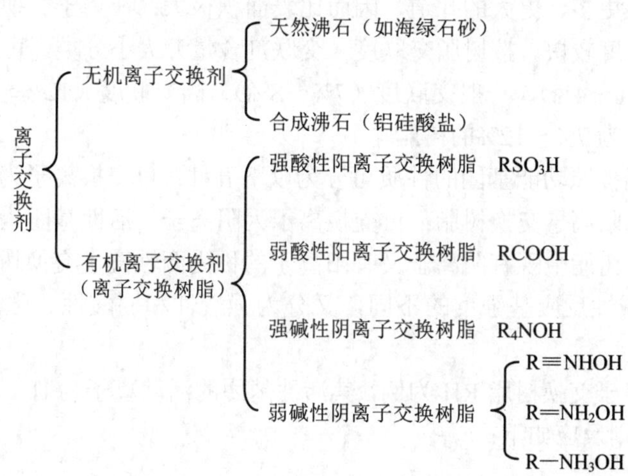

图 4-23 离子交换剂的分类

下面重点介绍各种类型的离子交换树脂以及离子交换树脂的结构特征等。

（一）离子交换树脂的结构组成

离子交换树脂由骨架和活性基团两部分组成。骨架又称为惰性母体（R—），它是不参加交换过程的，主要是由高分子材料通过交联而形成的三维空间网络骨架，它是形成离子交换树脂的结构主体，如图 4-24 所示的链状物。活性基团是连接在骨架上的，即所谓带电官能团，如—SO_3H。母体本身是电中性的。活性基团则由固定离子（带电惰性离子）和活动离子组成。固定离子固定在树脂骨架上，活动离子（或称为可交换离子）则依靠静电引力与固定离子结合在一起，两者电性相反、电荷相等，处于电性中和状态。

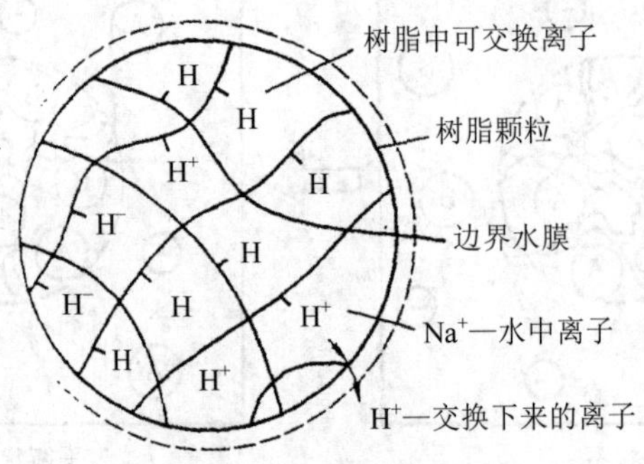

图 4-24 离子交换过程示意

（二）离子交换树脂的分类

离子交换树脂按树脂类型和孔结构的不同可分为：凝胶型树脂和大孔型树脂。凝胶型树脂是一种呈透明状态的无孔聚合体。在水溶液中，树脂吸水溶胀，树脂相内产生微孔，反离子可扩散进微孔内进行离子交换；树脂的交联度越低，吸水量越大，溶胀也越大，产生的微孔也较大。大孔离子交换树脂在整个树脂内部无论干、湿还是收缩、溶胀都存在着比一般凝胶型树脂更多、更大的孔道，因而比表面积极大；在离子交换过程中，离子容易迁移扩散，交换速度较快。按树脂交联度（交联剂含量）大小分类，可把离子交换树脂分为：低交联度（2%～4%）、一般交联度（7%～8%）、高交联度（12%～20%）三种，实际中常用的是交联度为 7%～12%的树脂。

离子交换树脂按照功能基团的性质可分为以下五种：可交换离子为阳离子（活性基团为酸性基）时，称阳离子交换树脂；可交换离子为阴离子（活性基团为碱性基）时，称为阴离子交换树脂；树脂中既有阴离子又有阳离子的称为两性离子交换树脂。根据阴、阳离子交换树脂的酸碱性反应基强度的不同，又分为强酸性和弱酸性、强碱性和弱碱性交换树脂。

以强酸性阳离子交换树脂 RH 为例，其活性基团的活动离子为 H^+，被交换的废水中的金属离子为 M^+，则反应如下：

$$RH + M^+ \longrightarrow RM + H^+$$

在平衡状态下，树脂中及溶液中反应物浓度符合下列关系式：

$$\frac{[RM][H^+]}{[RH][M^+]} = K \tag{4-9}$$

K 是平衡常数。K 值越大，越利于交换反应。反之，则交换反应很难进行。

（三）离子交换树脂的性质

离子交换树脂是人工合成的高分子聚合物，生产这种聚合物常见的单体是苯乙烯系、酚醛系或丙烯酸系。通过聚合反应得到的化合物通常是线性结构的有机高分子化合物，为此在原料中常加入一定量的二乙烯苯作为交联剂，使线性结构转变为立体网状结构，增强了树脂物理机械性能及化学稳定性。

1．离子交换树脂的物理性能

（1）外观

离子交换树脂外观呈透明或半透明球形，颜色有黄、白、赤褐色等。树脂粒径一般为0.3～1.2 mm。

（2）含水率

树脂含水率一般以每克湿树脂所含水分的百分比表示（50%左右）。

（3）溶胀性

各种离子交换树脂都含有极性很强的交换基团，因此亲水性很强。树脂的这种结构使它具有溶胀和收缩的性能。树脂溶胀或收缩的程度以溶胀率表示。干树脂浸泡水中时，体积胀大，成为湿树脂；湿树脂转型时，例如阳离子树脂离子交换后由钠型转变为氢型，体积也有变化。前一种所发生的体积变化，称为绝对溶胀度；后一种所发生的体积变化，称为相对溶胀度。品种不同的树脂具有不同的溶胀率；同一种树脂，活动离子不同，其体积也不相同，因此树脂在转型时就会发生体积改变。树脂的这种溶胀和收缩性能，直接影响树脂的操作条件和使用寿命，因此在交换器的设计和使用过程中，都应注意这一因素。

（4）粒度、密度

树脂粒度对水流分布、床层压力有很大影响。密度与设计计算交换柱、交换柱反洗强度以及对混合床再生前分层分离状况等都有关系。通常所说树脂真密度（或真比重）和视密度（或视比重）是指湿真密度和湿视密度，以区别于干真密度和干视密度（这两项实际意义不大）。

湿真密度：指树脂在水中充分溶解后的质量与真体积（不包括颗粒孔隙体积）之比，一般为1.04～1.30 g/mL。通常阳离子交换树脂的湿真密度比阴离子交换树脂的大，强型的比弱型的大。

湿视密度：指树脂在水中溶解后的质量与堆积体积之比，该值一般为0.60～0.85 g/mL。

干真密度：表示树脂在干燥情况下的真实密度，一般用g/mL表示。

树脂的湿真密度与树脂层的反洗强度、膨胀率以及混合床和双层床的树脂分层有关，而树脂的湿视密度则用来计算离子交换器所需装填湿树脂的质量。

（5）耐热性

各种树脂都有一定的工作温度范围，操作温度过高，容易使活性基团分解，从而影响交换容量和使用寿命。如温度低于0℃，则树脂内水分冻结，使颗粒破裂。通常控制树脂的贮藏和使用温度在5～40℃为宜。

2．离子交换树脂的化学性能

（1）交联度

树脂合成时采用的交联剂（如二乙烯苯）的用量，影响树脂分子的交联度。交联度对树脂的许多性能具有决定性的影响。交联度较高的树脂，孔隙率较低，密度较大，含水率也小。交联度取决于制造过程。交联度的改变将引起交换容量、含水率、溶胀度、机械强度等性能的改变。水处理用的离子交换树脂交联度以7%～10%为宜。此时，树脂网架中的平均孔隙亦即孔道宽度为2～4 nm。

（2）交换容量

交换容量是树脂最重要的性能，它定量地表示了树脂交换能力的大小。可以用质量法和容量法来表示。质量法是指单位质量的干树脂中离子交换基团的数量，用 E_W（mol/g，干树脂）来表示；容积法是指单位体积的湿树脂中离子交换基团的数量，用 E_V（mol/L，湿树脂）来表示。两者之间关系为：

$$E_V = E_W（1 - 含水率）\times 湿视密度$$

由于树脂一般在湿态下使用，因此常用的是容积法。离子交换容量又可分为全交换容量和工作交换容量。前者是指树脂交换基团中可交换离子全部被交换的交换容量，即离子交换树脂能够起交换作用的活性基团的总数，其数值一般用滴定法测定。后者是指树脂在给定条件下的交换容量；由于运行条件不同，测得的工作交换容量也就不同。

（3）交换势与选择性

离子交换反应是可逆反应，可利用化学反应平衡的有关规律来解释离子交换反应。对同一种交换树脂 RH 来讲，交换反应的平衡常数（K）随交换离子 M^+而异，K 越大，表明交换离子与树脂之间的亲和力越大，交换离子越容易取代树脂上的可交换离子，选择性越高，我们说这种离子的交换势很大；反之，K 越小，选择性越小，则交换势很小。

离子交换树脂对水中各种离子的吸附能力不同，其中某些离子很容易吸附而另一些离子却很难吸附。树脂在再生时，有的离子很容易被置换下来，而有的离子却很难被置换。离子交换树脂优先吸附某种离子的性能称为选择性，它作为决定离子交换法处理效率的重要因素，是废水处理中选择树脂和确定处理工艺的主要依据之一。在常温和低浓度溶液中，各种树脂对不同离子的选择性大致有如下规律：

强酸性阳离子交换树脂的选择性顺序：

$$Fe^{3+} > Co^{3+} > Al^{3+} > Ca^{2+} > Mg^{2+} > Ag^{+} > K^{+} > Na^{+} > H^{+} > Li^{+}$$

弱酸性阳离子交换树脂的选择性顺序：

$$H^{+} > Fe^{3+} > Al^{3+} > Ca^{2+} > Mg^{2+} > K^{+} > Na^{+} > Li^{+}$$

强碱性阴离子交换树脂的选择性顺序：

$$Cr_2O_7^{2-} > SO_4^{2-} > CrO_4^{2-} > NO_3^{-} > Cl^{-} > OH^{-} > F^{-} > HCO_3^{-} > HSiO_3^{-}$$

弱碱性阴离子交换树脂的选择性顺序：

$$OH^{-} > Cr_2O_7^{2-} > SO_4^{2-} > NO_3^{-} > Cl^{-} > HCO_3^{-}$$

在高浓度时，浓度则成为交换反应的决定性因素，主要依据浓度的大小排列顺序，这是树脂再生的依据之一。

（4）有效 pH 范围

由于离子交换树脂的活性基团分为强酸、弱酸、强碱、弱碱性，水的 pH 势必对它们的交换容量产生影响，强酸、强碱性交换树脂的活性基团电离能力很强，其交换容量基本与 pH 无关。弱酸性树脂在水的 pH 低时不电离或部分电离，因此只有在碱性溶液中才有较高的交换能力。弱碱性交换树脂则相反，在水的 pH 高时不电离或部分电离，只有在酸性溶液中才有较高的交换能力。各类型交换树脂的有效 pH 范围见表 4-3。

表 4-3 各类型交换树脂的有效 pH 范围

树脂类型	有效 pH 范围
强酸性阳离子交换树脂	1～14
弱酸性阳离子交换树脂	5～14
强碱性阴离子交换树脂	1～12
弱碱性阴离子交换树脂	0～7

（四）离子交换树脂的选用

离子交换法主要用于除去废水中的可溶性盐类。选择树脂时应综合考虑原水水质、处理要求、交换工艺以及投资和运行费用等因素。当分离无机阳离子或有机碱性物质时，宜选用阳离子交换树脂；当分离无机阴离子或有机酸时，宜选用阴离子交换树脂。对氨基酸等两性物质的分离，既可用阳离子交换树脂，也可用阴离子交换树脂。对某些贵金属和有毒金属离子（如 Hg^{2+}）可选用螯合树脂交换回收。对有机物（如酚）宜用低交联度的大孔树脂处理。绝大多数脱盐系统都采用强型树脂。

污水处理时，对交换势大的离子，宜采用弱型树脂。此时弱型树脂的交换能力强，再生容易，运行费用较低。当污水中含有多种离子时，可利用交换选择性多级回收，如不需回收时，可用阴阳树脂混合床处理。

废水水质也会影响到离子交换树脂的使用，主要影响如下所述：

① 废水中的悬浮物会堵塞树脂孔隙，油脂会包住树脂颗粒，它们会使树脂的交换能力下降。当这些物质含量较多时，必须先进行预处理。

② 废水中的有机物及某些高价金属离子（如 Fe^{3+}、Al^{3+}、Cr^{3+}）与树脂的结合能力很强，一旦结合后树脂的交换能力将大大下降，且不易再生。解决方法是用低交联度树脂或将废水进行离子交换前的预处理。

③ 废水的水温过高会使树脂的交换基团被分解破坏，降低其交换能力。由于每种树脂都有一定的允许使用温度范围，超过此范围，应当降温处理。

④ 废水中如果含有氧化剂（如 Cl_2、O_2 等），会使树脂氧化分解，例如强碱性阴离子交换树脂就容易被氧化而完全丧失交换能力。为了减轻氧化剂对树脂的影响，可选用交联度大的树脂或在废水中加入适当的还原剂。

三、离子交换与再生

离子交换法的全过程包括：交换、反冲洗、再生、清洗（或淋洗）四个阶段。

交换阶段是利用离子交换树脂的交换能力，从废水中分离、脱除需要去除的离子的操作过程。操作时，开启进出水阀，关闭其他阀。当运行到出水中的离子浓度达到限定值时，应立即停止交换。

反冲洗的目的有两个：一是松动树脂层，使再生液能均匀渗入层中，与交换剂颗粒充分接触；二是把过滤过程中（交换阶段）产生的破碎粒子和截留的污物冲走。为了达到这两个目的，树脂层在反冲洗时要膨胀40%～60%。反洗前，关闭进出水阀门，打开反洗进水、排水阀，冲洗水可用自来水或废再生液。

当离子交换进行到一定程度，出水水质变差，即交换达到饱和时，需要再生。离子交换床的再生方式主要有顺流再生和逆流再生。

清洗（或淋洗）的目的是洗涤残留的再生液和再生时可能出现的反应产物。通常清洗的水流方向和交换阶段是一样的，所以又称为正洗。清洗的水流速度应先小后大。清洗过程后期应特别注意掌握清洗终点的 pH（尤其是弱性树脂转型之后的清洗），避免重新消耗树脂的交换容量。清洗水最好用交换处理后的净水。一般淋洗用水为树脂体积的4～13倍，淋洗水流速为2～4 m/h。

再生是交换过程的逆过程，通过使较高浓度的再生液流过树脂层，把已吸附的离子置换出来，使树脂恢复交换能力。

再生方式分为顺流再生和逆流再生。再生阶段的液流防线和交换时水流方向相同称为顺流再生，反之为逆流再生。顺流再生的优点是设备简单，操作方便，工作可靠。缺点是再生剂用量多，获得的交换容量低，出水水质差。而逆流再生时，新鲜的再生剂从交换柱下方进入，首先接触到的是失效程度不高的树脂，上升到顶层时，已有一定程度失效的再生剂却接触到失效程度最高的树脂，这种逆流传质方式，在整个交换柱内都有比较均匀、比顺流再生更高的推动力。所以再生剂用量少，树脂再生程度高，且能保证出水质量。但逆流再生的缺点是设备复杂，操作控制较严格。此外，采用这种方式时，切忌搅乱树脂层，以免影响出水水质，所以要控制再生流速，一般要小于1.5 m/h，而顺流再生的流速一般为2～5 m/h。为了提高再生速度，缩短再生时间，在再生时可通入压强为0.03～0.05 MPa的压缩空气压住树脂层。

在再生剂的选择上，对于不同性质的废水和不同类型的离子交换树脂，所采用的再生剂也是不同的。通常用于阳离子交换树脂的再生剂有 HCl、H_2SO_4 等，用于阴离子交换树脂的再生剂有 NaOH、Na_2CO_3、$NaHCO_3$ 等。具体地说，强酸性阳离子交换树脂可用 HCl 或 H_2SO_4 等强酸及 NaCl、Na_2SO_4 再生；弱酸性阳离子交换树脂可以用 HCl、H_2SO_4 等再生；强碱性阴离子交换树脂可用 NaOH 等强碱类及 NaCl 再生；弱碱性阴离子交换树脂可用 NaOH、Na_2CO_3、$NaHCO_3$ 等再生。

在再生剂用量和再生率控制上，应尽可能地减少再生剂用量，降低再生费用，同时又要便于回收处理再生废液。为此尽量使用浓度较高的再生剂，采用顺流交换、逆流再生方法。再生时，一般不追求过高的再生率，把交换剂的交换能力恢复到原来的80%即可。这样不仅可以节约再生剂，缩短再生时间，而且可提高再生液中回收物质的浓度，有利于回收。

四、离子交换工艺

（一）离子交换设备

常用的离子交换设备有固定床、移动床和流动床三种，但是目前国内应用最为广泛的为固定床离子交换柱。

固定床离子交换器在工作时，床层固定不变，水流由上而下流动。根据料层的组成，又分为单层床、双层床和混合床三种。单层床中只装一种树脂，可以单独使用，也可以串联使用。双层床是在同一个柱中装两种同性不同型的树脂，由于比重不同而分为两层。混合床是把阴阳离子两种树脂混合装成一床使用。固定床交换柱的上部和下部设有配水和集水装置，中部装填有1.0～1.5 m厚的交换树脂。这种交换器的优点是：设备紧凑、操作简单、出水水质好；缺点是：再生费用大、生产效率不够高，但目前仍是应用比较广泛的一种设备。

移动床交换设备包括交换柱和再生柱两个主要部分，工作时，定期从交换柱排出部分失效树脂，送到再生柱再生，同时补充等量的新鲜树脂参与工作。它是一种半连续式的交换设备，整个交换树脂在间断移动中完成交换和再生。该法进行交换所需树脂量比固定式少，树脂利用率高、连续运行、效率高，但设备较复杂。

流动床交换设备是交换树脂在连续移动中实现交换和再生的设备。

移动床和流动床与固定床相比，具有交换速度快、生产能力大和效率高等优点。但是由于设备复杂、操作麻烦、对水质水量变化的适应性差，以及树脂磨损大等缺点，它们的应用范围受到限制。

（二）离子交换器的设计

1. 离子交换系统的设计步骤

① 根据排放标准或出水的去向和用途，确定处理后的水质要求。

② 根据废水水量、水质及处理的要求，选择交换器的类型，设计系统布置方案，确定合理的处理流程。

③ 选用离子交换树脂、再生剂种类，确定树脂的交换容量和再生剂用量。在选择中必须综合考虑技术与经济因素。

④ 确定合理的工艺参数。首先选定合适的过滤速度及工作周期，污染物的浓度大时，滤速应小些，反之则大些。人工操作时，过滤周期需考虑长些，一般为8～24 h或更长。自动操作时，可以采用较高的流速和较短的工作周期，这样可以缩小交换器尺寸，节省投资。

⑤ 进行有关的计算。

2. 固定床的设计计算

通过实验或生产实践取得设计参数后，按下法计算。

（1）树脂用量的初步计算

首先，选定交换周期（T，h），并按下式计算一个交换周期内应去除的污染物总量（N，mol）：

$$N = Q(c_0 - c)T \tag{4-10}$$

式中：Q —— 废水平均流量，m^3/h；

c_0、c —— 废水初始浓度和出水残留浓度，mol/m^3。

其次，根据选定的树脂工作交换容量（E，mol/m^3树脂），计算所需的树脂体积（V_R，m^3）：

$$V_R = \frac{N}{E} \tag{4-11}$$

最后，根据树脂的湿视密度（ρ，t/m^3），按下式计算树脂重量（M，t）：

$$M = V_R \rho \tag{4-12}$$

（2）交换柱主要尺寸的计算

先选定树脂层的高度（H_R，一般为 0.70～1.50 m），再根据 V_R 和 H_R 计算交换柱的直径（D，m）。交换柱的总高度（H，m）按下式计算：

$$H_R \times \pi \left(\frac{D}{2}\right)^2 = V_R \tag{4-13}$$

$$D = \sqrt{\frac{4V_R}{\pi H_R}} \tag{4-14}$$

$$H = (1.8\sim2.0)H_R \tag{4-15}$$

（3）核算过滤速度

按照下式核算过滤线速度（v）是否合适：

$$v = \frac{Q}{F} = \frac{4Q}{\pi D^2} \tag{4-16}$$

式中：F —— 交换柱截面面积，m^2。

如果计算出的滤速与一般经验值相差太大，就得重新计算。

此外，也可先选定滤速（v），按上式计算交换柱的直径。

五、应用实例

以离子交换法处理含金废水（氰化金）为例，阐述离子交换法在工业废水处理中的应用。

（一）处理机理

氰化镀金水中金是以$[Au(CN)_2]^-$络离子存在，故用 Cl 型强碱性阴离子交换树脂吸附，其反应为：

$$RCl+[Au(CN)_2]^- \rightleftharpoons R[Au(CN)_2]+Cl^-$$

（二）处理流程

含金废水一般采用 2～3 个阴离子交换柱串联为双阴柱或三阴柱全饱和流程。

（三）技术参数

表 4-4 为氰化镀金废水的设计和运转技术参数。

表 4-4　氰化镀金废水的设计和运转技术参数

工序	项目	设计或运转参数
交换	Cl 型强碱性阴离子交换树脂饱和工作交换容量/（gAu/L 树脂）	大孔树脂：160～180 凝胶树脂：160～190
	树脂层高度/m	0.6～1.0
	交换流速/（m/h）	≤20
	控制终点出水指标	第一交换柱进、出水含金量基本相等，最末交换柱无金泄漏

当含金废水中悬浮物含量小于 10 mg/L 时，可不用过滤工序，当需采用过滤时，选用不吸附金的滤料，如聚苯乙烯树脂白球或 Na 型废阳树脂等。在运转过程中要经常检测最后一个交换柱出水中的含金量，不得有金泄漏，检测用对二甲氨基苯甲罗丹宁（试银灵）法。

交换柱大小一般采用Φ100×1 000～Φ150×1 500 mm 的有机玻璃柱已能满足要求。由于含金废水与铁、铜等金属接触时，金将被置换析出，造成金的损失，故与废水接触的水槽、水泵、阀门、管件应采用塑料制品为宜。

（四）回收利用

氰化镀金废水处理后不加利用，而是排入含氰废水系统进行破氰后排放。树脂上吸附金饱和后，再生洗脱工序较复杂，可送专门单位回收；或采用焚烧树脂的办法回收金。

第五节　其他常用方法

一、萃取

（一）基本原理

污水萃取处理法是向污水中加入一种与水互不相溶但却是污染物的良好溶剂的物质（即萃取剂），使其与污水充分混合，污水中的大部分污染物转移到萃取剂中。然后分离污水和萃取剂，即可使污水得到净化；再将萃取剂与其中的溶质（污染物）加以分离，使萃取剂再生，重新用于萃取工艺，分离的污染物得到回收。萃取后以萃取剂为主的称为萃取相，残液则称萃余相。溶剂萃取通常在常温或较低温度下进行，能耗比较低，易于实现连续化操作，具有适应性强和分离效果好等优点，是一种常见的有机废水处理方法。例如，含酚浓度较高的废水，由于酚在有机溶剂中的溶解度远远高于在水中的溶解度，我们可以利用酚的这种性质以及有机溶剂（如油）与水不相溶的性质，选用适当的有机溶剂从废水中把有害物质——酚提取出来。

溶剂萃取法也称液—液萃取法，简称萃取法，属于传质过程，主要是遵循传质定律和分配定律。为了表达在一定温度条件下，污染物在平衡的两液相中的分配关系，将污染物在两个液相中的浓度之比，称为分配系数，即

$$K_{\mathrm{a}}=\frac{c_{\mathrm{s}}}{c_{\mathrm{e}}} \tag{4-17}$$

式中：c_s —— 溶质在萃取相中的浓度，kg/kg；

c_e —— 溶质在萃余相中的浓度，kg/kg；

K_a —— 分配系数。

K_a越大，表示被萃取组分在有机相中的浓度越大，也就是越容易被萃取。一般情况下，K_a不是常数，不同物系具有不同的K_a；同一物系的K_a既随温度而变，还随平衡两相组成而变，但如果组成变化范围不大时，K_a可视为常数。在污水处理中，由于污水的水质复杂，所以分配系数一般由实验确定。

1. 萃取剂的选择

萃取剂的性质直接影响萃取效果，也影响萃取的费用。在选取萃取剂时，一般要考虑以下几个方面的因素：

◆ 对萃取物有高的溶解度，而萃取剂本身在水中溶解度要低。两者不形成恒沸物；

◆ 萃取剂与水的比重差要大；

◆ 两者沸点差要大，易分离、再生；

◆ 无毒，腐蚀性小，不易燃、易爆；

◆ 价低，来源广。

2. 萃取剂的再生

萃取后的萃取相需经再生，将萃取物分离后，萃取剂继续使用。再生的方法主要有以下两种：

① 物理法（蒸馏或蒸发法）。利用萃取剂与萃取物的沸点差来分离。例如，用醋酸丁酯萃取废水中的酚时，因酚的沸点为181～202.5℃，而醋酸丁酯的沸点为116℃，两者的沸点差较大，控制适当的温度，采用蒸馏法即可将两者分离。

② 化学法（反萃取）。投加某种化学药剂，使其与萃取物形成不溶于萃取剂的盐类，从而达到两者分离的目的。如用重苯萃取废水中的酚时，向萃取相中投加12%～20%的苛性钠，使酚形成酚钠盐结晶析出，萃取剂便得到再生，返回流程循环使用。

（二）萃取工艺

萃取工艺过程如图4-25所示。整个过程包括3个工序：

① 混合——把萃取剂与废水进行充分接触，使溶剂从废水中转移到萃取剂中去；

② 分离——使萃取剂与萃余相分层分离；

③ 回收——分别从两相中回收萃取剂和溶质。

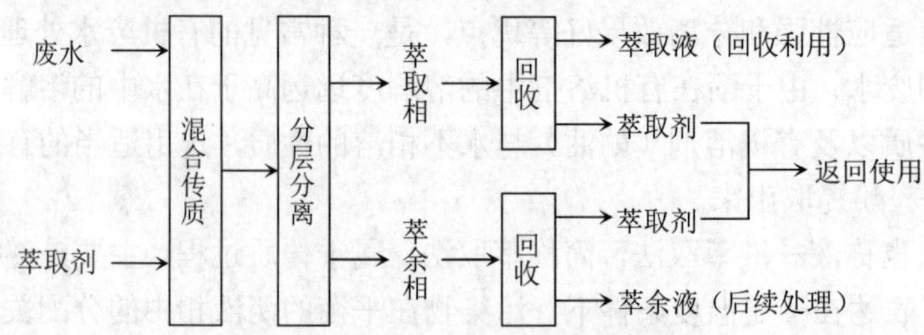

图4-25 萃取工艺过程示意

根据萃取剂与废水接触方式的不同，萃取可分为间歇式和连续式两种。根据两相接触次数的不同，萃取流程可分为单级萃取和多级萃取两种，后者又分为“错流”与“逆流”两种方式。其中最常用的是多级逆流萃取流程。

多级逆流萃取过程是将多次萃取操作串联起来，实现废水与萃取剂的逆流操作。在萃取过程中，废水和萃取剂分别由第一级和最后一级加入，萃取相和萃余相逆向流动，逐级接触传质，最终萃取相由进水端排出，萃余相从萃取剂加入端排出。

多级逆流萃取只在最后一级使用新鲜的萃取剂，其余各级都是与后一级萃取后的萃取剂接触，因此能够充分利用萃取剂的萃取能力。这种流程体现了逆流萃取传质动力大、分离程度高、萃取剂用量少的特点，因此也称为多级多效萃取或简称多效萃取。

（三）应用实例

酚类是重要的化工原料之一。然而，含酚废水是一种污染范围广、危害很大的工业废水。煤气厂、焦化厂、炼油厂、石油化工厂、树脂厂、染料厂等在其生产过程中均会产生各类含酚废水，其每升废水中的酚含量从几百到几万毫克不等。为了回收酚，常采用萃取法处理这类废水。

苯—碱法萃取脱酚工艺是利用苯类物质为萃取剂，NaOH 碱液为反萃取剂实现的。某焦化厂采用萃取法回收含酚废水的工艺流程如图 4-26 所示。废水先经除油、澄清和降温预处理后进入脉冲筛板塔，由塔底供入二甲苯（萃取剂）。萃取塔高 12.6 m，其中上下分离段Φ2 m×3.55 m，萃取段Φ1.3 m×3.55 m，总体积 28 m^3。筛板共 21 块，板间距 250 mm，筛孔 7 mm，开孔率 37.4%，脉冲强度 2 724 mm/min，电机功率 5.5 kW。处理水量为 16.3 m^3/h，酚平均浓度为 1 400 mg/L。二甲苯与废水量之比为 1∶1，萃取后，出水含酚浓度为 100～150 mg/L，脱酚效率为 90%～93%。

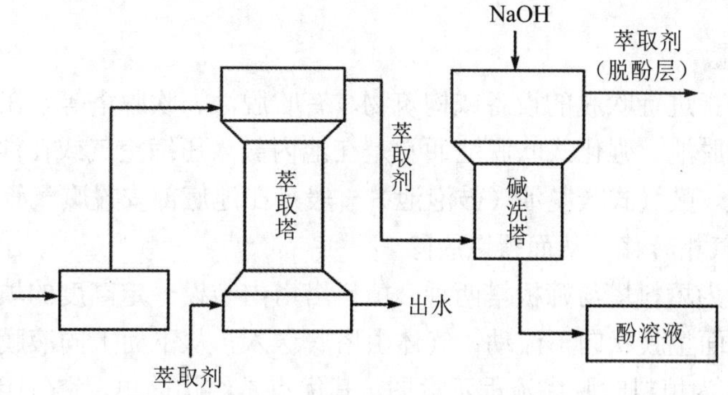

图 4-26 萃取塔脱酚工艺流程

含酚二甲苯自萃取塔顶送到碱洗塔进行脱酚。碱洗塔中装有 20%浓度的氢氧化钠。脱酚后的二甲苯供循环使用。从碱洗塔放出的酚盐含酚 30%左右，含游离碱 2%～2.5%。

二、吹脱

（一）基本原理

废水中常常含有大量有毒有害的溶解性气体，如 CO_2、H_2S、HCN、CS_2 等，其中有的会损害人体健康，有的会腐蚀管道、设备，常使用吹脱法除去上述气体。吹脱法的基本原理是：将空气通入废水中，改变有毒有害气体溶解于水中所建立的气—液平衡关系，使这些易挥发物质由液相转为气相，然后予以收集或者扩散到大气中去。吹脱过程属于传质过程，其推动力为废水中挥发物质与大气中该物质的浓度差。

吹脱法既可以脱除原来就存在于水中的溶解气体，也可以脱除化学转化而形成的溶解气体。如废水中的硫化钠和氰化钠是固态盐在水中的溶解物，在酸性条件下，它们会转化为 H_2S 和 HCN，经过曝气吹脱，就可以将它们以气体形式脱除。这种吹脱曝气称为转化吹脱法。

用吹脱法处理废水的过程中，污染物不断地由液相转入气相，易引起二次污染，防止的方法有以下两类：一是中等浓度的有害气体，可以导入炉内燃烧；二是高浓度的有害气体应回收利用。而第二种方法是预防大气污染和利用“三废”资源的重要途径。回收这些有害气体的基本方法如下：

① 用碱性溶液吸收挥发性气体，如用 NaOH 溶液吸收 HCN，产生 NaCN；吸收 H_2S，产生 Na_2S，然后再把吸收液蒸发结晶，进行回收。

② 用活性炭吸附挥发性物质气体，饱和后用溶剂解吸。

③ 挥发性气体（如 H_2S）进行燃烧，制取 H_2SO_4。

（二）吹脱装置及影响因素

1. 吹脱装置

吹脱装置是指进行吹脱的设备或构筑物，有吹脱池、吹脱塔等。在吹脱池中，较常使用的是强化式吹脱池。强化式吹脱池通常是在池内鼓入压缩空气或在池面上安设喷水管，以强化吹脱过程。鼓气式吹脱池（鼓泡池）一般是在池底部安设曝气管，使水中溶解气体（如 CO_2 等）向气相转移，从而得以脱除。

吹脱塔又分为填料塔与筛板塔两种。填料塔塔内装设一定高度的填料层，液体从塔顶喷下，在填料表面呈膜状向下流动；气体由塔底送入，从下而上同液膜逆流接触，完成传质过程。图 4-27 为填料吹脱塔流程示意图。其优点是结构简单，空气阻力小。缺点是传质效率不够高，设备比较庞大，填料容易堵塞。

筛板塔是在塔内设一定数量的带有孔眼的踏板，水从上往下喷淋，穿过筛孔往下，空气则从下往上流动，气体以鼓泡方式穿过筛板上液层时，互相接触而进行传质。图 4-28 为筛板示意图。通常筛孔孔径为 6～8 mm，筛板间距为 200～300 mm。其优点是构造简单，制造方便，传质效率高，塔体比填料塔小，不易堵塞。但操作管理要求高，筛孔容易堵塞。

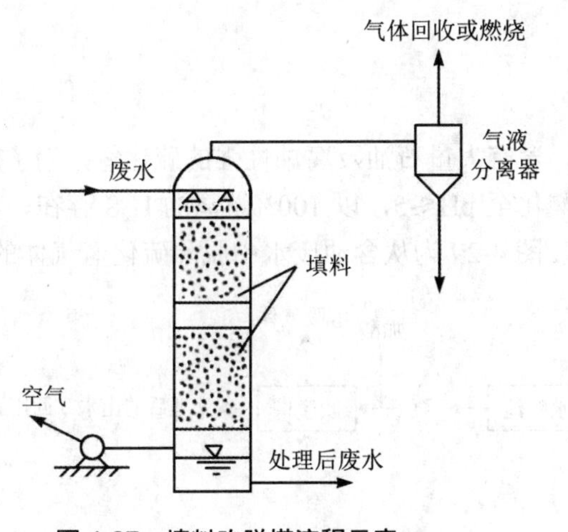

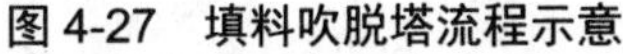

图 4-27 填料吹脱塔流程示意

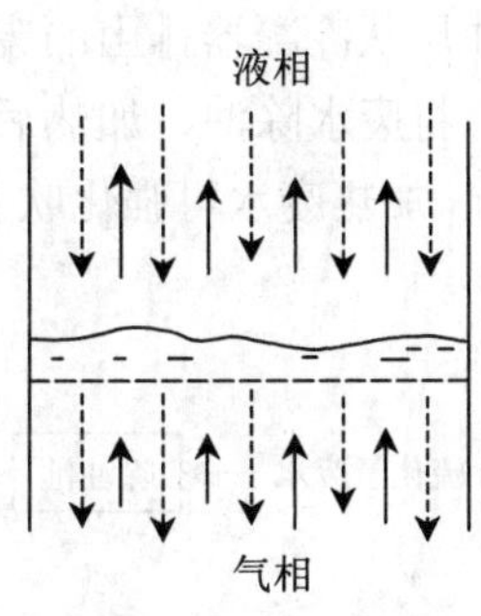

图 4-28 筛板示意

2．吹脱影响因素

在吹脱过程中，影响吹脱的主要因素有以下几种。

（1）温度

在一定压力下，气体在废水中的溶解度随温度升高而降低，因此，升高温度对吹脱有利。

（2）气液比

应选择合适的气液比。空气量过小，会使气液两相接触不好，反之空气量过大，不仅不经济，而且会发生液泛（即废水被空气带走），破坏操作。所以最好使气液比接近液泛极限。此时，气液相在充分滞流条件下，传质效率很高。工作设计常用液泛极限气液比的80%。

（3）pH

在不同的 pH 条件下，挥发性物质存在的状态不同。如游离的 H_2S 和 HCN 的含量与 pH 的关系如表 4-5 所示。因为只有游离的 H_2S、HCN 才能被吹脱，所以对含 S^{2-}、CN^-的污水应在偏酸的条件下进行吹脱。

表 4-5 游离 H_2S、HCN 与 pH 的关系

pH	5	6	7	8	9	10
游离 H_2S/%	100	95	64	15	2	0
游离 HCN/%	100	99.7	99.3	93.3	58.11	12.2

（4）油类物质

废水中如含有油类物质，不仅会阻碍挥发性物质向大气中扩散，而且会堵塞填料，影响吹脱，所以应在预处理中除去油类物质。

（5）表面活性剂

当废水中含有表面活性物质时，在吹脱过程中会产生大量泡沫，当采用吹脱池时，会给操作运转和环境卫生带来不良影响，同时也影响吹脱效率。因此在吹脱前应采取措施消

除泡沫。

（三）吹脱应用实例

某炼油厂从冷凝器排出的废水中，含有大量石油及腐蚀性强的硫化氢，为了脱除废水中硫化氢，将废水除油、加热后，先酸化至 pH≤5，以 100%游离的 H_2S 存在，再用吹脱塔使其脱除。加热废水可强化吹脱效率。图 4-29 为从含油废水中脱除硫化氢气体的流程图。

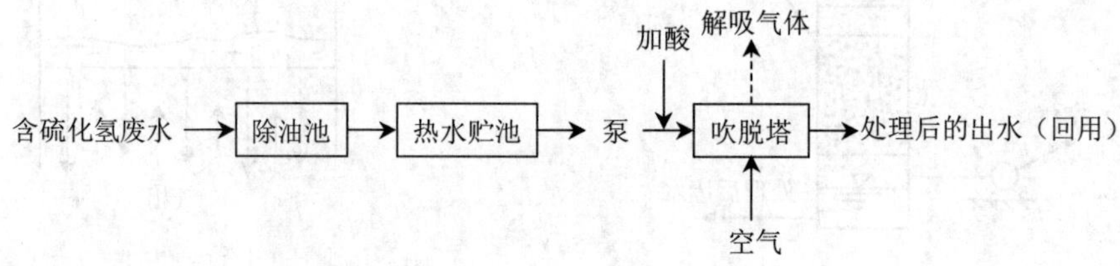

图 4-29　某厂从含油废水脱除硫化氢的流程

从吹脱塔排出的解吸气体，送该厂硫酸车间回收硫化氢，处理后循环使用。所用吹脱塔是填有拉西环（25 mm×25 mm×3 mm）的填料塔，淋水强度为 50 m^3/（m^2·h），空气用量 6～12 m^3/（m^3 水）。

三、汽提

汽提法的基本原理与吹脱法相同，只是所使用的介质不是空气而是水蒸气，即使用水蒸气与废水直接接触，将废水中的挥发性有毒有害物质按一定比例扩散到气相中，从而达到从废水中分离污染物的目的。汽提法分离污染物的机理视污染物的性质而异，一般可归纳为以下两种：

① 简单蒸馏。对于与水互溶的挥发性物质，利用其在气液平衡条件下，在气相中的浓度大于在液相中的浓度这一特性，通过蒸汽直接加热，使其在沸点（水与挥发性物质两沸点之间的某一温度）下按一定比例富集于气相。

② 蒸汽蒸馏。对于与水不互溶或几乎不互溶的挥发性污染物质，利用混合液的沸点低于任一组分沸点这一特性，可把高沸点挥发物在较低温度下挥发逸出，从而得以分离除去。

应注意不要把吹脱法与汽提法混淆，它们在去除对象、手段、操作条件等方面均存在着显著差异（表 4-6）。

表 4-6　吹脱法与汽提法的主要差别

方法	主要脱除对象	手段	操作条件
吹脱法	溶解性气体与易挥发性物质	空气吹脱	可在常温下于吹脱池或塔中进行
汽提法	挥发性污染物	蒸汽蒸馏或蒸汽直接加热	在较高温度下，在密闭的塔内进行

汽提操作一般都在密闭的塔内进行。采用的汽提塔可分为填料塔与板式塔。汽提法在含酚废水及含氰废水中均已获得生产应用。用汽提法处理含酚废水，主要适用于处理挥发

性的苯酚与甲酚，而对于含不挥发酚较多的含酚废水，不宜采用汽提法，可采用萃取法等回收废水中的酚类物质。

复习思考题

一、名词解释

吸附剂 吸附质 解吸过程 吸附平衡 吸附容量

二、单选题

1. 衡量活性炭比表面积的大小，可以用________表示。

A. 粒径 B. 孔隙率 C. 碘值 D. 苯酚吸附值

2. 常用的加压溶气气浮法是______。

A. 全部进水加压溶气气浮法 B. 部分进水加压溶气气浮法

C. 全部回流加压溶气气浮法 D. 部分回流加压溶气气浮法

3. 采用氢型强酸性离子交换树脂去除废水中的金属铜树脂应用______再生。

A. NaCl B. NaOH C. HCl D. 丙酮

4. 顺流再生离子交换固定床的运行顺序是______。

A. 运行—反洗—正洗—再生

B. 运行—正洗—再生—反洗

C. 运行—反洗—再生—正洗

D. 运行—再生—正洗—反洗

5. 活性炭具有很强的吸附能力，主要是由于______。

A. 活性炭粒径小 B. 活性炭密度小

C. 活性炭体积大 D. 活性炭比表面积大

6. 活性炭在使用前应用__________清洗去除杂物及粉状炭。

A. 水和空气 B. HCl C. HCl和NaOH D. NaOH

三、简答题

1. 简述活性炭水处理的特点。

2. 活性炭为什么具有很强的吸附作用？什么物质易被活性炭吸附？

3. 什么是树脂的交换容量？影响树脂工作交换容量的因素有哪些？

4. 说明强酸、弱酸、碱型离子交换树脂结构上和应用中的主要差别，在实际应用中如何选择？

5. 从水中去除某些离子（例如脱盐），可以用离子交换法和膜分离法。您认为，当含盐浓度较高时，应该用离子交换法还是膜分离法，为什么？

6. 电镀车间的含铬废水，可以用氧化还原法、化学沉淀法和离子交换法等加以处理。在什么条件下，用离子交换法进行处理是比较适宜的？

7. 简述汽提和吹脱的异同点。

四、问答题

1. 试述影响活性炭吸附的因素。
2. 什么是吸附剂的再生？活性炭的再生方法有哪几种？
3. 吸附操作分为哪几种形式？并分别加以阐述。
4. 简述离子交换树脂的结构。
5. 有机酚的去除可以用萃取法。那么，废水中无机物的去除是否可以用萃取法，为什么？

五、计算题

某炼油厂废水经生化处理后，为了继续提高水质，拟进一步采用活性炭吸附法进行深度处理。根据试验结果，确定主要设计参数为：① 处理能力（即处理废水量，Q）为 300 m^3/h；② 采用两套吸附装置并联同时运行，即 $n=2$；③ 空塔速度（v_L）=12 m/h；④ 废水与活性炭接触时间（t）为 30 min；⑤ 通水倍数（W）为 6 m^3/kg 活性炭。

试计算：① 吸附塔的总面积（F）；② 每个吸附塔的面积（f）；③ 每个吸附塔的直径（D）；④ 每个吸附塔的炭层高度（H）；⑤ 每天需要的活性炭重量（G）。

六、绘图题

1. 试画出用活性炭处理含铬电镀废水的工艺流程图，说明工艺参数。
2. 试绘制出渗透和反渗透原理示意图。

第五章　水的生物化学处理

第一节　微生物的新陈代谢及规律

一、微生物的分类

微生物是所有形体微小、单细胞的或个体结构较为简单的多细胞，甚至无细胞的，必须借助光学显微镜或电子显微镜才能观察到的低等生物的通称。因此，微生物类群庞杂、种类繁多，且繁殖快，易变异，适应能力极强，在环境中分布极广。水中常见的微生物可做如下分类（图 5-1）：

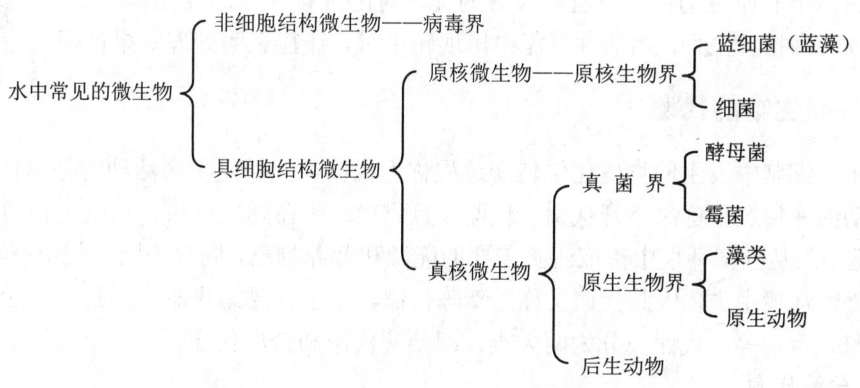

图 5-1　水中常见微生物分类

水中微生物对水体的自净有重要作用，也是污水生物化学处理的工作主体。与自然水体中的同类微生物相比，生活在污水中的微生物，无论是形态结构、生理特性，还是遗传变异等方面都有某些特异性改变，水中污染物浓度和种类等因素影响着微生物的生长规律和类群分布。

细菌是在自然界分布最广、数量最多、与人类关系最密切的微生物类群之一。其个体微小，种类繁多，对环境的适应性强，增长速度快。根据细菌对营养物质需求的不同，可将其分为自养菌和异养菌两大类。自养菌以 CO_2 为主要碳源，利用光能或通过氧化某些无机物释放能量，合成自身细胞物质。异养菌以有机物作为碳源，并利用分解这些有机物过程中产生的能量作为能源，合成细胞物质。在污水生物化学处理设施中参与净化作用的微生物主要是异养菌。

真菌包括霉菌和酵母菌，与污水生化处理有关的是多细胞的霉菌和单细胞的酵母菌。

真菌是好氧菌，以有机物为碳源，常出现于低 pH、分子氧较少的环境中。

在污水生化处理设施中，真菌的种类和数目一般没有细菌和原生动物多，其菌丝常能用肉眼看到。在生物滤池的生物膜内，真菌形成广大的网状物，具有结合生物膜的作用。在活性污泥中，如繁殖了大量霉菌，会引起污泥膨胀。但在活性污泥中的酵母菌，具有较强的氧化能力。

藻类细胞内含叶绿素及其他辅助色素，能进行光合作用。在有光线照射时，藻类能利用光能吸收 CO_2 合成细胞物质，同时放出 O_2。在夜间无阳光时，则通过呼吸作用取得能量，吸收 O_2 同时放出 CO_2。氮、磷的存在会引起藻类的大量繁殖。

原生动物是最原始的、最低等的单细胞动物，个体很小，但却是一个完整的有机体，它具备动物所必需的营养、呼吸、排泄和生殖等机能。在污水生化处理中，原生动物虽不如细菌那样重要，但原生动物除具有吞食污水中有机物颗粒和游离细菌的能力外，还能在一定程度上反映污水水质和净化处理的效果。在不同的水质环境中会出现不同种类的原生动物，因此原生动物可作为指示生物，指示污水水质和净化处理效果。例如，钟虫在水中的溶解氧充足时会大量出现，并且很活跃，而在溶解氧较低时则较少出现，也不活跃或发生虫体变形等现象。

后生动物是多细胞动物，在污水生化处理中常见的有轮虫和线虫等。轮虫以细菌、小的原生动物及有机颗粒等为食，对污水有一定的净化作用。轮虫也可以作为指示生物，当活性污泥中出现轮虫时，往往表明处理效果良好。

污水中常见原生动物形态

二、微生物的代谢

在生命细胞中发生的物质化学转变过程称为代谢。代谢是生命活动的基本特征之一，生命活动的任何过程都离不开代谢，代谢一旦停止，生命随之结束。在微生物的代谢过程中，细胞不断从外部环境中摄取生长需要的能源和营养物质，同时不断将代谢产物（废物）排泄到外部环境中去，因此代谢又称为新陈代谢。微生物要靠代谢维持其生命活动诸如生长、繁殖、运动等。代谢被分为两大类，即分解代谢和合成代谢。

1．分解代谢

分解代谢也称异化作用，是指微生物将自身或外来的各种物质分解以获取能量的过程，产生的能量用以维持各项生命活动需要，部分以热能的形式与代谢废物一起排出体外。根据分解代谢过程对氧的需求，又可分为好氧分解代谢和厌氧分解代谢。

（1）好氧分解代谢

好氧分解代谢是在有氧的条件下，好氧微生物和兼性厌氧微生物将有机物分解为 CO_2 和 H_2O，并释放出能量的代谢过程。在有机物氧化过程中脱出的氢是以氧作为受氢体。如葡萄糖（$C_6H_{12}O_6$）在有氧情况下完全被氧化：

$$C_6H_{12}O_6 + 6O_2 \longrightarrow 6CO_2 + 6H_2O + 2\,880\ \text{kJ}$$

（2）厌氧分解代谢

厌氧分解代谢是厌氧微生物和兼性厌氧微生物在无氧的条件下，将复杂的有机物分解成简单的有机物和无机物，如有机酸、醇、CO_2 等，再被甲烷菌进一步转化为甲烷和 CO_2 等，并释放出能量的代谢过程。厌氧代谢的受氢体可以是有机物，也可以是含氧化合物（如硫酸根、二氧化碳、硝酸根等）。如葡萄糖的厌氧代谢：

$$C_6H_{12}O_6+12KNO_3 \longrightarrow 6CO_2+12KNO_2+6H_2O+1\ 796\ kJ$$

$$C_6H_{12}O_6 \longrightarrow 2CH_3CH_2OH+2CO_2+226\ kJ$$

以含氧化合物为受氢体时，1 mol 葡萄糖释放的能量为 1 796 kJ，以有机物为受氢体时，1 mol 葡萄糖释放的能量为 226 kJ。

好氧分解代谢过程中，有机物的分解比较彻底，最终产物是含能量最低的 CO_2 和 H_2O，故释放能量多，代谢速度快，代谢产物稳定。从污水处理的角度来说，希望保持这样一种代谢形式，在较短时间内，将污水中的有机物稳定化。

厌氧分解代谢中有机物氧化不彻底，用于处理污水时，不能达到排放要求，还需要进一步处理。厌氧分解代谢可生产沼气，回收甲烷。

2. 合成代谢

合成代谢亦称同化作用，是指微生物不断由外界取得营养物质合成为自身细胞物质并贮存能量的过程，是微生物机体自身物质制造的过程。在此过程中，微生物合成所需要的能量和物质由分解代谢提供。

分解代谢与合成代谢是一个协同的、一体化的过程，它们是密不可分的。微生物的生命过程是营养物质不断被利用，细胞物质不断合成又不断消耗的过程。这一过程伴随着新生命的诞生，旧生命的死亡和营养物质的转化。污水的生物化学处理就是利用微生物对污染物（营养物质）的代谢作用实现的。

微生物的代谢

三、微生物的生长条件

水的生物化学处理是利用微生物的作用来完成的，微生物的代谢对环境因素有一定的要求。因此，需要给微生物创造适宜生长繁殖的环境条件，使微生物大量生长繁殖，才能获得良好的污水处理效果。影响微生物生长繁殖的主要因素有水温、营养物质、pH、溶解氧和有毒物质等。

1. 水温

水温是影响微生物生理活动的重要因素。温度适宜，能够促进、强化微生物的生理活动。在微生物的酶系统不受变性影响的温度范围内，温度上升会使微生物活动旺盛、能够提高生化反应速度。

好氧生化处理的实际工艺温度一般多在 15～30℃，水温为 30～35℃时，处理效果最好。当水温低于 10℃或高于 40℃时，通过调节负荷，也能得到较好的处理效果。因此，除了某些水温太高的工业废水需要特殊降温外，好氧生化处理一般不对水温进行调整。

根据温度不同，厌氧生化处理一般可分为中温厌氧消化（30～35℃）和高温厌氧消化（50～55℃）两大类。高温厌氧消化比中温厌氧消化所需的生化反应时间短，但所需的热量大，因此从经济角度考虑，一般多采用中温厌氧消化。近年来，低温厌氧消化（15～20℃）工艺已得到应用，可以大大地降低运行费用。采用何种温度，在实际工作中要考虑污水的原有温度及改变这种温度在经济上是否可行。

2. 营养物质

微生物的生长繁殖需要各种营养物质，不同微生物对营养元素的需求不同，并且对营养元素的比例有一定要求，好氧微生物要求 BOD_5（C）：N：P=100：5：1，厌氧微生物群体略低于好氧微生物，一般要求 BOD_5（C）：N：P=200：5：1。城市生活污水能满足活性污泥微生物的营养要求，但有些工业废水除含有机物外一般缺乏某些营养元素，特别是 N 和 P，所以在用生化法处理这类污水时，需要投加适量的含氮、磷等的化合物。

3．pH

好氧生物处理，污水的 pH 一般在 6.5～8.5 为宜。对于厌氧生物处理，pH 应在 6.5～7.8。pH 过低或过高的污水在进入生化处理装置前应调整其 pH。在运行过程中，pH 不能突然变化太大，以防微生物生长繁殖受到抑制或死亡，而影响处理效果。

4．溶解氧

好氧生物处理时，如果溶解氧不足，微生物代谢活动受影响，处理效果明显下降，甚至造成局部厌氧分解，产生污泥膨胀现象。通常在活性污泥法中，维持曝气池溶解氧在 2 mg/L 左右。厌氧生物处理时溶解氧的存在是有害的，但实际上由于有机物和污泥在水中浓度较高，微量的溶解氧都会被兼性厌氧菌迅速消耗，从而为厌氧菌提供适宜的条件。

5．有毒物质

对微生物有害的有毒物质都会影响污水的生化处理，例如重金属离子、H_2S、氰化物、酚类等。工业废水中往往含有许多有毒物质，微生物群体（活性污泥或生物膜）经过培养驯化可以成为以该种废水中污染物质为主要营养物质的降解菌，但当污水中的有毒物质超过一定浓度时，仍能破坏微生物的正常代谢。因此，对某种污水进行生化处理时，必须根据具体情况确定处理方法。

在污水生化处理过程中，应严格控制有毒物质浓度，表 5-1 所列数据仅供参考。

表 5-1　污水生物化学处理有毒物质允许浓度

毒物名称	允许浓度/（mg/L）	毒物名称	允许浓度/（mg/L）
亚砷酸盐	5	CN^-	5～20
砷酸盐	20	氰化钾	8～9
铅	1	硫酸根	5 000
镉	1～5	硝酸根	5 000
三价铬	10	苯	100
六价铬	2～5	酚	100
铜	5～10	氯苯	100
锌	5～20	甲醛	100～150
铁	100	甲醇	200
硫化物（以 S 计）	10～30	吡啶	400
氯化钠	10 000	油脂	30～50

四、微生物的生长规律

微生物的生长条件

在水的生化处理过程中，微生物是以活性污泥或生物膜形式存在的混合群体，可以看作是一种微生物的连续培养过程，即不断给微生物补充食物，使微生物数量不断增加。将活性污泥微生物在污水中接种，并在温度适宜、溶解氧充足的条件下培养，按时取样计量，即可得出具有一定规律的微生物的生长曲线，反映微生物群体在不同培养环境下的生长情况及微生物群体的生长过程。按微生物生长速度不同，生长曲线可划分为如下 4 个生长时期（图 5-2）。

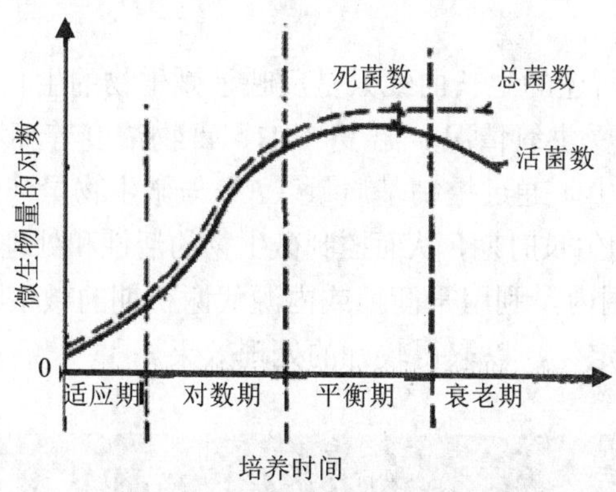

图 5-2 活性污泥微生物生长曲线

1. 适应期（停滞期）

这是微生物培养的最初阶段，由于微生物刚接入新鲜培养基中，对新的环境还处在适应阶段，所以在此时期微生物的数量基本不增加，生长速度接近于零。这一时期一般在活性污泥的培养驯化时或处理水质突然发生变化后出现，能适应新环境的微生物能够生存下来，不能适应的则被淘汰，此时微生物的数量有可能减少。

2. 对数增长期

微生物经历了适应期后，已适应了新的培养环境。在营养物质（基质）较丰富的条件下，微生物的生长繁殖不受基质的限制，开始大量生长繁殖；菌体数量以几何级数增加，菌体数量的对数值与培养时间呈直线关系，因此，对数期也被称作指数增长期或等速生长期。增长速度的大小取决于微生物本身的世代时间及利用基质的能力，即取决于微生物自身的生理机能。

在这一时期微生物具有繁殖快、活性大、对基质分解速度快的特点。如果要维持微生物在对数期生长，必须提供充足的食物，使微生物处于食物过剩的环境中。在这种情况下，微生物体内能量高，絮凝和沉降性能较差，势必导致活性污泥处理系统出水中的有机物浓度过高。也就是说，如果控制微生物处于对数增长期，虽然反应速度快，但获得稳定的出水是比较困难的。

3. 平衡期

微生物经过对数增长期大量繁殖后，培养基中的基质逐渐被消耗，再加上代谢产物的不断积累，使环境条件变得不利于微生物的生长繁殖，致使微生物的增长速度逐渐减慢，死亡速度逐渐加快，微生物数量趋于稳定，所以平衡期又称减速增长期或稳定期。

微生物处于减速增长期时，污染物浓度低，絮凝沉降性能好。将生化处理设施的运行状态控制在平衡期，可以获得较好的出水水质。

4. 内源呼吸期

在减速增长期后，培养基中的基质消耗殆尽，微生物只能利用体内贮存的物质或以死亡的菌体作为养料，进行内源呼吸，维持生命。在此时期，由内源代谢造成的菌体细胞死亡速度超过新细胞的增长速度，使微生物数量急剧减少，生长曲线呈现明显的下降趋势，故内源呼吸期亦称衰亡期。在这个时期有些细菌往往产生芽孢，絮凝体形成速度增高，吸附基质的能力显著，游离细菌被原生动物所捕食，所以处于内源呼吸期运行的生化处理系统，出水水质最好。

必须指出的是，上面所述的生长曲线只是反映了微生物的生长与基质浓度之间的依赖关系，并且曲线的形状还受供氧情况、温度、pH、毒物浓度等环境条件的影响。在污水生化处理过程中，通过控制基质量（F）与微生物量（M）的比值 F/M，使微生物处于不同的生长时期，从而控制微生物的活性和处理效果。一般常将 F/M 控制在较低范围内，利用平衡期或内源代谢初期的微生物的生长活动，使污水中的有机物稳定化，以取得较好的处理效果。

微生物的生长规律

第二节　水的生物化学处理技术

一、污水的可生化性

污水的可生化性是指污水中所含的有机污染物，在微生物的代谢作用下改变化学结构，从复杂的大分子物质转变为简单的小分子物质，从而改变化学和物理性能所能达到的生物降解程度。研究有机物的可生化性的目的在于：了解其分子结构能否在微生物作用下分解为环境所允许的结构形态，以及是否有足够快的分解速度。如果污水中的有机物不能被微生物降解，生物处理则不能获得良好的效果。因此，评价污水的可生化性是设计污水生化处理工程的前提条件。

1. 污水可生化性的评价

常用的评价污水的可生化性方法如下：

（1）水质标准法

BOD_5 和 COD 作为污水有机污染物的综合指标，两者都反映污水中有机物在氧化分解时所消耗的氧量。BOD_5 是有机物在微生物作用下氧化分解所需的氧量，它代表污水中可生物降解的那部分有机物；COD 是有机物在化学氧化剂作用下分解所需的氧量，当采用重铬酸钾为氧化剂时，一般可近似认为 COD 测定值代表了污水中的全部有机物。

采用 BOD_5/COD 比值的方法评价污水中有机物的可生化性是简单易行的。一般认为，$BOD_5/COD>0.45$ 时，该污水的可生化性好，适于生化处理；如比值在 0.2 左右，说明废水中含有大量难降解有机物，这种废水可否采用生化处理法处理，还需看微生物驯化后，能否提高此比值才能判定；此比值接近于零时，采用生化处理是比较困难的。表 5-2 所列数据可供评价污水的可生化性时参考。

表 5-2　污水可生化性评价参考数据

BOD_5/COD	>0.45	0.3～0.45	0.2～0.3	<0.2
可生化性	好	较好	较难	不宜

（2）微生物耗氧速率法

好氧微生物与有机物接触后，在其代谢过程中需要消耗氧。表示耗氧速率随时间变化的曲线，称为耗氧曲线。测定耗氧速率的仪器有瓦勃式呼吸仪及溶解氧测定仪。处于内源呼吸期的生物活性污泥的耗氧曲线称为内源呼吸耗氧曲线，投加有机物后的耗氧曲线称为基质耗氧曲线。一般用基质耗氧速率与内源呼吸速率的比值来评价有机物的可生化性。

在用耗氧速率法评价有机物的可生化性时，必须对生物污泥的来源、浓度、驯化、有机物浓度、反应温度等条件作严格规定。

（3）脱氢酶活性法

活性污泥或生物膜中微生物所产生的各种酶，能够催化污水中各种有机物进行氧化还原反应。其中脱氢酶类能使被氧化有机物的氢原子活化并传递给特定的受氢体，单位时间内脱氢酶活化氢的能力表现为它的活性。可以通过测定微生物的脱氢酶活性来评价污水中有机物的可生化性。

上述方法都是用来评价好氧微生物对有机物的可生化性。某种有机物对好氧菌来说是难降解的，但对厌氧菌来说，就不一定是难降解的。即使对好氧活性污泥法来说，各种方法由于停留时间不同，如传统活性污泥法不能降解的有机物，延时曝气法和稳定塘法可得到一定程度的降解。

有机物浓度、营养物质、pH、水温、共存物质等都会对可生化性产生影响，因此，污水中有机物的可生化性，最好通过所采用的生化处理装置，对该污水进行试验确定。

2．提高污水可生化性的途径

从水污染控制的角度出发，不仅要求污水中的污染物质在生化处理过程中可以被微生物所分解，而且还要求达到一定的净化程度。特别是对于成分复杂的污水，要求其污染物质的残留量达到环境可以接受的浓度。因此，污水的可生化性是衡量该污水采用生化处理法的可能性、经济性和合理性的重要因素。

为了达到防止水环境污染的目标，需要研究和采取措施，提高污水的可生化性。提高污水可生化性的途径有：

（1）严格控制工业废水的水质

在工业企业内部加强技术改造，推行清洁生产，通过生产工艺的改进和改革、原料的改变、循环利用以及操作管理的强化等措施，将污染物尽可能地消灭在生产过程之中，使污水排放量减到最少。在生产工艺中尽量不采用难被微生物降解的原料和半成品，控制工业废水水质。例如，合成洗涤剂，用易生物降解的烷基芳基磺酸盐（软性洗涤剂，LAS）代替难以生物降解的烷基苯磺酸盐（硬性洗涤剂，ABS）；电镀废水闭路循环，防止重金属离子对生化处理的毒害等。

（2）加强预处理措施

某些污水，特别是工业废水，往往含有一些干扰生化处理的物质，必须加强预处理以提高其可生化性。如丙烯腈生产废水，经加压水解，生成相应的有机酸和氨；炼油厂、焦化厂、煤气发生站废水的隔油；有机磷农药废水采用活性炭吸附；废水的均质调节等都是提高可生化性的必要措施。

（3）研究新型、高效、稳定的生化处理工艺

近年来，涌现出许多生化处理新工艺，如生化处理与物化处理结合的工艺，对于抵抗

处理过程中有害物质的抑制，提高处理能力和处理深度、稳定处理过程等方面，具有显著的作用；厌氧水解和好氧生化结合，利用水解和产酸微生物，将污水中的难溶、大分子和不易生物降解的有机物转化为易于生物降解的小分子有机物，从而提高污水的可生化性，使得污水在后续的好氧单元以较少的能耗和较短的停留时间得到处理。由于厌氧水解具有改善污水可生化性的特点，使得本工艺不仅适用于城市污水处理，同时更适用于处理不易降解的某些工业废水，如纺织印染废水、焦化废水、酿造废水、化工废水和造纸废水等。

（4）应用微生物遗传工程技术

① 诱变育种与基因工程。微生物易受环境因素的影响而产生突变体，可以促使微生物合成新的酶类，赋予微生物新的性状功能，包括降解、转化污染物质的功能。在自然状态下，突变频率较低，并且时间较长。因此，可采用人工诱变育种的方法或基因工程构建新的、具有可降解特定污染物的“工程菌”，用于环境污染的治理。例如，现已构建出能同时降解氯化芳香化合物和甲基芳香化合物的“工程菌”，以及能高效降解尼龙寡聚物 6-氨基己酸环状二聚体的“工程菌”等。

② 降解性质粒。微生物降解、转化污染物的功能是受细胞内的质粒所控制的。筛选具有降解性质的质粒是处理难降解污染物的重要工作。现已发现许多这样的质粒，如降解直链烷烃的质粒、降解甲苯质粒、耐汞质粒等。

在污水的生化处理过程中，除了有机污染物提供碳源外，还需要按适当的比例供给氮、磷等营养物质，并且只有在适宜的溶解氧、pH、温度等条件下，及没有有毒物质抑制的情况下，微生物才能很好地发挥降解、转化作用。在多数情况下，最终要通过驯化微生物获得高效菌株，实现污染物的降解、转化而彻底解决问题。

二、生化处理方法的分类

从微生物的代谢形式出发，生化处理方法主要可分为好氧生化处理和厌氧生化处理两大类；按照微生物的生长方式，可分为悬浮生长和固着生长两类，即活性污泥法和生物膜法。此外，按照系统的运行方式，可分为连续式和间歇式；按照主体设备的水流状态，可分为推流式和完全混合式等类型。常用的生化处理方法如图 5-3 所示。

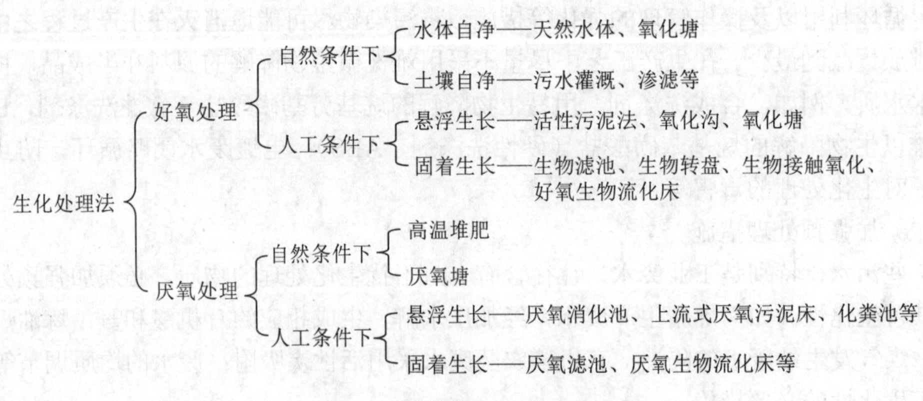

图 5-3 常用的生化处理方法

三、好氧生化处理与厌氧生化处理的区别

1. 起作用的微生物群不同

好氧生化处理是好氧微生物和兼性厌氧微生物群体起作用，而厌氧生化处理先是厌氧产酸菌和兼性厌氧菌作用，然后是另一类专性厌氧菌，即产甲烷菌进一步消化。

2. 反应速度不同

好氧生化处理由于有氧做受氢体，有机物转化速度快，需要时间短；厌氧生化处理反应速度慢，需要时间长。

3. 产物不同

在好氧生化处理过程中，有机物被转化为 CO_2、H_2O、NH_3、PO_4^{3-}和 SO_4^{2-}；厌氧生化处理中，有机物先被转化为中间产物，如有机酸、醇类和 CO_2、H_2O，其中有机酸又被甲烷菌继续分解。由于能量限制，其最终产物主要是 CH_4，而不是 CO_2，硫被转化为 H_2S，而不是 SO_4^{2-}，产物复杂，有异臭，其中 CH_4 可用作能源。

4. 对环境要求不同

好氧生化处理要求充分供氧，对环境要求不太严格，厌氧生化处理要求绝对厌氧环境，对 pH、温度等环境条件要求甚严。

好氧生化处理与厌氧生化处理都能够完成有机污染物的稳定化，前者广泛应用于处理城市污水和有机性工业废水；后者多用于处理高浓度有机废水与污水处理过程中产生的污泥，现在也开始用于处理城市污水和低浓度有机污水。

复习思考题

一、填空题

1. 从微生物的代谢形式出发，生化处理方法主要可分为____________和__________两大类；按照微生物的生长方式，可分为______和______两类，即______和______。

2. 将活性污泥微生物在污水中接种，并在温度适宜、溶解氧充足的条件下培养，得出微生物的生长曲线，按微生物生长速度不同，该曲线可划分为__________、__________、__________、__________四个生长时期。

3. 采用 BOD_5/COD 比值的方法评价污水中有机物的可生化性是简单易行的。一般认为，BOD_5/COD 大于______时，该污水的可生化性好，适于生化处理；如比值在______左右，说明废水中含有大量________，较难适于生化处理。

4. 在好氧生化处理过程中，有机物被转化为______、______、______、______和______等；厌氧生化处理中，有机物先被转化为中间产物，如______、______、______和______等，其最终产物主要是______，而不是______。

5. 水的生物化学处理是利用微生物的作用来完成的，微生物的代谢对环境因素有一定的要求。影响微生物生长繁殖的主要因素有________、________、________、________和________等。

6. 微生物的生长繁殖需要各种营养物质，不同微生物对营养元素的需求不同，并且

对营养元素的比例有一定要求，如好氧微生物要求BOD_5（C）∶N∶P为＿＿＿＿＿＿。

二、判断题

1. 微生物处于对数增长期，虽然反应速度快，但取得稳定的出水是比较困难的。（　　）

2. 污水生化处理的主要承担者是原生动物。（　　）

3. 水温是影响微生物生理活动的重要因素。温度上升会使微生物活动旺盛并且能够提高生化反应速度。（　　）

4. 活性污泥在对数增长期，其增长速度与有机物浓度无关。（　　）

三、简答题

1. 什么是污水的可生化性？

2. 什么叫分解代谢？什么叫合成代谢？它们之间的关系如何？

3. 微生物生长曲线的4个生长时期各有什么特点？

4. 提高污水可生化性的途径有哪些？

第六章　活性污泥法

第一节　活性污泥与活性污泥法

一、活性污泥

污水的好氧生物处理法是应用最广的有机污水处理方法。好氧活性污泥法简称活性污泥法，适于处理各种水量和水质的可生化污水。

好氧微生物生长繁殖并凝聚在一起，形成菌胶团。在菌胶团上共生着其他微生物（原生动物等），并吸附和交织着无生命的固体杂质而形成活性污泥。好氧活性污泥为褐色，稍有土腥味，具有良好的絮凝吸附性能。在活性污泥的微观生态系统中，细菌占主导地位。细菌等微生物的新陈代谢作用，以及菌胶团的吸附絮凝作用使污水中的污染物（有机物等）得以去除。

活性污泥中存在大量的细菌，其主要功能是降解有机物，是有机物净化功能的中心。同时，活性污泥中还存在硝化细菌与反硝化细菌，在生物脱氮中起着十分重要的作用（图 6-1）。

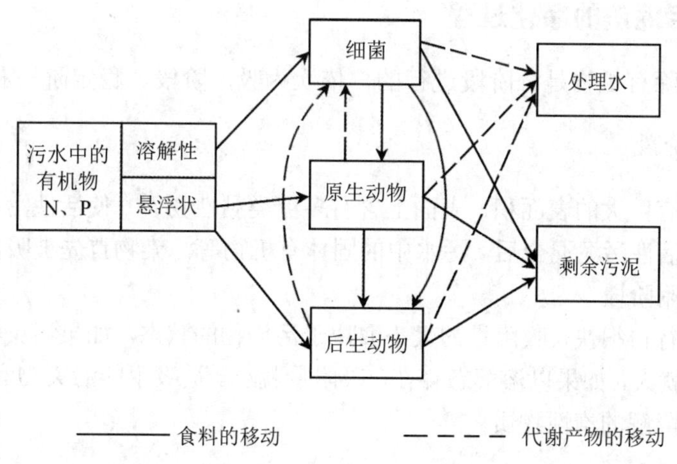

图 6-1　活性污泥微生物集合体的食物链

二、活性污泥法

活性污泥法于 1914 年在英国曼彻斯特的第一座活性污泥法污水处理厂开始应用以来，

已有 100 多年的历史。随着在实际生产上的广泛应用和技术上的不断改进创新，特别是近几十年来，先后出现了多种能够适应各种条件的工艺流程，当前活性污泥法已成为一种应用最广泛的污水生物化学处理技术。

活性污泥法处理工艺主要由曝气池、二次沉淀池、曝气与空气扩散系统和污泥回流系统等组成（图 6-2）。

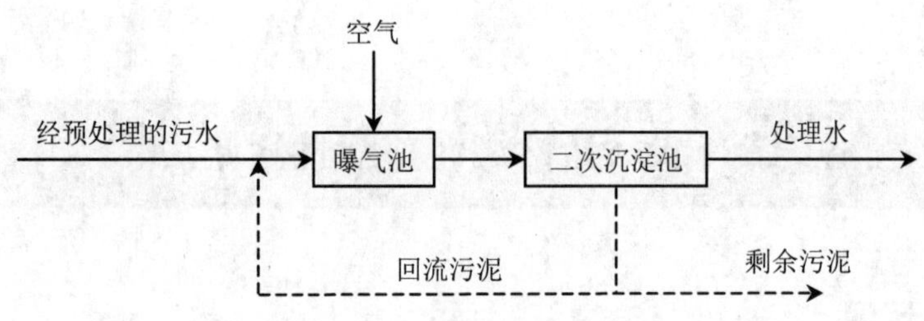

图 6-2　活性污泥法的基本流程

经适当预处理后的污水与二次沉淀池回流的活性污泥同时进入曝气池，由曝气与空气扩散系统送出的空气以小气泡的形式进入污水中，其作用是：除了向污水充氧外，还使曝气池内的污水、污泥处于剧烈的搅拌状态，活性污泥与污水互相混合、充分接触，使活性污泥反应得以正常进行。

活性污泥反应的结果是污水中有机污染物得到降解和去除，污水得到净化，同时由于微生物的生长和繁殖，活性污泥也得到增长。曝气池中混合液（活性污泥和污水、空气的混合液体）进入二次沉淀池进行沉淀分离，上层出水排放，分离后的污泥一部分返回曝气池，使曝气池内保持一定浓度的活性污泥，其余为剩余污泥，由系统排出。

活性污泥的形成及净化过程

三、活性污泥法的净化过程

活性污泥去除有机物是分阶段进行的，依次为吸附阶段、稳定阶段和混凝阶段。

（一）吸附阶段

活性污泥具有巨大的表面积，表面上含有多糖类黏性物质，使活性污泥具有很好的吸附性能。污水与活性污泥混合后，污水中的固体有机物等污染物首先被吸附转移到活性污泥表面，此为吸附阶段。

吸附阶段进行得很快，吸附量的大小取决于污染物的状态。如果污染物以固体或胶体态存在，吸附量就大，如果以溶解态存在，吸附量就小。被吸附的污染物有的可生物降解，有的是不可生物降解的惰性物质。

（二）稳定阶段

吸附转移到活性污泥表面的污染物被微生物分解转化为 CO_2 和 H_2O 等简单化合物及自身细胞，这一过程叫稳定阶段。

由于溶解态有机物能被微生物直接利用，所以，溶解态有机物的降解无须吸附阶段，而直接由稳定阶段完成。稳定阶段需要的时间较长，尤其是固体和胶体物质的稳定需要更长的时间。如果有足够的时间，在吸附阶段吸附的可降解有机物就会在稳定阶段被分解转化。

（三）混凝阶段

曝气池中的混合液进入二沉池后，活性污泥绒粒和游离微生物等固形物在微生物释出的β-羟基丁酸和黏性物质等的作用下，相互凝聚形成大颗粒絮体，这一过程叫混凝阶段。混凝阶段吸附和挟带污染物，共同沉淀，使污染物得以去除。如果混凝阶段固液分离不好，出水水质就会变差。

吸附阶段、稳定阶段和混凝阶段共同作用的结果，使污水得到净化。有机污水含有的污染物一般为溶解性有机物，所以稳定阶段的作用最为重要。

四、活性污泥的性能指标及设计运行参数

性能良好的活性污泥应具有良好的吸附氧化性能和絮凝沉淀性能。吸附氧化性能良好的污泥比较松散，表面积较大，活性和絮凝性能较好，但不一定具有良好的沉淀性能。例如处于膨胀状态的污泥结构松散，絮凝性能较好，但难以沉淀，随水流失，出水水质变差。沉淀性能好的污泥絮凝性能一般较好，也比较密实，但不一定有较强的活性。如处于老化状态的污泥，絮凝沉淀性能较好，但活性较差。

为获得良好的净化效果，应使活性污泥既具有很强的活性又有很好的沉淀性能。评价活性污泥性能的指标及活性污泥系统的控制参数主要有污泥浓度、污泥沉降比、污泥指数、泥龄和污泥回流比等。

（一）活性污泥性能指标

1．污泥浓度

污泥浓度指单位体积混合液含有的悬浮固体量（MLSS）或挥发性悬浮固体量（MLVSS），单位为 mg/L 或 g/L。在活性污泥曝气池中，一般控制 MLSS 为 3～4 g/L。

MLSS 为混合液中无机物、非活性有机物和活性微生物的总浓度；MLVSS 为混合液中挥发性有机物浓度。虽然污泥浓度（MLSS 和 MLVSS）不等于活性微生物浓度，但在它们之间有着稳定的相关性，所以可用 MLSS（或 MLVSS）间接代表活性微生物的含量。在其他条件不变的情况下，污泥浓度越高，活性微生物浓度也越高，净化效果越好。

一般认为，在活性污泥曝气池内常保持 MLSS 浓度在 2～4 g/L 为宜。

2．污泥沉降比

污泥沉降比（SV）是指一定量的曝气池混合液静置 30 min 后，沉淀污泥与原混合液体积的百分数，以%表示，即：

$$污泥沉降比（SV）=\frac{混合液经30\ min静置沉淀后的污泥体积}{混合液体积}$$

活性污泥混合液经 30 min 沉淀后，沉淀污泥可接近最大密度，因此，以 30 min 作为测定活性污泥沉淀性能的依据。由于 SV 测定方法简便、迅速，所以常用 SV 来指导活性污泥系统的运行。

如果活性污泥的凝聚、沉降性能良好时，SV 的大小可以反映曝气池正常运行的污泥

量。所以在污水处理厂往往用 SV 来控制污泥排放量。当 SV 超过某个数值时，就应该排泥，使曝气池维持所需的活性污泥的浓度。如果 SV 出现突变，就要查找原因看是否出现故障。

工作中常用 SV 作为活性污泥的重要指标，对于一般城市污水，其正常范围在 15%～30%。

3．污泥容积指数（SVI）

污泥容积指数简称污泥指数，是指曝气池混合液经 30 min 沉淀后，1 g 干污泥所形成的沉淀污泥的体积，单位为 mL/g，一般不标注。SVI 的计算式为：

$$\mathrm{SVI}=\frac{1\,\mathrm{L}\text{混合液经}30\,\mathrm{min}\text{静沉后的活性污泥容积（mL）}}{1\,\mathrm{L}\text{混合液中悬浮固体干重（g）}}=\frac{\mathrm{SV(mL/L)}}{\mathrm{MLSS(g/L)}} \tag{6-1}$$

SVI 比 SV 能更准确地评价活性污泥的凝聚和沉降性能。一般来说，如 SVI 低，则表明活性污泥沉降性能好；SVI 高，活性污泥沉降性能差。但是，如 SVI 过低，则污泥颗粒细小而密实，无机化程度高，这时污泥活性和吸附性都较差；如 SVI 过高，则污泥可能要发生膨胀，这时污泥往往是丝状菌占了优势。

通常认为，SVI＜100 时，污泥具有良好的沉降性能；当 SVI 为 100～200 时，污泥沉淀性能一般；而当 SVI＞200 时，则说明活性污泥的沉淀性能较差，已有产生膨胀现象的可能。

对于生活污水和城市污水，一般常控制 SVI 在 70～100 为宜，但根据污水性质不同，这个指标也有差异。如污水中溶解性有机物含量高时，正常的 SVI 可能较高；相反，污水中含无机性悬浮物较多时，正常的 SVI 可能较低。

（二）活性污泥法的设计运行参数

1．污泥负荷

在活性污泥法中，一般将有机污染物量与活性污泥量的比值（F/M），也就是曝气池内单位质量（1 kg）的活性污泥，在单位时间（1 d）内，能够接受，并将其降解到预定程度的有机污染物（BOD）的量，称为污泥负荷，常用 N_s 表示。即：

$$\frac{F}{M}=N_s=\frac{QS_a}{VX}\quad[\mathrm{kg\,BOD/（kg\,MLSS\cdot d）}] \tag{6-2}$$

式中：Q —— 污水流量，m^3/d；

S_a —— 原污水中有机污染物（BOD）浓度，mg/L；

V —— 曝气池容积，m^3；

X —— 混合液悬浮固体（MLSS）浓度，mg/L。

在活性污泥处理系统的设计与运行中，还使用另一种负荷，即容积负荷（N_V），其表示式为：

$$N_V=\frac{QS_a}{V}\quad[\mathrm{kg\,BOD/（m^3\,曝气池\cdot d）}] \tag{6-3}$$

即单位曝气池容积（1 m^3），在单位时间（1 d）内，能够接受，并将其降解到预定程度的有机污染物（BOD）的量。

N_s 值与 N_V 值之间的关系为：

$$N_V = N_s X \tag{6-4}$$

污泥负荷与污水处理效率、活性污泥特性、污泥生成量、氧的消耗量等有很大关系，污水温度对污泥负荷的选择也有一定影响。在活性污泥的不同增长阶段，污泥负荷各不相同，净化效果也不一样，因此，污泥负荷是活性污泥法设计和运行的主要参数。

一般来说，对于城市污水，污泥负荷在 0.3～0.5 kg BOD_5/（kg MLSS·d）时，BOD_5 去除率可达 90%以上，SVI 为 80～150，污泥吸附和沉降性能都较好。

2．污泥龄（θ_c）

污泥龄表示曝气池内活性污泥平均增长一倍所需的时间，一般用θ_c表示。它反映了活性污泥吸附了有机物后，进行稳定氧化的时间长短。污泥龄长，有机物氧化得越彻底，处理效果越好，剩余污泥量越少。但污泥龄也不能太长，否则污泥会老化，影响沉淀效果，污泥龄不应短于活性污泥中微生物的世代时间，否则曝气池中的污泥会流失。

在实际运行时，用污泥龄作为控制参数，只要求调节每日的排污量。一般城市污水的普通活性污泥法的污泥龄采用 5～15 d。

3．有机污染物降解与活性污泥增长

在活性污泥微生物的代谢作用下，曝气池内污水中的有机污染物得到降解、去除，与此同步产生的则是活性污泥本身的增殖和随之而来的活性污泥的增长。在微生物细胞合成的同时，还存在着微生物的内源呼吸，即进行自身氧化过程。因此，活性污泥每日在曝气池内的净增殖量应为微生物细胞的产生量与内源呼吸消耗量的差值，即：

$$\Delta X = aQS_r - bVX \tag{6-5}$$

式中：ΔX—— 曝气池每日增长的污泥量，即剩余污泥每日排放量，kg/d；

Q—— 污水流量，m^3/d；

S_r—— 污水中被降解、去除的有机污染物（BOD）的量，kg/m^3；

$$S_r = S_a - S_e \tag{6-6}$$

S_a—— 进入曝气池污水中含有的有机污染物（BOD）量，kg/m^3；

S_e—— 经活性污泥处理系统处理后，处理水中含有的有机污染物（BOD）量，kg/m^3；

V—— 曝气池有效容积，m^3；

X—— 曝气池内混合液悬浮固体浓度，kg/m^3；

a—— 污泥增长系数，即去除每千克 BOD 所产生的活性污泥千克数；

b—— 污泥自身氧化率，即曝气池内每日每千克活性污泥由于内源呼吸所消耗的千克数。

活性污泥增长系数，因有机污染物的组成不同而异，生活污水一般为 0.49～0.73，而自身氧化率为 0.07～0.075。工业废水的污泥增长系数与自身氧化率宜通过试验确定。

4．有机污染物降解与需氧量

在曝气池内，微生物对有机物的氧化分解和其本身氧化自身细胞的内源代谢都是耗氧过程。这两部分所需的氧量一般由下列公式求得：

$$O_2 = a'QS_r + b'VX_v \tag{6-7}$$

式中：O_2 —— 曝气池混合液需氧量，kg/d；

a' —— 微生物氧化分解有机物过程中的需氧率，即活性污泥微生物每代谢 1 kg BOD 所需的氧量，kg；

S_r —— 有机污染物降解量，kg/m³；

b' —— 微生物内源代谢氧化自身细胞过程中的需氧率，即 1 kg 活性污泥（MLVSS）每日自身氧化所需氧量，kg；

X_v —— 曝气池内混合液悬浮固体浓度，kg/m³。

城市污水的 a'、b'、ΔO_2 见表 6-1。

表 6-1　城市污水的 a'、b'、ΔO_2

运行方式	a' / kg	b' / kg	ΔO_2/[kg/（kg·d）]
完全混合法	0.42	0.11	0.7～1.1
生物吸附法	↓	↓	0.7～1.1
传统曝气法			0.8～1.1
延时曝气法	0.53	0.118	1.4～1.8

注：表中 $\Delta O_2 = O_2/QS_r$，为去除 1 kg BOD 的需氧量。

5．污泥回流比

污泥回流比是指回流污泥量与污水流量之比，常用%表示。曝气池内混合液污泥浓度与污泥回流比及回流污泥浓度之间的关系是：

$$X = \frac{R}{1+R} X_r \tag{6-8}$$

式中：X —— 曝气池混合液污泥浓度，mg/L；

R —— 污泥回流比；

X_r —— 回流污泥浓度，mg/L。

X_r 取决于二次沉淀池的污泥浓缩程度，正常条件下，其与污泥容积指数有密切关系。污泥容积指数高，则回流污泥浓度低，含水率大。

为保持曝气池中混合液污泥浓度为一定值，可通过污泥回流比来进行调节。

第二节　曝气原理与设备

一、曝气原理

活性污泥法的许多运行方式都需要供给氧气，这种向活性污泥系统提供氧气的过程叫作曝气。

（一）曝气原理

1．氧传递速度

氧气溶于水的过程是氧分子从气相传递到液相的过程，可用双膜理论加以描述。双膜理论认为，在气液界面存在着气膜和液膜，对气液相的传质形成阻力。气膜中氧气的分压梯度和液膜中氧分子的浓度梯度是氧分子扩散的推动力。

氧气是难溶于水的气体，气液相传质阻力主要来自液膜。所以氧分子通过液膜的速度是氧传递过程的控制速度。传质速度与液膜中氧气的浓度梯度（饱和溶解度与液相主体浓度之差）成正比，与传质面积成正比。可用下式表示：

$$\frac{\mathrm{d}m}{\mathrm{d}t}=K_{\mathrm{L}}A\ (c_{\mathrm{i}}-c) \tag{6-9}$$

式中：$\frac{\mathrm{d}m}{\mathrm{d}t}$—— 氧分子传质速度，即吸氧速度，mg/s；

K_{L}—— 氧在液膜中的传质系数，m/s；

A—— 气液界面面积，m^2；

c_{i}—— 界面处与氧分压 P_{i} 相应的溶解氧饱和浓度（$P_{\mathrm{i}}\approx P_{\mathrm{g}}$），mg/L；

c—— 液相主体中溶解氧浓度，mg/L。

将 $\mathrm{d}m=V\cdot\mathrm{d}c$ 代入式（5-34），得

$$\frac{\mathrm{d}c}{\mathrm{d}t}=K\frac{A}{V}(c_{\mathrm{i}}-c)=K_{\mathrm{La}}(c_{\mathrm{i}}-c) \tag{6-10}$$

式中：$\frac{\mathrm{d}c}{\mathrm{d}t}$—— 氧气的传质速度，即吸氧速度，mg/（L·s）；

K_{La}—— 氧气的总传质系数，S^{-1}；

c_{i}—— 氧气的溶解度，mg/L；

c—— 实际溶解氧浓度，mg/L。

将式（5-35）积分，得

$$\lg\left(\frac{c_{\mathrm{i}}-c}{c_{\mathrm{i}}-c_0}\right)=\frac{K_{\mathrm{La}}}{2.3}t \tag{6-11}$$

式中：C_0—— t=0 时的溶解氧浓度，mg/L。

用试验取得的数据作图，直线的斜率为$\frac{K_{\mathrm{La}}}{2.3}$，可求出 K_{La}。传质系数与水质、水温、气泡的尺寸及混合程度等因素有关。水温升高，气泡变小和混合剧烈使 K_{La} 值变大，有利于传质过程。

2．氧传质速度的影响因素

（1）水质

污水中的杂质对氧传质产生影响。某些表面活性物质在曝气时聚集在气液界面上，形成一层分子膜，阻碍氧分子的扩散转移，使 K_{La} 值下降。为此，引入一个小于 1 的系数α。此时，不同水质的总传质系数可用下式表示：

$$K_{La,w}=\alpha K_{La} \tag{6-12}$$

式中：$K_{La,w}$ —— 污水中氧气的总传质系数，S^{-1}；

α —— 总传质系数的修正系数，由实验确定，一般α为0.8～0.85，与水质有关；

K_{La} —— 清水中氧气的总传质系数，S^{-1}。

污水中的某些污染物（盐类）使氧在水中的饱和浓度降低。于是，引入另一个小于1的修正系数β。此时，氧气在污水中的饱和浓度可用下式表示：

$$c_{iw}=\beta c_i \tag{6-13}$$

式中：c_{iw} —— 氧气在污水中的饱和浓度，mg/L；

c_i —— 氧气在清水中的饱和浓度，mg/L；

β —— 饱和浓度修正系数，一般β为0.9～0.97，与水质有关，由试验确定。

（2）水温

水温升高，黏性降低，液膜厚度降低，传质系数增大。反之，传质系数减少。温度的影响可用下式表示：

$$K_{La(T)}=K_{La(20)}\times 1.024^{(T-20)} \tag{6-14}$$

式中：$K_{La(T)}$，$K_{La(20)}$——水温分别为T和20℃时清水的总传质系数；

1.024 —— 温度系数（1.006～1.047，一般取1.024）；

T —— 实际水温，℃。

水温对氧的饱和浓度（C_i）影响较大，水温升高，C_i下降。而K_{La}值因水温升高而增大。因此水温对氧的转移有两种相反的影响。总的来说，水温降低有利于氧的传递。不同温度下的饱和浓度可从手册查得。在正常运行的曝气池内，当水温为15～30℃时，混合液溶解氧浓度（C）能保持在1.5～2.0 mg/L。最不利的情况出现在温度为30～35℃的盛夏。

（3）压力

C_i值受到氧分压（或大气压力）的影响。大气压力不足1 atm的地区，氧气的溶解度C_i应乘以小于1的修正系数ρ。

$$\rho=\frac{\text{所在地区实际大气压力}}{1.013\times 10^5} \tag{6-15}$$

对于鼓风曝气，曝气器出口处氧分压最大，C_i也最大；随着气泡上升至水面，气体压力逐渐降低至一个大气压，且气泡中一部分氧转移至液体中，氧的分压降低，C_i值下降。鼓风曝气池中的C_i也应是曝气器出口和液面两处溶解氧饱和浓度的平均值，按下式计算。

$$C_{im}=C_i\left(\frac{O_t}{42}+\frac{P_b}{2.026\times 10^5}\right) \tag{6-16}$$

式中：C_{im} —— 鼓风曝气池内混合液饱和溶解氧浓度的平均值，mg/L；

C_i —— 1 atm下氧气的饱和溶解氧浓度，mg/L；

O_t —— 曝气池液面逸出的空气中所含O_2的百分比浓度，$O_t=\frac{21(1+E_A)}{79+21(1-E_A)}\times 100\%$；

E_A —— 曝气器的氧利用率，%；

P_b —— 曝气器出口处的绝对压力，Pa。

3．氧转移量和供气量的计算

需氧量指生化反应需要的氧量；氧转移量指曝气器向污水转移的氧量；供气量指曝气装置向污水提供的空气量。稳定状态下，供气量＞氧转移量=需氧量。设计曝气系统时，需计算需氧量、氧转移量和风机的供气量。一般先计算出需氧量和实际氧转移量，再换算出标准氧转移量，最后算出供气量，选择风机。

（1）实际氧转移量

考虑上述各因素对氧传递速度的影响，引入修正系数 α、β、ρ，得实际氧转移量，即曝气装置向曝气池转移的总氧量计算式为：

$$\begin{aligned} R &= K_{\mathrm{La,w}(T)}(c_{\mathrm{iw}(T)} - c)V \\ &= \alpha K_{\mathrm{La}(20)} \times 1.024^{(T-20)}(\beta\rho c_{\mathrm{im}(T)} - c)V \end{aligned} \tag{6-17}$$

式中：R —— 氧总转移量，kgO_2/h；

V —— 曝气池有效容积，m^3。

（2）标准氧转移量

标准氧转移量指的是用于测定 R 相同的曝气装置在标准条件下（水温 20℃，气压 1 atm)，用脱氧清水试验（其他条件不变）测得的氧转移量。因脱氧清水 c=0，则

$$R_0 = K_{\mathrm{La}(20)}(c_{\mathrm{im}(20)} - c)V = K_{\mathrm{La}(20)}c_{\mathrm{im}(20)}V \tag{6-18}$$

（3）供气量

因为曝气装置的氧转移参数如 E_A 是在标准条件下测得的，所以应将实际氧转移量换算成标准氧转移量，再求出供气量。由式（5-42）和式（5-43）知

$$\frac{R_0}{R} = \frac{c_{\mathrm{im}(20)}}{1.024^{(T-20)}\alpha(\beta\rho c_{\mathrm{im}(T)} - c)} \tag{6-19}$$

一般 R_0/R 为 1.33～1.61。

$$R_0 = \frac{Rc_{\mathrm{im}(20)}}{1.024^{(T-20)}\alpha(\beta\rho c_{\mathrm{im}(T)} - c)} \tag{6-20}$$

式中：R_0 —— 标准氧转移量，kgO_2/h。

如果曝气器的氧利用率为 E_A（%），氧气的密度为 1.43 kg/m³，空气中氧气的含量为 20.1%（体积比），则所需供气量为

$$G = \frac{R_0}{0.3E_A} \tag{6-21}$$

式中：G —— 风机供气量，m^3/h；

R_0 —— 标准氧转移量，m^3/h。

表曝机泵型叶轮的直径和轴功率可用下式计算：

$$Q_0 = R_0 = 0.379\, v^{0.28} D^{1.88} K_1 \tag{6-22}$$

式中：Q_0 —— 表曝机标准条件下的充氧量，kg/h；

R_0—— 需表曝机提供的标准氧转移量，kg/h；

v—— 叶轮线速度，m/s，一般为 3～5 m/s；

D—— 叶轮直径，m；

K_1—— 池型结构修正系数。合建式圆池可取 0.85～0.98；分建式圆池可取 1。

$$N=0.0804v^3D^{2.05}K_2 \tag{6-23}$$

式中：N—— 叶轮的轴功率，kW；

K_2—— 池型结构修正系数。合建式圆池可取 0.85～0.87，分建式圆池可取 1。

叶轮动力效率：

$$\mathrm{EP}=\frac{R_0}{N} \tag{6-24}$$

4．动力效率

动力效率是曝气器或曝气机的性能参数之一，指单位输出功率使氧气转移到水中的量，单位为 $kgO_2/$（kW·h）。动力效率越高，曝气器或曝气机的性能越好，提供一定量的氧气所消耗的动力越少。

二、曝气装置

曝气装置，又名空气扩散装置，是活性污泥系统的重要设备，按曝气方式可将其分为鼓风曝气和机械曝气两大类。

衡量曝气装置的主要技术性能指标有动力效率（E_P）、氧的利用效率（E_A）和氧的转移效率（E_L）。动力效率是每消耗 1 kW·h 电能转移到混合液中的氧量[kg/（kW·h）]；氧的利用效率是通过鼓风曝气转移到混合液中的氧量，占总供氧量的百分比（%）；氧的转移效率也称充氧能力，是通过机械曝气装置，在单位时间内转移到混合液中的氧量（kg/h）。

（一）鼓风曝气装置

鼓风曝气系统由鼓风机、曝气装置和空气输送管道组成。鼓风机将空气通过一系列管道输送到安装于曝气池底部的曝气装置，经过曝气装置，将空气中的氧转移到混合液中。

鼓风曝气系统的曝气装置主要分为微气泡、中气泡、水力剪切、水力冲击等类型。

1．微气泡曝气器

微气泡曝气器也称多孔性空气扩散装置，采用多孔材料如陶粒、粗瓷等掺以适当的如酚醛树脂一类的黏合剂，在高温下烧结成为扩散板、扩散管和扩散罩的形式。

这一类扩散装置的特点是产生微小气泡，气、液接触面积大，氧利用率高；缺点是气压损失大，易堵塞，送入的空气应预先通过过滤处理。

（1）固定式平板形微孔曝气器

平板形微孔曝气器主要组成包括扩散板、布气底盘、通气螺栓、配气管、三通短管、橡胶密封圈、压盖和连接池底的配件等（图 6-3）。

常见的平板形微孔曝气器有钛板微孔曝气器、微孔陶板、青刚玉和绿刚玉为骨料烧结成的曝气板。其主要技术参数：平均孔径 100～200 μm；服务面积 0.3～0.75 m^2/个；动力效率 4～6 kg O_2/（kW·h）；氧利用率 20%～25%。

（2）固定式钟罩形微孔曝气器

有微孔陶瓷钟罩形盘、青刚玉骨料烧结成的钟罩形盘（图 6-4）。技术参数与平板形微孔曝气器基本相同。

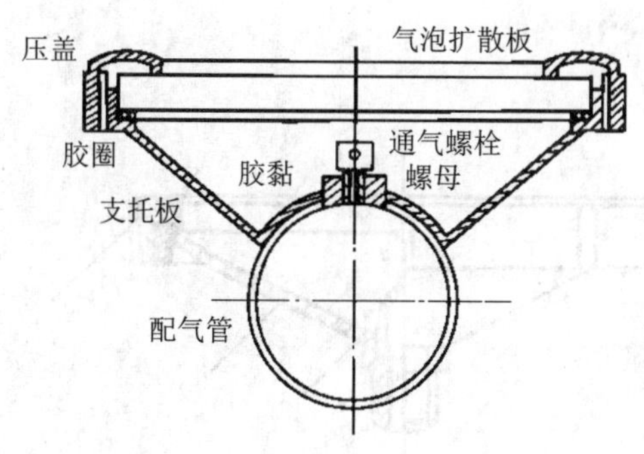

图 6-3 固定式平板形微孔曝气器

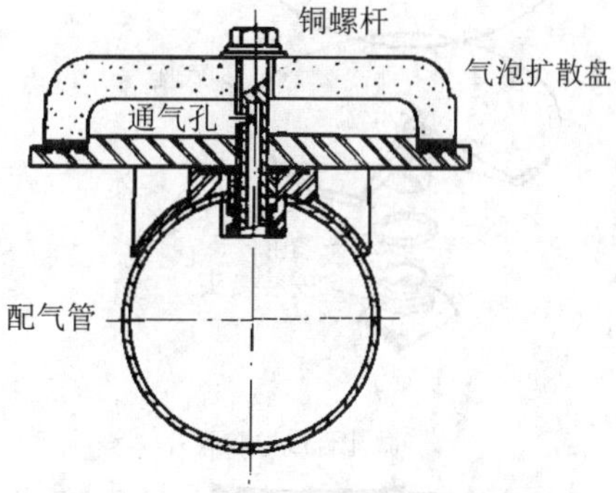

图 6-4 固定式钟罩形微孔曝气器

（3）膜片式微孔曝气器

膜片式微孔曝气器的底部为聚丙烯制作的底座，底座上覆盖着合成橡胶制成的微孔膜片，膜片被金属丝箍固定在底座上。在膜片上开有按同心圆形式布置的孔眼。鼓风时，空气通过底座上的通气孔进入膜片和底座之间，使膜片微微鼓起，孔眼张开，空气从孔眼逸出，达到布气扩散的目的。供气停止，压力消失，在膜片的弹性作用下，孔眼自动闭合，由于水压的作用膜片压实在底座之上。曝气池内的混合液不能倒流，因此，不会堵塞膜片孔眼。这种曝气器可扩散出直径为 1.5～3.0 mm 的气泡，即使空气中含有少量尘埃，也可以通过孔眼，不会堵塞，也不需设除尘设备（图 6-5）。

2. 中气泡曝气器

这种装置产生的气泡直径 2～6 mm，在过去主要是穿孔管。穿孔管由钢管或塑料管制成，直径 25～50 mm，在管壁两侧下部开有直径 3～5 mm 的孔眼，间距 50～100 mm。穿孔管不易堵塞，构造简单，阻力小；但氧的利用率低，动力效率低。因此，目前在活性污泥曝气池中较少采用。

网状膜曝气器是近年来开发出的具有代表性的中气泡曝气器（图 6-6）。其特点是不易堵塞，布气均匀，构造简单，便于维护管理，氧的利用率较高。

中气泡曝气器由主体、螺盖、网状膜、分配器和密封圈所组成；空气由曝气器底部进入，经分配器第一次切割并均匀分配到气室，然后通过网状膜进行二次切割，形成微小气泡扩散到混合液中。

每个网状膜曝气器的服务面积为 0.5 m^2，动力效率 2.7～3.7 kg O_2/（kW·h），氧利用率 12%～15%。

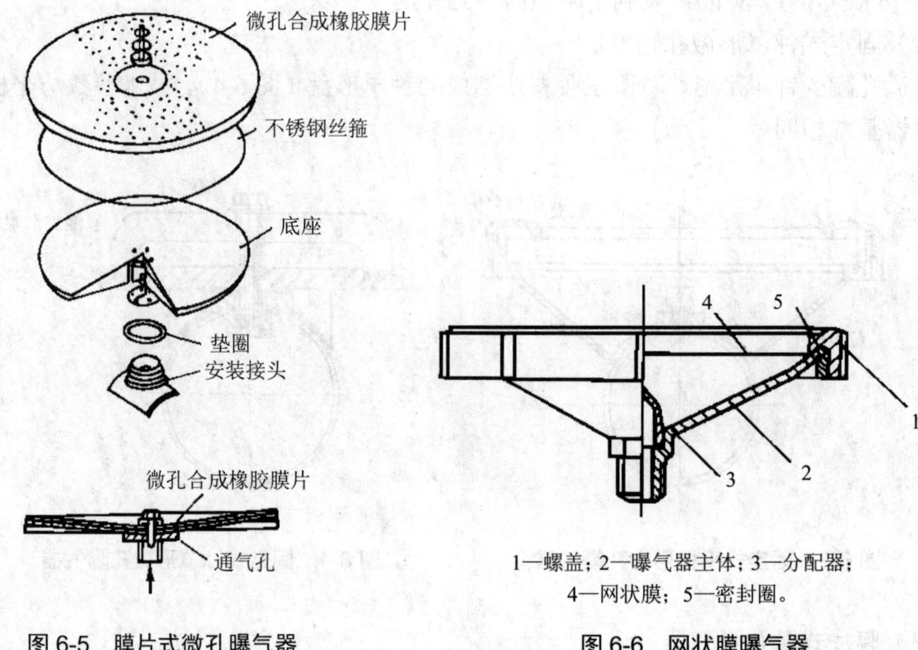

图 6-5　膜片式微孔曝气器

图 6-6　网状膜曝气器

3. 水力剪切式空气曝气器

（1）倒伞式曝气器

倒伞式曝气器由伞形塑料壳体、橡胶板、塑料螺杆和压盖等组成（图 6-7）。空气从上部进气管进入，由伞形壳体和橡胶板间的缝隙向周边喷出，在水力剪切的作用下，空气泡被剪切成小气泡。停止供气，借助橡胶板的回弹力，使缝隙自行封口，防止混合液倒灌。

该曝气器的服务面积为 6 m×2 m；动力效率为 1.75～2.88 kg O_2/（kW·h），氧利用率为 6.5%～8.5%。

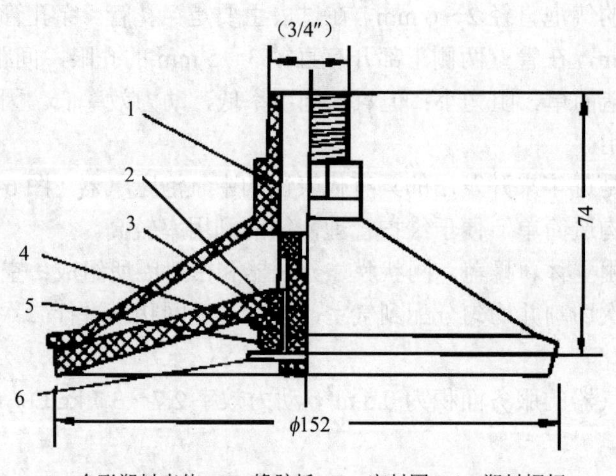

1—伞形塑料壳体；2—橡胶板；3—密封圈；4—塑料螺杆；
5—塑料螺母；6—不锈钢开口锁。

图 6-7　倒伞式曝气器

（2）固定螺旋曝气器

该曝气器由直径 300 mm 或 400 mm、高 1 500 mm 的圆形外壳和固定在壳体内部的螺旋叶片组成，每个螺旋叶片扭曲 180°，两个相邻叶片的螺旋方向相反。空气由布气管从底部的布气孔进入装置内，向上流动，壳体内外混合液的密度差产生提升作用，使混合液在壳体内外不断循环流动。空气泡在上升过程中，被螺旋叶片反复切割，形成小气泡。

固定螺旋曝气器有固定单螺旋、固定双螺旋和固定三螺旋三种形式。

4．水力冲击式曝气器

该曝气器以射流式空气扩散装置为主，利用水泵打入的泥、水混合液的高速水流的动能，吸入大量空气、泥、水、气混合液在喉管中强烈混合搅动，将气泡粉碎为雾状，使氧迅速转移至混合液中，氧的转移率可高达 20%，但动力效率不高。近年来，由于泵的防水性能的改进，已实现动力装置和扩散装置的一体化。

（二）机械曝气装置

机械曝气装置安装在曝气池水面上下，在动力的驱动下进行转动，通过下述 3 个方面的作用使空气中的氧转移到污水中去：① 曝气装置转动时，表面的混合液不断地从曝气装置周边抛向四周，形成水跃，液面剧烈搅动，卷入空气；② 曝气装置转动，具有提升液体的作用，使池内混合液连续上下循环流动，气液接触界面不断更新，不断地使空气中的氧向液体内转移；③ 曝气装置转动，在其后侧形成负压区，吸入空气。

按转动轴的安装方向，机械曝气装置可分为竖轴式和卧轴式两类。

1．竖轴式曝气装置

竖轴式曝气装置又称竖轴叶轮曝气机，常用的曝气叶轮有泵形叶轮、倒伞形叶轮、平板形叶轮等（图 6-8）。

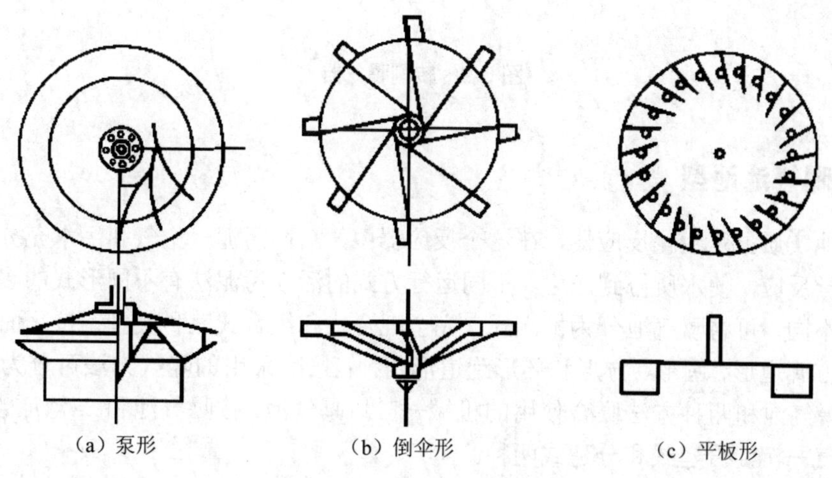

图 6-8　几种表面曝气叶轮

曝气叶轮的充氧能力和提升能力与叶轮直径、叶轮旋转速度和浸液深度等因素有关。叶轮直径一定，叶轮旋转的线速度大，充氧能力也强，但线速度过大时，会打碎活性污泥颗粒，影响沉淀效率。一般叶轮周边线速度以 2～5 m/s 为宜。叶轮浸液深度适当时，充氧效率高；浸液深度过大，没有水跃产生，叶轮只起搅拌作用，充氧量极小，甚至没有空气吸入；浸液深度过小，则提水和输水作用减小，池内水流缓慢，甚至存在死区，造成表面水充氧好，而底层充氧不足。因此，常将叶轮旋转的线速度和浸液深度设计成可调的，以便运行中随时调整。一般竖轴叶轮曝气机的氧转移率为 15%～25%，动力效率为 2.5～3.5 kg O_2/（kW·h）。

2．卧轴式曝气装置

卧轴式曝气装置主要是转刷曝气器。图 6-9 所示为一种应用较多的转刷曝气器，由水平转轴和固定在轴上的叶片所组成，转轴带动叶片转动，搅动水面溅成水花，空气中的氧通过气—液界面转移到水中。

转刷曝气器主要用于氧化沟，它具有负荷调节方便、维护管理容易、动力效率高等优点。

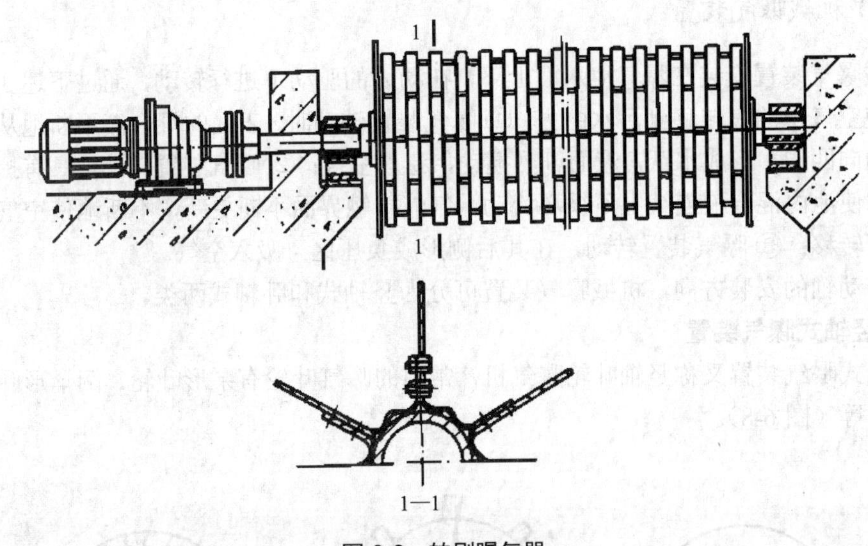

图 6-9　转刷曝气器

三、曝气池池型

曝气池实质上是生化反应器，在这个反应器中，活性污泥、空气和污水充分混合，发生生物化学反应，使水质得到净化。不同运行方式的活性污泥法有不同形式的曝气池。按水力特征不同，可将曝气池分为推流式、完全混合式和组合式三种类型；按平面几何形状可分为长方廊道形、圆形、方形和环形跑道形四种；按所采用的曝气方法可分为鼓风曝气池、机械曝气池和两种方法联合使用的机械—鼓风曝气池；按曝气池和二次沉淀池的关系可分为曝气—沉淀合建式和分建式两种。

（一）推流式曝气池

推流式曝气池多为长方廊道形，常采用鼓风曝气。传统的做法是将空气扩散装置安装在曝气池廊道底部的一侧[图 6-10（a）]，这样布置可使水流在池中呈螺旋状流动，增加气泡和混合液的接触时间。如果曝气池的宽度较大，则应考虑将空气扩散装置安装在曝气池廊道底部的两侧[图 6-10（b）]。也可按一定的形式，如互相垂直的正交形式或呈梅花形交错式均衡地布置在整个曝气池池底。

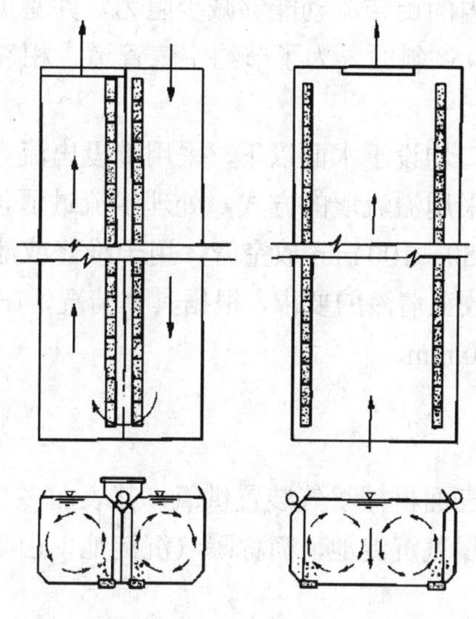

（a）在池底一侧　　（b）在池底的两侧

图 6-10　推流式鼓风曝气池空气扩散装置布置形式与水流在横断面的流态

曝气池的数目随污水处理厂的规模而定，一般在结构上分成若干单元，每个单元包括一座或几座曝气池，每座曝气池常由 1 个或 2～5 个廊道组成（图 6-11）。当廊道数为单数时，污水的进口、出口在曝气池的两端；而廊道数为双数时，则位于廊道的同一端。

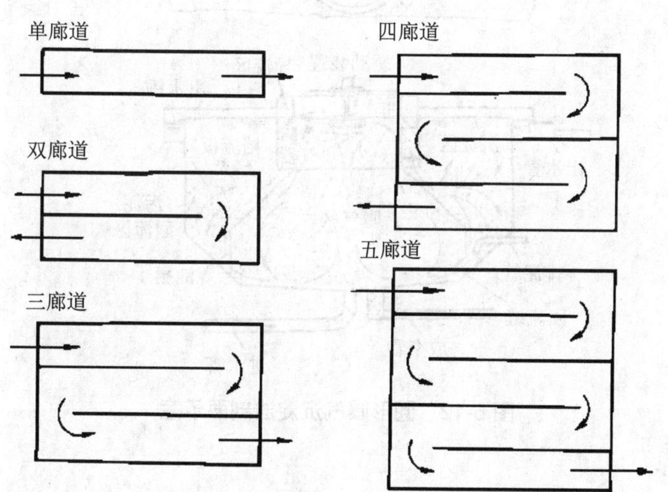

图 6-11　曝气池的廊道组合

曝气池廊道的长度可达 100 m，一般以 50～70 m 为宜。为了防止短流，廊道的长度和宽度之比应大于 5，甚至大于 10。曝气池的宽深比常在 1.5～2。池深与造价和动力费用密切相关。池深大，有利于氧的利用，但造价和动力费用将有所提高。反之，造价和动力费用降低，但氧的利用率也将降低。

此外，还应考虑土建结构和曝气池的功能要求、允许占用的土地面积、能够购置到的鼓风机所具有的压力等因素。目前我国对推流式曝气池采用的深度多为 3～5 m。

为了使混合液在曝气池内的旋转流动能够减少阻力，并避免形成死区，将廊道横剖面池壁两墙的墙顶和墙脚做成 45° 斜面。为了节约空气管道，相邻廊道的空气扩散装置常沿公共隔墙布置。

曝气池的进水口和进泥口均设于水面以下，采用淹没出流方式，以免形成短流，并设闸门以调节流量；出水一般采用溢流堰的方式，处理水流过堰顶，溢流入排水渠道。

在曝气池底部设直径为 80～100 mm 放空管，用于维修或池子清洗时放空。考虑到在活性污泥培养、驯化周期排放上清液的要求，根据具体情况，在距池底一定距离处设 2～3 根排水管，直径也是 80～100 mm。

（二）完全混合曝气池

完全混合曝气池常采用表面机械曝气装置供氧，其表面多呈圆形、方形或多边形。使用较多的是合建式完全混合曝气沉淀池，简称曝气沉淀池，由曝气区、导流区和沉淀区三部分组成（图 6-12）。

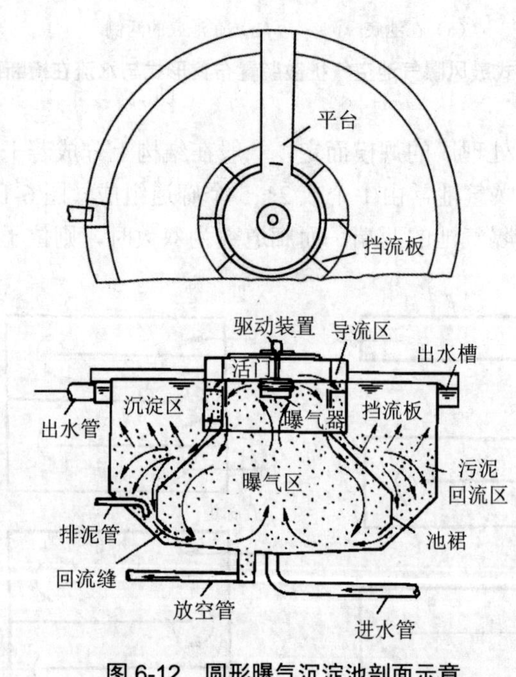

图 6-12 圆形曝气沉淀池剖面示意

1. 曝气区

曝气装置设于池顶部中央，并深入水下某一深度。污水从池底部进入，并立即与池内原有混合液完全混合，并与从沉淀区回流缝回流的活性污泥充分混合、接触。经过曝气反应后的污水从位于顶部四周的回流窗流出并导入导流区。回流窗设有活门，可以通过调节窗孔大小，控制回流污泥量。

2. 导流区

位于曝气区和沉淀区之间，宽度一般在 0.6 m 左右，高约 1.5 m。内设竖向挡流板，起缓冲水流作用，并在此释放混合液中挟带的气泡，使水流平稳进入沉淀区，为固液分离创造良好条件。

3. 沉淀区

位于导流区和曝气区的外侧，其作用是泥水分离，上部为澄清区，下部为污泥区。澄清区的深度不宜大于 1.5 m，污泥区的容积应不小于 2 h 的存泥量。澄清的处理水沿设于池四周的出流堰进入排水槽，出流堰常采用锯齿状的三角堰。

污泥通过回流缝回流曝气区，回流缝一般宽 0.15～0.20 m，在回流缝上侧设池裙，以避免死角。在污泥区的一定深度设排泥管，以排出剩余污泥。

图 6-13 所示为长方形的曝气沉淀池，一侧为曝气区，另一侧为沉淀区，采用鼓风曝气系统。原污水从曝气区的一侧均匀地进入池内，处理水均匀地从沉淀区溢出。

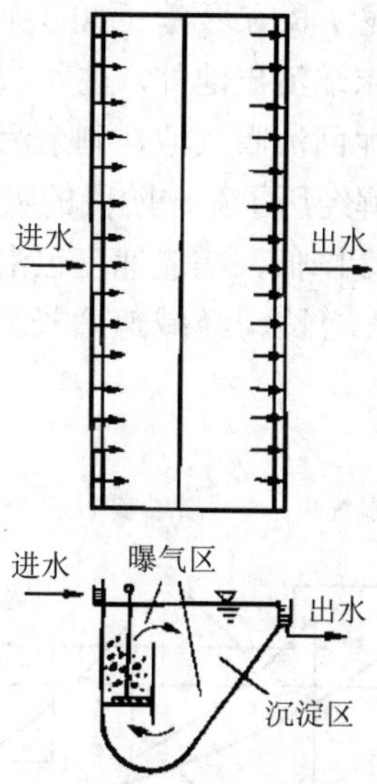

图 6-13 长方形曝气沉淀池

在生产实践中还有与沉淀池分建的完全混合曝气池（图 6-14）。污水和回流污泥沿曝气池池长均匀引入，并均匀地排出混合液，进入二次沉淀池。

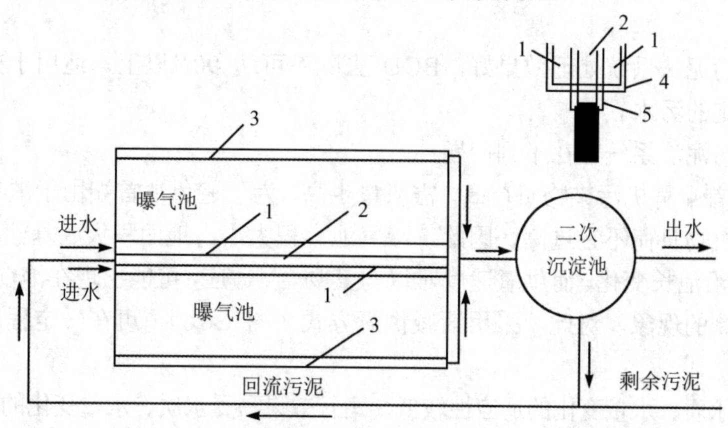

1—进水槽；2—进泥槽；3—出水槽；4—进水孔口；5—进泥孔口。

图 6-14 分建式完全混合曝气池

第三节 活性污泥法运行方式

活性污泥法自从开创以来已有近百年的历史，在长期的工程实践过程中，根据水质的变化、微生物代谢活动的特点、运行管理、技术经济和排放要求等方面的情况，又发展成多种行之有效的运行方式和工艺流程。

一、传统活性污泥法

传统活性污泥法，又称普通活性污泥法，是早期开始使用并沿用至今的运行方式。其工艺流程见图 6-2。污水与回流污泥从长方形曝气池的首端同步流入，污水与回流污泥形成的混合液在池内呈推流形式由池末端流出池外，进入二次沉淀池，处理后的污水与活性污泥在二次沉淀池内分离，部分污泥回流曝气池，剩余污泥排出系统。

在曝气池内，有机污染物的降解经历了第一阶段的吸附和第二阶段的微生物代谢的完整过程。有机污染物浓度沿池长逐渐降低，需氧速度也沿池长逐渐降低（图 6-15），活性污泥也经历了一个从池首端的对数增长、经减速增长到池末端的内源呼吸的完整生长周期。

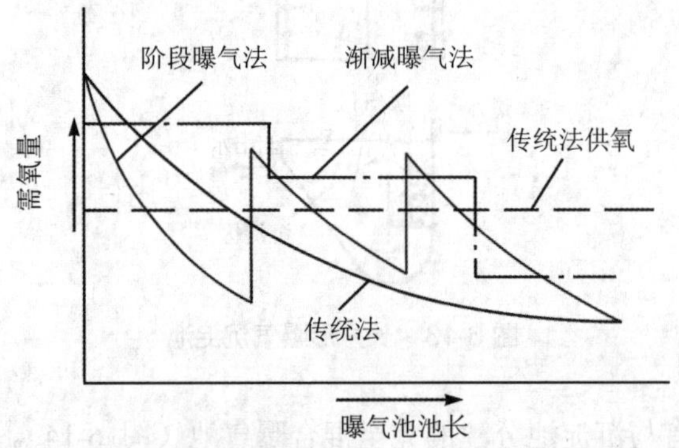

图 6-15 曝气池内需氧量的变化

传统活性污泥法系统处理效果好，BOD 去除率可达 90%以上，适用于处理净化程度高而水质较稳定的污水。

传统活性污泥法系统存在下列问题：

① 曝气池首端有机污染物负荷高，需氧量也高，为了避免池首端由于缺氧而引起厌氧状态，进水有机物负荷不宜过高，因此，曝气池容积大，占地面积大、基建投资高；

② 需氧量沿池长变化，而供氧速度难以与其吻合、适应，可能出现在池前段供氧不足、后段溶解氧过剩的现象，对此，采用渐减供氧方式（图 6-16），可在一定程度上解决这一问题；

③ 对进水水质、水量变化的适应性较低，运行效果易受水质、水量变化的影响。

二、渐减曝气活性污泥法

渐减曝气活性污泥法是针对传统活性污泥法有机物浓度和需氧量沿池长减小的特点而改进的。通过合理布置曝气装置，使供气量沿池长逐渐减小，与池内有机污染物浓度变化相对应。这种曝气方式比均匀供气的曝气方式更为经济，其工艺流程见图 6-16。

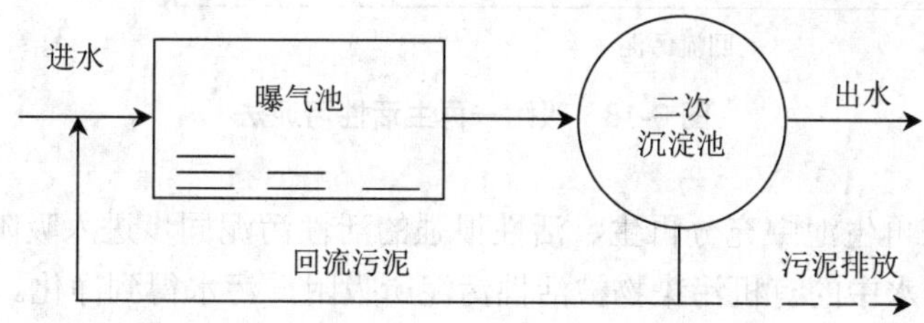

图 6-16　渐减曝气活性污泥法

三、阶段曝气活性污泥法

阶段曝气活性污泥法又称分段进水活性污泥法或多段进水活性污泥法，其工艺流程见图 6-17。

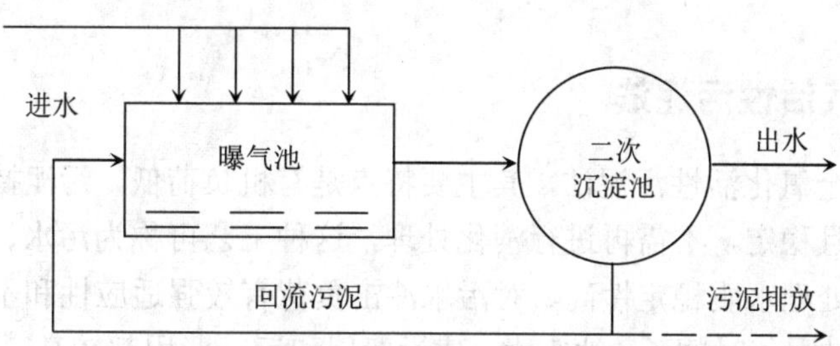

图 6-17　阶段曝气活性污泥法

阶段曝气活性污泥法处理系统是针对传统活性污泥法系统存在的问题而改进的。污水沿曝气池长分多点进入，以均衡池内有机负荷，克服了传统活性污泥法系统供氧的弊病（图 6-17），有助于能耗的降低，活性污泥的降解功能也得以充分发挥。此外，由于分散进水，污水在池内稀释程度较高，混合液活性污泥浓度也沿池长降低，从而有利于二次沉淀池的泥水分离。与传统活性污泥法系统相比，处理相同的污水时，所需池容积可减小 30%，BOD 去除率一般可达 90%。

四、吸附—再生活性污泥法

吸附—再生活性污泥法又称生物吸附活性污泥法或接触稳定法。在这种运行方式中活性污泥降解有机污染物的吸附和代谢过程分别在各自的反应池中进行，其工艺流程见图 6-18。

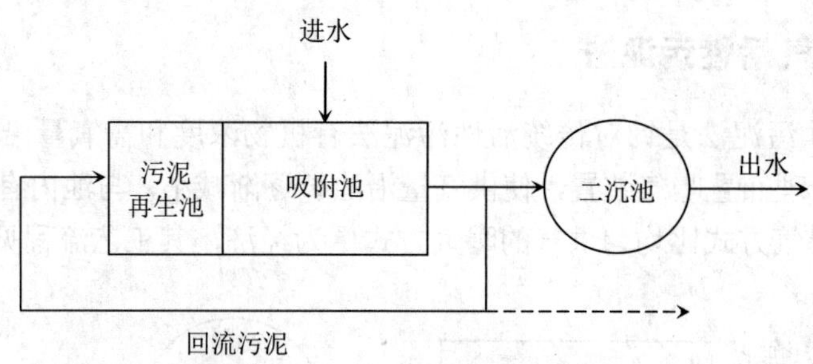

图 6-18　吸附—再生活性污泥法

污水和经过在再生池中充分再生、活性很强的活性污泥同步进入吸附池，两者在吸附池中充分接触，污水中的有机污染物被活性污泥所吸附，污水得到净化。由二次沉淀池分离出的污泥进入再生池，活性污泥微生物在这里将所吸附的有机物代谢，并进入内源呼吸期，使其活性和吸附功能得到充分恢复，然后再与污水一起进入吸附池。

在吸附—再生活性污泥法系统中，污水与活性污泥在吸附池的接触时间较短，吸附池容积较小，由于再生池接纳的仅是浓度较高的回流污泥，再生池的容积亦小，因此，吸附池与再生池容积之和仍低于传统法曝气池容积。本方法能够承受一定的冲击负荷，当吸附池的活性污泥遭到破坏时，可由再生池的污泥予以补救。

本方法的处理效率低于传统活性污泥法。此外，对溶解性有机物浓度高的污水处理效果差。

五、延时曝气活性污泥法

本工艺又称完全氧化活性污泥法，其主要特点是有机负荷低，污泥持续处于内源呼吸状态，剩余污泥少且稳定，不需再进行消化处理，这种工艺可称为污水、污泥综合处理工艺。本工艺还具有处理水质稳定性高、对污水冲击负荷有较强适应性和不需设初次沉淀池等优点。主要缺点是曝气时间长，池容大，建设费用和运行费用都较高，而且占地面积大。

延时曝气活性污泥法一般都采用流态为完全混合式的曝气池，适用于处理水质要求高又不宜采用活性污泥处理技术的小型城镇污水和工业废水。

六、完全混合活性污泥法

在完全混合活性污泥法系统内，污水与回流污泥进入曝气池后，立即与池内混合液充分混合。可以认为池内混合液是已经处理而未经泥水分离的处理水。因此，池内混合液的组成、*F/M*、微生物群体和数量是完全均匀一致的。整个处理过程在污泥增长曲线上的位置仅是一个点，这意味着在曝气池内各部位有机污染物降解的生化反应是相同的，氧吸收率也都相同，其工艺流程见图 6-19。

完全混合曝气池内混合液对污水起稀释作用，能较好地承受冲击负荷；由于全池需氧要求相同，能节省动力；曝气池和沉淀池也可以合建，不单独设置污泥回流系统，便于运行管理。

本工艺的主要缺点是连续进出水可能产生短流，出水水质不如传统法，易发生污泥膨胀。

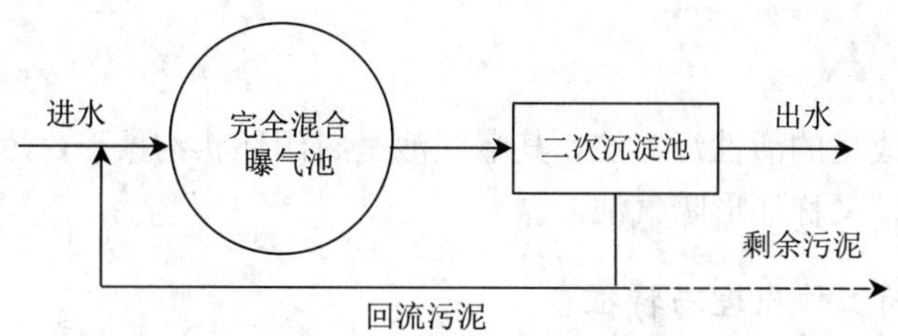

图 6-19　完全混合活性污泥法

七、AB 法污水处理工艺

AB 法污水处理工艺，是吸附—生物降解的工艺的简称。工艺系统共分三段，即预处理段、A 段和 B 段（图 6-20）。

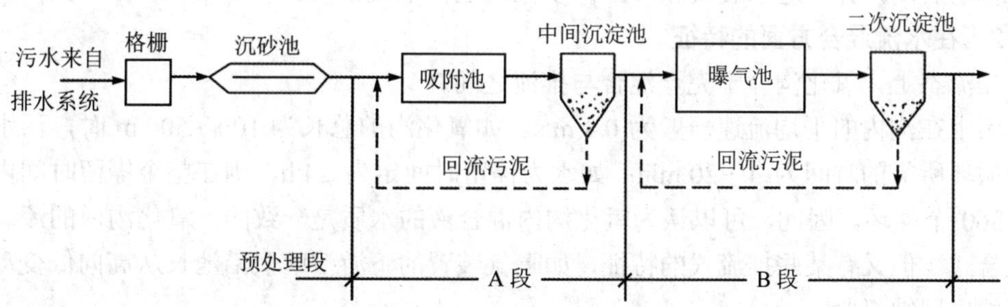

图 6-20　AB 法污水处理工艺流程

在预处理段只设格栅、沉砂池等简易设备，不设沉淀池；A 段由吸附池和中间沉淀池组成，B 段则由曝气池和二沉池组成；A 段和 B 段串联运行，污泥独立回流，形成两种各自与其水质和运行条件相适应的完全不同的微生物群落。

AAO 工艺

由于不设初次沉淀池，A 段在直接接受城市排水系统中污水的同时，也接种和充分利用了经偌大的排水系统所优选的适应原污水的微生物种群；由于 A 段负荷高，能够成活的微生物种群只能是抗冲击负荷能力强的原核细菌，而原生动物和后生动物不能存活；A 段对污染物的去除主要依靠活性污泥的吸附作用，这样某些重金属、难降解有机物和氮、磷等都能通过 A 段得到一定程度的去除。

A 段的污泥负荷一般为 2～6 kg BOD/（kg MLSS·d）；污泥龄为 0.3～0.5 d；水力停留时间为 30 min；池内溶解氧浓度为 0.2～0.7 mg/L；BOD 去除率为 40%～70%。经 A 段处理后的污水，可生化性得到改善，有利于后续 B 段的生物降解作用。

B 段接收 A 段的处理水，负荷较低，水质、水量也较稳定，许多原生动物可以很好地生长繁殖，由于不受冲击负荷影响，其净化功能得以充分发挥，较传统活性污泥处理系统，曝气池的容积可减少 40%左右。

B 段的污泥负荷一般为 0.15～0.3 kg BOD/（kg MLSS·d）；污泥龄为 15～20 d；水力停留时间为 2～3 h；池内溶解氧浓度为 1～2 mg/L。

八、氧化沟

氧化沟是一种改良的活性污泥法，其曝气池呈封闭环状沟渠形，污水和活性污泥混合液在其中循环流动，又称环形曝气池。

（一）氧化沟的工作原理与特征

1．构造方面的特征

① 氧化沟一般呈环形沟渠状，平面多为环形或椭圆形，总长可达几十米，甚至百米以上。沟深取决于曝气装置，一般为 2～6 m。

② 单池进水装置比较简单，采用管道进水即可；如双池以上工作时，则应设配水井；采用交替工作系统时，配水井内还应设自动控制装置，以变换水流方向。

③ 出水一般宜采用可升降式溢流堰，以调节池内水深。采用交替工作系统时，溢流堰应能自动启闭，并与进水装置相呼应，以控制池内水流方向。

2．在水流混合方面的特征

在流态上，氧化沟介于完全混合与推流之间。

污水在沟内的平均流速一般为 0.4 m/s。如氧化沟的总长为 100～500 m 时，污水完成一个循环所需的时间为 4～20 min；如水力停留时间定为 24 h，则在整个停留时间内要做 72～360 个循环。因此，可以认为氧化沟内混合液的水质是一致的，氧化沟内的流态是完全混合式。但又有某些推流式的特征，如曝气装置的下游溶解氧沿池长从高向低变动，甚至可能出现缺氧段。

氧化沟的这种水流状态，有利于活性污泥的生物凝聚作用，而且可以形成好氧区、缺氧区，通过对系统的合理设计与控制，能够取得良好的脱氮效果。

3．在工艺方面的特征

① 由于氧化沟水力停留时间长、污泥负荷低、污泥龄长，在氧化沟内的有机性悬浮物和溶解性有机物能够得到较彻底的降解，排出的剩余污泥已得到高度稳定，因此，氧化沟不设初次沉淀池，污泥不需要厌氧消化；

② 通过采用一定形式的氧化沟系统，将氧化沟和二次沉淀池合建，以及近年来开发的交替工作的氧化沟，可不用二次沉淀池和污泥回流系统，从而使处理流程更为简化；

③ 污泥龄一般为 15～30 d，可以存活、繁殖世代时间长、增殖速度慢的微生物，如硝化菌，在氧化沟内产生硝化反应；

④ 对水温、水质、水量的变动有较强的适应性，能够承受冲击负荷，而不致影响处理性能。

（二）常用的氧化沟系统

1．卡鲁塞尔（Carrousel）氧化沟

卡鲁塞尔氧化沟系统是 20 世纪 60 年代由荷兰某公司开发的，该系统由多沟串联氧化沟和二次沉淀池、污泥回流系统组成（图 6-21）。

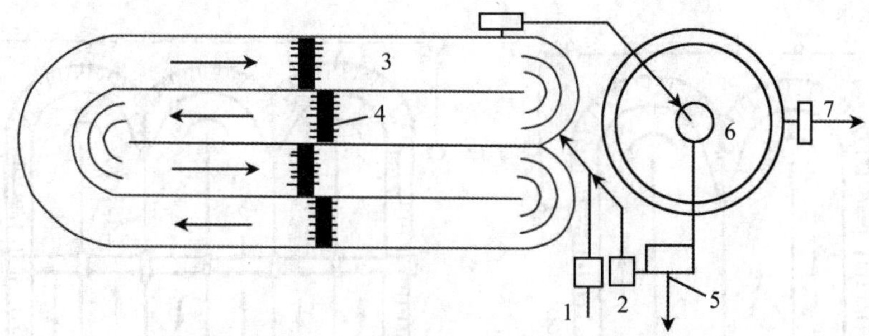

1—污水泵站；2—回流污泥泵站；3—氧化沟；4—转刷曝气器；
5—剩余污泥排放；6—二次沉淀池；7—处理水排放。

图 6-21　卡鲁塞尔氧化沟系统（一）

图 6-22 所示为六廊道并采用垂直安装的低速表面曝气器的卡鲁塞尔氧化沟，每组沟渠的转弯处安装一台表面曝气器，靠近曝气器下游为富氧区，而曝气器上游则为低氧区，外环还可能成为缺氧区，这样在氧化沟内能够形成生物脱氮的环境条件。

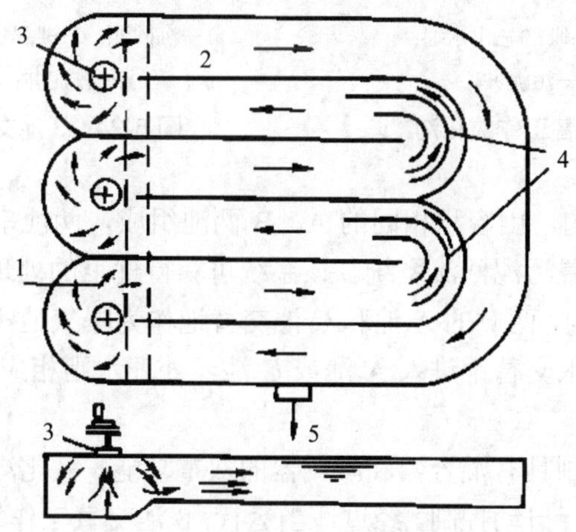

1—原污水；2—氧化沟；3—表面机械曝气器；4—导向隔墙；5—处理水去往二沉池。

图 6-22　卡鲁塞尔氧化沟系统（二）

卡鲁塞尔氧化沟系统在世界各地广泛应用，规模大小不等（200～650 000 m^3/d），BOD_5 去除率可达 95%～99%，脱氮效率约为 90%，除磷效率约为 50%。

卡鲁塞尔氧化沟的表面曝气机单机功率大，平均传氧效率达到 2.1 kg/（kW·h），其水深可达 5 m 以上，故氧化沟占地面积减少、土建费用降低。因此，卡鲁塞尔氧化沟具有极强的混合搅拌与耐冲击负荷能力。当有机负荷较低时，可以停止某些曝气器的运行，在保证水流搅拌混合循环流动的前提下，节约能量消耗。

2．交替工作氧化沟

交替工作氧化沟系统是由丹麦 Kruger 公司创建的，主要有 2 池和 3 池交替工作氧化沟系统（图 6-23 和图 6-24）。

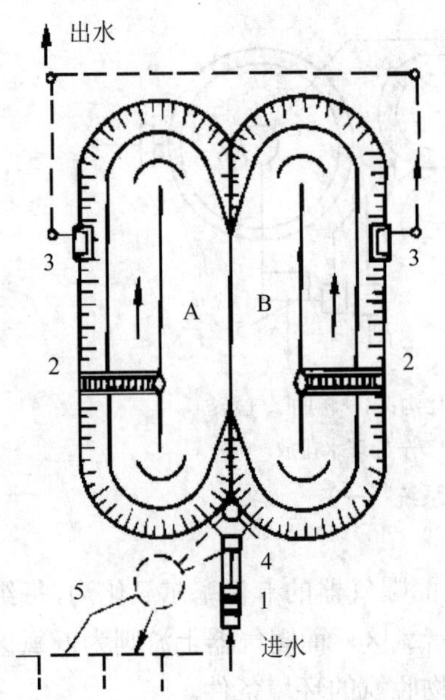

1—沉砂池；2—曝气转刷；3—出水堰；
4—排泥井；5—污泥井。

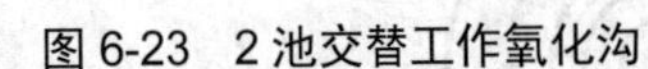

图 6-23 2 池交替工作氧化沟

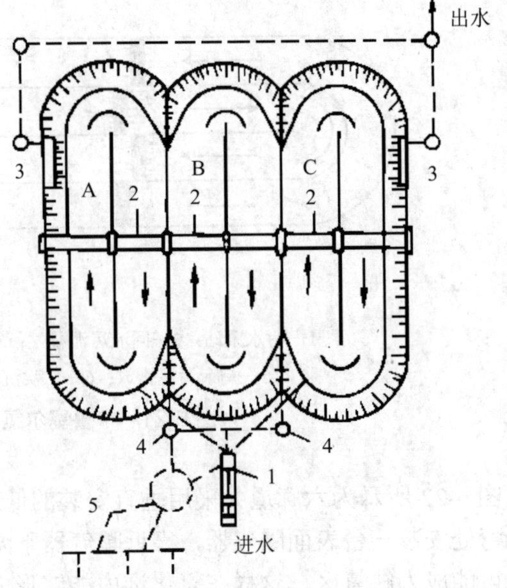

1—沉砂池；2—曝气转刷；3—出水堰；
4—排泥井；5—污泥井。

图 6-24 3 池交替工作氧化沟

2 池交替工作氧化沟，由容积相同的 A、B 两池组成，两池串联运行，交替地作为曝气池和沉淀池，不需设置污泥回流系统。该系统可获得优良的处理水和稳定的污泥。

3 池交替工作氧化沟，两侧的 A 池和 C 池交替地作为曝气池和沉淀池，中间的 B 池则一直作为曝气池，原污水交替地进入 A 池或 C 池，处理水则相应地从作为沉淀池的 A 池或 C 池流出。

氧化沟内的曝气转刷具有混合器和曝气器的双重功能，氧化沟的好氧和缺氧过程完全可由转刷转速的改变进行自动控制。经过适当运行，3 池交替工作氧化沟能够完成 BOD 去除和硝化、反硝化过程，取得优异的 BOD 去除和脱氮效果，同样不需要污泥回流系统。

交替工作的氧化沟系统，需要安装控制进、出水方向，溢流堰的启闭和曝气转刷的开动与停止的自动控制系统。上述各工作阶段的时间，则根据水质情况确定。

3. 奥贝尔（Orbal）氧化沟

奥贝尔氧化沟由多个呈椭圆形的同心沟渠组成，沟渠中安装有水平旋转的曝气转盘，用来充氧和混合。污水首先进入最外环的沟渠，在其中不断循环的同时，依次进入下一个沟渠，最后从中心沟渠流出进入二次沉淀池（图 6-25）。

奥贝尔氧化沟多采用 3 层沟渠，最外层的容积最大，为总容积的 60%～70%，第二渠为 20%～30%，第三渠则仅占总容积的 10%左右。

在运行时，应保持外、中、内三层沟渠混合液的溶解氧分别为 0 mg/L、1 mg/L、2 mg/L，即三沟溶解氧的 0-1-2 梯度分布，这样既有利于提高充氧效果，又有可能使沟渠具有脱氮除磷的功能。

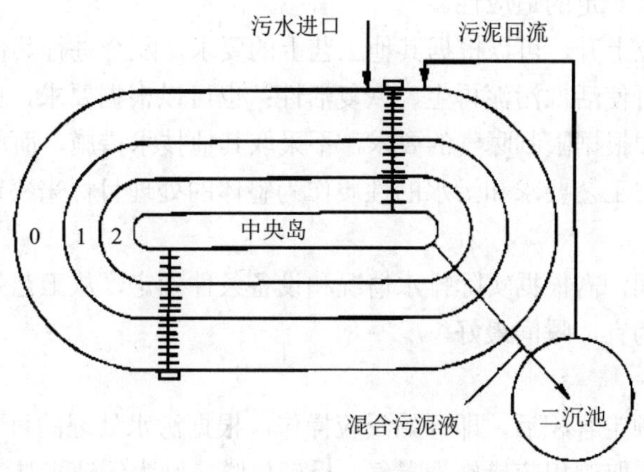

图 6-25 Orbal 氧化沟

九、序批式活性污泥法

序批式活性污泥法又称间歇式活性污泥法工艺，简称 SBR 工艺。由于这项工艺在技术上具有某些独特的优越性以及曝气池混合液溶解氧浓度（DO）、pH、电导率、氧化还原电位（ORP）等都能通过自动检测仪表做到自控操作，本工艺在污水处理领域得到较为广泛的应用。

（一）SBR 工艺的工作原理和运行操作

SBR 运行

SBR 工艺采用间歇运行方式，污水间歇进入系统并间歇排出。系统内只设一个处理单元，该单元在不同的时间发挥不同的作用，污水进入该单元后，按顺序进行不同的处理。SBR 工艺的一个运行周期是由流入、反应、沉淀、排放、待机（闲置）共 5 个工序组成（图 6-26）。

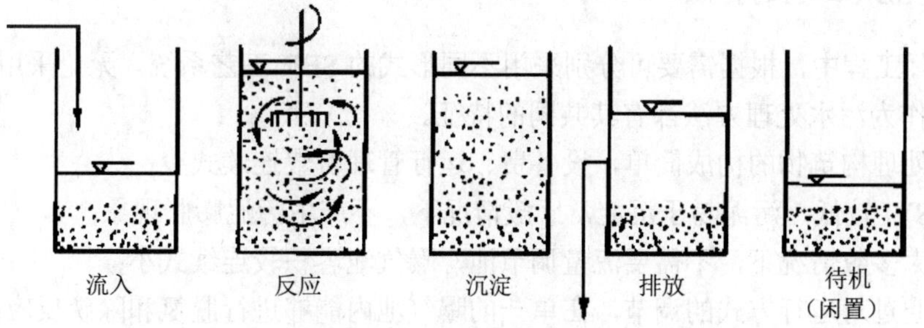

图 6-26 间歇式活性污泥法曝气池运行操作 5 个工序示意

1. 流入工序

流入工序是反应池接纳污水的过程。在污水流入之前是前一周期的排水或待机状态，反应池内剩有高浓度的活性污泥混合液，相当于传统活性污泥法的回流污泥，此时反应池水位最低。

由于流入工序只流入污水，不排放处理水，反应池起到了调节作用，因此，反应池对水质、水量的变动有一定的适应性。

污水流入，水位上升，可以根据其他工艺上的要求，配合进行其他的操作过程，如曝气可采取预曝气，可使活性污泥再生、恢复活性；也可以根据要求，如脱氮、释放磷等，进行缓速搅拌；又如根据限制曝气的要求，不采取其他技术措施，而单纯注水。不论采取哪种方式，都是根据工艺要求和污水的性质作为整体的处理目标来决定的，这是 SBR 工艺最大的特点。

本工序所用时间，需根据实际排水情况和设备条件确定，从工艺效果上要求，一般污水注入时间以短促为宜，瞬间最好。

2．反应工序

污水注入达到预定容积后，即开始反应操作。根据污水处理的目的，如 BOD 去除、硝化和磷的吸收，采取的相应措施为曝气，反硝化脱氮则为缓速搅拌，并根据需要达到的程度来决定反应的延续时间。

为保证沉淀工序的效果，在反应工序后期、沉淀工序之前，还需进行短暂的微量曝气，吹脱附着在污泥上的氮气。如需排泥，也在本工序后期进行。

3．沉淀工序

本工序相当于传统活性污泥法的二次沉淀池，停止曝气和搅拌，使活性污泥与水在静止状态分离，因而有更高的沉淀效率。

沉淀工序采取的时间与二次沉淀池相同，一般为 1.5～2.0 h。

4．排放工序

经过沉淀后产生的上清液，作为处理水排放至最低水位，反应池底部沉淀的活性污泥大部分作为下个处理周期的回流污泥使用，排出剩余污泥。

5．待机工序

也称闲置工序，即在处理水排放后，等待下一个工作周期的阶段。此工序的时间需根据现场具体情况确定。

（二）SBR 工艺的特点

在实际工程中，根据需要可分别采用不同形式的 SBR 工艺系统。无论采用哪种形式，SBR 工艺作为污水处理方法都有其共同的特征。

- ◆ 处理构筑物的构成简单，设备费、运行管理费较连续式少；
- ◆ SVI 较低，污泥易于沉淀，一般情况下，不产生污泥膨胀现象；
- ◆ 大多数情况下，不需要流量调节池，曝气池容积较连续式小；
- ◆ 通过对运行方式的调节，在单一的曝气池内能够进行脱氮和除磷反应；
- ◆ 运行管理得当，可获得比连续式更好的处理水水质。

（三）SBR 工艺的形式

SBR 工艺仍属于发展中的污水处理技术。在基本 SBR 工艺基础上，通过工程应用实践，逐渐开发出了各具特色的新的工艺形式。

1．间歇式循环曝气活性污泥工艺（ICEAS）

本工艺的进水方式为连续进水（沉淀工序和排水工序仍保持进水）、间歇排水，在反应池的进水端增加了一个预反应区。在反应阶段，污水多次反复地处于“曝气好氧”和“闲置缺氧”状态，从而产生有机物降解、硝化、反硝化、吸收磷、释放磷等反应，能够取得比较彻底的BOD去除、脱氮和除磷的效果。

本工艺无污泥回流和混合液的内循环，能耗低；污泥龄长，沉降性能好，剩余污泥少。

2．循环式活性污泥工艺（CAST）

本工艺在进水区设置一生物选择器，即一个容积较小的污水和污泥的接触区。活性污泥由反应池回流，在生物选择器内与进入的污水混合、接触，创造微生物种群在高负荷、高浓度环境下的竞争生存条件，从而选择出适应该系统生存的独特微生物菌群，并有效地抑制丝状菌的过分增殖，避免污泥膨胀，提高系统的稳定性。

活性污泥从反应池的回流率一般取 20%，混合液在生物选择器内的水力停留时间为1 h。经生物选择器后，混合液进入反应池反应，并按顺序经过沉淀、排放等工序。本工艺沉淀工序不进水，使污泥沉降无水力干扰，保证系统有良好的分离效果。如需要脱氮、除磷，则将反应阶段设计成为缺氧—好氧—厌氧环境，污泥得到再生并取得脱氮、除磷的效果。

3．DAT-IAT 工艺

DAT-IAT 工艺主体构筑物由需氧池（DAT）和间歇式曝气池（IAT）组成。

在 DAT，污水与从 IAT 回流的活性污泥同时连续流入，通过高强度的连续曝气，强化活性污泥的生物吸附作用，充分发挥活性污泥的初期降解功能，去除大部分有机物。

在 IAT，由于 DAT 的初步生化、调节、均衡作用，进水水质稳定、负荷低，提高了对水质变化的适应性。由于 C/N 较低，能够发生硝化反应。又由于进行间歇曝气和搅拌，能够形成缺氧—好氧—厌氧—好氧的交替环境，在去除 BOD 的同时，获得脱氮除磷的效果。

本工艺的沉淀和排放工序也连续进水。与 CAST 和 ICEAS 相比，DAT-IAT 能够保持较长的污泥龄和很高的混合液浓度，对有机负荷及毒物有较强的抗冲击能力。

除以上各工艺外，开发出的新型工艺还有 IDAL、IDEA、CASS、CAPS、UNITANK 等，并已得到工程化应用。

第四节　活性污泥法的工艺设计与运行管理

活性污泥系统由曝气池、二沉池、污泥回流系统和曝气系统构成。其工艺设计主要包括：曝气池容积、供气量、曝气器布置、二沉池水面积、污泥回流量、剩余污泥量、污泥回流系统和空气管路系统等。

一、曝气池设计

在进行曝气池容积计算时，应在一定范围内合理地确定污泥负荷（N_s）和污泥浓度（X），此外，还应同时考虑处理效率、污泥容积指数（SVI）和污泥龄等参数。

设计参数的来源主要有两个途径，一个是经验数据，另一个是通过试验获得。以生活污水为主体的城市污水，主要设计参数已比较成熟，可以直接取用于设计，但是对于工业废水，则应通过试验和现场实测确定其各项设计参数。在工程实践中，由于受试验条件的限制，一般也可根据经验选取。

（一）曝气池容积的设计计算

曝气池容积，常用的是有机负荷计算法，负荷有两种表示方法，即污泥负荷和容积负荷。一般采用污泥负荷，根据污泥负荷的定义：$N_s=QS_a/XV$，可以求得曝气池的容积

$$V=\frac{QS_a}{XN_s} \tag{6-25}$$

式中：V—— 曝气池容积，m^3；

Q—— 污水流量，m^3/d；

S_a—— 原污水中 BOD_5 浓度，mg/L 或 kg/m^3；

X—— 混合液悬浮固体（MLSS）浓度，mg/L 或 kg/m^3；

N_s—— 污泥负荷，kg BOD_5/（kg MLSS·d）。

由上式可见，正确、合理和适度地确定污泥负荷值（N_s）和混合液污泥浓度（X）是正确确定曝气池容积的关键。

1．污泥负荷的确定

污泥负荷一般根据经验确定，对于城市污水多取值为 0.3～0.5 kg BOD_5/（kg MLSS·d），可参考表 6-2 所列数值。但为稳妥计，需加以校核，校核公式如下：

$$N_s=\frac{K_2S_ef}{\eta} \tag{6-26}$$

式中：S_e—— 处理水中 BOD_5 浓度，mg/L 或 kg/m^3；

f—— 曝气池混合液挥发性悬浮固体浓度与混合液悬浮固体浓度比值，即 MLVSS/MLSS，对于城市污水一般在 0.75～0.85；

η—— 原污水 BOD_5 去除率，即（S_a-S_e）/S_a，%；

K_2—— 系数，对于城市污水一般在 0.016 8～0.028 1。

表 6-2 活性污泥工艺运行方式的典型运行参数

工艺类型	污泥龄/d	污泥负荷/（kg BOD/kg MLVSS）	容积负荷/（kg BOD/m³ d）	MLSS/（mg/L）	水力停留时间/h	回流比
完全混合	5～15	0.2～0.4	0.3～0.8	1 500～3 000	4～8	0.25～0.75
传统法	5～15	0.2～0.6	0.6～2.4	2 500～4 000	3～5	0.25～1.0
分段进水	5～15	0.2～0.4	0.4～1.4	2 000～3 500	3～5	0.25～0.75
吸附再生	5～15	0.2～0.6	0.9～1.2	—	—	0.5～1.5
延时曝气	20～30	0.05～0.15	0.15～0.25	3 000～6 000	18～36	0.5～1.5
纯氧曝气	3～10	0.25～1.0	1.6～3.2	3 000～6 000	8～36	0.75～1.5
氧化沟	10～30	0.05～0.3	0.1～0.2	3 000～6 000	8～36	0.75～1.5
SBR	—	0.05～0.3	0.1～0.24	1 500～5 000	12～50	—
深井曝气	—	0.5～5.0	—	—	0.5～1.5	—

2．混合液污泥浓度的确定

混合液中的污泥来自二次沉淀池的回流污泥，而回流污泥的浓度（X_r）与污泥沉淀

性能及其在二次沉淀池中浓缩的时间有关。一般回流污泥的浓度可近似地计算：

$$X_r = \frac{10^6}{SVI} \cdot r \tag{6-27}$$

式中：X_r —— 回流污泥的浓度，mg/L；

r —— 二次沉淀池中污泥综合系数，一般取 1.2 左右。

混合液污泥浓度（X）和污泥回流比（R）以及回流污泥的浓度（X_r）之间的关系为：

$$X = \frac{R}{1+R} X_r \tag{6-28}$$

将式（6-27）代入式（6-28），可得出估算混合液污泥浓度

$$X = \frac{R}{1+R} \cdot \frac{10^6}{SVI} \cdot r \tag{6-29}$$

表 6-2 所列举的不同运行方式活性污泥处理系统，常采用的混合液污泥浓度（X）数值，亦可作为设计参考。

（二）需氧量和供气量的计算

1．需氧量

活性污泥法处理系统的需氧量一般可由下列公式求得：

$$O_2 = a'QS_r + b'VX_v \tag{6-30}$$

污水的 a'、b' 可以从表 6-1 中选取。

2．供气量

（1）影响氧转移的因素

① 氧的饱和浓度（c_s）。氧转移效率与氧的饱和浓度成正比，不同温度下饱和溶解氧的浓度也不同（表 6-3）。

表 6-3 氧在蒸馏水中的溶解度（即饱和度）

水温/℃	1	2	3	4	5	6	7	8	9	10
溶解度/（mg/L）	14.23	13.84	13.48	13.13	12.80	12.48	12.17	11.87	11.59	11.33
水温/℃	11	12	13	14	15	16	17	18	19	20
溶解度/（mg/L）	11.08	10.83	10.60	10.37	10.15	9.95	9.74	9.54	9.35	9.17
水温/℃	21	22	23	24	25	26	27	28	29	30
溶解度/（mg/L）	8.99	8.83	8.63	8.53	8.38	8.22	8.07	7.92	7.77	7.63

② 水温。在相同的气压下，温度对氧总转移系数（K_{La}）和 c_s 也有影响。温度升高，有利于氧分子的转移，K_{La} 值上升，而 c_s 值则下降。温度对 K_{La} 值的影响，一般可通过下式校正：

$$K_{La(T)} = K_{La(20℃)} \theta^{(T-20)} \tag{6-31}$$

式中：$K_{La(20℃)}$ —— 20℃时的 K_{La}；

$K_{La(T)}$ —— T℃时的 K_{La}；

θ—— 温度修正系数，其值为1.016～1.047，一般取1.024。

③ 污水性质。

a．污水中含有的各种杂质对氧的转移产生一定的影响，将适用于清水的K_{La}用于污水时，需要用系数α进行修正。

$$污水的K_{La}=\alpha\cdot清水的K_{La} \tag{6-32}$$

修正系数α值可通过试验确定，一般为0.8～0.85。

b．污水中的盐类也影响氧在水中的饱和度（c_s），污水的c_s用清水的c_s乘以β来修正，β一般为0.9～0.97。

c．大气压影响氧气的分压，因此影响氧的传递，进而影响c_s。气压增高，c_s升高。对于大气压不是1.013×10^5 Pa的地区，c_s应乘以压力修正系数（ρ），ρ=所在地区的实际气压/（1.013×10^5 Pa）。

d．对于鼓风曝气池，空气压力还与池水深度有关。安装在池底的空气扩散装置出口处的氧分压最大，c_s也最大。但随着气泡的上升，气压逐渐降低，在水面时，气压为1.013×10^5 Pa（即1个大气压），气泡上升过程中一部分氧已转移到液体中。鼓风曝气池内的c_s应是扩散装置出口和混合液表面两处溶解氧饱和浓度的平均值，按下式计算：

$$c_{sb}=c_s\left(\frac{p_b}{2.026\times10^5}+\frac{O_t}{42}\right) \tag{6-33}$$

式中：c_{sb}—— 鼓风曝气池内混合液溶解氧饱和浓度的平均值，mg/L；

c_s—— 在1.013×10^5Pa条件下氧的饱和浓度，mg/L；

p_b—— 空气扩散装置出口处的绝对压力，Pa，$p_b=p+9.8\times10^3H$；

p—— 标准大气压，p=1.013×10^5 Pa；

H—— 空气扩散装置的安装深度，m；

O_t—— 曝气池逸出气体中的含氧百分率，无量纲，$O_t=\dfrac{21\times(1-E_A)}{79+21\times(1-E_A)}\times100\%$；

E_A—— 空气扩散装置的氧转移效率，一般由厂家提供。

另外，氧的转移还和气泡的大小、液体的紊动程度、气泡与液体的接触时间有关。空气扩散装置的性能决定气泡直径的大小。气泡越小，接触面积越大，K_{La}值越大，越有利于氧的转移；但不利于紊动，从而不利于氧的转移。气泡与液体的接触时间越长，越利于氧的转移。

氧从气泡中转移到液体中，逐渐使气泡周围液膜的含氧量饱和，因而，氧的转移效率又取决于液膜的更新速度。紊流和气泡的形成、上升、破裂，都有助于气泡液膜的更新和氧的转移。

从上述分析可见，氧的转移效率取决于气相中氧分压梯度、液相中氧的浓度梯度、气液之间的接触面积和接触时间、水温、污水的性质和水流的紊动程度等因素。

（2）供气量的计算

在标准条件下，转移到曝气池混合液的总氧量（R_0）为：

$$R_0=K_{La(20℃)}c_{s(20℃)}V \tag{6-34}$$

生产厂家提供空气扩散装置的氧转移参数是在标准状态下测定的，所谓标准状态是指：水温 20℃，大气压为 1.013×10^5 Pa，测定用水是脱氧清水。因此，必须根据实际条件对厂商提供的氧转移速度等数值加以修正。在式（6-18）中引入各项修正系数，可得在实际条件下，转移到曝气池混合液的总氧量（R）：

$$R=\alpha K_{\mathrm{La(20℃)}}(\beta\rho\, c_{\mathrm{sb}(T)}-c)1.024^{(T-20)}V \tag{6-35}$$

式中：c —— 混合液中含有的溶解氧浓度，mg/L。

联立式（6-18）和式（6-19）可得：

$$R_0=\frac{Rc_{\mathrm{s(20℃)}}}{\alpha\left[\beta\rho c_{\mathrm{sb}(T)}-c\right]1.024^{(T-20)}} \tag{6-36}$$

R 可以根据公式 $O_2=a'QS_{\mathrm{r}}+b'VX_{\mathrm{v}}$ 求定。因此，R_0 值可以由式（6-20）求出。

在一般情况下，R/R_0 为 1.33～1.61，即在实际工程中所需的空气量比标准条件下多 33%～61%。氧转移效率（氧利用效率）为：

$$E_{\mathrm{A}}=\frac{R_0}{S}\times100\% \tag{6-37}$$

式中：S —— 供氧量，kg/h；

$$S=G_{\mathrm{s}}\times0.21\times1.43=0.3\,G_{\mathrm{s}}$$

式中：G_{s} —— 供气量，m^3/h；

0.21 —— 氧在空气中所占百分数；

1.43 —— 氧的容重，kg/m^3。

对鼓风曝气，由于各种空气扩散装置在标准状态下，而且 E_{A} 是厂商提供的，因此，供气量可以通过下式计算，即：

$$G_{\mathrm{s}}=\frac{R_0}{0.3E_{\mathrm{A}}}\times100\% \tag{6-38}$$

式中：R_0 可以由式（6-20）确定。

对机械曝气，各种叶轮的充氧量与叶轮直径和叶轮线速度的关系，也是厂商通过实际测定确定并提供的。如泵形叶轮的充氧量可按下列经验公式计算：

$$Q_{\mathrm{os}}=0.379Kv^{2.8}D^{1.88} \tag{6-39}$$

式中：Q_{os} —— 标准条件下（水温 20℃，大气压为 1.013×10^5 Pa）清水的充氧量，kg/h；

v —— 叶轮周边线速度，m/s；

D —— 叶轮公称直径，m；

K —— 池形结构对充氧量的修正系数，一般圆形池为 1，正方形池为 0.64，长方形池为 0.9。

二、曝气系统设计

曝气系统的设计包括曝气设备的选择、布置及空气管网的计算等。对于机械曝气，前面已提及泵型叶轮曝气机的充氧能力和功率的计算，这里不再重复。下文只介绍鼓风曝气系统的设计原则。

（一）空气扩散装置

空气扩散装置的类型较多，目前应用较多的是微孔曝气器。该类型曝气器氧利用率高，阻力损失小，混合效果好，不易堵塞，并且连接部位具有可靠、有效的密封性能。

微孔曝气器直径为 215～260 mm，服务面积为 0.3～0.8 m^2/个。根据曝气池池底面积和曝气器的服务面积，可以计算出所需曝气器的数量。

$$n=A/A_0 \tag{6-40}$$

式中：n —— 曝气器数量，个；

A —— 曝气池池底面积，m^2；

A_0 —— 曝气器服务面积，m^2/个。

微孔曝气器的曝气量为 1.5～5.0 m^3/（个·h），根据此数值可以计算出曝气池的工作气量。曝气池的工作气量应与按需氧量计算出的供气量相匹配，否则应进行调整。微孔曝气器一般安装于曝气池池底，膜片距池底 200～250 mm。

（二）曝气器管网设计

曝气器一般采用回环式管网布置（图 6-27），可使每个曝气器的进气压力相等，达到沿池面均匀曝气的效果。根据供气量和选取的流速计算空气管道的直径和阻力损失。空气干管流速一般取 10～15 m/s，支管流速取 5 m/s。曝气池外采用焊接钢管，池内采用 ABS 管连接。

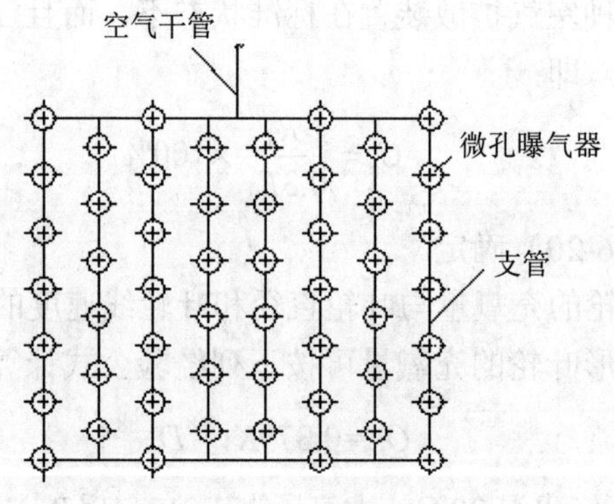

图 6-27　曝气器管网布置示意

（三）鼓风机的选择

根据所需的供气量和空气管道的阻力损失选择鼓风机。鼓风机的升压（H）≥微孔曝气器的膜片距曝气池液面的距离（H_0）+阻力损失（$\sum h_f$）。在缺少数据的情况下，也可按 $H \geqslant H_0+1$（m）估算。

中、小型污水处理厂（站）一般选用罗茨鼓风机，大、中型污水处理厂还可选用离心鼓风机。在同一供气系统中，应尽量选择同一型号的鼓风机。当工作鼓风机数量≤3 台时，备用 1 台；工作鼓风机数量≥4 台时，备用 2 台。鼓风机选好后，再按鼓风机的实际流量校核管网系统的流速和阻力，并进行适当调整。

三、污泥回流设备的设计

回流污泥量是关系到污水处理效果的重要设计参数，应根据不同的水质、水量和运行方式确定适宜的回流比（表 6-2）。

首先确定回流污泥浓度，可按下式计算：

$$X_r=10^6/\mathrm{SVI}_r \tag{6-41}$$

式中：r—— 综合系数，一般为 1.2。

污泥回流比的计算公式如下：

$$X_r=\frac{X(1+R)}{R} \tag{6-42}$$

回流比的大小取决于混合液污泥浓度和回流污泥浓度，而回流污泥浓度又与 SVI 有关。在曝气池的实际运行中，由于 SVI 在一定范围内变化，并且需要根据进水负荷的变化调整混合液污泥浓度，因此，在进行污泥回流设备的设计时，应按最大回流比设计，并使其具有在较小回流比时工作的可能性，以便使回流污泥量可以在一定幅度内变化。

活性污泥的回流设备有提升设备和输泥管渠等，常用的污泥提升设备是污泥泵和空气提升器。污泥泵的形式主要有螺旋泵和轴流泵，其运行效率较高，可用于各种规模的污水处理工程。选择污泥泵时，应首先考虑的因素是不破坏污泥的特性，且运行稳定可靠等。空气提升器结构简单、管理方便，并可在提升过程中对污泥进行充氧，但效率较低，因此，常用于中、小型鼓风曝气系统。

四、二次沉淀池设计

活性污泥法的二次沉淀池在功能上既要满足澄清又要满足污泥浓缩的需要。二次沉淀池的作用是泥水分离，使混合液澄清，污泥浓缩，并且将分离的活性污泥回流到曝气池，由于水质、水量的变化，还要暂时贮存污泥。其工作性能对活性污泥处理系统的出水水质和回流污泥浓度有着直接的影响。初沉池的设计原则一般也适用于二次沉淀池，但由于进入二次沉淀池的活性污泥混合液浓度高，具有絮凝性，属于成层沉淀，并且密度小，沉速较慢，因此，设计二次沉淀池时，最大允许水平流速（平流式、辐流式）或上升流速（竖流式）都应低于初沉池。由于二次沉淀池起着污泥浓缩的作用，所以需要适当地增大污泥区容积。

二次沉淀池设计的主要内容包括：池型的选择；沉淀池的面积；有效水深的计算；污泥区容积计算；污泥排放量计算等。

（一）二次沉淀池池型的选择

带有刮吸泥设施的辐流式沉淀池，比较适合大、中型污水处理厂；小型污水处理厂则多采用竖流式沉淀池或多斗式平流式沉淀池。

（二）二次沉淀池面积和有效水深计算

二次沉淀池面积和有效水深的计算公式如下：

$$A=\frac{Q}{q}=\frac{Q}{3.6u} \tag{6-43}$$

$$H=\frac{Qt}{A}=qt \tag{6-44}$$

式中：Q—— 污水最大时流量，m^3/d；

q—— 表面负荷，$m^3/(m^2 \cdot h)$；

u—— 活性污泥成层沉淀时的沉速，mm/s；

t—— 水力停留时间，h，一般为 1.5～2.5 h。

上面公式中的 u 一般在 0.2～0.5 mm/s，相应的 q 为 0.72～1.8 $m^3/(m^2 \cdot h)$，u 的大小与污水水质和混合液污泥浓度有关。当污水中的无机物含量高时，可采用较高的 u；而当污水中的溶解性有机物含量较多时，则 u 宜低。混合液污泥浓度对 u 影响较大。表 6-4 所列举的是 u 与混合液污泥浓度之间的关系，可供设计时参考。

表 6-4　混合液污泥浓度与 u 之间的关系

MLSS/（mg/L）	u/（mm/s）	MLSS/（mg/L）	u/（mm/s）
2 000	≤0.4	5 000	0.22
3 000	0.35	6 000	0.18
4 000	0.28	7 000	0.14

二次沉淀池面积以最大时流量作为设计流量，而不计回流污泥量。中心管的计算，则应包括回流污泥量在内。

（三）污泥斗容积的计算

污泥斗的作用是贮存和浓缩沉淀污泥，由于活性污泥因缺氧而失去活性和腐败，所以污泥斗容积不宜过大。对于分建式二次沉淀池，一般污泥斗的贮泥时间为 2 h，故可采用下列公式计算污泥斗容积。

$$V_s=\frac{4(1+R)QX}{(X+X_r)\times 24}=\frac{(1+R)QX}{(X+X_r)\times 6} \tag{6-45}$$

式中：Q—— 污水流量，m^3/h；

X—— 混合液污泥浓度，mg/L；

X_r—— 回流污泥浓度，mg/L；

R—— 污泥回流比；

V_s—— 污泥斗容积，m^3。

（四）污泥排放量的计算

二次沉淀池中的污泥部分作为剩余污泥排放，其污泥排放量应等于污泥增长量（ΔX），可用下式确定去除单位 BOD 所产生的 VSS 量：

$$Y_{obs}=\frac{Y}{1+K_d\theta_c} \tag{6-46}$$

$$\Delta X=Y_{obs}Q(S_0-S_e) \tag{6-47}$$

式中：Y_{obs} —— 表观产率系数，kg MLVSS/kg BOD_5，用来估算每天的污泥量。

Y、K_d 的确定是很重要的，以通过试验求得为宜。也可按经验参数进行计算。

污泥排放量也可以根据公式 $\Delta X=aQS_r-bVX$ 计算。

五、活性污泥法工程案例

【例】某城市的污水日排放量为 40 000 m^3，时变化系数为 1.3，BOD_5 为 350 mg/L，拟采用活性污泥法进行处理，要求处理后的出水 BOD_5 为 20 mg/L，试计算该活性污泥法处理系统的设计参数。

【解】（1）污水处理程度及运行方式

① 污水处理程度。水的 BOD_5 为 350 mg/L，经初次沉淀池处理后，其 BOD_5 按降低 25%计，则进入曝气池的污水 BOD_5 浓度（S_a）为：

$$S_a=350\times(1-25\%)=260\text{（mg/L）}$$

$$\eta=(S_a-S_e)/S_a=(260-20)/260\times100\%=92.3\%$$

② 活性污泥法的运行方式。根据提供的条件，考虑曝气池运行方式的灵活性和多样性，以传统活性污泥法系统作为基础，又可按阶段曝气法和生物吸附再生法运行。

（2）曝气池的计算与各部位尺寸确定

① 污泥负荷的确定。拟定采用的污泥负荷为 0.3 kg BOD_5/（kg MLSS·d），但为稳妥计，需加以校核，校核公式如下：

$$N_s=\frac{K_2S_ef}{\eta}$$

K_2 取 0.018 5，f=MLVSS/MLSS=0.75。

代入各值，得：

$$N_s=\frac{0.018\ 5\times20\times0.75}{92.3\%}=0.3\text{[kg BOD}_5\text{/（kg MLSS·d）]}$$

计算结果确证，N_s 取 0.3 是适宜的。

② 确定混合液污泥浓度（X）。根据 N_s，SVI 在 80～150，取 SVI 为 120（满足要求）。另取 r 为 1.2，R 为 50%，曝气池的混合液污泥浓度为：

$$X=\frac{R}{1+R}\cdot\frac{10^6}{\text{SVI}}\cdot r=\frac{0.5\times1.2}{1+0.5}\times\frac{10^6}{120}=3\ 333\text{（mg/L）}\approx3\ 300\text{（mg/L）}$$

③ 确定曝气池容积。曝气池的容积为：

$$V=\frac{QS_a}{XN_s}=\frac{40\ 000\times260}{3\ 300\times0.3}\approx10\ 500\text{（m}^3\text{）}$$

④ 确定曝气池各部尺寸。曝气池面积：设两座曝气池（n=2），池深（H）取 4.2 m，则每座曝气池面积为

$$F_1=\frac{V}{nH}=\frac{10\,500}{2\times 4.2}=1\,250\ (\text{m}^2)$$

曝气池宽度：设池宽（B）为 6 m，B/H=6/4.2=1.43，在 1～2，符合要求。

曝气池长度：曝气池长度 $L=F_1/B$=1 250/6=208（m），L/B=34.7（>10），符合要求。

曝气池的平面形式：设曝气池为三廊道式，则每廊道长 L_1=208/3=69.3≈69（m）。具体尺寸见图 6-28。

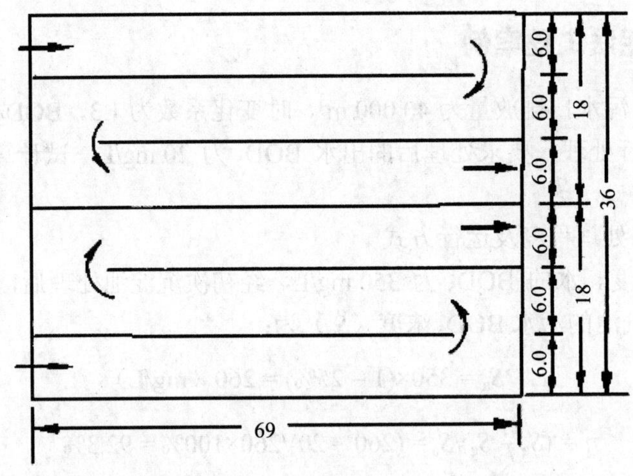

图 6-28 曝气池平面

取曝气池超高为 0.5 m，则曝气池的总高度为：4.2 + 0.5=4.7（m）。

进水方式设计：为使曝气池能按多种方式运行，将进水方式设计成既可在池首端集中进水，按传统活性污泥法运行；也可沿池长多点进水，按阶段曝气法运行；又可集中在池中部某点进水按生物吸附法运行。

（3）曝气系统的计算与设计

① 平均时需氧量的计算。平均时需氧量按下式计算，即：

$$O_2=a'QS_r+b'VX_v$$

查表 6-1，选用 $a'=0.5$、$b'=0.15$。代入各值，得：

$$O_2=0.5\times 40\,000\times\left(\frac{260-20}{1\,000}\right)+0.15\times 10\,500\times\left(\frac{3\,300\times 0.75}{1\,000}\right)$$
$$=8\,698.1\ (\text{kg/d})=362.4\ (\text{kg/h})$$

② 最大时需氧量。

$$O_{2(\max)}=0.5\times 40\,000\times 1.3\times\left(\frac{260-20}{1\,000}\right)+0.15\times 10\,500\times\left(\frac{3\,300\times 0.75}{1\,000}\right)$$
$$=10\,138.1\ (\text{kg/d})=422.4\ (\text{kg/h})$$

③ 每日去除 BOD_5 的量。

$$\frac{40\,000\times(260-20)}{1000}=9\,600\text{（kg/d）}$$

④ 去除每千克 BOD 的需氧量。

$$\Delta O_2=\frac{8\,698.1}{9\,600}=0.91\text{（kg O}_2\text{/kg BOD）}$$

⑤ 最大时需氧量与平均时需氧量之比。

$$\frac{O_{2(\max)}}{O_2}=\frac{422.4}{362.4}\approx 1.2$$

（4）供气量的计算

采用微孔曝气器，敷设于距池底 0.2 m 处，淹没水深 4.0 m，计算温度按最不利条件考虑，本设计定为 30℃。查表 6-3，水中溶解氧饱和度：

$$c_{s(20℃)}=9.17\text{ mg/L；}c_{s(30℃)}=7.63\text{ mg/L}$$

① 空气扩散器出口处的绝对压力（p_b）。

$$p_b=1.013\times10^5+9.8\times10^3H$$

代入各值，得：

$$p_b=1.013\times10^5+9.8\times10^3\times4=1.405\times10^5\text{（Pa）}$$

② 空气离开曝气池面时氧气的百分比（O_t）。

$$O_t=\frac{21(1-E_A)}{79+21(1+E_A)}$$

微孔曝气器的氧转移效率（E_A）取 15%，则

$$O_t=\frac{21(1-0.15)}{79+21(1+0.15)}=18.43\%$$

③ 曝气池混合液中平均氧饱和度（c_{sb}）。

$$c_{sb(T)}=c_s\left(\frac{p_b}{2.026\times10^5}+\frac{O_t}{42}\right)$$

代入各值，得：

$$c_{sb(30℃)}=7.63\times\left(\frac{1.405\times10^5}{2.026\times10^5}+\frac{18.43}{42}\right)=8.64\text{（mg/L）}$$

④ 换算为在 20℃条件下，脱氧清水的充氧量（R_0）。

$$R_0=\frac{Rc_{s(20℃)}}{\alpha(\beta\rho c_{sb(T)}-c)1.024^{(T-20)}}$$

取 $\alpha=0.85$、$\beta=0.95$、$c=2.0$ mg/L、$\rho=1.0$，代入各值，得：

$$R_0=\frac{362.4\times9.17}{0.82\times(0.95\times1.0\times8.64-2.0)\times1.024^{(30-20)}}$$
$$=514\text{（kg/h）}$$

相应的最大时需氧量为：

$$R_{0(\max)}=\frac{422.4\times9.17}{0.82\times(0.95\times1.0\times8.64-2.0)\times1.024^{(30-20)}}$$
$$=599\text{（kg/h）}$$

⑤ 曝气池平均时供气量（G_s）。

$$G_s=\frac{R_0}{0.3E_A}\times100$$

代入各值，得：

$$G_s=\frac{514}{0.3\times15}\times100=11\,422\text{（m}^3\text{/h）}=190\text{（m}^3\text{/min）}$$

⑥ 曝气池最大时供气量。

$$G_s=\frac{599}{0.3\times15}\times100=13\,311\text{（m}^3\text{/h）}=222\text{（m}^3\text{/min）}$$

⑦ 去除每千克 BOD_5 的供气量。

$$\frac{11\,422}{9\,600}\times24=28.6\text{（m}^3\text{空气 / kg BOD）}$$

活性污泥法运行管理

⑧ 每立方米污水的供气量。

$$\frac{11\,422}{40\,000}\times24=6.9\text{（m}^3\text{空气/m}^3\text{污水）}$$

⑨ 曝气系统。微孔曝气器的曝气量（g_0）取 2.5 m^3/（个·h），服务面积 0.5 m^2/个。

曝气器数量为：

$$n=\frac{10\,822}{2.5}=5\,324\text{（个）}$$

曝气器实际服务面积 $A_0'=\frac{A}{n}=\frac{1\,250\times2}{5\,324}\approx0.5$（$m^2$/个），符合要求。

鼓风机型号：采用风量为 90 m^3/min、静压力为 49 kPa 的罗茨鼓风机 4 台，其中 1 台备用。高负荷时 3 台工作，平时 2 台工作，低负荷时 1 台工作。

空气管道的直径根据管网布置情况计算。

六、活性污泥法运行管理

合理的设计是活性污泥系统取得优质出水的前提，而良好的运行管理却是活性污泥系统正常运行的基本保证。

（一）活性污泥的培养

根据污水水量、水质和污水处理厂（站）的条件，可采用的活性污泥培养法有下列几种。

1．全流量连续直接培养法

全部流量通过活性污泥系统的曝气池和二次沉淀池，连续进水和出水。二次沉淀池不排放剩余污泥，全部回流曝气池，直到 MLSS 和 SV 达到适宜数值为止。

为了加快培养速度，减少培养时间，可考虑污水不经初次沉淀池处理，直接进入曝气池；在不产生大量泡沫的前提下，提高供气量，以保证向混合液提供足够的溶解氧，并使其充分混合。也可以从同类的正在运行的污水处理厂提取一定数量的活性污泥进行接种。

活性污泥培养驯化期间必须考虑满足微生物的营养物质保持平衡。

2．流量分段直接培养法

采用连续进水和出水方式运行，控制污水投配流量，使其随形成的污泥量的增加而增加。即将培养期分为几个阶段，最后使污水投配流量达到设计流量，MLSS 达到适宜浓度。

3．间歇培养法

适用于生活污水所占比例较小的城市污水处理厂。将污水引入曝气池，水量为曝气池容积的 50%～70%，曝气 4～6 h，再静止 1～1.5 h。排放上清液，排放量约占总水量的 50%。此后再注入污水，重复上述操作，1～3 次/d，直到混合液中的 SV 达到 15%～20%为止。

水温在 15℃以上的条件下，一般营养比较平衡的城市污水，经 7～15 d 的培养，即可达到上述条件。为了缩短培养时间，也可以考虑用同类污水处理厂的剩余活性污泥进行接种。

（二）活性污泥的驯化

对工业废水，除培养外，还需对活性污泥进行驯化，使其适应所处理的废水。常用的驯化方法可分为异步驯化法和同步驯化法。异步驯化法是先培养后驯化，即先用生活污水或粪便稀释水将活性污泥培养成熟，此后再逐步增加工业废水在混合液中的比例，以逐步驯化污泥。同步驯化法则是在用生活污水培养活性污泥的开始，就投加少量的工业废水，以后则逐步提高工业废水在混合液中的比例，逐步使活性污泥适应工业废水的特性。驯化阶段以全部使用工业废水而结束。

（三）活性污泥系统的试运行

活性污泥培养成熟后，就开始试运行。试运行的目的是确定活性污泥系统的最佳运行条件。在系统的运行中，作变数考虑的因素有混合液污泥浓度、空气量、污水注入方式等；如采用生物吸附法，则还有污泥再生时间和吸附时间的比值；如采用曝气沉淀池，还要确定回流窗孔开启高度；如工业废水养料不足，还应确定氮、磷的投加量等。将这些变数组合成几种运行条件分阶段试验，观察各种条件的处理效果，并确定最佳运行条件，这就是试运行的任务。

活性污泥法要求在曝气池内保持适宜的营养物与微生物的比值，供给所需要的氧，使微生物与有机污染物很好地接触，并保持适当的接触时间等。如前所述，营养物与微生物的比值一般用污泥负荷率加以控制，其中营养物数量由流入污水量和浓度所决定，因此应通过控制活性污泥的浓度来维持适宜的污泥负荷率。不同的运行方式有不同的污泥负荷率，运行的混合液污泥浓度就是以其运行方式的适宜污泥负荷率作为基础确定的，并在试运行过程中确定最佳条件下的 N_s 和 MLSS。

MLSS 最好每天都能测定，如 SVI 稳定时，也可用污泥沉降比暂时代替 MLSS 的测定。根据测定的 MLSS 或污泥沉降比，便可控制污泥回流量和剩余污泥量，并获得这方面的运行规律。此外，也可通过相应的污泥龄加以控制。

关于空气量，应满足供氧和搅拌这两者的要求。在供氧上应使最高负荷时混合液溶解氧含量保持在 1～2 mg/L。搅拌的作用是使污水与污泥充分混合，因此搅拌程度应通过测定曝气池表面、中间和池底各点的污泥浓度是否均匀而定。

活性污泥系统有多种运行方式，在设计中应予以充分考虑，各种运行方式的处理效果，应通过试运行阶段加以比较观察，然后确定出最佳效果的运行方式及其各项参数。在正式运行过程中，还可以对各种运行方式的效果进行验证。

（四）活性污泥系统运行效果的检测

试运行确定最佳条件后，即可转入正常运行。为了经常保持良好的处理效果，积累经验，需要对处理情况定期进行检测。检测项目如下：

① 反映处理效果的项目：进出水总的和溶解性的 BOD、COD，进出水总的和挥发性的 SS，进出水的有毒物质（对应工业废水）；

② 反映污泥情况的项目：污泥沉降比（SV%）、MLSS、MLVSS、SVI、溶解氧（DO）、微生物观察等；

③ 反映污泥营养和环境条件的项目：氮、磷、pH、水温等。

一般 SV%和溶解氧最好 2～4 h 测定一次，至少每班一次，以便及时调整回流污泥量和空气量。微生物观察最好每班一次，以及时发现污泥异常现象。除氮、磷、MLSS、MLVSS、SVI 可定期测定外，其他各项应每天测定一次。

此外，每天要记录进水量、回流污泥量和剩余污泥量，还要记录剩余污泥排放规律、曝气设备的工作情况、空气量和电耗等。上述检测项目如有条件，应尽可能进行自动检测和自动控制。

（五）活性污泥系统运行过程中的异常情况

活性污泥系统在运行过程中，有时会出现异常情况，使处理效果降低，污泥流失。下面介绍运行中可能出现的几种主要的异常现象和对其采取的相应措施。

1. 污泥膨胀

正常的活性污泥沉降性能良好，含水率在 99%左右。当污泥变质时，污泥不易沉淀，SVI 增高，污泥的结构松散和体积膨胀，含水率上升，澄清液稀少（但较清澈），颜色也有异变，这就是污泥膨胀。污泥膨胀主要是由丝状菌大量繁殖引起的，也有由污泥中结合水异常增多导致的。一般污水中碳水化合物较多，缺乏氮、磷、铁等养料，溶解氧不足、水温高或 pH 较低等都容易引起丝状菌大量繁殖，导致污泥膨胀。此外，超负荷、污泥龄过长或有机物浓度梯度小等，也会引起污泥膨胀。排泥不通畅则引起结合水性污泥膨胀。

为了防止污泥膨胀，首先应加强操作管理，经常检测污水水质、曝气池内溶解氧、污泥沉降比、污泥指数和进行显微镜观察等。如发现不正常现象，就需采取预防措施。一般可调整、加大空气量，及时排泥，在有可能时采取分段进水，以减轻二次沉淀池的负荷等。

当污泥发生膨胀后，可针对引起膨胀的原因采取措施。如缺氧、水温高等，可加大曝气量，或降低进水量以减轻负荷，或适当降低 MLSS，使需氧量减少等；如污泥负荷率过高，可适当提高 MLSS，以调整负荷。必要时还要停止进水，“闷曝”一段时间。如缺乏氮、磷、铁等养料，可投加硝化污泥或氮、磷等成分。如 pH 过低，可投加石灰等调节 pH。若污泥大量流失，可投加 5～10 mg/L 氯化铁，帮助凝聚，刺激菌胶团生长；也可投加漂白粉或液氯（按干污泥的 0.3%～0.6%投加），这样不仅能抑制丝状菌繁殖，还特别能控制结合水性污泥膨胀；还可投加石棉粉末、硅藻土、黏土等惰性物质，降低污泥指数。污泥膨胀的原因很多，以上只是污泥膨胀的一般处理措施。

2．污泥腐化

在二次沉淀池有可能由于污泥长期滞留而产生厌气发酵，生成 H_2S、CH_4 等气体，从而使大块污泥上浮的现象。上浮的污泥腐败变黑，产生恶臭。此时也不是全部污泥上浮，大部分污泥都是正常排出或回流。只有积在死角长期滞留的污泥才腐化上浮。防止污泥腐化上浮的措施有：安设使污泥不外溢的浮渣清除设备；消除沉淀池的死角区；加大池底坡度或改进池底刮泥设备不使污泥滞留于池底；及时排泥和疏通堵塞等。

3．污泥上浮

污泥在二次沉淀池呈块状上浮的现象，并不是由于腐败所造成的，而是由于在曝气池内污泥龄过长，硝化进程较高（一般硝酸铵浓度达 5 mg/L），在沉淀池底部产生反硝化，硝酸盐中的氧被利用，氮即呈气体脱出附于污泥上，从而使污泥比重降低，整块上浮。所谓反硝化是指硝酸盐被反硝化菌还原成氨和氮的作用。反硝化作用一般在溶解氧低于 0.5 mg/L 时发生，并在试验室静沉 30～90 min 以后发生。因此，为防止这一异常现象发生，应增加污泥回流量或及时排出剩余污泥，在脱氮之前即将污泥排除，或降低混合液污泥浓度、缩短污泥龄和降低溶解氧等，使之不进入硝化阶段。

4．污泥解体

处理水质浑浊，污泥絮体微细化，处理效果变坏等则是污泥解体现象。导致这种异常现象的原因可能是运行中的问题，也可能是由于污水中混入了有毒物质。

运行不当，如曝气过量，会使活性污泥微生物-营养的平衡遭到破坏，使微生物量减少并失去活性，吸附能力降低，絮凝体缩小质密（一部分则成为不易沉淀的羽毛状污泥），处理水质浑浊，SVI 降低等。当污水中存在有毒物质时，微生物会受到抑制或伤害，净化功能下降或完全停止，从而使污泥失去活性。一般可通过显微镜观察来判别污泥解体的原因。当鉴别出是运行方面的问题时，应对污水量、回流污泥量、空气量和排泥状态以及 SV%、MLSS、DO、N_s 等多项指标进行检查，加以调整。当确定是污水中混入有毒物质时，需查明来源，采取相应措施。

5．泡沫问题

曝气池中产生泡沫，主要原因是污水中存在大量合成洗涤剂或其他起泡物质。泡沫给生产操作带来一定困难，如影响操作环境，带走大量污泥。当采用机械曝气时，还能影响叶轮的充氧能力。消除泡沫的措施有：分段注水以提高混合液浓度；进行喷水或投加除沫剂。常用的除沫剂有机油、煤油等，投加量为 0.5～1.5 mg/L。此外，用风机机械消泡，也是消除泡沫的有效措施。

复习思考题

一、名词解释

污泥浓度（MLSS、MLVSS） 污泥沉降比（SV） 污泥容积指数（SVI） 污泥负荷 污泥回流比

二、填空题

1. 活性污泥中的微生物是由________、________、________和________组成的混合培养体。

2. 曝气的主要作用除________外，还起________作用，使曝气池内的活性污泥与污水充分接触混合，保证曝气池的处理效果。

3. 曝气方式可分为________和________两大类。

4. 活性污泥能够连续从污水中去除有机物，是由________、________和________等三个净化阶段完成的。

三、判断题

1. 在污水处理厂往往用 SV 来控制剩余污泥的排放量。（ ）
2. 混合液悬浮固体浓度 MLSS 能确切地代表活性污泥的数量。（ ）
3. 活性污泥处理过程的试运行是为了确定最佳运行条件。（ ）

四、选择题

1. 污泥回流的作用是（ ）。

A. 减少浓缩池负荷 B. 减少曝气池负荷 C. 保持曝气池内生物量

2. 从活性污泥曝气池中取混合液 100 mL，注入 100 mL 的量筒内，30 min 后沉淀的污泥量为 20 mL，污泥沉降比 SV 为（ ）。

A. 100 B. 30 C. 20

五、简答题

1. 什么是活性污泥？简述活性污泥的组成及其功能。
2. 简述活性污泥法去除污染物质的过程。
3. 简述活性污泥法系统的组成及基本流程。
4. 常用评价活性污泥性能的指标有哪些？为什么污泥沉降比和污泥体积指数在活性污泥法系统运行中有着重要意义？
5. 传统活性污泥法、吸附再生活性污泥法和完全混合活性污泥法各有什么特点？
6. 活性污泥法有哪些主要的运行方式？各有什么特点？
7. 简述吸附-生物降解活性污泥法（AB 法）和间歇式活性污泥法（SBR 法）操作过程及工艺特点。
8. 简述活性污泥脱氮和除磷原理、适宜条件及工艺流程，并写出有关化学方程式。

9. 活性污泥系统会出现哪些异常现象？宜采取哪些相应措施？

六、计算题

1. 已知曝气池的 MLSS 为 2.2 g/L，混合液在 1 000 mL 的量筒中经 30 min 沉淀后污泥量为 180 mL，计算污泥指数、回流污泥浓度和所需的污泥回流比。

2. 某城镇排放的污水量为 30 000 m^3/d，污水的时变化系数为 1.4，拟采用活性污泥法进行处理，BOD_5 为 300 mg/L，初次沉淀池的 BOD_5 去除率为 25%，要求处理后出水 BOD_5 为 20 mg/L，试计算该活性污泥法处理系统的设计参数。

第七章　生物膜法

生物膜法是根据土壤自净的原理发展起来的，主要去除废水中溶解性的和胶体状的有机污染物。

最早人们利用污水灌溉农田，发现土壤渗滤作用对污水中的有机物有净化作用，因此用人工方法建造最早出现的生物膜法生物器是间歇沙滤池及接触滤池（盛满碎块的水池）。它们的运行都是间歇的，过滤—休闲或充水—接触—放水—休闲，构成一个工作周期。它们是污水灌溉的发展，是以土壤自净现象为基础的。接着就出现了连续运行的生物滤池。新型塑料问世后，又有了新的发展。

从微生物对有机物降解过程的基本原理分析，生物膜法与活性污泥法是相同的，两者的主要不同在于微生物在处理构筑物中存在的形式不同。在活性污泥法中，微生物形成絮状，悬浮在混合液中，不停地与废水混合和接触，微生物的这种生长方式称为悬浮生长。而在生物膜法中，微生物固定于载体的表面形成生物膜，当废水流经其表面时，互相接触，称为附着生长。

利用生物膜净化污水的装置称为生物膜反应器。根据废水与生物接触形式的不同，生物膜反应器可分为生物滤池、生物转盘、生物接触氧化池和生物流化床等。

第一节　生物膜及其净化机理

一、生物膜的产生

废水通过滤池时，滤料截留了废水中的悬浮物质，并把废水中的胶体物质吸附在自己的表面，它们中的有机物使微生物很快繁殖起来，这些微生物又进一步吸附了废水中呈悬浮、胶体和溶解状态的物质，填料表面逐渐形成了一层生物膜。生物膜主要由细菌的菌胶团和大量的真菌菌丝组成，其中还有许多原生动物和较高等动物生长。

在生物滤池表面的滤料中，常存在一些褐色或其他颜色的菌胶团，也有的滤池表层有大量的真菌菌丝存在，因此形成一层灰白色的黏膜。下层滤料生物膜则呈黑色。在春、夏、秋三季，滤池中容易滋生灰蝇，它们的幼虫色白透明，头粗尾细，常分布在滤料表面，成虫后即在滤池及其周围栖息。

二、生物膜的工艺流程

生物膜法的基本流程如图 7-1 所示。污水经格栅间、调节池、初沉池等预处理单元后，进入生物膜反应池，去除有机物。生物膜反应池出水入二沉池，去除脱落的生物膜。二沉池出水一部分排放，一部分回流至生物膜反应器，以加大水力负荷和冲刷作用，防止滤料堵塞。二沉池污泥进入污泥处理系统进行处理处置。

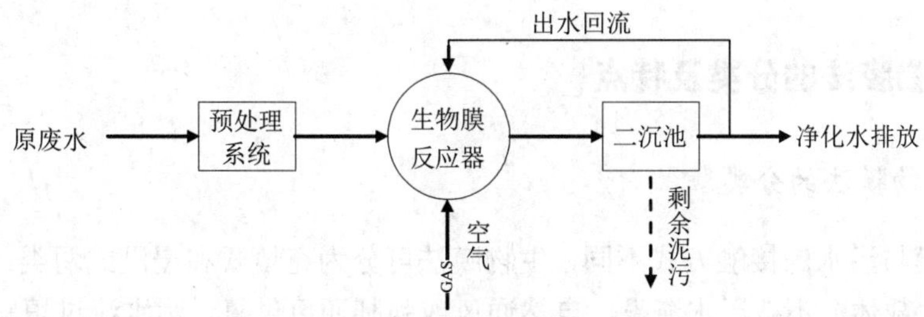

图 7-1 生物膜法基本流程

三、生物膜的结构及其净化机理

图 7-2 是生物膜结构及其工作示意图，可以帮助分析和理解生物膜对污水的净化作用。

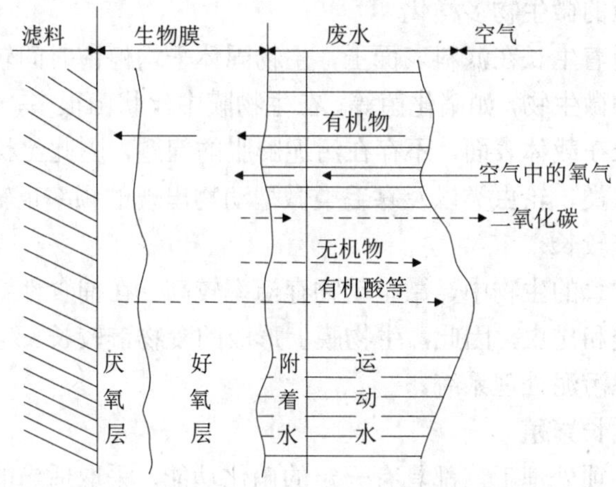

图 7-2 生物膜结构及其工作示意

如图 7-2 所示，由于生物膜的吸附作用，在其表面有一层很薄的水层，称为附着水层。这层水中的有机物大多已被生物膜氧化，其有机物浓度比进水低得多。因此，当进入池内的污水沿膜面流动时，由于浓度差的作用，有机物会从污水中转移到附着水层，并进一步被生物膜吸附。同时，空气中的氧也将经过污水进入生物膜。膜上的微生物在氧的参与下对有机物进行分解和机体新陈代谢，产生的二氧化碳和其他的代谢产物则沿着与底物扩散相反的方向从生物膜经过附着水层排到流动水层和空气中去。如此循环往复，污水中的有机物不断减少，从而使污水得到净化。

在污水处理过程中，随着时间的延长，微生物不断繁殖增长，生物膜的厚度不断增加，导致污水中底物及氧的传递阻力逐渐加大，在膜表层仍能保持足够的营养以及处于好氧状态，而在膜深处将会出现营养物或氧的不足，造成微生物内源代谢或出现厌氧层，此处的生物膜吸附于载体的能力较弱，生物膜呈老化现象，在外部水流的冲刷下易脱落。老化的生物膜脱落后，载体表面又可重新吸附→生长→增厚→重新脱落，从而不断对污水进行净化。

生物膜厚一般为2～3 mm，其中好氧层0.5～2.0 mm，去除有机物主要靠好氧层的作用。

四、生物膜法的分类及特点

（一）生物膜法的分类

按生物膜与污水的接触方式不同，生物膜法可分为充填式和浸没式两类：充填式生物膜法的填料（载体）不被污水淹没，自然通风或强制通风供氧，污水流过填料表面或盘片旋转浸过污水，如生物滤池和生物转盘等；浸没式生物膜法的填料完全浸没于水中，一般采用鼓风曝气供氧，如接触氧化和生物流化床等。

（二）生物膜处理法的特征

1．微生物相方面的特征

（1）参与净化反应的微生物多样化

生物膜中微生物附着生长在滤料表面上，生物固体平均停留时间较长，因此在生物膜上可生长世代期较长的微生物，如硝化菌等。在生物膜中丝状菌很多，有时还起主要作用。由于生物膜是固着生长在载体表面，不存在污泥膨胀的问题，因此丝状菌的优势得到了充分的发挥。此外，线虫类、轮虫类以及寡毛类微型动物出现的频率也较高。

（2）生物的食物链较长

在生物膜上生长繁育的生物中，微型动物存活率较高。在捕食性纤毛虫、轮虫类、线虫类之上栖息着寡毛类和昆虫，因此，生物膜上形成的食物链较长。生物膜处理系统内产生的污泥量也少于活性污泥处理系统。

（3）硝化菌得以增长繁殖

生物膜处理法的各项处理工艺都具有一定的硝化功能，采取适当的运行方式，还可以使污水反硝化脱氮。

（4）各段具有优势菌种

由于生物滤池污水是自上而下流动，逐步得以净化，而且上下水质不断发生变化，因此对生物膜上微生物种群产生了很大影响。在上层大多是以摄取有机物为主的异养微生物，底部则是以摄取无机物为主的自养型微生物。

2．处理工艺方面的特征

（1）运行管理方便

生物处理法中丝状菌起一定的净化作用，但丝状菌的大量繁殖，会降低污泥或生物膜的密度。在活性污泥法运行管理中，丝状菌增加会导致污泥膨胀，而丝状菌在生物膜法中无不良作用。

（2）剩余污泥量少

存在高营养级的微生物，有机物代谢相对较多地转移为能量，合成新细胞，即剩余污泥量较少。

（3）具有硝化作用

在污水中起硝化作用的细菌属自养型细菌，容易生长在固体介质表面上被固定下来，故用生物膜法进行污水的硝化处理，能取得好的效果，且较为经济。

（4）抗冲击负荷能力强

污水的水质、水量时刻在变化，当短时间内变化较大时，即产生了冲击负荷，生物膜法处理污水对冲击负荷的适应能力较强，处理效果较为稳定。有毒物质对微生物有伤害作用，一旦进水水质恢复正常后，生物膜净化污水的功能即可得到恢复。

（5）污泥沉降脱水性能好

生物膜法产生的污泥主要是从介质表面上脱落下来的老化生物膜，为腐殖污泥，其含水率较低、呈块状、沉降及脱水性能良好，在二沉池内易分离，得到较好的出水水质。

3．生物膜法的不足

生物膜法及其净化机理

① 需要较多的填料和支撑结构，在很多情况下生物膜法的基建投资超过活性污泥法；

② 活性生物量较难控制，在运行方面灵活性差；

③ 采用自然通风供氧，在生物膜内层往往形成厌氧层，从而缩小了其具有净化功能的有效容积。

第二节 生物滤池

生物滤池是最早的生物膜法反应池，池内填料一般不被污水淹没，属于充填式生物膜法。

一、生物滤池的构造

典型生物滤池主要由滤床、池壁、布水设备和排水通风系统构成，如图 7-3 所示。

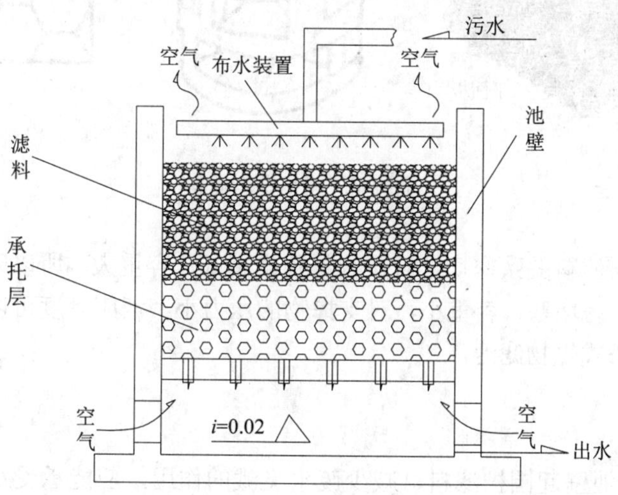

图 7-3 典型生物滤池结构

（一）滤床

滤床是滤料（生物载体）堆积而成的一定厚度的床层。滤料是微生物生长栖息的场所，理想的滤料应具备下述特性：① 能为微生物提供大量的表面积；② 有足够的孔隙率，保证通风（即保证氧的供给），使脱落的生物膜能随水流出滤池；③ 不被微生物分解，也不抑制微生物生长，有较好的化学稳定性；④ 有一定的机械强度，能承受一定的压力；⑤ 表面粗糙，以便于挂膜；⑥ 价格低廉，便于运输加工。

理论上，滤料粒径越小，其比表面积越大，所挂生物膜越多，滤床的工作能力越大。但粒径越小，孔隙也就越小，滤床的通风也越差，且滤床越易被生物膜堵塞。因此，滤料的选择应根据水质水量，综合多方面因素考虑。一般有机负荷高时，宜采用大粒径滤料；反之，采用小粒径滤料。

早期的滤料主要是碎石、卵石、炉渣和焦炭等，其粒径为 3～8 cm，孔隙率为 50%左右，比表面积（可附着面积）为 65～100 m^2/m^3。20 世纪 60 年代中期塑料工业发展起来以后，塑料滤料开始被采用，主要有波纹填料、环状填料和蜂窝填料等。

- 波纹填料：波纹填料如图 7-4（a）所示。滤料比表面积为 80～195 m^2/m^3，孔隙率为 90%～95%。
- 环状填料：环状填料如图 7-4（b）所示，是应用最多的一种。比表面积为 100～340 m^2/m^3，孔隙率为 90%～95%。
- 蜂窝填料：蜂窝填料如图 7-4（c），直径为 20 mm 的蜂窝填料孔隙率为 95%左右，比表面积为 200 m^2/m^3 左右。

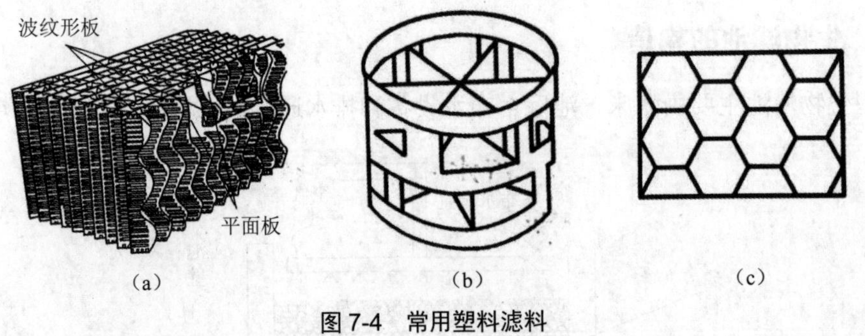

图 7-4 常用塑料滤料

滤床的高度与滤料关系密切。石质滤料孔隙率低，容重大，所以床层高度较低。塑料填料孔隙率大，不易堵塞，容重小，对支撑物的压力小，滤床高度可以提高、还可以采用多层结构，构成塔式生物滤池。

（二）池壁

生物滤池的池壁起围护滤料、减少废水飞溅的作用，应能承受水压和滤料压力。一般用砖、石或混凝土块砌筑。池壁应高出滤料 0.5 m，以防风吹影响废水在滤池表面的均匀分布。

（三）布水设备

设置布水设备的目的是使废水能够均匀地分布在整个滤床上，因为只有在滤床表面均匀布水，才能充分发挥每一部分滤床的作用，提高滤池的工作效率。另外，布水器还应不受风力的影响，不易堵塞和易于清除。布水设备有固定式和可动式两种。

1. 固定喷嘴式布水系统

固定喷嘴式布水系统是由投配池、虹吸装置、布水管道和喷嘴四部分所组成。如图 7-5 所示，污水进入配水池，当水位达到一定高度后，虹吸装置开始工作，污水进入布水管路。配水管设有一定坡度以便放空，布水管道敷设在滤池表面下 0.5～0.8 m，喷嘴安装在布水管上，伸出滤料表面 0.15～0.2 m，喷嘴的口径为 15～20 mm。当水从喷嘴喷出，受到喷嘴上部设有的倒锥体的阻挡，水流向四周分散，形成水花，均匀喷洒在滤料上。当配水池水位降到一定程度时，虹吸被破坏，喷水停止。

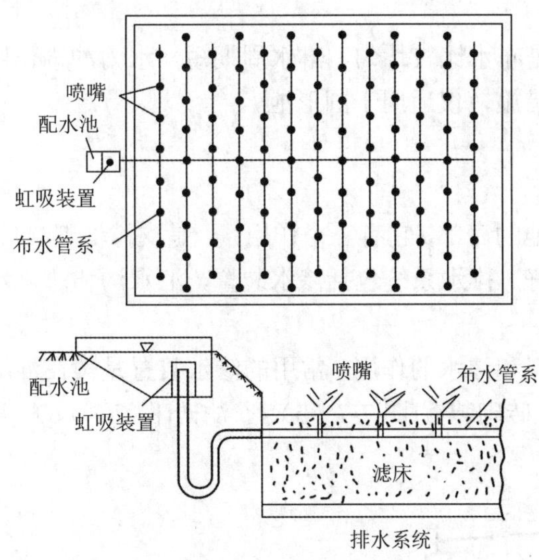

图 7-5 固定喷嘴式布水系统

这种布水装置的优点是运行方便，易于管理和受气候影响较小；缺点是需要的水头较大（20 m）。

2. 旋转式布水系统

常用的可动式布水装置是旋转布水器（图 7-6）。它由固定不动的进水管和可旋转的布水横管组成，横管绕竖管旋转，旋转的动力可以用电机，也可用水力反冲产生。目前应用最多的是水力驱动的旋转布水器（图 7-6），在布水横管的一侧水平开设布水小孔，当废水以一定的速度从小孔喷出时，在未开孔的管壁上产生反向水压力，迫使布水横管绕中心竖管反向转动。横管数目常取 2～4 根，多者可达 8 根。当池子很大时，为了满足布水的最大需要，也可在横管上再设分叉支管。布水小孔的直径为 10～15 mm，由于喷洒面积随着与水池中心距离的增大而增大，因而孔间距应随着与池中心距离的增大而减小，以满足布水量的要求。为了布水均匀，相邻两根横管上的小孔位置在水平方向上应错开。布水横管距滤料表面的高度为 0.15～0.25 m，喷水旋转所需的水头为 0.25～0.8 m。

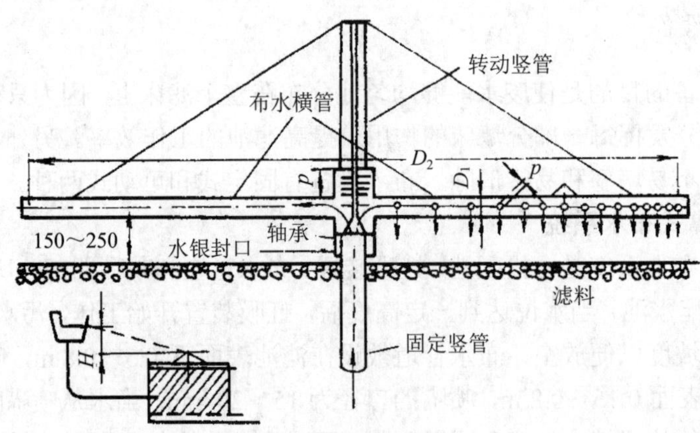

图 7-6　旋转布水器

旋转布水器的优点是布水比较均匀，淋水周期短，水力冲刷作用强；缺点是喷水孔易堵，低温时要采用防冻措施，仅适用于圆形池。

（四）排水通风系统

排水通风系统设于池的底部，它有三个作用：一是支撑滤料；二是排放处理后的出水；三是保证滤池的通风良好。排水系统包括渗水装置、汇水沟和总排水沟以及其供通风的底部空间。

渗水装置起支撑滤料和渗水的作用，常用的渗水装置是架在混凝土梁或砖垫上的穿孔混凝土板[图 7-7（a）]、砖砌装置[图 7-7（b）]、滤砖[图 7-7（c）]和半圆形陶土管[图 7-7（d）]等。

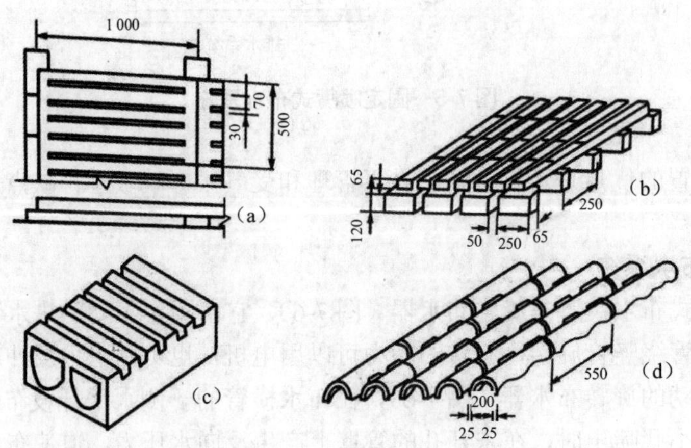

图 7-7　生物滤池的渗水装置

渗水装置除应坚固耐用外，还必须有足够的渗水和通风面积。为了保证滤池通风良好，渗水装置上排水孔的总面积不得小于滤池表面积的 20%；其与池底的距离不得小于 0.4 m。池底以 1%～2%的坡度坡向汇水沟，汇水沟宽 0.15 m，间距 2.5～4.0 m，并以 0.5%～10%

的坡度坡向总排水沟，总排水沟的坡度不应小于 0.5%，也是为了通风良好，总排水沟的过水断面积应小于其总断面的 50%，沟内流速应大于 7 m/s，以免发生沉淀和堵塞现象。小型的普通生物滤池，池底可不设集水沟，全部做成 1%的坡度，坡向总排水沟。

底部空间的作用是通气和布气。要求池底底部四周设通风口，其总面积不小于滤池表面积的 1%。对于面积较大的滤池，底部空间应适当地加高，以增大通风量，并使气流均匀地进入滤料层。

二、生物滤池的分类

根据构造特征和净化功能，生物滤池可分为普通生物滤池、高负荷生物滤池、塔式生物滤池和曝气生物滤池四类。

（一）普通生物滤池

1．普通生物滤池的构造特征

普通生物滤池构造与典型生物滤池构造基本相同，具有以下特征：

① 池体多为方形、矩形或圆形。

② 滤床多由碎石、卵石、炉渣和焦炭等滤料组成。

③ 布水设备多为固定喷嘴式布水系统。

④ 供氧由自然通风完成。

2．普通生物滤池的工艺特征

① 工艺负荷低。普通生物滤池又称低负荷生物滤池，水力负荷只有 1～3 m^3/（m^2·d），BOD 负荷也仅为 0.1～0.4 kgBOD_5/（m^3·d）。

② 出水水质较好。BOD 去除率达 90%以上，出水 BOD 可降到 25 mg/L 以下，硝酸盐含量在 10 mg/L 左右，出水水质稳定。

③ 占地面积大，易堵塞，灰蝇很多，影响环境卫生。故普通生物滤池仅在污水量小、地区较偏僻的场合。

（二）高负荷生物滤池

高负荷生物滤池是生物滤池的第二代工艺，它是在解决、改善普通生物滤池在净化功能和运行中存在的实际弊端的基础上而开创的。

1．高负荷生物滤池的构造特征

高负荷生物滤池构造亦与典型生物滤池构造基本相同，具有以下特征：

① 滤床多由新型高效能滤料（如波纹填料、环状填料蜂窝填料等）组成，滤床高度一般为 2.0 m，可高达 4.0 m。

② 布水设备多使用旋转布水器，故池体多为圆形。

③ 供氧由自然通风完成。

2．高负荷生物滤池的工艺特征

① 工艺负荷较高：其 BOD 容积负荷率高出普通生物滤池 6～8 倍，高达 0.5～2.5 kgBOD_5/（m^3·d）；水力负荷率则高出 10 倍，高达 5～40 m^3/（m^2·d）。

② 需进行出水回流：高负荷生物滤池实现高负荷率是通过限制进水的 BOD_5 和在运行

上采取处理水回流等技术措施而达到的。进入高负荷生物滤池的 BOD_5 必须低于 200 mg/L，否则用处理水回流加以稀释。

③ 出水水质较普通生物滤池差：单级滤池的 BOD_5 去除率一般为 75%～85%，故多采用两级串联。

（三）塔式生物滤池

塔式生物滤池，简称滤塔，是在 20 世纪 50 年代初开创的，属第三代生物滤池。

1．塔式生物滤池的构造特征

塔式生物滤池构造如图 7-8 所示，具有以下特征：

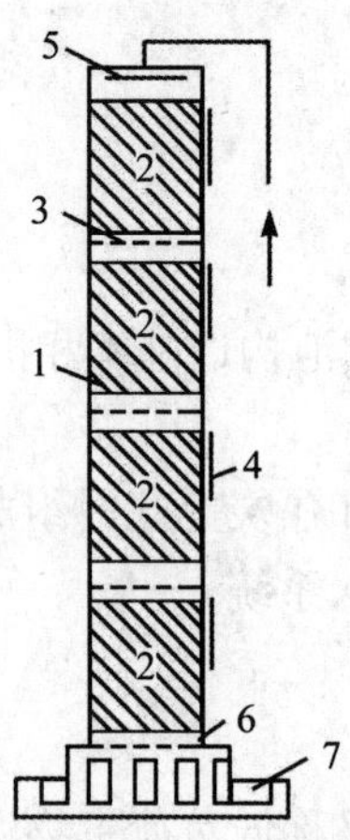

1—塔身；2—滤料；3—格栅；4—检修口；5—布水器；6—通风口；7—集水槽。

图 7-8　塔式生物滤池构造

（1）塔身

塔身起围挡滤料的作用，可用钢筋混凝土结构、砖结构、钢结构和钢框架与塑料板面的混合结构。塔身分若干层，每层设有支座以支撑滤料和生物膜的重量，另外塔身上还开设观察窗，供观察、采样、填装滤料等用。

（2）滤料

塔滤中所采用的滤料大多为轻质、高孔隙率的塑料滤料。

（3）布水装置

大中型塔滤多用电机驱动的旋转布水器；小型塔滤多用固定喷嘴式布水系统布水。

（4）通风装置

塔滤一般都采取自然通风，塔底有高度为 0.4～0.6 m 的空间，周围留有通风孔。处理工业废水时，考虑采用机械通风。

2．塔式生物滤池的工艺特征

① 负荷率高。塔式生物滤池的水力负荷率可达 80～200 $m^3/(m^2{\cdot}d)$，为一般高负荷生物滤池的 2～10 倍，BOD 容积负荷率达 1～3 $kg/(m^3{\cdot}d)$，较高负荷生物滤池高 1～2 倍。

② 滤池面积较小。塔式生物滤池内的生物膜生长过快，且没有回流，为防止滤料堵塞，采用的滤池面积较小，以获得较高的滤速。

③ 塔滤滤层内部存在着明显的分层现象。在各层生长繁育着种属各异，但适应流至该层污水特征的微生物群集，这种情况有助于微生物的增殖、代谢等生理活动，更有助于有机污染物的降解、去除。

④ 塔滤能够承受较高的有机污染物的冲击负荷。塔滤常用于作为高浓度工业废水二级生物处理的第一级工艺，较大幅度地去除有机污染物，以保证第二级处理技术保持良好的净化效果。

⑤ 一般自然通风，高温季节可人工通风。

⑥ 塔身高，运行管理不便。

（四）曝气生物滤池

曝气生物滤池是20世纪80年代末、90年代初最先在欧美发展起来的一种新型污水生物处理技术。

与前述生物滤池不同，曝气生物滤池反应器为周期运行，从开始过滤到反冲洗完毕为一个完整的周期。具体过程为：经预处理的污水从滤池底部进入滤料层，滤料层下部设有供氧的曝气系统进行曝气，气水为同向流。在滤池中，有机物被微生物氧化分解，NH_3-N被氧化成 NO_3-N；另外，由于在堆积的滤料层内和微生物膜的内部存在厌氧/缺氧环境，在硝化的同时实现部分反硝化，从滤池上部的出水可不需二沉池，直接排出系统。随着过滤的进行，由于滤料表面新产生的生物量越来越多，截留的SS不断增加，在开始阶段滤池水头损失增加缓慢，当固体物质积累达到一定程度，使水头损失达到极限水头损失或导致 SS 发生穿透，此时就必须对滤池进行反冲洗，以除去滤床内过量的微生物膜及SS，恢复其处理能力。

1. 曝气生物滤池的构造特征

曝气生物滤池是一种高负荷淹没式固定膜三相反应器，其构造建立在较典型生物滤池基础之上，增加了布气系统、反冲洗系统、管道和自控系统等（图 7-9）。

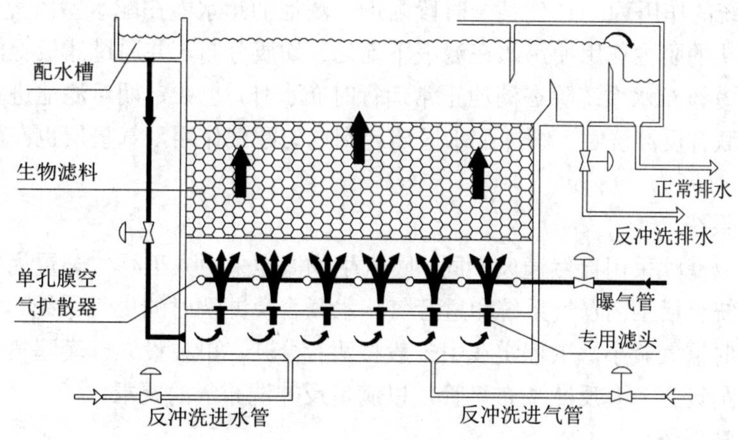

图 7-9 曝气生物滤池结构示意

（1）滤床

同典型生物滤池，滤床是生物膜的载体，曝气生物滤池的滤床还具有截留悬浮物质的作用。目前国内使用最广泛的滤料是性能与活性火山岩类似的轻质生物陶粒。该滤料以粉煤灰为主要原料，黏土为黏接剂，并添加少量造孔剂，经高温烧结而成的。其外表呈灰黄色，表皮坚硬，内部为铅灰色，多孔质轻。陶粒表面较粗糙，不规则，有很多孔径较大的孔洞，相互之间不相通。由于这种陶粒表面主要是一些开孔大于 0.5 μm 的孔洞，而细菌直径为 0.5～1.0 μm，这对于微生物附着生长非常有利，陶粒表面孔洞电镜照片见图 7-10。

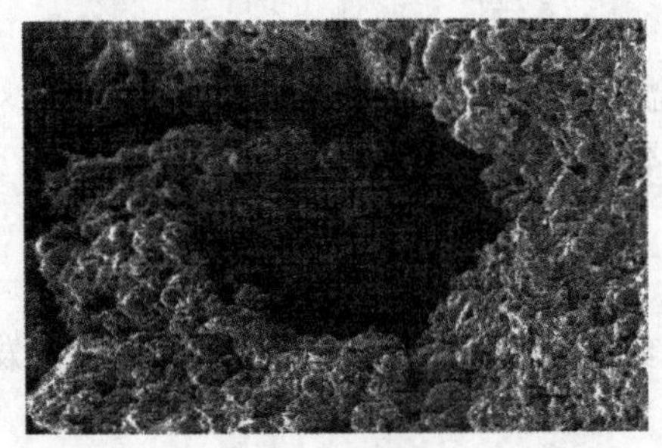

图 7-10 陶粒表面孔洞电镜

（2）滤池池体

其作用是容纳被处理水量和围挡滤料，并承托滤料和曝气装置的重量。形状有圆形、正方形和矩形三种，结构形式有钢制设备和钢筋混凝土结构等。

（3）承托层

承托层主要是为了支撑滤料，防止滤料流失和堵塞滤头，同时还可以保持反冲洗稳定进行。承托层常用材质为卵石或磁铁矿，为保证承托层的稳定，并对配水的均匀性起充分作用，要求材质具有良好的机械强度和化学稳定性，形状应尽量接近圆形，工程中一般选用鹅卵石作为承托层。

（4）布水系统

曝气生物滤池的布水系统主要包括滤池最下部的配水室和滤板上的配水滤头。如图 7-9 所示，布水系统的作用为：① 使某一时段内进入滤池的污水能在配水室内混合均匀，依靠承托滤板和滤头的阻力作用使污水在滤板下均匀、均质分布，并通过滤板上的滤头而均匀流入滤料层；② 该布水系统除在滤池正常运行时布水外，也在定期对滤池进行反冲洗时布水。在气、水联合反冲洗时，缓冲配水区还起到均匀配气作用，气垫层也在滤板下的区域中形成。

（5）布气系统

与前述生物滤池采用自然通风不同，曝气生物滤池采用人工曝气装置为生物膜提供氧气。其布气系统包括工艺曝气系统和进行气—水联合反冲洗时的供气系统。因充氧曝气需气量比反冲洗时需气量小，工程实践中一般将两者分开，单独设立一套曝气管，以保持正常运行；同时另设立一套反冲洗布气管，以满足反冲洗布气的要求。

（6）反冲洗系统

反冲洗是保证曝气生物滤池正常运行的关键，其目的是在较短的反冲洗时间内，使滤料得到适当的清洗，恢复其截污功能。采用气—水联合反冲洗的顺序通常为：先单独用气反冲洗，再用气—水联合反冲洗，最后用清水反冲洗。在反冲洗过程中必须掌握好冲洗强度和冲洗时间，既要使截留物质冲洗出滤池，又要避免对滤料过分冲刷，使生长在滤料表面的微生物膜脱落而影响处理效果。

（7）出水系统

曝气生物滤池出水系统可采用周边出水或单侧堰出水等方式。

2．曝气生物滤池的工艺特征

① 具有较高的生物浓度和较高的有机负荷。曝气生物滤池采用的为粗糙多孔的球状滤料，为微生物提供了较佳的生长环境，易于挂膜及稳定运行，可在滤料表面和滤料间保持较多的生物量，使得容积负荷增大，进而减少池容积和占地面积，降低基建费用。

② 工艺简单、出水水质好。由于滤料的机械截留作用以及滤料表面的微生物和代谢中产生的黏性物质形成的吸附作用，使得出水的 SS 很低，一般不超过 10 mg/L，因此可省去二沉池，进而降低基建费用。

③ 抗冲击负荷能力强。由于整个滤池中分布着较高浓度的微生物，其对有机负荷、水力负荷的变化不似传统活性污泥那么敏感，同时无污泥膨胀问题。

④ 氧的传输效率高。曝气生物滤池中氧的利用率可达 20%～30%，曝气量明显低于一般生物处理。其主要原因是：因滤料粒径小，气泡在上升过程中不断被切割成小气泡，加大了气液接触面积，提高了氧的利用率；气泡在上升过程中，由于滤料的阻挡和分割作用，使气泡必须经过滤料的缝隙，延长了其停留时间。

⑤ 易挂膜、启动快。BAF 调试时间短，一般只需 7～12 d，而且不需接种污泥，采用自然挂膜驯化。由于微生物生长在粗糙多孔的滤料表面，微生物不易流失，使其运行管理简单。BAF 如在短时间内不使用可关闭运行，一旦通水并曝气，可在很短时间内恢复正常运行。

⑥ 脱氮效果好。通过不同功能的滤池组合或同一滤池中的不同功能区分布，使滤池在除碳的同时可进行硝化和反硝化。

⑦ 构筑物模块化，有利于今后的扩建。曝气生物滤池单元为模块化结构，可较好满足城市污水处理厂分期建设的要求。

三、生物滤池的运行方式

生物过滤法系统基本上由初沉池、生物滤池、二次沉淀池（曝气生物滤池无二次沉淀池）组合而成，其组合形式有单级运行系统和多级运行系统。

单级运行系统如图 7-11 所示，图 7-11（a）为单级直流系统，多用于低负荷生物滤池；图 7-11（b）、（c）、（d）均为单级回流系统，多用于高负荷生物滤池。图 7-11（b）的处理水回流至生物滤池前，用以加强表面负荷，又不加大初沉池的容积，但二次沉淀池要适当大些。图 7-11（c）生物滤池出水直接回流到生物滤池前，可加大表面负荷，又可利用生物接种，促进生物膜更新，这个系统的两个沉淀池都比较小。图 7-11（d）不设二次沉淀池，滤池出水回流到初沉池前，加强初沉池生物絮凝作用，促进沉淀效果。

多级运行系统见图 7-12。据试验和分析，第一级生物滤池处理效率可达 70%，第二级处理效率可达 20%，第三、四级的处理效率很低，在 5%左右。所以，一般取两级。图 7-12（a）、（b）均为二级直流系统。二级串联工作的生物滤池的优点是：滤层深度可适当减小，通风条件好，两次洒水充氧，出水水质较好。缺点是：增加了提升泵，加大了占地面积。一般第一级生物滤池采用粒径较大的滤料，后一级采用粒径较小的滤料。图 7-12（c）和

图 7-12（d）是二级回流系统。

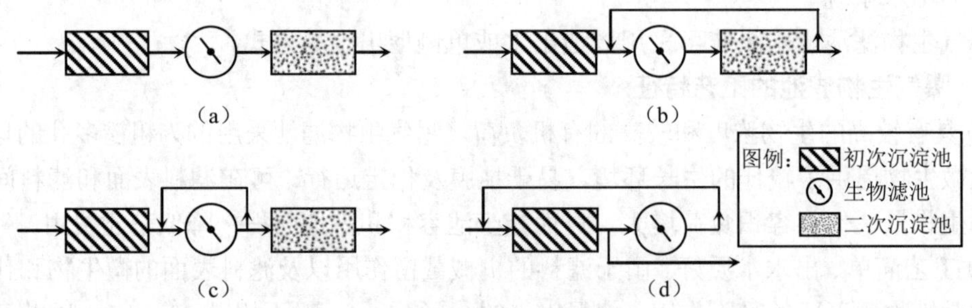

图 7-11 生物滤池的单级运行系统

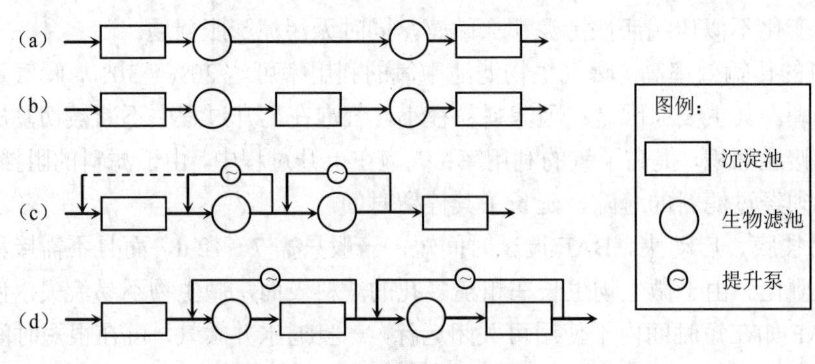

图 7-12 生物池的多级运行系统

采用回流的优点是：① 增大水力负荷、促进生物膜的脱落、防止堵塞；② 污水被稀释，降低了基质浓度；③ 可向生物滤池连续接种，促进生物膜的生长；④ 提高进水的溶解氧；⑤ 由于进水量增加，可采用水力旋转布水器；⑥ 防止滤池滋生蚊蝇。

缺点是：① 污水在滤池中的停留时间较短；② 将降低生物膜吸附有机物的速度；③ 回流会导致水中难降解的物质产生积累，以及冬天回流会使池中水温降低等。

图 7-13 是二级交流运行系统，每一生物滤池可交替作为一级和二级使用，循环往复，使负荷率比一般二级系统提高 2～3 倍。

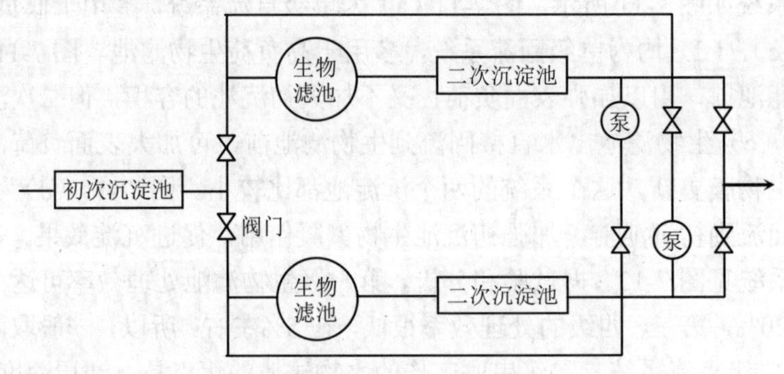

图 7-13 生物滤池二级交流运行系统

采用生物滤池处理污水时，应该做好滤池类型和运行系统的选择。一般来说，低负荷生物滤池的体积大、占地多、滤料的需要量大、易堵塞，常出现池蝇和臭味，目前已不常采用，仅在污水量小的地区选用。目前大多数采用高负荷生物滤池。

确定流程时，应该决定是否用初次沉淀池，采用几级过滤，采用回流与否，选择回流方式及回流比等。是否用初次沉淀池视水质而定，悬浮物较多的污水，一般都使用初沉池。

四、生物滤池的设计

（一）普通生物滤池的设计与计算

1．主要设计参数

① 工作层填料的粒径为 25～40 mm，厚度为 1.3～1.8 m；承托层填料的粒径为 70～100 mm，厚度为 0.2 m。

② 在正常气温条件下，处理城市污水时，表面水力负荷为 1～3 m^3/（$m^2 \cdot d$），BOD_5 容积负荷为 0.15～0.30 kgBOD_5/（$m^3 \cdot d$），BOD_5 的去除率一般为 85%～95%。

③ 池壁四周通风口的面积不应小于滤池表面积的 1%。

④ 滤池数不应小于 2 座。

2．计算公式（表 7-1）

表 7-1 普通生物滤池计算公式

设计内容	计算公式	参数意义及取值
滤料总体积（V）	$V=QS_0/L_v$	V—— 滤料总体积，m^3； Q—— 进水平均流量，m^3/d； S_0—— 进水 BOD_5 浓度，kg BOD_5/m^3； L_v—— 容积负荷，一般取 0.15～0.3 kgBOD_5/（$m^3 \cdot d$）
滤床有效面积（F）	$F=V/H$	F——滤床的有效面积，m^2； H——滤料高度，1.5～2.0 m
表面负荷校核（q'）	$q'=Q/F$	q'——表面负荷，应为 1～3 m^3/（$m^2 \cdot d$）

（二）高负荷生物滤池工艺设计与计算

高负荷生物滤池的设计计算分为两部分：回流比的计算与设计，滤池的计算与设计。

1．主要设计参数

① 以碎石为滤料时，工作层滤料的粒径应为 40～70 mm，厚度不大于 1.8 m，承托层的粒径为 70～100 mm，厚度为 0.2 m；当以塑料为滤料时，滤床高度可达 4 m。

② 正常气温下，处理城市污水时，表面水力负荷为 10～30 m^3/（$m^2 \cdot d$），BOD_5 容积负荷不大于 1.2 kgBOD_5/（$m^3 \cdot d$），单级滤池的 BOD_5 的去除率一般为 75%～85%；两级串联时，BOD_5 的去除率一般为 90%～95%。

③ 进水 BOD_5＞200 mg/L 时，应采取回流措施。

④ 池壁四周通风口的面积不应小于滤池表面积的 2%。

⑤ 滤池数不应少于 2 座。

2．计算公式

（1）回流稀释比（r）的计算

高负荷生物滤池，当进水 BOD_5＞200 mg/L 时，必须加回流水稀释。在进行工艺计算前，首先应确定进入滤池的污水经回流稀释后的 BOD_5 值 L_a，以及回流稀释倍数。

经处理水稀释后，进入滤池污水的 BOD_5 值

$$L_a = \alpha L_e \tag{7-1}$$

式中：L_a —— 喷洒向滤池污水的 BOD_5 值，mg/L；

L_e —— 滤池处理水的 BOD_5 值，mg/L；

α —— 系数，按表 7-2 所列数据选用。

表 7-2　系数α的取值

污水冬季平均气温/℃	年平均气温/℃	滤料层高度/m				
		2.0	2.5	3.0	3.5	4.0
8～10	＜3	2.5	3.3	4.4	5.7	7-5
10～14	3～6	3.3	4.4	5.7	7.5	9.6
＞14	＞6	4.4	5.7	7.5	9.6	12.0

回流比可按下式求得：

$$r = \frac{L_0 - L_a}{L_a - L_e} \tag{7-2}$$

式中：L_0 —— 原污水的 BOD_5 值，mg/L；

其余符号同前。

（2）滤料容积（V）的计算

按容积负荷计算，滤料容积

$$V = \frac{Q(1+r)L_a}{N_V} \tag{7-3}$$

式中：Q —— 原污水日平均流量，m^3/d；

N_V —— 容积负荷率，g BOD_5/（$m^3 \cdot d$）；其余符号同前。

（3）滤池表面积（A）的计算

滤池表面积

$$A = \frac{V}{H} \tag{7-4}$$

式中：H —— 滤料层高度，m。

按水力负荷计算，滤池表面积

$$A = \frac{Q(1+r)}{N_q} \tag{7-5}$$

式中：N_q —— 滤池表面水力负荷，m^3 污水/（$m^2 \cdot d$），一般为 10～30 m^3/（$m^2 \cdot d$）；

其余符号同前。

【例 7-1】某城镇设计人口（N）=60 000 人，污水量标准 250 L/（人·d），排放的 BOD_5 量

为 30 g/（人·d）。镇内有一座工厂，污水量 2 000 m^3/d，BOD_5值为 1 000 mg/L。混合污水冬季平均温度为 15℃，年平均气温 10℃。滤料层厚度（H）=2.0 m，采用旋转布水器布水，要求处理后出水 BOD_5≤30 mg/L。

解：高负荷生物滤池计算。

（1）污水平均日流量

$$Q=\frac{60\,000\times 250}{1\,000}+2\,000=17\,000\text{（m}^3/\text{d）}$$

（2）污水的 BOD_5 浓度

$$L_0=(60\,000\times 30+2\,000\times 1\,000)\times\frac{1}{17\,000}\approx 223.53\ \text{（mg/L）}$$

（3）因为 L_0＞200 mg/L，原污水必须用回流水稀释，回流稀释后混合污水浓度（L_a）为：根据所给条件查表 7-2 得α=4.4

故

$$L_a=4.4\times 30=132\ \text{（mg/L）}$$

（4）回流稀释比

$$r=\frac{L_0-L_a}{L_a-L_e}=\frac{223.53-132}{132-30}\approx 0.897$$

（5）滤池总面积

取 $N_A=1\,800$ g BOD_5/（m^3·d）

$$A=\frac{Q(1+r)L_a}{N_A}=\frac{17\,000\times(0.897+1)\times 132}{1\,800}\approx 2\,365\text{（m}^2\text{）}$$

（6）滤池滤料总体积

$$V=H\cdot A=2\times 2\,365=4\,730\text{（m}^3\text{）}$$

（7）单个滤池面积

采用 4 个滤池，每个滤池面积：

$$A_1=\frac{1}{4}A=\frac{1}{4}\times 2\,365=591.25\ \text{（m}^2\text{）}$$

（8）滤池直径

$$D=\sqrt{\frac{4A_1}{\pi}}=\sqrt{\frac{4\times 591.25}{3.14}}\approx 27.44\text{（m）}$$

（9）校核水力负荷

$$N_q=\frac{Q(1+r)}{A}=\frac{17\,000\times(1+0.897)}{2\,365}=13.64\ [\text{m}^3/\text{（m}^2\cdot\text{d）}]$$

水力负荷介于 10～30 m^3/（m^2·d），符合要求。经计算，采用 4 座直径为 27.5 m、高度为 2.0 m 的高负荷生物滤池。

（三）塔式生物滤池工艺设计与计算

1．主要设计参数

① 一般常用塑料滤料，滤池总高度为 8～12 m，也可更高；每层滤料的厚度不应大于 2.5 m；径高比为 1∶（6～8）。

② 容积负荷为 1.0～3.0 kgBOD_5/（m^3·d），表面水力负荷为 80～200 m^3/（m^2·d），BOD_5 的去除率一般为 65%～85%。

③ 自然通风时，塔滤四周通风口的面积不应小于滤池横截面积的 7.5%～10%；机械通风时，风机容量一般按气水比为（100～150）∶1 进行设计。

④ 滤池数不应少于 2 座。

2．主要计算公式（表 7-3）

表 7-3　塔式生物滤池的计算公式

名 称	公 式	符号说明
滤料总体积	$V=\dfrac{Q(S_a-S_e)}{L_v}$	V —— 滤料总体积，m^3； Q —— 平均日废水量，m^3/d； S_a —— 进水 BOD_5 浓度，g BOD_5/m^3； S_e —— 出水 BOD_5 浓度，g BOD_5/m^3； L_v —— 滤料容积负荷，g BOD_5/（m^3·d）
滤池总面积	$F=V/H$	F —— 滤池总面积，m^2； H —— 滤料层总高度，m
滤池直径	$D=\sqrt{\dfrac{4F}{\pi \cdot n}}$	D —— 滤池直径，m； n —— 滤池个数，$n\geqslant 2$
滤池总高度	$H_0=H+h_1+（m-1）h_2+h_3+h_4$	H_0 —— 滤池总高度，m； H —— 滤料层总高度，m； h_1 —— 超高，m，h_1=0.5 m； h_2 —— 滤料层间隙高度，m，h_2 为 0.2～0.4 m； h_3 ——最下层滤料底面与集水池最高水位距离，m，$h_3\geqslant 0.5$ m h_4 —— 集水池最大水深，m； m ——滤料层层数
空气总量	$G=G_0/G$	G_0 —— 气水比，（100～150）∶1； G —— 空气总量，m^3/d

五、生物滤池的运行管理

（一）挂膜

生物滤池投入运行之前，先要检查各项机械设备和管道，进行清水联动试运行。

生物滤池的投产与活性污泥处理装置投产相类似，有一个生物膜的培养与驯化阶段。这一阶段一方面是使微生物生长、繁殖直到滤料表面长满生物膜，微生物的数量满足废水处理的要求；另一方面则是使微生物能逐渐适应所处理的废水水质，即驯化微生物。可先将生活污水投配入滤池，待生物膜形成后（夏季2～3周即达成熟）再逐渐加入工业废水，或直接将生活污水与工业废水的混合液投入滤池或向滤池投配其他废水处理厂的生物膜或活性污泥等。当处理工业废水时，通常先用20%的工业废水量和80%生活污水量来培养生物膜。当观察到一定的处理效果时，逐渐加大工业废水量的比值，直到全部是工业废水时为止。当生物膜的培养与驯化结束，生物滤池便可按设计方案正常运行。

（二）生物滤池运行中异常问题及其处理措施

在污水生物处理设备中，虽然生物滤池的运转故障是很少的，但仍具有产生故障的可能性。下面介绍一些常见问题及处理措施。

1. 滤池积水

滤池积水的原因有：① 滤料的粒径太小或不够均匀；② 由于温度的骤变使滤料破裂以致堵塞孔隙；③ 初级处理设备运转不正常，导致滤池进水中的悬浮物浓度过高；④ 生物膜的过度剥落堵塞了滤料间的孔隙；⑤ 滤料的有机负荷过高。

滤池积水的预防和补救措施有：① 耙松滤池表面的滤料。② 用高压水流冲洗滤料表面。③ 停止运行积水面积上的布水器，让连续的废水流将滤料上的生物膜冲走。④ 向滤池进水中投配一定量的游离氯（15 mg/L），历时数小时，隔周投配；投配时间可在晚间低流量时期，以减小氯的需要量。⑤ 停转滤池一天或更长一些时间以便使积水滤干。⑥ 对于有水封墙和可以封住排水渠的滤池，可用污水淹没滤池并持续至少一天的时间。⑦ 如以上方法均无效，可以更换滤料，这样做能比清洗旧滤料更经济。

2. 滤池蝇

滤池蝇是一种小型昆虫，其幼虫在滤池的生物膜上滋生，成体蝇在池周围飞行，可飞越普通的窗纱，进入人的眼、耳、口鼻等处；它的飞行能力仅为方圆数百米，但可随风飞得更远。滤池蝇的生长周期随气温的上升而缩短，从15℃的22 d到29℃的7 d。在环境干湿交替条件下最易产生。滤池蝇的危害主要是影响环境卫生。

防治滤池蝇的方法有：① 生物滤池连续进水不可间断。② 按照与减少积水相类似方法减少过量的生物膜。③ 每周或隔周用污水淹没滤池1 d。④ 彻底冲淋滤池暴露部分的内壁，如尽可能延长布水横管，使废水能洒布于壁上，若池壁保持潮湿，则滤池蝇不能生存。⑤ 在厂区内消除滤池蝇的避难所。⑥ 在进水中加氯，使余氯为0.5～1 mg/L，加药周期为1～2 周，以避免滤池蝇完成生命周期。⑦ 在滤池壁表面施药杀灭欲进入滤池的成蝇，施药周期为4～6周，即可控制池蝇；但在施药前应考虑杀虫剂对受纳水体的影响。

3. 臭味

滤池是好氧的，一般不会有严重的臭味，若有臭鸡蛋味，则表明有厌氧条件。

臭味的防治措施有：① 维持所有设备（包括沉淀和废水系统）均为好氧状态；② 降低污泥和生物膜的积累量；③ 当流量低时向滤池进水中短期加氯；④ 出水回流；⑤ 保持整个污水处理厂的清洁；⑥ 避免出现堵塞的下水系统；⑦ 清洗所有滤池通风口；⑧ 将空气压入滤池的排水系统以加大通风量；⑨ 避免高负荷冲击，如避免牛奶加工厂和罐头厂的高浓度废水进入，以免引起污泥的积累；⑩ 在滤池上加盖并对排放气体除臭。此外，美国曾经在初级塑料滤池的出水中加过氧化氢除臭，丹麦还曾用塑料球覆盖在滤池表面上除臭等方法。

4．滤池表面结冰问题

滤池在冬天不仅处理效率低，有时还可能结冰，使其完全失效。

防止滤池结冰的措施有：① 减少出水回流倍数，有时可完全不回流，直至气候暖和为止；② 调节喷嘴，使之布水均匀；③ 在上风向设置挡风屏；④ 及时清除滤池表面出现的冰块；⑤ 当采用二级滤池时，可使其并联运行，减少回流量或不回流，直至气候转暖。

5．布水管及喷嘴的堵塞问题

布水管及喷嘴的堵塞使废水在滤料表面上分布不均，结果进水面积减少，处理效率降低。严重时大部分喷嘴堵塞，会使布水器内压增高而爆裂。

防治方法：① 清洗所有喷嘴，有时还需要清洗布水器管道；② 提高初沉池对油脂和悬浮物的去除率；③ 维持足够的水力负荷；④ 按设备说明书润滑布水器。

6．蜗牛、苔藓和蟑螂等引起的问题

生物滤池的结构

蜗牛、苔藓及蟑螂等常见于南方地区，可引起滤池积水或其他问题。蜗牛本身无害，但其繁殖快，可在短期内迅速增多，死亡后，其壳可导致某些设备堵塞。其防治措施有：① 在进水中加氯；② 用最大回流量冲洗滤池。

7．生物膜过厚的问题

生物膜内部厌氧层的异常增厚，可引起硫酸盐还原，污泥发黑发臭，并可导致生物膜活性低下、大块脱落，使滤池局部堵塞，造成布水不均，不堵的部位流量及负荷偏高，出水水质下降。

防止生物膜过厚的措施有：① 加大回流量，借助水力冲脱过厚的生物膜；② 采取两级滤池串联，交替进水；③ 低频进水，使布水器的转速减慢，从而使生物膜活性下降。

第三节 生物转盘

一、生物转盘的构造及工作原理

（一）生物转盘的构造

生物转盘（Rotating Biological Contactor，RBC）是一种生物膜法污水处理技术，20世纪 60 年代由联邦德国开创，是在生物滤池的基础上发展起来的。其构造由盘片、接触反应槽、转轴及驱动装置组成（图 7-14）。盘片串联成组，其中贯以转轴，转轴的两端安设在半圆形的接触反应槽的支座上。转盘面积的 45%～50%浸没在槽内的污水中，转轴高出水面 10～25 cm。

1．盘片

长期以来多采用圆形或正多边形盘片。近年来，为了提高单位体积盘片的表面积，也有的采用波纹圆板或采用波纹圆板与平面圆板相组合的盘片，也有采用蜂窝转盘的。

盘片的材料要求质轻、高强、耐腐、不易变形和比表面积大等。常采用聚氯乙烯塑料和聚苯乙烯塑料以及玻璃钢等材料。

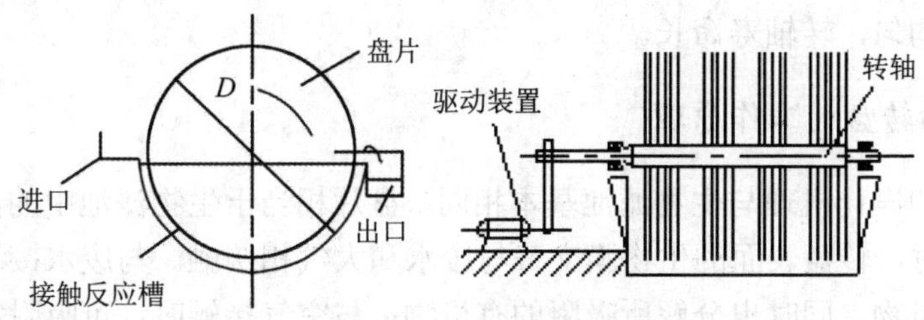

图 7-14 生物转盘构造

转盘的直径一般为 2～3 m，目前也有增大至 4.0 m 的。盘片之间的净间距一般为 20～30 mm（废水浓度高时取上限）。间距太大，转盘的有效表面积减少；间距太小，通风不良，易于堵塞。盘片的厚度在保证强度的前提下，应尽量小，一般为 2～10 mm。在一套生物转盘装置内盘片达 100～200 片，它们平行地装在转轴上，需有支撑加固以防止挠曲变形以至互相碰上。

2．氧化槽

氧化槽可用钢板制作，也可采用钢筋混凝土或砖砌。断面最好是半圆形，以防止产生死角。槽壁与盘片之间的距离一般为 20～50 mm。槽内水面应在转轴以下约 15 mm。氧化槽的容积（V）可根据盘片总面积来决定。氧化槽容积与盘片面积之比称为体积面积比，可用下式表示：

$$G=\frac{V}{\sum F} \tag{7-6}$$

式中：G —— 氧化槽体积面积比，L/m^2；

$\sum F$ —— 盘片总面积，m^2；

V —— 氧化槽有效容积，L。

一般建议 $G \geqslant 5\ L/m^2$。试验表明，当 $G < 5\ L/m^2$，增大 G 可提高出水水质；$G > 5\ L/m^2$ 后，出水水质变化不大。

3．转轴

转轴一般采用碳钢，轴长一般应控制在 0.5～6.0 m，有时可达 7～8 m。轴长不宜太长，否则往往由于同心度加工不良，易于挠曲变形，以致发生断裂。轴直径应通过强度和刚度计算确定，一般采用 30～50 mm，大型转盘的直径可达 80 mm。

转盘的转速一般为 0.8～3 r/min，线速度以 10～20 m/min 为宜。转速太高，能耗大，转轴易于损坏，使生物膜过早脱落。

4．驱动装置

生物转盘的驱动装置包括动力设备和减速装置两部分。动力设备分为电力机械传动、空气传动及水力传动等。国内一般采用电动和气动。电动生物转盘以电动机为动力，通过变速装置带动转轴按所希望的转速转动。对于大型转盘，一般一台转盘设一套驱动装置；对于中、小型转盘，可由一套驱动装置带动一组（一般为 3～4 级）转盘转动。气动生物转盘，以压缩空气为动力，推动转盘转动。在转盘的下部设有空气喷头，低压空气的压强以 0.2 kg/cm^2 左右从喷头释放，流向附着于转盘外缘的空气栅。由于捕捉空气产生一种浮力，随之在转动轴上产生一种转矩，使转盘转动。气动传动兼有充氧作用，动力消耗较省。

由于传动受力均匀，转轴寿命长。

（二）生物转盘的工作原理

生物转盘的净化机理与生物滤池基本相同。盘片相当于生物滤池中的滤料，是生物膜的载体。运行时，转盘表面的生物膜交替与废水和大气相接触。与废水接触时，生物膜吸附废水中的有机物，同时也分解所吸附的有机物；与空气接触时，可吸附空气中的氧，并继续氧化所吸附的有机物。这样，盘片上的生物膜交替与废水和大气相接触，反复循环，使废水中的有机物在好氧微生物（即生物膜）作用下得到净化。盘片上的生物膜也同样经历挂膜、生长、增厚和老化脱落的过程，脱落的生物膜可在二次沉淀池中去除。生物转盘系统除有效地去除有机污染物外，如运行得当可具有硝化、脱氮与除磷的功能。

二、生物转盘运行特征

（一）生物转盘处理污水的工艺流程

生物转盘的流程要根据污水的水质和处理后水质的要求确定。城市污水常规处理流程如图 7-15 所示。

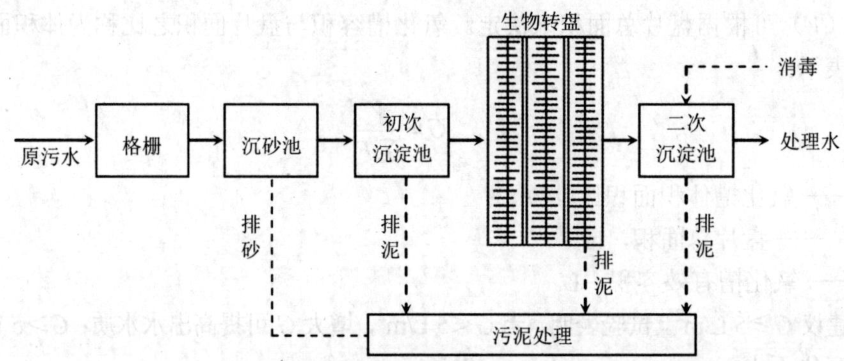

图 7-15 城市污水生物转盘处理流程

根据转轴和盘片的布置形式，生物转盘可分为单轴单级、单轴多级（图 7-16）和多轴多级式（图 7-17）。级数的多少主要根据污水性质、出水要求而确定。

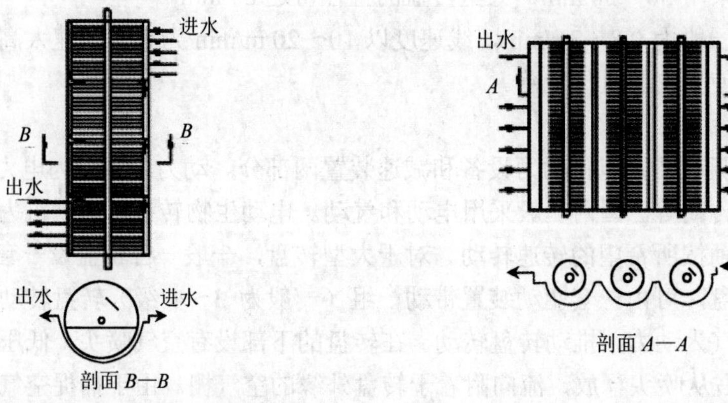

图 7-16 单轴 4 级生物转盘　　图 7-17 3 轴 3 级生物转盘

一般城市污水多采用四级转盘进行处理。应当注意，首级负荷高、供氧不足，应采取加大盘片面积、增加转速来解决供氧不足问题。

（二）生物转盘运行特征

生物转盘作为污水处理反应器，具有结构简单、运转安全、处理效果好、维护管理方便、运行费用低等优点，其运行工艺和维护方面具有下面特征：

（1）处理污水成本较低

由于转盘上的生物膜从水中进入空气中时充分吸收了有机污染物，生物膜外侧的附着水层可以从空气中吸氧，接触反应槽不需要曝气，因此，生物转盘运转较为节能。有关文献记载，以流入污水的 BOD 为 200 mg/L 计，每去除 1 kg BOD 约耗电 0.71 kW·h，为活性污泥反应系统的 1/4～1/3。

（2）接触反应时间短

对于处理城市污水的生物转盘，其第一段的生物膜可达 194 g/m^2，如果以氧化槽容积折算此值，相当于 40 000～60 000 mg/L 的 MLVSS。F/M 为 0.05～0.1，只是活性污泥法 F/M 的几分之一。因此，生物转盘能以较短的接触时间取得较高的净化率。

（3）生物相分级

在每段转盘上生长着与流入该级污水性质相适应的生物相，在后段可以出现原生动物、藻类和后生动物；同时在转盘上可以生长污泥龄长、增殖世代时间长的微生物，硝化菌即属此类微生物。因此，生物转盘具有硝化和反硝化的功能。

（4）产生的污泥量少

在生物膜上存在较长的食物链，微生物逐级捕食，因此，污泥产量少，大致是活性污泥系统的 1/2 左右。产生的污泥量与原水的 SS、水温、转盘转数以及 BOD_5 去除率有关。在水温为 5～20℃、转数为 2～5 r/min 的条件下，BOD_5 去除率为 90%时，去除 1 kg BOD_5 的污泥产率为 0.25 kg 左右。

（5）能够处理高浓度及低浓度的污水

能够处理浓度为 10～40 000 mg/L 的污水，并能取得较好的处理效果。多段生物转盘最适合处理高浓度污水。当 BOD_5 浓度低于 30 mg/L 时，就能产生硝化反应。

（6）具有除磷功能

直接向接触反应槽投加混凝剂，能够去除 80%以上的磷，再则生物转盘无须回流污泥，可直接向二沉池投加混凝剂去除磷和胶体性污染物质。

（7）易于维护管理

生物转盘反应器设备简单，复杂设备少，不产生污泥膨胀现象，日常对设备定期保养即可。

（8）噪声低，无不良气味

设计运行合理的生物转盘也不生长滤池蝇，不产生恶臭和泡沫；由于没有曝气装置，噪声极低。

（9）适宜处理水量较小的有机污水

由于盘片材料的限制，使转盘的直径还不宜做得太大；当水量较大时，将需要很多盘片，并且转盘水深较浅占地面积相对较大，因此不适合特别大的建造规模。

三、生物转盘反应器的设计与计算

生物转盘设计与计算主要内容包括：所需转盘的总面积，盘片总片数，接触氧化槽总容积，转轴长度及污水在接触氧化槽的停留时间等。

（一）转盘总面积（A）

转盘总面积的确定通常采用负荷法。生物转盘常用的负荷参数有 BOD_5 面积负荷率（N_A）和水力负荷率（N_g）。

面积负荷率（N_A）是指单位盘片表面积在 1 d 内能承受的并使转盘达到预期处理效果的 BOD_5 的量，单位以 g BOD_5/（$m^2 \cdot d$）表示；水力负荷率（N_g）则是指单位盘片表面积在 1 d 内能够接收并使转盘达到预期处理效果的污水量，单位为 m^3/（$m^2 \cdot d$）。

$$N_A = \frac{QL_0}{A} \tag{7-7}$$

$$N_g = \frac{Q}{A} \tag{7-8}$$

式中：Q —— 平均日污水量，m^3/d；

L_0 —— 原污水的 BOD_5 值，mg/L；

A —— 盘片总面积，m^2。

生物转盘处理城市污水时，BOD_5 面积负荷率 5～20 g BOD_5/（$m^2 \cdot d$），首级转盘的负荷率不宜超过 50 g BOD_5/（$m^2 \cdot d$）。国外根据对处理水水质的要求不同，采用 BOD_5 面积负荷率分别为 20～40 g BOD_5/（$m^2 \cdot d$）（处理水 $BOD_5 \leqslant 60$ mg/L）和 10～20 g BOD_5/（$m^2 \cdot d$）（处理水 $BOD_5 \leqslant 30$ mg/L）。水力负荷 N_g 在很大程度上取决于原污水的 BOD_5 值，对于一般城市污水，此值多在 0.08～0.2 m^3/（$m^2 \cdot d$）。

确定了负荷率值后，转盘总面积可确定如下：

$$A = \frac{QL_0}{N_A} \tag{7-9}$$

或

$$A = \frac{Q}{N_g} \tag{7-10}$$

（二）转盘的总片数（M）

转盘的总片数可由下面公式求得，当圆形转盘直径为 D 时，

$$M = \frac{A}{2 \times \frac{\pi}{4} D^2} = 0.637 \frac{A}{D^2} \tag{7-11}$$

当转盘为多边形，单片转盘面积为 a 时，盘片数：

$$M = \frac{A}{2a} \tag{7-12}$$

式中：2——考虑盘片双面均为有效面积。

（三）转盘的转轴长度（L）

假定采用 n 级（台）转盘，则每级转盘的盘片数 $m = M / n$。由 m 可进一步求得每级转盘的转轴长度：

$$L = m(d + b)K \tag{7-13}$$

式中：L —— 每级转盘的转轴长度，mm；

m —— 每级转盘的盘片数；

d —— 盘片间距，mm；

b —— 盘片厚度，与转盘材料有关，一般取值为 1～13 mm；

K —— 考虑污水流动的循环沟道的系数，取值 1.2。

（四）接触反应槽的容积（V）

接触反应槽的容积与槽的断面形式有关，当采用半圆形接触反应槽时，其总有效容积（V，m^3）和净有效容积（V'，m^3）分别为：

$$V = (0.294 \sim 0.335)(D + 2\delta)^2 L \tag{7-14}$$

$$V' = (0.294 \sim 0.335)(D + 2\delta)^2 (L - mb) \tag{7-15}$$

式中：δ —— 盘片边缘与接触反应槽内壁之间的净间距，m；

0.294～0.335 —— 系数，取决于转轴中心距水面高度 r（一般为 0.15～0.30 m）与盘片直径 D 之比，当 $r / D = 0.1$ 时，可取值 0.294；当 $r / D = 0.06$ 时，可取值 0.335。

（五）接触时间（t_a）

污水在氧化槽内的平均接触时间（停留时间）为：

$$t_a = \frac{V}{Q} \tag{7-16}$$

式中：t_a —— 平均接触时间，h；

V —— 氧化槽有效容积，m^3；

Q —— 污水流量，m^3/d。

【例 7-2】 某住宅小区人口 10 000 人，排水量标准 100 L/（人·d），经沉淀处理后 BOD_5 为 135 mg/L，处理水的 BOD_5 不得大于 15 mg/L。拟采用生物转盘处理，试进行生物转盘设计。

【解】

（1）确定设计参数

① 平均日污水量：

$$10\,000 \times 0.1 = 1\,000 (m^3/d)$$

② 对处理水要求达到的 BOD_5 去除率：

$$\eta = \frac{135-15}{135} = 88.9\%$$

面积负荷率　$N_A = 11\,g\,BOD_5/(m^2 \cdot d)$

水力负荷率　$N_g = 110\,L/(m^2 \cdot d) = 0.11\,m^3/(m^2 \cdot d)$

（2）转盘计算

① 盘片总面积：

按面积负荷率计算

$$A = \frac{1\,000 \times 135}{11} = 12\,272\,(m^2)$$

按水力负荷率计算

$$A = \frac{1\,000}{0.11} = 9\,091\,(m^2)$$

两者所得数值接近，为稳妥计，采用较大的数据即 12 272 m^2。

② 当采用直径 3.2 m 的盘片时，求盘片总片数，按式（7-11）计算。

$$M = \frac{0.636 \times 12\,272}{3.2^2} = \frac{7\,805}{10.24} = 762\ （片）$$

③ 按 5 台转盘考虑，每台盘片数为 153，m 值按 155 片设计。

每台转盘按单轴 4 级设计，首级转盘 45 片，第二级 40 片，第三、四级各 35 片。

④ 接触氧化槽的有效长度，盘片间距 d 值取 25 mm，采用硬聚氯乙烯盘片，b 值为 4 mm，有效长度按式（7-13）计算为

$$L = 155 \times (25+4) \times 1.2 = 5\,394\,(mm) \approx 5.4\,(m)$$

即接触氧化槽全长取 5.4 m。

⑤ 接触氧化槽有效容积，按式（7-15）计算，采用半圆形接触氧化槽。r 取 200 mm，r/D 为 0.062 5，系数取 0.294 与 0.335 的中间值，即 0.33，δ 取 200 mm。

$$V' = 0.33 \times (3.2 + 2 \times 0.2)^2 \times (5.4 - 155 \times 0.004)$$
$$= 0.33 \times 12.96 \times 4.78 = 20.44\,(m^3)$$

⑥ 污水在接触氧化槽内的停留时间：

$$t = \frac{20.44 \times 5}{1\,000} \times 24 = 2.45\,(h)$$

四、生物转盘的发展

近年来，生物转盘有了新的发展。

（一）空气驱动式生物转盘

如图 7-18 所示，在转盘边缘设集气槽，转盘下面偏离中心位置设曝气装置。空气离开

曝气器后，在上升过程中被集气槽捕集，在转盘一侧产生浮力使之旋转。该工艺主要用于城市污水二级处理和氮素硝化。

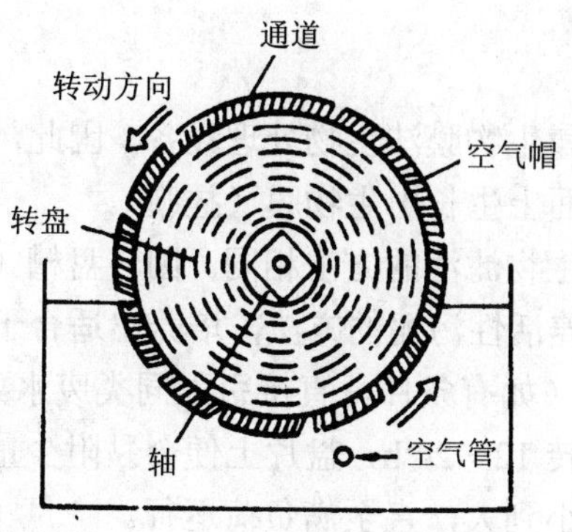

图 7-18 空气驱动式生物转盘

（二）合建式生物转盘

图 7-19 所示为合建式生物转盘。合建式生物转盘将生物转盘与二次沉淀池合建为一体。它将二沉池分成两层，中间用底板隔开，转盘在上层，沉淀区在下层。

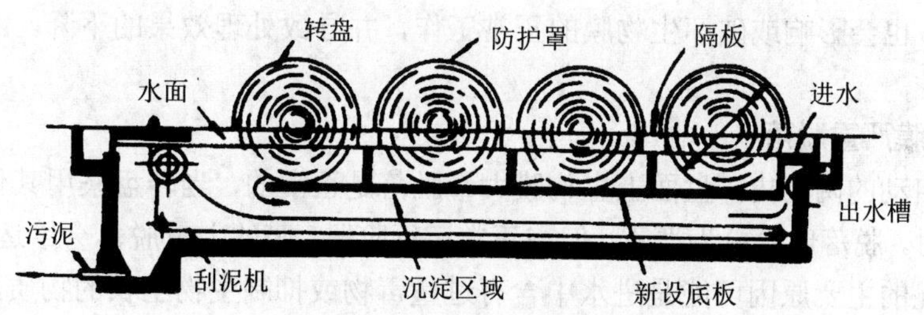

图 7-19 合建式生物转盘

（三）活性污泥—生物转盘复合工艺

如图 7-20 所示，在活性污泥曝气池上设生物转盘，以提高原有设备的处理效率。

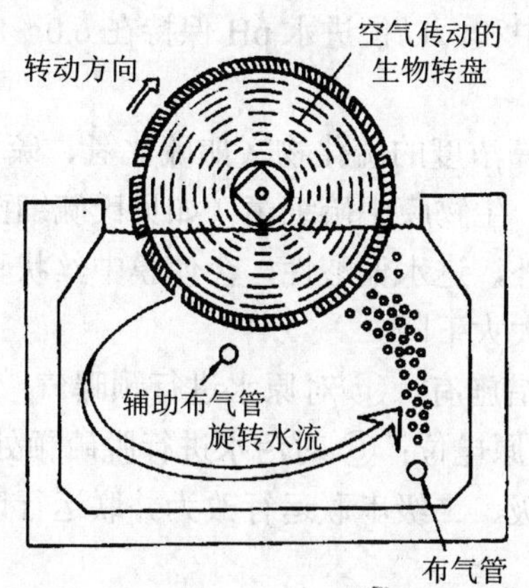

图 7-20 活性污泥—生物转盘复合工艺

五、生物转盘的运行管理

（一）挂膜

生物转盘与生物滤池同属生物膜法生物处理设备，因此，在转盘正式投产发挥净化废水功能前，首先需要使转盘面上生长出生物膜（挂膜）。

生物转盘挂膜的方法与生物滤池的方法相同。因转盘槽（氧化槽）内可以不让废水排放，故开始时，可以按照培养活性污泥的方法，培养出适合于待处理废水的活性污泥，然后将活性污泥置于氧化槽中（如有条件，直接引入同类废水处理的活性污泥更佳），在不进水的情况下使盘片低速旋转 12～24 h，盘片上便会黏附少量微生物，接着开始进水，进水量依生物膜逐渐生长而由小到大，直至满负荷运行。

生物转盘挂膜亦可按生物滤池培养、驯化微生物的方法进行，这样可省去污泥培养、驯化步骤，但整个周期稍长。

（二）生物转盘异常问题及其预防措施

一般来说，生物转盘是生化处理设备中最为简单的一种，只要设备运行正常，往往会获得令人满意的处理效果。但在水质、水量、气候条件大幅度变化的情况下，如再加上操作管理不慎，也会影响或破坏生物膜的正常工作，并导致处理效果的下降。常见的异常现象有如下几种。

1．生物膜严重脱落

在转盘启动的两周内，盘面上生物膜大量脱落是正常的，当转盘采用其他水质的活性污泥来接种时，脱落现象更为严重。但在正常运行阶段，膜的大量脱落会给运行带来困难。产生这种情况的主要原因可能是进水中含有过量毒物或抑制生物生长的物质，如重金属、氯或其他有机毒物。此时应及时查明毒物来源、浓度、排放的频率与时间，立即将氧化槽内的水排空，用其他污水稀释。彻底解决的办法是防止毒物进入；如不能控制毒物进入应尽量避免负荷达到高峰，或在污染源采取均衡的办法，使毒物负荷控制在允许的范围内。

pH 突变是造成生物严重脱落的另一个原因，当进水 pH 在 6.0～8.5 时，运行正常，膜不会大量脱落。若进水 pH 急剧变化，在 pH 小于 5 或大于 10.5 时，生物膜将大量脱落。此时，应投加化学药剂予以中和，以使进水 pH 保持在 6.0～8.5 的正常范围。

2．产生白色生物膜

当进水发生腐败或含有高浓度的硫化物（如硫化氢、硫化钠、硫酸钠等），或负荷过高使氧化槽内混合液缺氧时，生物膜中硫细菌（如贝氏硫细菌或发硫细菌）会大量繁殖，并占优势。有时除上述条件外，进水偏酸性，会使膜中丝状真菌大量繁殖。这些情况下，盘面会呈白色，处理效果将大大下降。

防止产生白色生物膜的措施有：① 对原水进行预曝气；② 投加氧化剂（如水、硝酸钠等），以提高污水的氧化还原电位；③ 对污水进行脱硫预处理；④ 消除超负荷状况，增加第一级转盘的面积，将一级、二级串联运行改为并联运行以降低第一级转盘的负荷。

3．固体的累积

沉砂池或初沉池中悬浮固体去除率不佳，会导致悬浮固体在氧化槽内积累并堵塞污水进入的通道。挥发性悬浮固体（主要是脱落的生物膜）在氧化槽内大量积累也会腐败、发臭并影响系统运行。

在氧化槽中积累的固体物数量上升时，应用泵将其抽出，并检验固体的类型，以针对产生累积的原因加以解决。如属原生固体积累则应加强生物转盘预处理系统的运行管理；若系次生固体积累，则应适当增加转盘的转速，增加搅拌强度，使其便于同出水一道排出。

4．污泥漂浮

从盘片上脱落的生物膜呈大块絮状。一般用二沉池加以去除。二沉池的排泥周期通常采用 4 h。周期过长会产生污泥腐化；周期过短，则会加重污泥处理系统的负担。二沉池去除效果不佳或排泥不足或排泥不及时等都会形成污泥漂浮现象。由于生物转盘不需要回流污泥，污泥漂浮现象不会影响转盘生化需氧量（BOD）的去除率，但会严重影响出水水质。因此，应及时检查排污设备，确定是否需要维修，并根据实际情况适当增加排泥次数，以防止污泥漂浮现象的发生。

5．处理效率降低

凡存在不利于生物的环境条件，皆会影响处理效果，主要有以下几个方面。

① 污水温度下降。当污水温度低于 13℃时，生物活性减弱，有机物去除率降低。

② 流量或有机负荷的突变。短时间的超负荷对转盘影响不大，持续超负荷会使 BOD 去除率降低。大多数情况下，当有机负荷冲击小于全日平均值的 2 倍时，出水效果下降不多。在采取措施前，必须先了解确实存在的问题，如进水流量、停留时间、有机物去除率等；如属昼夜瞬时冲击，则很容易通过人工调整排放污水时间或设调节池予以解决；若长时期流量或负荷偏高，则必须从整个布局上加以调整。

③ pH。氧化槽内 pH 必须保持在 6.5～8.5，进水 pH 一般要求调整在 6～9，通过适当驯化，可以将适应范围略微扩大。但只要超出适应范围，污水处理效率就会明显下降。

生物转盘

第四节　生物接触氧化法

生物接触氧化法也称为淹没式生物滤池。于 20 世纪 70 年代在日本首创，近 20 年来，该技术在国内外都取得了长足广泛的发展和应用。

生物接触氧化法机理就是：在反应器中添加惰性填料，已经充氧的污水浸没并流经全部惰性填料，污水中的有机物与在填料上的生物膜充分接触，在生物膜上的微生物新陈代谢作用下，有机污染物质被去除。生物接触氧化法处理技术除了上述的生物膜降解有机物机理外，还存在与曝气池相同的活性污泥降解机理，即向微生物提供所需氧气，并搅拌污水和污泥使之混合，因此，这种技术相当于在曝气池内填充供微生物生长繁殖的栖息地——惰性填料，所以此方法又称接触曝气法。

一、生物接触氧化池的构造

生物接触氧化池主要由接触氧化池是由池体、填料及支架、曝气装置、进出水系统组成，如图 7-21 所示。

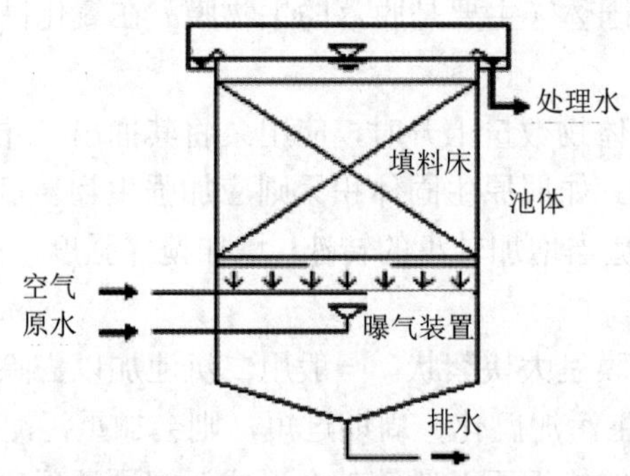

图 7-21 生物接触氧化池

（一）池体

池体的作用除了净化污水外，还要考虑填料，布水、布气等设施的安装。池体的平面形状多采用圆形、方形或矩形，其结构由钢筋混凝土浇筑或用钢板焊制。池体的高度一般为 4.5～5.0 m，其中填料床高度为 3.0～3.5 m，底部布气高度为 0.6～0.7 m，顶部稳定水层为 0.5～0.6 m。

（二）布水装置

接触氧化池中，要求布水必须均匀，以使废水、空气、生物膜三者均匀接触。一般采用穿孔管进水，孔眼直径为 5 mm，间距 20 cm 左右，水流出孔流速为 2 m/s。布水穿孔管可设在填料床的下部，也可设在填料床的上部。

（三）填料

1．填料的要求

填料是生物接触氧化池的重要组成部分，它直接影响污水的处理效果。由于填料是产生生物膜的固体介质，所以对填料的性能有如下要求：① 比表面积大、孔隙率高、水流阻力小、流速均匀；② 表面粗糙、增加生物膜的附着性，并且外观形状、尺寸均一；③ 化学与生物稳定性较强，经久耐用，有一定的强度；④ 可就近取材，降低造价，便于运输。

2．填料类型

目前，国内应用较多的生物接触氧化池填料有软性填料、半软性填料、组合填料和弹性填料（图 7-22）。

（1）软性填料

软性纤维填料以醛化纤纶为基本材料，模拟天然水草形态加工而成，如图 7-22（a）所示。该填料具有比表面积大、挂膜容易、组装方便、空隙可变不堵塞、造价低等优点。但废水浓度高或水中悬浮物大时，填料丝会结团，从而大大减少了实际利用的比表面积，且易发生断丝、中心绳断裂等情况，使用寿命最短（一般为 1～2 年），目前使用较少。

（a）软性填料

（b）半软性填料

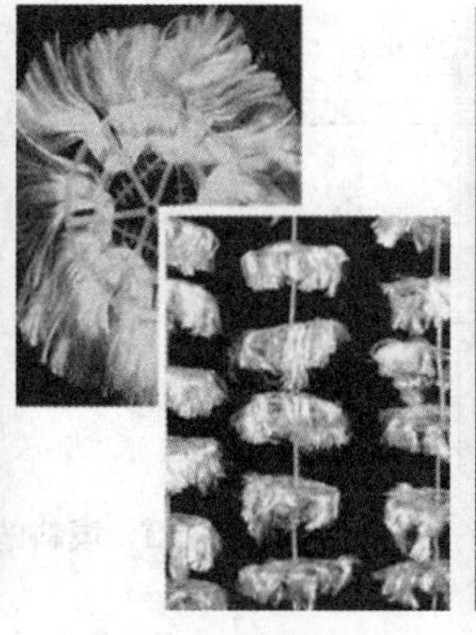
（c）组合填料

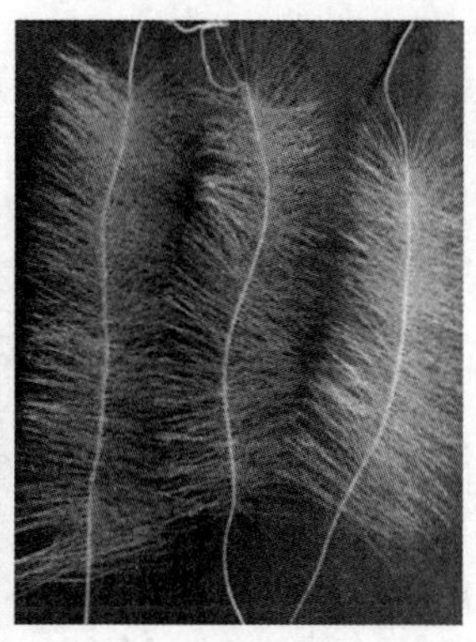
（d）弹性填料

图 7-22 接触氧化池常用填料

（2）半软性填料

半软性填料又称为“雪花片”填料，以聚乙烯、聚丙烯为材料，外形如雪花片状，如图 7-22（b）所示。在使用过程中，微生物易生成、布水、布气性能好，使用寿命长（可达 5～10 年），脱膜效果较好、不堵塞，安装方便。但其比表面积较小，且造价偏高。

（3）组合填料

组合填料是在软性填料和半软性填料的基础上发展而成的，它兼有两者的优点。其结构如图 7-22（c）所示，由塑料环片和维纶纤维组合而成。塑料环片中心有一小孔，用醛化维纶绳穿过此孔形成长串。片间绳上套一塑料短管，使片与片之保持一定距离。串有效长度与填料层高度相等，一般为 2～5 m。每片纤维丝的质量为 1.0～1.5 g，具体视所需挂膜面积而定。组合填料的纤维丝在塑料环片的支撑下不结团，比表面积大，挂膜快，不堵塞，价格便宜，净化效果好，适合可生化性较差及浓度较低的废水。

（4）弹性填料

弹性填料形如试管刷，如图 7-22（d）所示，将丝条穿插固着在耐腐、高强度的中心绳上，丝条呈立体均匀排列辐射状态。生物膜不仅能均匀地着床在每一根丝条上，保持良好的活性和空隙可变性，而且能在运行过程中获得愈来愈大的比表面积。弹性填料价格便宜，净化效果好，使用寿命长，且可重复使用，可满足大型工程的需要，目前得到越来越广泛的应用。

3. 填料的安装

如图 7-23 所示，一般采用井字形或梅花形排列，支架的间隙等于填料的直径。上下支架的距离即填料的有效长度根据填料的填充率来确定，规范上规定填充率 75%。上支架距水面 0.5 m 左右，下支架距池底 0.5～1.5 m（不考虑人进去维修取小值，反之取大值）。上下支架要对称，安装尺寸要准确，尽力拉紧吊扎牢固，注意填料的松紧度，以免松弛产生互绕。安装的时候不得有明火，安装后马上放满水，防止暴晒。

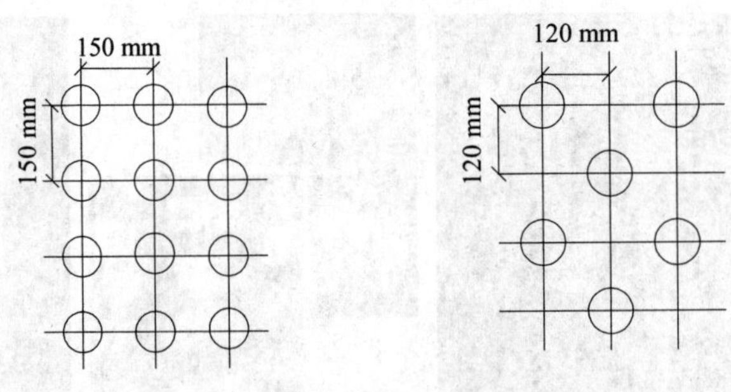

图 7-23 填料的平面布置

（四）曝气装置

曝气的作用有以下 3 个方面。

（1）供氧

曝气的首要作用为向生物膜提供充足的氧气，使微生物降解有机物得以顺利进行。

（2）吹脱生物膜，促进其更新

曝气可以使填料表面的生物膜受到一定的冲刷力和剪切力，有利于老化生物膜的脱落，促进生物膜的更新，使池内保持一定的生物活性。

（3）充分搅拌，强化传质

曝气装置使废水在池内充分搅动，形成强烈的紊流，有利于废水和生物膜的接触，强化了废水中有机底物和溶解氧向生物膜的传质进程。

曝气装置按供气方式可分为鼓风曝气、机械曝气和射流曝气，目前使用较为广泛的是鼓风曝气。鼓风曝气系统由空气净化器、鼓风机、空气输配管及空气扩散器组成。布气管一般设在填料床下部，也可设在一侧。要求曝气装置布气均匀，并考虑到填料发生堵塞时能适当加大气量以提高冲洗能力。

二、生物接触氧化池的形式

根据接触氧化池的进水与布气的形式，可将接触氧化池的形式分为以下几种。

（一）表面曝气充氧式

如图 7-24 所示，此种接触氧化池与活性污泥法完全混合曝气池相类似。其池中心为曝气区，池上面安装表面机械曝气设备，污水从池底中心配入，中心曝气区的周围充满填料，称为接触区；处理水自下而上呈上向流，处理水从池顶部出水堰流出，排出池外。

（二）采用鼓风曝气、底部进水、底部进空气式

如图 7-25 所示，处理水和空气均从池底部均匀布入填料床上，填料、污水在填料中产生上向流，填料表面的生物膜直接受水流和气流的冲击、搅拌，加速生物膜的脱落与更新，使生物膜保持良好的活性，有利于水中有机污染物质的降解，同时上升流可以避免填料堵塞现象。此外，上升的气泡经填料床时被切割为更小的气泡，使得气泡与水的接触面积增加，氧的转移率增高。

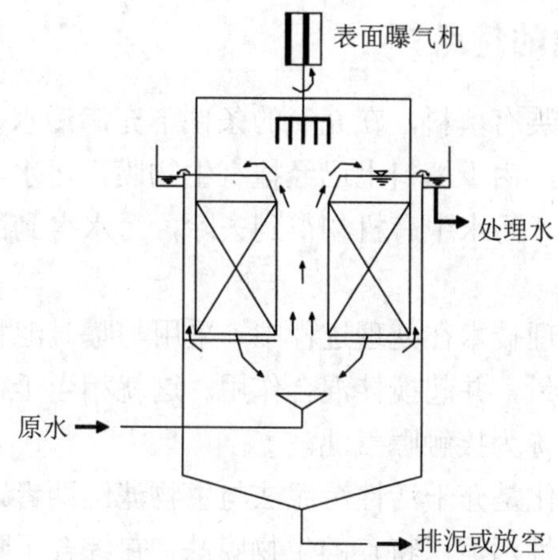

图 7-24　生物接触氧化池的构造

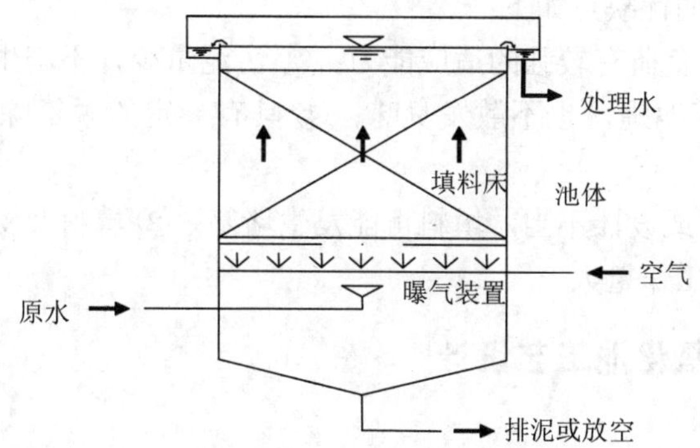

图 7-25　底部进水、进气式生物接触氧化池

（三）用鼓风曝气、空气管侧部进气、上部进水式

如图 7-26 所示，填料设在池的一侧，另一侧通入空气为曝气区，原水先进入曝气区，经过曝气充氧后，缓缓流经填料区与填料表面的生物膜充分接触，污水反复在填料区和曝气区循环，处理水在曝气区排出池体。由于空气和污水没有直接冲击填料，填料表面的生物膜脱落和更新较慢，但经曝气区充氧的污水，以相对静态的形式流过填料区，有利于污水中有机污染物的氧化分解。

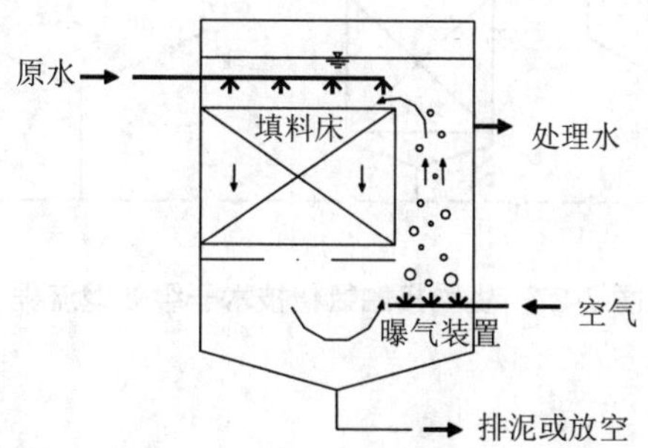

图 7-26　侧部进气、上部进水式生物接触氧化池

三、生物接触氧化池的特点

在生物接触氧化池内安装有填料，在充氧的条件下充满污水，填料淹没在污水之中。污水以一定的流速流经填料，由于填料上已经挂有生物膜，污水与生物膜得到充分接触，在微生物的新陈代谢作用下，污水中有机物得到去除，污水得到净化。因此，生物接触氧化池又称为淹没式生物滤池。

另外，生物接触氧化处理技术在处理过程中，采用与曝气池相同的曝气方法，提供微生物氧化有机物所需要的氧量，并起搅拌混合作用。这就相当于在曝气池中添加填料，供微生物栖息，所以又可将其称为接触曝气池。

综上所述，生物接触氧化是介于活性污泥法与生物滤池两者之间的处理技术，也可以说生物接触氧化法是具有活性污泥法特点的生物膜法，它综合了曝气池和生物滤池两者的优点。净化污水主要靠填料上的生物膜。此外池中尚存在一定浓度、类似活性污泥的悬浮微生物，对污水也起一定的净化作用。

生物接触氧化池的优缺点如下：

优点：① 对冲击负荷有较强的适应能力；② 污泥量少，不产生污泥膨胀，出水水质有保证；③ 不产生滤池蝇，也不散发臭味；④ 具有一定的脱氮除磷功能，可用于三级处理。

缺点：① 若运行或设计不当，填料可能发生堵塞；② 填料及支架等往往导致建设费用增加，更换填料时工作量大。

四、生物接触氧化池工艺设计

（一）生物接触氧化池的工艺流程

对生物接触氧化池的工艺流程，可分为一级处理流程、二级处理流程和多级处理流程。

1. 一级处理流程

从图 7-27 可以看出，原污水先经初次沉淀池处理后进入生物接触氧化池，经接触氧化后，水中的有机物被氧化分解，脱落或老化的生物膜与处理水进入二次沉淀池进行泥水分离，经沉淀后，沉泥排出处理系统，二沉池沉淀后的水作为处理水排放。

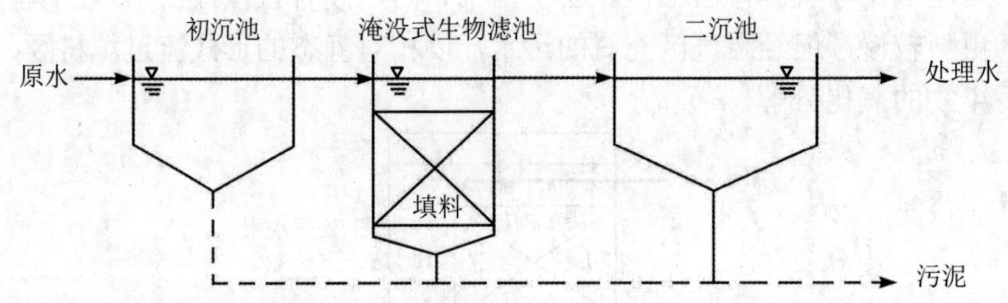

图 7-27 生物接触氧化技术一级处理流程

2. 二级处理流程

如图 7-28 所示，在二级处理流程中，两段接触氧化池串联运行，两个氧化反应池中间的沉淀池可以设也可以不设。在一段接触氧化池内有机污染物与微生物比值较高，即 $F/M>2.2$，微生物处于对数增殖期，BOD 负荷率高，有机物去除较快，同时生物膜增长也较快。在后级接触氧化池内 F/M 一般为 0.5 左右，微生物增殖处于减速增殖期或内源呼吸期，BOD 负荷低，处理水水质提高。

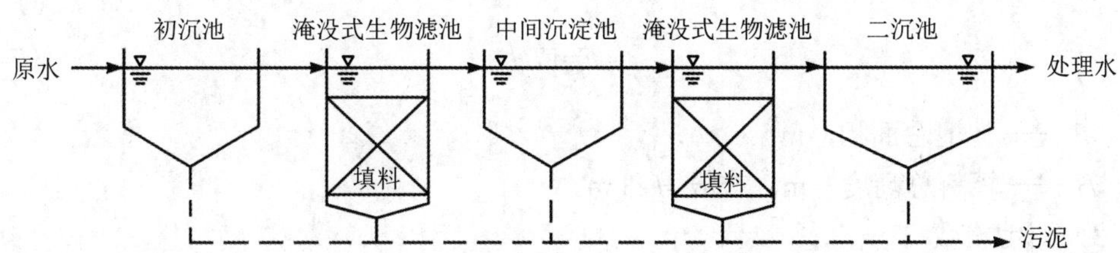

图 7-28 生物接触氧化技术二级处理流程

3. 多级处理流程

多级处理流程是连续串联 3 座或多个接触氧化池组成的系统。多级生物接触氧化池，在各池内的有机污染物的浓度差异较大，前级池内的 BOD 浓度高，后级则很低，因此，在每个池内的微生物相有很大不同。前级以细菌为主，后级可出现原生动物或后生动物。这对处理效果有利，处理水水质非常稳定。另外，多级接触氧化池具有硝化和生物脱氮功能。

（二）设计计算

1. 生物接触氧化池的设计参数

① 生物接触氧化池的个数或分格数应不少于 2 个，并按同时工作设计。

② 填料的体积按填料容积负荷和平均日污水量计算。填料的容积负荷一般应通过试验确定。当无试验资料时，对于生活污水或以生活污水为主的城市污水，容积负荷一般为 1 000～1 800 g BOD_5/（m^3·d）。

③ 污水在滤池内的有效接触时间一般为 1～2 h。

④ 进水 BOD_5 应控制在 100～250 mg/L。

⑤ 填料层总高度一般为 3 m。当用蜂窝填料时，一般应分层装填，每层高为 1 m，蜂窝孔径应不小于 ϕ5 mm。

⑥ 生物接触氧化池中的溶解氧含量一般应维持在 2.5～3.5 mg/L，气水比为（15～20）∶1。

⑦ 为保证布水、布气均匀，每格滤池面积一般应不小于 25 m^2。

2. 生物接触氧化池的计算

与其他生化处理构筑物类似，仍采用负荷率法。

（1）生物接触氧化池的有效容积（填料体积）

$$V=\frac{Q(L_a-L_e)}{N} \tag{7-17}$$

式中：V—— 滤池有效容积，m^3；

Q —— 平均日污水量，m^3/d；

L_a —— 进水 BOD_5 浓度，mg/L；

L_e —— 出水 BOD_5 浓度，mg/L；

N —— 容积负荷，g BOD_5/（$m^3 \cdot d$）。

（2）滤池总面积

$$F=V/H \tag{7-18}$$

式中：F —— 滤池总面积，m^2；

H —— 填料总高度，m，一般 H=3 m。

（3）滤池格数

$$n=F/f \tag{7-19}$$

式中：n —— 滤池格数（个），$n \geqslant 2$ 个；

f —— 每格滤池面积，m^2，$f \leqslant 25\ m^2$。

（4）校核接触时间

$$t=\frac{nfH}{Q} \tag{7-20}$$

式中：t —— 滤池有效接触时间，h。

（5）滤池总高度

$$H_0=H+h_1+h_2+（m-1）h_3+h_4 \tag{7-21}$$

式中：H_0 —— 滤池总高度，m；

h_1 —— 超高，m，h_1 为 0.5～0.6 m；

h_2 —— 填料上水深，m，h_2 为 0.4～0.5 m；

h_3 —— 填料层间隙高，m，h_3 为 0.2～0.3 m；

m —— 填料层数，层；

h_4 —— 配水区高度，m，当采用多管曝气时，不考虑进入检修者，h_4=0.5 m；考虑进入检修者，h_4=1.5 m。

（6）需氧量

$$D=QD_0 \tag{7-22}$$

式中：D —— 需氧量，m^3/d；

D_0 —— 每立方米污水需氧量，m^3/m^3。

【例 7-3】已知某居民区污水量（Q）=2 500 m^3/d，污水 BOD_5 浓度（L_a）=100～150 mg/L。拟采用生物接触氧化池处理，出水 BOD_5 浓度（L_e）≤20 mg/L。试设计生物接触氧化池。

【解】

（1）确定设计参数

① 平均时污水量：Q=2 500（m^3/d）=2 500/24=104（m^3/h）

② 进水 BOD_5 浓度：L_a=150 mg/L

③ 出水 BOD_5 浓度：L_e=20 mg/L

④ BOD_5 去除率：$\eta=\frac{L_a-L_e}{L_a}=\frac{150-20}{150}$=0.867=86.7%

⑤ 根据试验资料确定：

◆ 填料容积负荷 N=1.5 kg BOD_5/（m^3·d）

◆ 有效接触时间 t=2 h

◆ 气水比 D_0=15 m^3/m^3

（2）生物接触氧化池计算

① 有效容积：$V=\frac{Q(L_a-L_e)}{N}=\frac{2\,500(150-20)}{1\,500}$ = 216.7（m^3）

② 滤池总面积：设 H=3 m，分 3 层，每层高 1 m，故 $F=V/H$=216.7/3=72.2（m^2）

③ 每格滤池面积：采用 4 格滤池，每格滤池面积：

$$f=F/4=72.2/4=18\text{（m}^2\text{）}<25\text{（m}^2\text{）}$$

每格滤池尺寸 $L\times B$=4.5 m×4 m

④ 有效接触时间：$t=\frac{nfH}{Q}=\frac{4\times18\times3}{104}$=2.08（h）

⑤ 滤池总高度：$H_o=H+h_1+h_2+(m-1)h_3+h_4$

其中取 H=3.0 m，h_1=0.5 m，h_2=0.5 m，h_3=0.3 m，m=3，h_4=1.5 m

$$H_o=3.0+0.5+0.5+2\times0.3+1.5=6.1\text{（m）}$$

⑥ 污水在池内实际停留时间：

$$t'=\frac{nf(H_o-h_1)}{Q}=\frac{4\times18\times(6.1-0.5)}{104}=3.88\text{（h）}$$

⑦ 选用 5 mm 蜂窝形玻璃钢填料，所需填料总体积：

$$V=nfH=4\times18\times3=216\text{（m}^3\text{）}$$

⑧ 采用多孔管鼓风曝气供氧，所需空气量：

$$D=QD_0=2\,500\times15=37\,500\text{（m}^3\text{/d）}$$

⑨ 每格滤池所需空气量：

$$D_1=D/n=D/4=0.25\times37\,500=9\,375\text{（m}^3\text{/d）}=390.6\text{（m}^3\text{/h）}$$

⑩ 空气管路计算略。

五、生物接触氧化池的运行管理

生物接触氧化池

（一）启动调试

启动调试时须培养生物膜，其方式类似活性污泥的培养，可间歇或连续进水；注意营养平衡（C、N、P）、pH、抑制物浓度等；应对生物膜的生长情况经常观察，并及时调整运行条件。

（二）日常运行管理

生物接触氧化池一般应控制溶解氧浓度为2.5～3.1 mg/L，同时避免过大的冲击负荷，为防止填料堵塞应采取以下措施：① 加强前处理，降低进水中的悬浮固体浓度；② 增大曝气强度，以增强接触氧化池内的紊流；③ 采取出水回流，以增加水流。

第五节　生物流化床

强化生物处理技术，加强微生物群体降解有机物的功能，提高生物处理设备处理污水的效率，其关键的技术条件是：① 提高处理设备单位容积内的生物量；② 强化传质作用，加速有机物从污水中向微生物细胞的传递过程。

对第一项条件采取的技术措施是扩大微生物栖息、繁殖的表面积，提高生物膜量，同时还相应地提高对污水的充氧能力。对第二项条件采取的技术措施是强化生物膜与污水之间的接触，加快污水与生物膜之间的相对运动。生物膜法的发展过程，就是对这两项条件采取的具体技术措施的发展过程。

20世纪70年代出现的生物流化床，为这两项条件提供了实现的可能。该工艺以密度大于纯水的细小惰性颗粒（如砂、焦炭、陶粒、活性炭等）为载体；废水以较高的上升流速使载体处于流化状态；生物固体浓度很高，传质效率也很高，是一种高效的生物处理构筑物。生物流化床的微生物量大，传质效果好，是生物膜法新技术之一。

一、生物流化床的构造

生物流化床是由反应器、载体、布水装置、充氧装置和脱膜装置等部分组成，现分别简要阐述。

（一）反应器

一般呈圆柱状；高径比一般采用（3～4）：1；若采用内循环三相生物流化床时，升流区截面积与降流区面积之比应在1左右。

（二）载体

载体是生物流化床的核心部件，表7-4所列举的是我国常用载体及其物理参数。表中所列数据是载体无生物膜覆盖条件下的数据，当载体为生物膜所包覆时，生物膜的生长情况对其各项物理参数，特别是膨胀率产生明显的影响，这时的各项参数应根据具体情况实地测定确定。

表 7-4　常用载体及其物理参数

载体	粒径/mm	相对密度	载体高度/m	膨胀率/%	空床时水上升速度/（m/h）
聚苯乙烯球	0.5～0.3	1.005	0.7	50	2.95
				100	6.90
活性炭（新华 8#）	ϕ（0.96～2.14）× L（1.3～4.7）	1.50	0.7	50	84.26
				100	160.50
焦炭	0.25～3.0	1.38	0.7	50	56
				100	77
无烟煤	0.5～1.2	1.67	0.45	50	53
				100	62
细石英砂	0.25～0.5	2.50	0.7	50	21.60
				100	40

注：本表所列为载体未被生物包覆时的数据。

（三）布水装置

均匀布水对生物流化床发挥正常的净化功能至为重要，特别是对液动流化床（两相流化床）更为重要。布水不均，可能导致部分载体沉积而不形成流化，使流化床的工作受到破坏。布水装置又是填料的承托层，在停水时，载体不流失，并易于再次启动。图 7-29 为常用于液动流化床的几种布水装置。

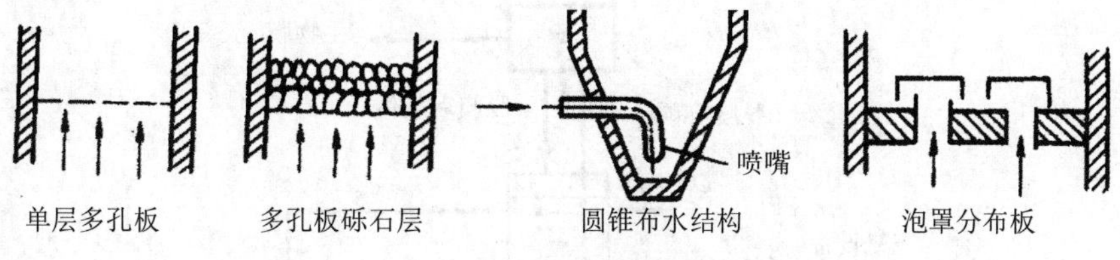

图 7-29　常用于液动流化床的几种布水装置

（四）脱膜装置

及时脱除老化的生物膜，使生物膜经常保持一定的活性，是生物流化床维持正常净化功能的重要环节。气动流化床，一般不需另行设置脱膜装置。脱膜装置主要用于液动流化床，可单独另行设立，也可以设在流化床的上部。

图 7-30 为叶轮脱膜装置，设于流化床上部，它利用叶轮的旋转所产生的剪切作用使生物膜与载体分离，脱落的生物膜从沉淀分离室的排泥管排出，载体则沉降并返回流化床体。

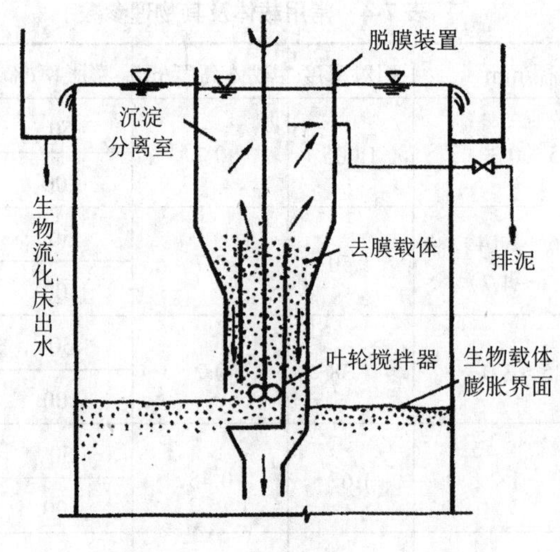

图 7-30 叶轮脱膜装置

二、生物流化床的类型

生物流化床有两相生物流化床和三相生物流化床两种。

（一）两相生物流化床

两相生物流化床靠上升水流使载体流化，床层内只存在液固两相，其工艺流程如图 7-31 所示。

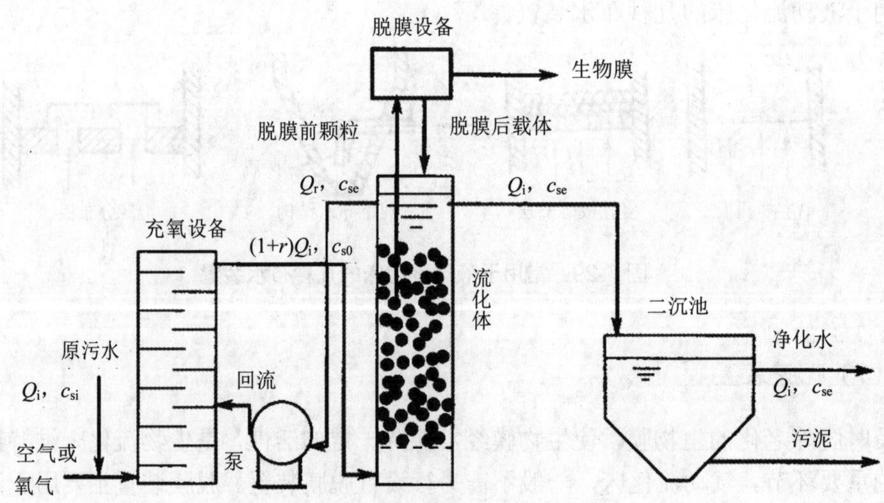

图 7-31 两相生物流化床工艺流程

两相生物流化床设有专门的充氧设备和脱膜装置。污水经充氧设备充氧后从底部进入流化床。载体上的生物膜吸收降解污水中的污染物，使水质得到净化。净化水从流化床上部流出，经二次沉淀后排放。

流化床的生物量大，需氧量也大。原污水流量一般较小，溶解的氧量不能满足生物膜的需要，应采用回流的办法加大充氧水量。此外，原污水流量较小，不能使载体流化，也应采用回流的办法加大进水流量。因此，两相生物流化床需要回流。

纯氧或压缩空气的饱和溶解氧浓度较高。以纯氧为氧源时，充氧设备出水溶解氧浓度可达 30～40 mg/L；以压缩空气为氧源时，充氧设备出水溶解氧浓度约 9 mg/L。

有机物的降解使生物膜增厚，悬浮颗粒（附着生物膜的载体）密度变小，随出水流失。需用脱膜装置脱掉生物膜，使载体恢复原有特性，重新附着生物膜。

（二）三相生物流化床

三相生物流化床靠上升气泡的提升力使载体流化，床层内存在着气、固、液三相。内循环式三相生物流化床工艺流程如图 7-32 所示。

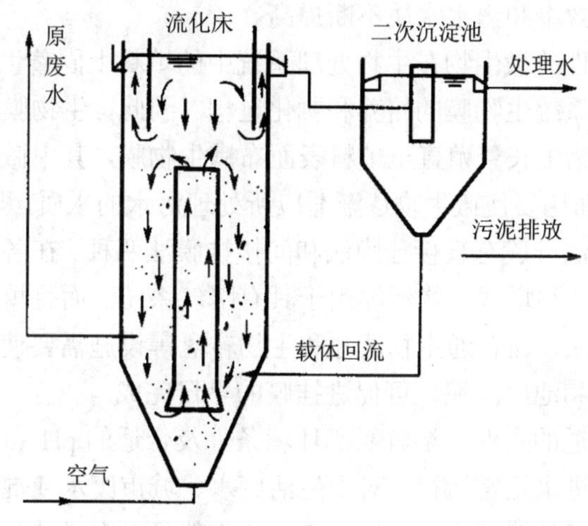

图 7-32　三相生物流化床工艺流程

三相生物流化床不设置专门的充氧和脱膜设备。空气通过射流曝气器或扩散装置直接进入流化床充氧。载体表面的生物膜依靠气体和液体的搅动、冲刷和相互摩擦而脱落。随出水流出的少量载体进入二沉池沉淀后再回流到流化床。

三相流化床操作简单，能耗、投资和运行费用比两相流化床低，但充氧能力比两相流化床差。

三、生物流化床的特点

（1）优点

① 生物固体浓度高（10～20 g/L），因此容积负荷较高［7～8 kg BOD_5/（m^3·d)］，水力停留时间可大大缩短，基建费用较小；

② 无污泥膨胀或其他生物膜法中的滤料堵塞；

③ 能适应不同浓度范围的废水，能适应较大的冲击负荷；

④ 由于容积负荷和床体高度较大，占地面积较小。

（2）缺点

生物流化床始于 20 世纪 70 年代初，推广远不如活性污泥法和接触氧化法，原因在于其自身的一些瓶颈问题，如能耗大，虽然氧传质效率高，但曝气不仅是要生物降解提供溶解氧，还必须保持载体流化状态；流化床内部的流态化特性十分复杂，对其流体力学特征研究严重不足，给放大设计造成了困难。

第六节　生物膜法的运行管理

一、生物膜的培养

生物膜法正式运行前，有一个培养生物膜的挂膜阶段。在这个阶段，洁净的无膜滤床逐渐长出生物膜，处理效率和出水水质不断提高。

这种使具有代谢活性的微生物在生物处理系统中的填料上固着生长的过程称为挂膜，挂膜也就是生物膜处理系统生物膜的培养和驯化过程。因此，生物膜法刚开始投运的挂膜阶段，一方面是使微生物生长繁殖直至填料表面布满生物膜，其中微生物的数量能满足污水处理的要求；另一方面还要使微生物逐渐适应所处理污水的水质，即对微生物进行驯化。

挂膜过程使用的方法一般有直接挂膜法和间接挂膜法两种。在各种形式的生物膜处理设施中，生物接触氧化池和塔式生物滤池由于具有曝气系统，而且填料量和填料空隙均较大，可以使用直接挂膜法，而普通生物滤池和生物转盘等设施需要使用间接挂膜法。挂膜过程中回流沉淀池出水和池底沉泥，可促进挂膜的早日完成。

直接挂膜法是在合适的水温、溶解氧等环境条件及合适的 pH、BOD_5、C/N 等水质条件下，让处理系统连续进水正常运行。对于生活废水、城市废水或混有较大比例生活废水的工业废水可以采用直接挂膜法，一般经过 7～10 d 就可以完成挂膜过程。对于不易生物降解的工业废水，尤其是使用普通生物滤池和生物转盘等设施处理时，为了保证挂膜的顺利进行，可以通过预先培养和驯化相应的活性污泥，然后再投加到生物膜处理系统中进行挂膜，也就是分步挂膜。

通常的做法是先将生活污水或其与工业废水的混合污水培养出活性污泥，然后将该污泥或其他类似污水处理厂的污泥与工业废水一起放入一个循环池内，再用泵投入生物膜法处理设施中，出水和沉淀污泥均回流到循环池。循环运行形成生物膜后，通水运行，并加入要处理工业废水。可先投配 20%的工业废水，经分析进、出水的水质，生物膜具有一定处理效果后，再逐步加大工业污水的比例，直到全部都是工业污水为止。也可以用掺有少量（20%）工业废水的生活污水直接培养生物膜，挂膜成功后再逐步加大工业废水的比例，直到全部都是工业废水为止。

和活性污泥法一样，在培养和驯化生物膜阶段，一定要尽可能创造微生物生长繁殖所需最优越的条件，尤其是氮、磷等营养元素的数量必须充足。

二、生物膜性状检测

（一）生物相镜检

状态良好的生物膜的微生物群落其生物相比较复杂，菌胶团、细菌占优势，辅以少量原生动物和后生动物。

生物滤池的生物相是分层次分布的。上层营养物浓度高，细菌占绝对优势，伴有少量鞭毛虫。中层微生物以污水中原有污染物和上层微生物的代谢产物为营养，种类比上层多，有菌胶团、浮游球衣菌、鞭毛虫、变形虫、豆形虫、肾形虫等。下层有机物浓度低，微生物种类更多，有菌胶团、浮游球衣菌、固着型纤毛虫（钟虫）、游泳型纤毛虫和轮虫等。

多级生物滤池、生物转盘和生物流化床的生物相随级数的变化而变化，由低级向高级发展。流程前部的微生物等级低，生物相简单；流程后段的微生物等级高，生物相复杂。

推流式接触氧化池的生物相也是由低级向高级分层次分布。同级完全混合式接触氧化池、生物转盘或生物流化床内的微生物特性比较单一，在空间上均匀分布，但微生物种类较多。

应经常镜检，观察微生物性状的变化。如果前部（上层）的微生物种群后（下）移，微生物相趋于单一，后部细菌比例增大，说明生物膜反应器的效率下降，状态变差，应及时查明原因，采取措施。此时应减小有机负荷，使生物膜性状得到恢复。如果后部（下层）微生物种群上移，微生物相趋于复杂，说明反应器的能力过剩，应加大有机负荷。

(二) 沉淀性能观察

性能良好的生物膜处于好氧状态，呈灰色或棕黄色，脱落的菌体密实、沉淀性能好。若生物膜呈黑色，有异臭，脱落菌体的沉淀性能差，上清液浑浊，说明反应器状态不佳，应及时采取措施加以控制。

复习思考题

一、填空

1. 生物膜法是根据________的原理发展起来的，主要去除废水中污染物。
2. 生物膜法是将微生物固定在_______上用于处理废水。
3. 高负荷生物滤池在运行中将_______回流，以提高_______，提高生物膜更新速度，防止滤池_______。
4. 生物滤池池壁应高出滤料_______，以防风吹影响废水在滤池表面的均匀分布。
5. 根据构造特征和净化功能，生物滤池可分为普通生物滤池、________________、____________________和曝气生物滤池四类。
6. 曝气生物滤池的滤料除为生物膜提供栖息场所，还具有_________的作用。
7. 生物转盘，其构造由盘片、________、转轴及驱动装置组成。
8. 生物接触氧化池曝气装置的作用有：供氧；吹脱生物膜，促进其更新；_________。
9. 生物流化床中曝气不仅是要生物降解提供溶氧，还必须保持让载体处于_______状态。
10. 下图为典型生物滤池构造图，请在横线处填写缺失内容。

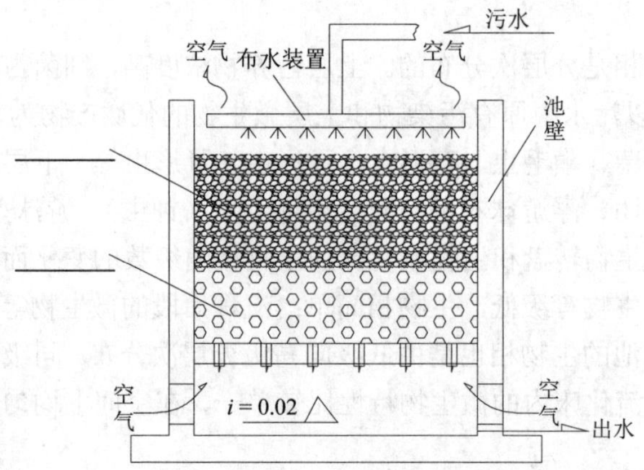

二、判断题

1. 与活性污泥相比，生物膜的泥龄更长。(　　)

2. 活性污泥法的产泥量比生物膜法少。(　　)

3. 生物膜法产生的污泥主要是从介质表面上脱落下来的老化生物膜，因此沉降性能差。(　　)

4. 与活性污泥法相比，生物膜法的处理负荷更高。(　　)

5. 曝气生物滤池反应器为周期运行，从开始过滤到反冲洗完毕为一个完整的周期。(　　)

6. 生物接触氧化法的反应器为接触氧化池，也称为淹没式生物滤池。(　　)

7. 性能良好的生物膜处于好氧状态，呈灰色或棕黄色，脱落的菌体老化程度高，沉淀性能差。(　　)

三、单项选择题

1. 普通生物滤池的主要缺点在于（　　）、易于堵塞、卫生条件差。

A. 生物相不丰富　　B. 负荷率低　　C. 出水水质差　　D. 能耗高

2. 按负荷率高低分，塔式生物滤池是一种（　　）生物滤池。

A. 回流　　B. 高负荷　　C. 低负荷　　D. 常规负荷

3. 下列关于生物转盘的工艺特征的说法，不正确的是（　　）

A. 处理污水成本较低

B. 生物相分级：在每段转盘上生长着与流入该级污水性质相适应的生物相

C. 采用自然通风，氧气供给有限，只能处理低浓度的有机污水

D. 具有除磷功能

4. 生物膜挂膜的过程同时也是微生物的生长、繁殖和（　　）过程。

A. 固定化　　B. 死亡　　C. 扩增　　D. 驯化

5. 常见的生物膜法处理设备有生物滤池、生物转盘、生物接触氧化池及（　　）。

A. 生物流化床　　B. 生物滤塔　　C. 氧化沟　　D. 生物填料床

6. 下列关于理想滤料应具备的特性的说法，错误的是（　　）

A. 表面光滑，以利于生物膜脱落　　B. 有足够的孔院率，保证通风
C. 有一定的机械强度，能承受一定的压力　　D. 能为微生物提供大量的表面积

四、多项选择题

1. 高负荷生物滤池运行中出水回流的主要目的在于提高（　　）、防止（　　）及降低（　　）。

A. 食物链长度　　B. 硝化效果　　C. 过流速度
D. 堵塞　　E. 有机物负荷率　　F. 污泥龄

2. 下列组成部分中，属于普通生物滤池的是（　　）。

A. 池体　　B. 滤料　　C. 曝气装置　　D. 排水系统　　E. 通风口

3. 下列关于曝气生物滤池的工艺特征的说法，正确的是（　　）。

A. 具有较高的生物浓度和较高的有机负荷　　B. 工艺简单、出水水质好
C. 构筑物模块化，有利于今后的扩建　　D. 易挂膜、启动快

4. 下列属于生物转盘特征的是（　　）。

A. 处理污水成本较低　　B. 接触反应时间短　　C. 生物相分级
D. 具有除磷功能　　E. 产生的污泥量少

五、简答题

1. 简述生物膜结构及其工作原理。
2. 生物膜处理法的运行特征是什么？
3. 高负荷生物滤池回流的优、缺点是什么？
4. 生物转盘的工作原理是什么？
5. 生物转盘运行特性是什么？
6. 接触氧化池对填料的要求是什么？
7. 生物接触氧化池的特点是什么？
8. 生物接触氧化池的优、缺点是什么？
9. 防治滤池蝇的方法有哪些？
10. 生物膜脱落的原因是什么？

六、计算题

1. 某城镇设计人口（N）=100 000 人，污水排放量标准为 200 L/（人·d），排放的 BOD_5 为 27 g/（人·d）。镇内有一座工厂，污水量 1 500 m^3/d，BOD_5 为 1 800 mg/L。混合污水冬季平均温度为 10℃，年平均气温 15℃。要求处理后出水 $BOD_5 \leq 30$ mg/L。拟采用高负荷生物滤池处理，试进行工艺设计及计算。

2. 某住宅小区人口 5 000 人，污水排放量标准为 100 L/（人·d），经沉淀处理后 BOD_5 值为 135 mg/L，处理水的 BOD_5 值不得大于 15 mg/L。拟采用生物转盘处理，试进行生物转盘设计。

3. 某生产废水，流量（Q）为 3 000 m^3，进水 BOD 为 200 mg/L，要求出水 BOD 为 30 mg/L。设计生物接触氧化池。

第八章　厌氧生物处理

第一节　概　述

厌氧生物处理又称为厌氧消化或厌氧发酵法，是在厌氧条件下，通过兼性菌或厌氧菌的代谢作用，降解污泥和废水中的有机污染物并产生 CH_4 和 CO_2。废水厌氧生物处理技术以其能耗低、投资省、可产生沼气能源、负荷高、产泥少等诸多优点，越来越受到人们的关注。

厌氧生物处理的基本原理

一、厌氧生物处理对象

（一）有机污泥

有机污泥包括废水好氧生物处理过程生成的大量活性污泥和生物膜，初次沉淀池可沉淀的有机固体，以及人畜的粪便等。上述物质是极不稳定的，有恶臭，并带有病原菌和寄生虫卵等，应妥善处理。

（二）有机废水

食品、造纸及皮革等行业排出的废水，不仅数量多，而且浓度也很高。未经处理排入环境，对水体造成了很大的危害。这些以农牧产品为原料的加工工业排出的高浓度有机工业废水，是厌氧生物处理的主要对象。

二、厌氧生物处理的基本原理

厌氧生物处理是一个复杂的微生物化学过程，依靠三大主要类群的细菌，即水解产酸细菌、产氢产乙酸细菌和产甲烷细菌的联合作用完成，因而可将厌氧消化过程划分为三个阶段，即水解酸化阶段、产氢产乙酸阶段和产甲烷阶段，如图 8-1 所示。

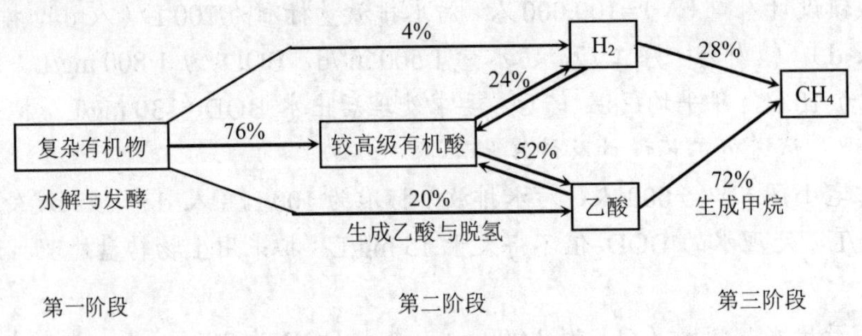

图 8-1　有机物厌氧消化三阶段模式

第一阶段为水解酸化阶段。复杂的大分子、不溶性有机物先在细胞外酶的作用下水解为小分子、溶解性有机物，然后转入细胞体内，分解产生挥发性有机酸、醇类、醛类等。这个阶段主要产生较高级脂肪酸，同时产生氢气和二氧化碳。

第二阶段为产氢产乙酸阶段。在产氢产乙酸细菌的作用下，第一阶段产生的各种有机酸和醇类被分解转化成乙酸和 H_2，在降解奇数碳素有机酸时还形成 CO_2。

第三阶段为产甲烷阶段。产甲烷细菌将乙酸（乙酸盐）、CO_2 和 H_2 等转化为甲烷。此过程由两类生理功能截然不同的产甲烷菌完成，一类把 H_2 和 CO_2 转化成甲烷，另一类从乙酸或乙酸盐脱羧产生 CH_4，前者约占总量的1/3，后者约占2/3。

上述三个阶段的反应速度依废水性质而异，在含纤维素、半纤维素、果胶和脂类等污染物为主的废水中，水解作用易成为速度限制步骤；简单的糖类、淀粉、氨基酸和一般的蛋白质均能被微生物迅速分解，对含这类有机物为主的废水，产甲烷反应易成为限速阶段。

虽然厌氧消化过程从理论上可分为以上三个阶段，但是在厌氧反应器中，这三个阶段是同时进行的，并保持某种程度的动态平衡。这种动态平衡一旦被 pH、温度、有机负荷等外加因素所破坏，由于产甲烷菌是严格厌氧菌且生长缓慢，则首先将使产甲烷阶段受到抑制，其结果会导致低级脂肪酸的积存和厌氧进程的异常变化，甚至会导致整个厌氧消化过程停滞。

三、厌氧消化的影响因素

因甲烷菌对环境条件的变化最为敏感，其反应速度决定了整个厌氧消化的反应进程，因此厌氧反应的各项影响因素也以对甲烷菌的影响因素为主。

（一）温度因素

厌氧原理

甲烷菌对于温度的适应性，可分为两类，即中温甲烷菌（适应温度区为30～36℃）和高温甲烷菌（适应温度区为 50～53℃）。两区之间的温度，反应速度反而减退。说明消化反应与温度之间的关系是不连续的。温度与有机物负荷、产气量关系见图 8-2。

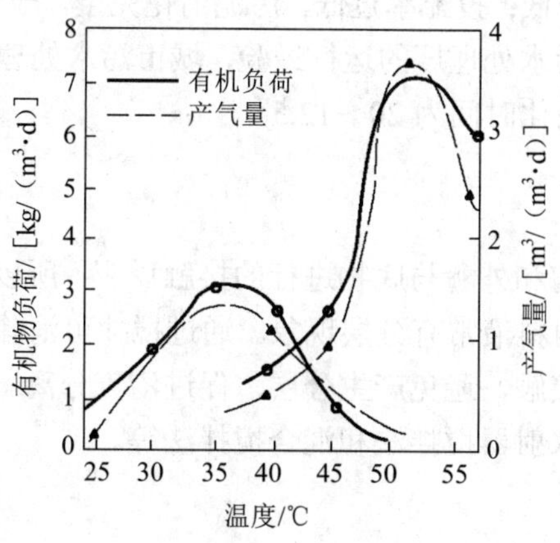

图 8-2 温度与有机物负荷、产气量关系

利用中温甲烷菌进行厌氧消化处理的系统叫中温消化，利用高温甲烷菌进行消化处理的系统叫高温消化。从图 8-2 可知，中温消化条件下，有机物负荷为 2.5～3.0 kg/（m^3·d），产气量为 1～1.3 m^3/（m^3·d）；而高温消化条件下，有机物负荷为 6.0～7.0 kg/（m^3·d），产气量为 3.0～4.0 m^3/（m^3·d）。

中温或高温厌氧消化允许的温度变动范围为±（1.5～2.0）℃。当有±3℃的变化时，就会抑制消化速率；有±5℃的急剧变化时，就会突然停止产气，使有机酸大量积累而破坏厌氧消化。消化时间是指产气量达到总量 90%所需的时间。由图 8-3 可见，中温消化的消化时间为 20～30 d，高温消化为 10～15 d。因中温消化的温度与人的体温接近，故对寄生虫卵及大肠菌的杀灭率较低；高温消化对寄生虫卵的杀灭率可达 99%。

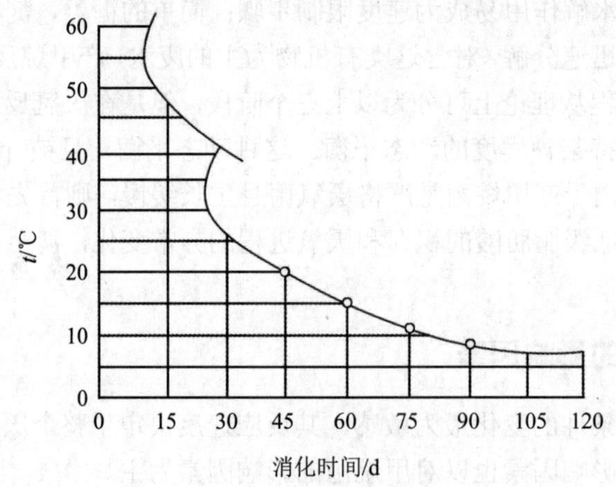

图 8-3 温度与消化时间的关系

（二）污泥投配率

污泥投配率是指每日投加新鲜污泥体积占消化池有效容积的百分数。

投配率是消化池设计的重要参数，投配率过高，消化池内脂肪酸可能积累，pH 下降，污泥消化不完全，产气率降低；投配率过低，污泥消化完全，产气率较高，消化池容积大，基建费用增高。根据我国污水处理厂的运行经验，城市污水处理厂污泥中温消化的投配率以 5%～8%为宜，相应的消化时间为 20～12.5 d。

（三）搅拌和混合

消化是由细菌体的内酶和外酶与底物进行的接触反应，所以必须使两者充分混合。没有搅拌的厌氧消化池，池内料液常有分层现象。通过搅拌可消除池内料液的浓度梯度，增加有机物与微生物之间的接触，避免产生分层，促进沼气分离。厌氧搅拌的方法一般有：消化气循环搅拌法、泵加水射器搅拌法和混合搅拌法等。

（四）营养与 C/N

厌氧微生物的生长繁殖需按一定的比例摄取碳、氮、磷以及其他微量元素。因为其他营养元素不足的情况较少发生，工程上主要控制污泥或污水的碳、氮、磷比例。一般认为，厌氧法对碳∶氮∶磷比控制在（200～300）∶5∶1 为宜。在碳、氮、磷比例中，碳氮比例对厌氧消化的影响更为重要。合成细胞所需的碳（C）源担负着双重任务，一是作为反应过程的能源；二是合成新细胞。污泥细胞质（原生质）的分子式是 $C_5H_7NO_2$，即合成细胞的 C/N 约为 5∶1。因此要求 C/N 达到（10～20）∶1 为宜。如 C/N 太高，细胞的氮量不足，消化液的缓冲能力低，pH 易降低；C/N 太低，氮量过多，pH 可能上升，铵盐容易积累，会抑制消化进程。根据统计结果，各种污泥的 C/N 见表 8-1。

从 C/N 看，初次沉淀池污泥的营养成分比较合适，混合污泥次之，而活性污泥不大适宜单独进行厌氧消化处理。

表 8-1 各种污泥底物含量及 C/N

底物名称	污泥种类		
	初次沉淀池污泥	活性污泥	混合污泥
碳水化合物/%	32.0	16.5	26.3
脂肪、脂肪酸/%	35.0	17.5	28.5
蛋白质/%	39.0	66.0	45.2
C/N	（9.40～10.35）∶1	（4.60～5.04）∶1	（6.80～7.50）∶1

（五）有毒物质

所谓“有毒”是相对的，事实上任何一种物质对甲烷消化都有两方面的作用，即有促进与抑制甲烷细菌生长的作用。关键在于它们的浓度界限，即毒阈浓度。

表 8-2 列举了某些物质的毒阈浓度。低于毒阈浓度下限，对甲烷细菌生长有促进作用；在毒阈浓度范围内，有中等抑制作用，如果浓度是逐渐增加，则甲烷细菌可被驯化；超过毒阈浓度上限，则对甲烷细菌有强烈的抑制作用。

表 8-2 某些物质的毒阈浓度

物质名称	毒阈浓度界限/（mol/L）	物质名称	毒阈浓度界限/（mol/L）
碱金属和碱土金属（Ca^{2+}，Mg^{2+}，Na^+，K^+）	10^{-1}～10^{+6}	胺类	10^{-5}～10^0
重金属（Cu^{2+}，Ni^{2+}，Zn^{2+}，Hg^{2+}，Fe^{2+}）	10^{-5}～10^{-3}	有机物质	10^{-6}～10^0
H^+和 OH^-	10^{-6}～10^{-4}		

在消化过程中对消化有抑制作用的物质主要有重金属离子、S^{2-}、NH_3、有机酸等。

重金属离子对甲烷消化的抑制作用体现在两个方面：

① 与酶结合，产生变性物质，使酶的作用消失；

② 重金属离子及氢氧化物的絮凝作用，使酶沉淀。

但重金属的毒性，可以用络合法降低。例如，当锌的浓度为 1 mg/L 时，具有毒性，用硫化物沉淀法，加入 Na_2S 后，产生 ZnS 沉淀，毒性得到降低。多种金属离子共存时，毒性有互相拮抗作用，允许浓度可提高。

阴离子的毒害作用，主要是 S^{2-}。S^{2-}的来源有两方面：一是由无机硫酸盐还原而来；二是由蛋白质分解释放。硫的有利方面是：低浓度硫是细菌生长所需要的元素，可促进消化进程；硫直接与重金属络合形成硫化物沉淀。硫的有害方面是：若重金属离子较少，则消化液中将产生过多的 H_2S 释放到消化气中，降低消化气的质量并腐蚀金属设备（管道、锅炉等）。

氨来源于有机物的分解，可在消化液中离解成 NH_4^+，其浓度取决于 pH。当有机酸积累，pH 降低，NH_3 浓度减小，NH_4^+浓度增大。当 NH_4^+浓度超过 150 mg/L 时，消化即受到抑制。

（六）酸碱度、pH 和消化液的缓冲作用

产酸细菌对酸碱度不及甲烷细菌敏感，其适宜的 pH 范围较广，在 5～8.5；产甲烷菌对 pH 的适应在 6.6～7.5，即只允许在中性附近波动。在厌氧生物处理中，由于产酸和产甲烷过程大多在同一构筑物内进行，为了维持平衡，避免过多的酸积累，常使反应器内的 pH 保持在 6.6～7.5（最好在 6.8～7.2）内。

在实际运行中，如果第一、第二阶段的反应速率超过产甲烷阶段，则 pH 会降低，影响甲烷菌的生活环境。但由于消化液的缓冲作用，在一定范围内可以避免发生这种情况。缓冲剂是在有机物分解过程中产生的，即消化液中的 CO_2（碳酸）及 NH_3（以 NH_3 和 NH_4^+ 的形式存在，NH_4^+一般是以 NH_4HCO_3 存在）。因此要求消化液有足够的缓冲能力，应保持碱度在 2 000 mg/L 以上。

四、厌氧生物处理的特点

（一）厌氧处理法的优点

厌氧生物处理法与好氧生物处理法相比较具有下列优点：

① 有机物负荷高。好氧法的有机负荷通常为 0.7～1.2 kg COD/（m^3·d）或 0.4～1.0 kg BOD/（m^3·d），而厌氧法为 10～60 kg COD/（m^3·d）或 7～45 kg BOD/（m^3·d）。

② 污泥产量低。污泥产率：好氧法为 0.3～0.45 kg VSS/kg COD 或 0.4～0.5 kg VSS/kg BOD；厌氧法为 0.04～0.15 kg VSS/kg COD 或 0.07～0.25 kg VSS/kg BOD。

③ 动力消耗低。好氧法需消耗大量的动力供氧，而厌氧法不需要供氧，而且产生的沼气可以回收作为能源。

④ 营养物需要量少。好氧法的营养物需要量一般为 COD∶N∶P=100∶3∶0.5 或 BOD∶N∶P=100∶5∶1，厌氧法的营养物需要量为 COD∶N∶P=100∶1∶0.1 或 BOD∶N∶P=100∶2∶0.3。因此厌氧方法可以不添加或少添加营养盐，可以节约投药费用。

⑤ 应用范围广。好氧生物处理适于处理中、低浓度有机污水，而厌氧生物处理则对高、中、低浓度有机污水均能处理，有些有机物好氧微生物对其是难降解的，而厌氧微生物对其却是可降解的。

（二）厌氧处理法的缺点

① 厌氧处理设备启动时间长，因为厌氧微生物的世代期长，增殖缓慢，启动时经接种、培养、驯化达到设计污泥浓度的时间比好氧生物处理长，一般启动期长达 3～6 个月，甚至更长。

② 处理后出水水质需进一步处理才能达到排放标准。厌氧生物处理方虽然负荷高，但去除有机物不够彻底，一般单独采取厌氧生物处理不能达不到排放标准，必须把厌氧处理和好氧处理结合起来使用。

③ 厌氧微生物对有毒物质和环境条件较为敏感。如果对有毒废水性质了解不足或者操作不当，可能会导致反应设备运行条件的恶化。

第二节　污泥的厌氧生物处理

污泥的厌氧消化是污泥稳定化处理最通用的方法。其主要处理对象是初次沉淀污泥、腐殖污泥、剩余活性污泥。其中的有机物质在厌氧微生物作用下被分解成甲烷与二氧化碳等最终产物。

厌氧消化法可分为人工消化法与自然消化法，其中化粪池、双层沉淀池、堆肥等属于自然厌氧消化，消化池属于人工强化的厌氧消化。在人工消化法中，根据池盖构造的不同，又分为定容式（固定盖）消化池和动容式（浮动盖）消化池。按容量大小可分为小型消化池（1 500～2 500 m^3）、中型消化池（2 500～5 000 m^3）、大型消化池（5 000～10 000 m^3）。按消化温度的不同又可分为低温消化（低于 20℃）、中温消化（30～37℃）和高温消化（45～55℃）。按运行方式可分为一级消化、二级消化。

一、消化池的构造

消化池的主体是由集气罩、池盖、池体及下锥体等四部分组成的，并附设新鲜污泥投配系统、熟污泥的排出系统、溢流系统、沼气的排出收集及贮存系统和加温及搅拌设备。

（一）消化池的池形

消化池的基本池形有圆柱形和蛋形两种，如图 8-4 所示，圆柱形消化池的池径一般为 6～35 m，池总高与池径之比取 0.8～1.0，池底、池盖倾角一般取 15°～20°，池顶集气罩直径取 2～5 m，高为 1～3 m。蛋形消化池，其侧壁为圆弧形，直径远小于池高。大型消化池可采用蛋形，容积可做到 10 000 m^3 以上，蛋形消化池在工艺与结构方面有如下优点：① 搅拌充分、均匀，可以有效地防止池底积泥和泥面结壳；② 因池体接近球形，在池容相等的条件下，池子总表面积比圆柱形小，散热面积小，故热量损失小，可节省能源。

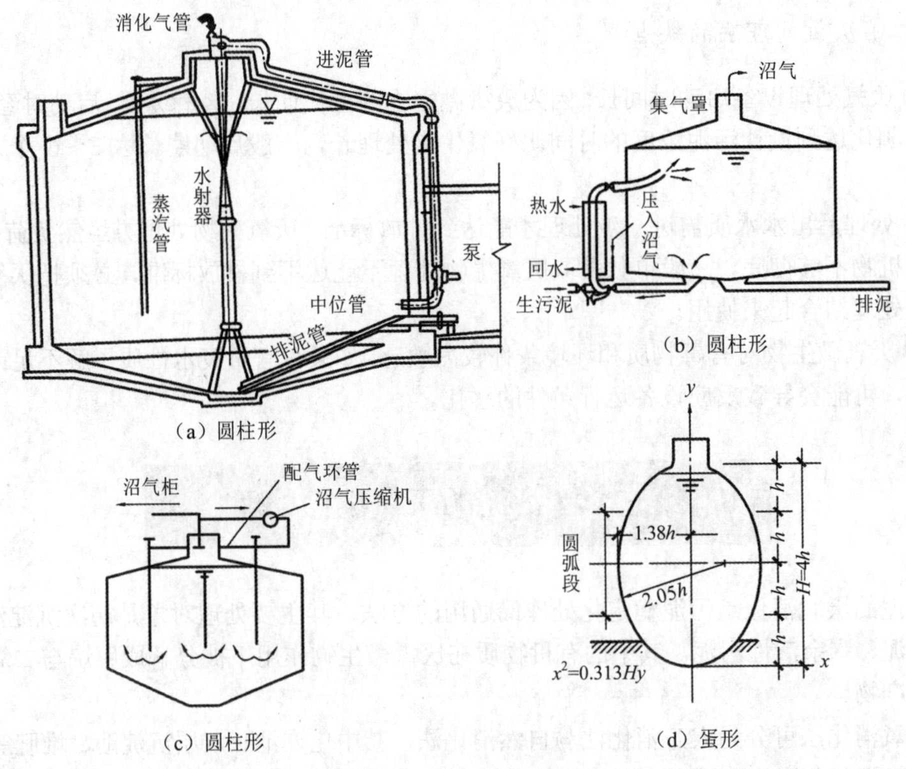

图 8-4 消化池的池型

（二）投配、排泥与溢流系统

1. 污泥投配

生污泥（包括初沉污泥、腐殖污泥及经过浓缩的剩余活性污泥），需先排入消化池的污泥投配池，然后用污泥泵抽送至消化池。污泥投配池一般为矩形，至少设两个，池容根据生污泥量及投配方式确定，常用 12 h 的贮泥量设计。投配池应加盖，设排气管、上清液排放管和溢流管。如果采用消化池外加热生污泥的方式，则投配池可兼作污泥加热池，一般消化池的进泥口布置在泥位上层，其进泥点及进泥口的形式应有利于搅拌均匀和破碎浮渣的需要。

2. 排泥

消化池的排泥管设在池底，出泥口布置在池底中央或在池底分散数处，排空管可与出泥管合并使用，也可单独设立。排泥管是依靠消化池内的静水压力将熟污泥排至污泥的后续处理装置。

污泥的投配管和排泥管的直径一般为 150～200 mm。一般排泥管与放空管合并使用。污泥管的最小直径为 150 mm，为了能在最适当的高度除去上清液，可在池子的不同高度设置若干个排出口，最小管径为 75 mm。

此外，还设取样管，一般取样管设置在池顶，最少为两个，一个在池子中部，一个在池边。取样管的长度最少应伸入最低泥位以下 0.5 m，最小管径为 100 mm。还备有清洗水或蒸汽的进口及清理污泥管道的设备。

3．溢流装置

消化池的污泥投配过量、排泥不及时或沼气产量与用气量不平衡等情况发生时，沼气室内的沼气压缩、气压增加，甚至可能压破池顶盖。因此消化池必须设置溢流装置，及时溢流，以保持沼气室压力恒定。确定溢流管的溢流高度，必须考虑是在池内受压状态下工作。在非溢流工作状态时或泥位下降时，溢流管仍需保持泥封状态，溢流装置必须绝对避免集气罩与大气相通，也避免消化池气室与大气连通。溢流装置常用形式有倒虹管式、大气压式及水封式等三种。

倒虹管式见图 8-5（a），倒虹管的池内端必须插入污泥面，保持淹没状，池外端插入排水槽也需保持淹没状。当池内污泥面上升、沼气受压时，污泥或上清液可从倒虹管排出。

大气压式见图 8-5（b），当池内沼气受压，压力超过Δh（Δh 为 U 形管内水层厚度）时，即产生溢流。

水封式见图 8-5（c），水封式溢流装置由溢流管、水封管与下流管组成。溢流管从消化池盖插入设计污泥面以下，水封管上端与大气相通，下流管的上端水平轴线标高，高于设计污泥面，下端接入排水槽。当沼气受压时，污泥或上清液通过溢流管经水封管、下流管排入水槽。

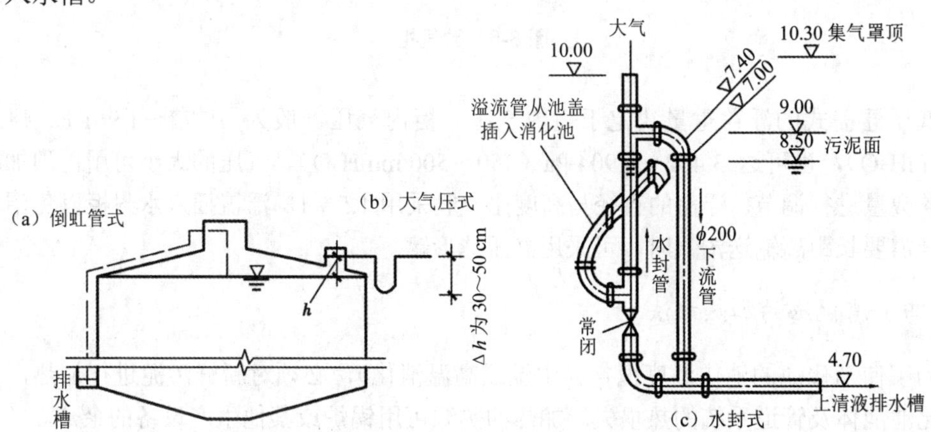

图 8-5 消化池的溢流装置

溢流装置的管径一般不小于 200 mm。

排出的上清液及溢流出泥，应重新导入初次沉淀池进行处理。设计沉淀池时，应计入此项污染物。

（三）沼气的收集与贮存设备

由于产气量与用气量常常不平衡，所以必须设贮气柜进行调节。沼气从集气罩通过沼气管输送到贮气柜。沼气管的管径按日平均产气量计算，管内流速按 7～15 m/s 计，当消化池采用沼气循环搅拌时，则计算管径时应加入搅拌循环所需沼气量。管道坡度应与气流方向一致，其坡度为 0.005，在最低点应设置凝结水罐，并可及时排除积水。为了减少凝结水量、防止沼气管被冻裂，沼气管应该保温。应采取防腐措施，一般采用防腐蚀镀锌钢管或铸铁管。在沼气输送管道的适当地点设置必要的水封罐，以便调整和稳定压力，并在消化池、贮气柜、压缩机、锅炉房等设备之间起隔绝作用，确保安全。

消化池的气室及沼气管道均应在正压下工作。通常压力为 2～3 kPa。消化池不允许出现负压。沼气中由于硫化氢和饱和蒸汽的存在，对消化池顶集气罩有腐蚀作用，所以必须对气室进行防腐处理。

贮气柜有低压浮盖式与高压球形罐两种（图 8-6）。贮气柜的容积一般按平均日产气量的 25%～40%，即 6～10 h 的平均产气量计算。

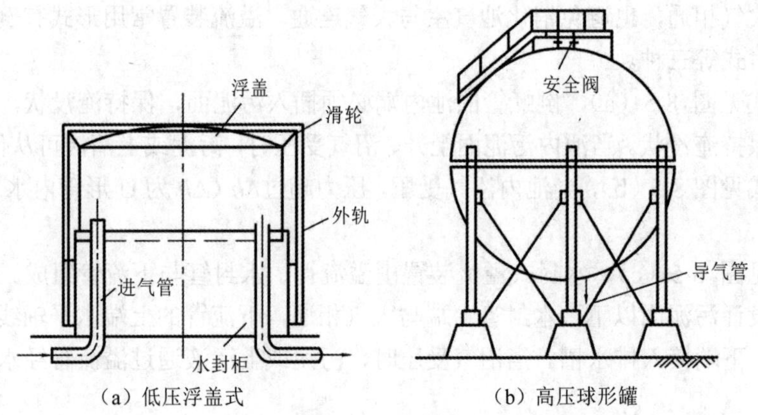

（a）低压浮盖式　（b）高压球形罐

图 8-6 贮气柜

低压浮盖式的浮盖重量决定于柜内气压，柜内气压一般为 1 177～1 961 Pa（120～200 mmH_2O），也可达 3 432～4 904 Pa（350～500 mmH_2O）。气压的大小可用盖顶加减铸铁块的数量进行调节。浮盖的直径与高度比一般采用 1.5∶1，浮盖插入水封柜以免沼气外泄。当需要长距离输送沼气时，可采用高压球形罐。

（四）消化池的加热方法

为了使消化池的消化温度恒定（中温或高温消化），必须对新鲜污泥进行加热，并补偿消化池池体及管道系统的热损失。加热的热源可用锅炉或其他生产设备的余热。

加热方法有池内蒸汽直接加热与池外预热两种。

池内蒸汽直接加热法就是利用插在消化池内的蒸汽竖管，直接向消化池送入蒸汽，加热污泥。蒸汽在竖管中的流速一般为 3～5 m/s。这种加热方法比较简单，热效率高。但竖管周围的污泥易过热，从而影响甲烷细菌的正常活动。由于增加了冷凝水，消化污泥的含水率稍有提高，消化池的容积需增加 5%～7%。

池外预热法是把新鲜污泥预先加热后，投配到消化池中。这种方法的优点是：预热的污泥只是新鲜污泥，数量较少，易于控制，预热达到的温度较高，有利于杀灭寄生虫卵，以改善消化污泥的卫生条件，不会使消化池中的甲烷细菌受到过热的影响，因此是一种较好的加温方法。缺点是加温的设备比较复杂。池外预热法可分为热交换器预热与投配池内预热两种。

1．热交换器预热法

在消化池外，用热交换器将新鲜污泥预热后，送入消化池。热交换器可采用套管式，以热水为热媒。热交换器预热法如图 8-7 所示。

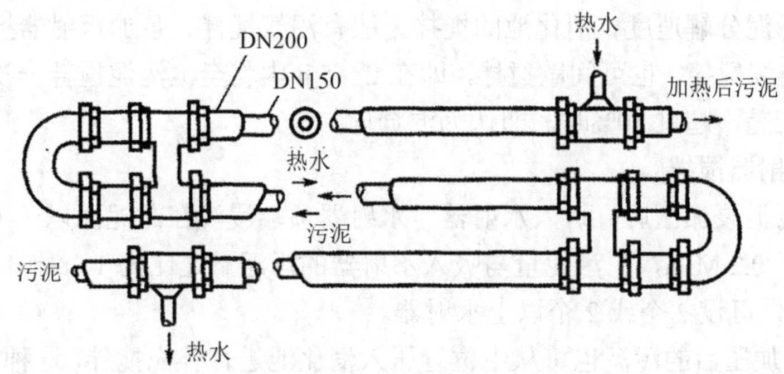

图 8-7 热交换器预热法示意

新鲜污泥从内管通过，流速为 1.5～2.0 m/s，热水从套管通过，流速为 1.0～1.5 m/s。可用逆流或顺流交换。内管直径一般为 100 mm，套管直径为 150 mm。

2．投配池内预热法

即在投配池内，用蒸汽把新鲜污泥预热到所需温度后，一次投入消化池。图 8-8 为投配池预热的示意图。

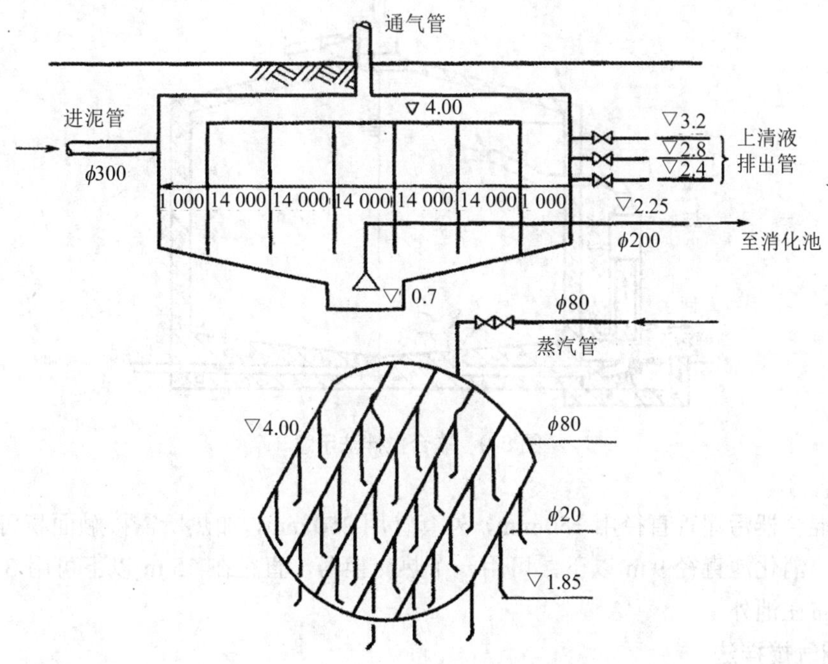

图 8-8 投配池内预热法示意

此外，为减少热量损失，还必须对消化池采取保温措施，凡是热导率小、容量较小、具有一定的机械强度和耐热性能力、吸水性差的材料一般均可作为保温材料。常用的保温材料有：泡沫混凝土、膨胀珍珠岩、聚苯乙烯泡沫塑料和聚氨酯泡沫塑料等。

（五）搅拌设备

搅拌的目的是使池内污泥温度与浓度均匀，防止污泥分层或形成浮渣层，均匀池内碱度，从而提高污泥分解速度。消化池的搅拌方法有沼气搅拌、泵加水射器搅拌、联合搅拌三种方式。可连续搅拌，也可间歇搅拌，即在 2～5 h 内将全池污泥搅拌一次。当消化池内各处污泥浓度相差不超过 10%时，即认为混合均匀。

1．泵加水射器搅拌

生污泥用污泥泵加压后，射入水射器。水射器顶端浸没在污泥面以下 0.2～0.3 m，污泥泵压力应大于 0.2 MPa，生污泥量与吸入水射器的污泥量之比为 1∶3～1∶5。消化池池径大于 10 m 时，可设 2 个或 2 个以上水射器。

根据需要，加压后的污泥也可从中位管压入消化池进行补充搅拌。这种方法搅拌可靠，但效率较低。

2．联合搅拌法

联合搅拌法的特点是把生污泥加温、沼气搅拌联合在一个装置内完成（图 8-9）。经空气压缩机加压后的沼气以及经污泥泵加压后的污泥分别从热交换器（兼作生、熟污泥与沼气的混合器）的下端射入，并把消化池内的熟污泥抽吸出来，共同在热交换器中加热混合，然后从消化池的上部污泥面下喷入，完成加温搅拌过程。

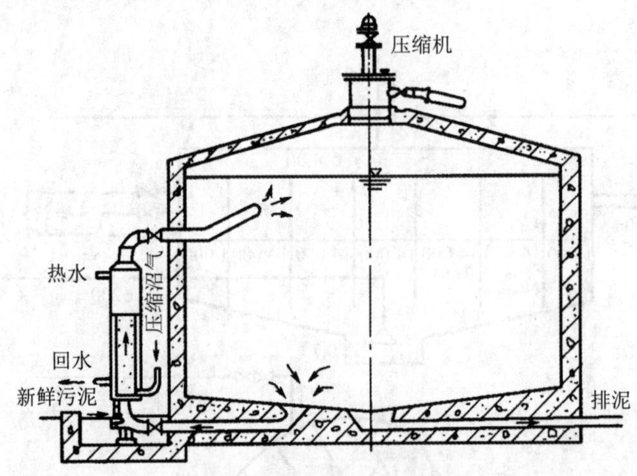

图 8-9 联合搅拌法示意

加热混合器污泥管直径用 150 mm，外套管用 250 mm，加热所需接触面积可以用热交换量计算。消化池直径 9 m 以下，可用一个热交换器，直径在 15 m 以下可用 3 个热交换器均匀分布在池外。

3．沼气搅拌法

沼气搅拌法的优点是没有机械磨损，故障少，搅拌力大，不受液面变化的影响，并可促进厌氧分解，缩短消化时间。沼气搅拌装置见图 8-10，用空压机将贮气罐中的一部分消化气抽出，经稳压罐送入消化池进行搅拌。消化气通过消化池顶盖上面的配气环管，进入每根立管，立管数量根据搅拌气量及立管内的气流速度决定。搅拌气量按每 1 000 m^3 池容 5～7 m^3/min 计，气流速度按 7～15 m/s 计。立管末端在同一平面上，距池底 1～2 m，或在池壁与池底连接面上。

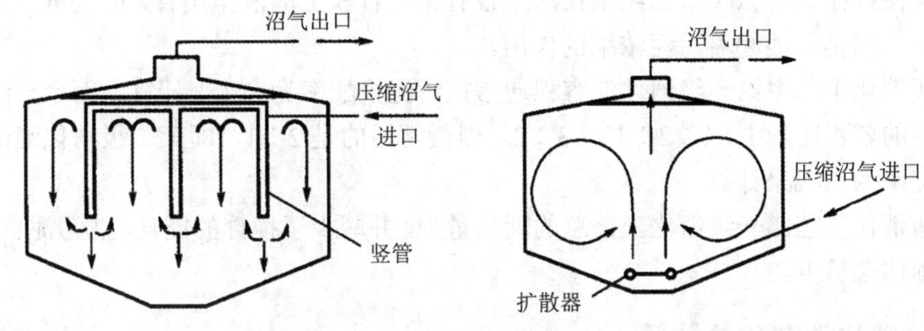

图 8-10　沼气循环搅拌法示意

其他搅拌方法（如螺旋桨式搅拌），现已不常用。

二、消化工艺

（一）一级消化工艺

最早使用的消化池叫传统消化池，又称低速消化池，是一个单级过程，称为一级消化工艺，污泥的消化和浓缩均在单个池内同时完成。这种消化池内一般不设搅拌设备，因而池内污泥有分层现象，仅一部分池容积起有机物的分解作用，池底部容积主要用于贮存和浓缩熟污泥。由于微生物不能与有机物充分接触，消化速率很低，消化时间很长，一般为30～60 d，虽然池子的容积很大，但池子的有效利用率低。因此一级消化工艺仅适用于小型装置，目前已很少用，其构造原理如图 8-11 所示。

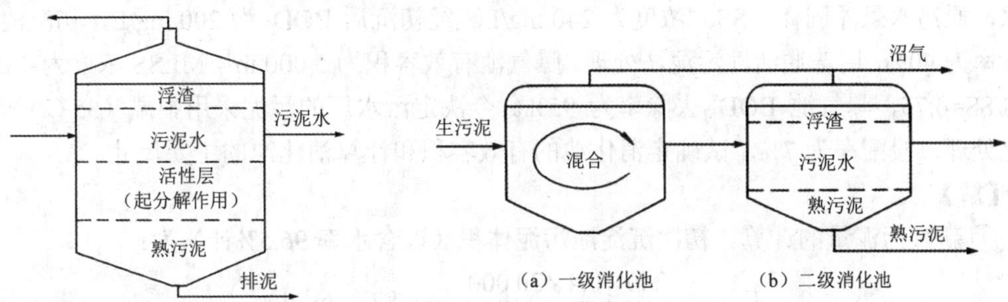

图 8-11　传统消化池构造原理　　图 8-12　二级消化池系统示意

（二）二级消化工艺

二级消化池系统如图 8-12 所示，二级消化工艺为两个消化池串联运行，生污泥连续或分批投入一级消化池中并进行搅拌和加热，使池内的污泥保持完全混合状态。温度一般维持中温 34℃左右。由于搅拌使池内有机物浓度、微生物分布、温度、pH 等都均匀一致，微生物得到了较稳定的生活环境，并与有机物均匀接触，因而提高了消化速率，缩短了消化时间。污泥中有机物的分解主要在一级消化池中进行，产气量占总产气量的 80%，因此该系统中的一级消化池也称之为高速消化池。一级消化池的污泥靠重力排入二级消化池中。二级消化池无须搅拌和加热，而是利用一级消化池排出的污泥的余热继续消化，其消化温度可保持在 20～26℃。二级消化池上设有集气管和上清液排出管，产气量占总产气量的 20%。二级消化池起着污泥浓缩的作用。

二级消化工艺中第一级消化池容积通常按污泥投配率为 5%来计算，而第一级与第二级消化池的容积比为 1∶1、2∶1 或 3∶2，但最常用的是 2∶1，即第二级消化池的容积按污泥投配率为 10%来计算。

二级消化工艺比一级消化工艺总的耗热量少，并减少了搅拌的能耗，熟污泥含水率低，上清液固体含量少。

三、消化池容积的计算

消化池的数量应在两座或两座以上，以满足检修时消化池正常工作。关于污泥消化池有效容积的确定，国内是按每天加入的新鲜污泥量及投配负荷率进行计算的。计算式如下：

$$V = \frac{V_0}{p} \times 100 \tag{8-1}$$

式中：V—— 消化池有效容积，m^3；

V_0—— 新鲜污泥量，m^3/d；

p—— 每日投加的新鲜污泥量（体积）占消化池有效容积的百分比，%。

污泥消化的投配率，最好通过试验或调研确定。当无资料时，对于生活污水污泥，中温高速消化池 p 可采用 5%～12%，传统消化池 p 可采用 2%～3%。

当采用高速消化池时，二级消化池容积可按池中停留 10～60 d 计算，一般采用 20～30 d 或与一级消化池相同的停留时间。

【例】某市污水厂污水量为 30 000 m^3/d，其中生活污水量为 10 000 m^3/d，其余为工业废水，原污水悬浮固体（SS）浓度为 240 mg/L。经初沉后 BOD_5 为 200 mg/L，初沉池 SS 去除率为 40%，用普通活性污泥法处理。曝气池有效容积为 5 000 m^3，MLSS 浓度为 4 g/L，VSS/SS=0.75，曝气池 BOD_5 去除率为 95%。今决定污水厂的污泥采用中温（35℃）厌氧消化处理，投配率为 7%，试确定消化池的有效容积和计算消化池的主要尺寸。

【解】

① 新鲜污泥量的计算。初次沉淀池污泥体积（以含水率 96.5%计）为：

$$V_1 = \frac{240 \times 0.4 \times 30\,000}{(1-0.965) \times 1\,000 \times 1\,000} = 82 \ (m^3/d)$$

剩余污泥体积（取 $\alpha = 0.5, b = 0.1$）为：

$$\begin{aligned}\Delta X &= \alpha Q S_r - bXV \\ &= 0.5 \times 200 \times 0.95 \times 30\,000 / 1\,000 - 0.1 \times 4 \times 0.75 \times 5\,000 \\ &= 1\,350 \ (\text{kg VSS/d})\end{aligned}$$

每日剩余污泥量为 $1\,350 / 0.75 = 1\,800$（kg SS/d）

当浓缩至含水率为 96.5%，其体积为：

$$V_2 = \frac{1\,800}{(1-0.965) \times 1\,000} = 51 \ (m^3/d)$$

污泥总体积为：

$$V' = V_1 + V_2 = 82 + 51 = 133 \ (\text{m}^3/\text{d})$$

② 消化池有效容积的计算。已知投配率为7%，根据式（8-1），消化池的有效容积为：

$$V = \frac{V_0}{p} \times 100 = \frac{133}{7} \times 100 = 1\,900(\text{m}^3)$$

为了考虑检修，采用2座消化池，则每个消化池的有效容积为950 m^3。

③ 消化池主要尺寸计算。采用消化池直径近似地等于柱体部分高度两倍计算。消化池的直径可近似地按下式计算：

$$D = \sqrt[3]{\frac{V}{0.485}} = \sqrt[3]{\frac{950}{0.485}} = 12.5 \ (\text{m})$$

消化池集气罩直径（d_1）采用2 m，高（h_1）采用1 m，下锥底直径（d）采用1 m。

池顶盖高 $h_2 = \left(\frac{D}{2} - \frac{d_1}{2}\right)\text{tg}20° = \left(\frac{12.5}{2} - \frac{2}{2}\right) \times 0.364 = 1.9(\text{m})$

柱体高 $h_3 = \frac{D}{2} = 6.25(\text{m})$

下锥体高 $h_4 = \left(\frac{D}{2} - \frac{d_2}{2}\right)\text{tg}30° = \left(\frac{12.5}{2} - \frac{1}{2}\right) \times 0.577 = 3.3(\text{m})$

消化池总高 $H = h_1 + h_2 + h_3 + h_4 = 1 + 1.9 + 6.25 + 3.3 = 12.45(\text{m})$

第三节 污水的厌氧生物处理

目前已开发出很多种类的厌氧反应器适用于污水厌氧生物处理，常见的厌氧生物处理技术包括厌氧接触工艺、厌氧滤池工艺、厌氧流化床工艺、上流式厌氧污泥床反应器、厌氧折流式反应器、膨胀颗粒污泥床反应器、内需换厌氧反应器、两相厌氧消化工艺、厌氧生物转盘等。

一、厌氧接触法

厌氧接触法

（一）厌氧接触法工艺流程

厌氧接触法是在传统完全混合反应器的基础上发展而来的，为了克服普通消化池不能保留或补充厌氧活性污泥的缺点，在消化池后增加了污泥分离和回流装置，将沉淀污泥回流至消化池，形成了厌氧接触法。该系统既能控制污泥不流失、出水水质稳定，又可提高消化池内污泥浓度，从而提高设备的有机负荷和处理效率（图8-13）。

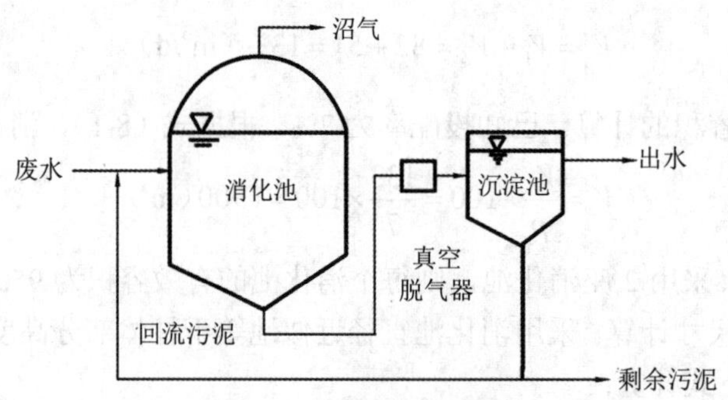

图 8-13 厌氧接触工艺流程

与普通厌氧消化法相比，它的水力停留时间大大缩短。有效处理的关键在于污泥沉降性能和污泥分离效率，由于厌氧污泥在沉淀池内继续产气所以其沉淀效果不佳。该工艺和厌氧消化工艺一样属于中低负荷工艺。一些 BOD_5 浓度高的工业废水采用厌氧接触工艺处理可得到很好的稳定性，厌氧接触工艺在处理中等浓度的废水（如酒精槽液、屠宰加工废水、制糖废水等）时取得了令人满意的效果。

（二）厌氧接触法工艺特点

与厌氧消化法相比，厌氧接触法具有以下特点：

- 消化池污泥浓度高，其挥发性悬浮物的浓度一般为 5～10 g/L，耐冲击能力强。
- COD 容积负荷一般为 1～5 kg/（m^3·d），COD 去除率为 70%～80%；BOD_5 容积负荷为 0.5～2.5 kg BOD_5 /（m^3·d），BOD_5 去除率为 80%～90%。
- 增设沉淀池、污泥回流系统和脱气设备，流程较复杂。
- 适合处理悬浮物和 COD 浓度高的废水，生物量（VSS）可达到 50 g/L。

（三）运行管理存在的问题及对策

从消化池排出的混合液在沉淀池中进行固液分离有一定的困难。其主要原因如下：① 由于混合液中污泥上附着大量的微小沼气泡，易引起污泥上浮；② 由于混合液中的污泥仍具有产甲烷活性，在沉淀过程中仍能继续产气，从而妨碍污泥颗粒的沉降和压缩。

为了提高沉淀池中混合液的固液分离效果，目前采用以下几种方法脱气：真空脱气、热交换器急冷法、絮凝沉淀和用超滤静代替沉淀池，以改善固液分离效果。此外，为保证沉淀池分离效果，在设计时，沉淀池表面负荷应比一般废水沉淀池表面负荷小，一般不大于 1 m/h，混合液在沉淀池内停留时间比一般废水沉淀时间要长，可采用 4 h。

采用厌氧接触工艺可以处理含有少量悬浮物的废水。但悬浮物的积累同样会影响污泥的分离，同时悬浮物的积累会引起污泥中细胞物质比例的下降，从而会降低反应器处理效率。因此，对含悬浮物浓度较高的废水，在厌氧接触工艺之前采用分离预处理是必需的。

二、升流式厌氧污泥床

升流式厌氧污泥床（UASB）工艺是荷兰人在 20 世纪 70 年代开发的，他们在研究用升流式厌氧滤池处理马铃薯加工废水和甲醇废水时取消了池内的全部填料，并在池子的上部设置了气、液、固三相分离器，于是一种结构简单、处理效能很高的新型厌氧反应器便诞生了。UASB 反应器一出现很快便获得广泛的关注与认可，并在世界范围内得到广泛的应用，到目前为止，UASB 反应器是应用最为成功的厌氧生物处理技术。

（一）工艺原理

图 8-14 是 UASB 反应器工作原理示意，污水从反应器的底部向上通过包含颗粒污泥或絮凝污泥的污泥床。厌氧反应发生在污水与污泥颗粒的接触过程中，在厌氧状态下产生的沼气（主要是甲烷和二氧化碳）引起内部循环，这对于颗粒污泥的形成和维持有利。在污泥层形成的一些气体附着在污泥颗粒上，附着和没有附着的气体向反应器顶部上升，上升到表面的颗粒碰击气体发射板的底部，引起附着气泡的污泥絮体脱气。由于气泡释放，污泥颗粒将沉淀到污泥床的表面。附着和没有附着的气体被收集到反应器顶部的集气室。置于集气室单元缝隙之下的挡板的作用为气体反射器和防止沼气气泡进入沉淀区，否则将引起沉淀区的紊动，会阻碍颗粒沉淀，使得包含一些剩余固体和污泥颗粒的液体经过分离器缝隙进入沉淀区。

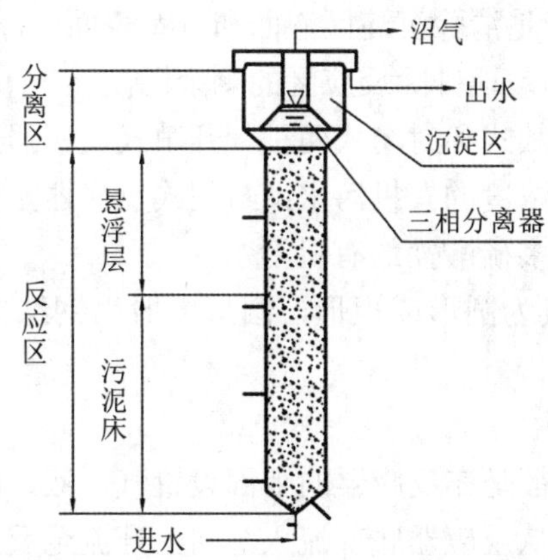

图 8-14 UASB 反应器工作原理示意

由于分离器的斜壁沉淀区的过流面积在接近水面时增加，因此上升流速在接近排放点处降低。由于流速降低，污泥絮体在沉淀区可以絮凝和沉淀。积累在相分离器上的污泥絮体在一定程度上将克服其在斜壁上受的摩擦力，而滑回反应区，这部分污泥又可与进水有机物发生反应。

UASB 反应器最重要的装置是三相分离器，这一设备安装在反应器的顶部并将反应器分为下部的反应区和上部的沉淀区。为了在沉淀区中取得对上升流中污泥絮体/颗粒满意的沉淀效果，三相分离器第一个主要的目的就是尽可能有效地分离从污泥床（层）中产生的沼气，特别是在高负荷的情况下。在集气室下面反射板的作用是防止沼气通过集气室之间的缝隙逸出到沉淀室。另外，挡板还有利于减少反应室内高产气量所造成的液体紊动。UASB 系统的原理是在形成沉降性能良好的污泥絮凝体的基础上，结合在反应器内设置的污泥沉淀系统，使气相、液相和固相三相得到分离。形成和保持沉淀性能良好的污泥（可以是絮状污泥或颗粒污泥）是 UASB 系统良好运行的根本。

UASB 动画

（二）UASB 反应器的构造与特性

1. UASB 的构造

UASB 反应器主要由下列几部分组成。

① 布水器，即进水配水系统，其功能主要是将污水均匀地分配到整个反应器，并具有一定的水力搅拌功能。布水器的布水方式主要有等阻力补水、大阻力布水、逐点脉冲式布水和堰式布水等。

② 反应区，包括污泥床区和污泥悬浮层区，有机物主要在这里被厌氧菌所分解，是反应器的主要部位。

③ 三相分离器，是反应器最有特点和最重要的装置，由沉淀区、回流缝和气封组成。其功能是把气体（沼气）、固体（污泥）和液体分开，污泥经沉淀后由回流缝回流到反应区，沼气分离后进入气室。三相分离器的分离效果将直接影响反应器的处理效果。

④ 出水系统，作用是把沉淀区上层处理过的水均匀地加以收集，排出反应器。

⑤ 气室，也称集气罩，作用是收集沼气。

⑥ 浮渣清除系统，功能是清除沉淀区液面和气室表面的浮渣，如浮渣不多可省略。

⑦ 排泥系统，功能是均匀地排除反应区的剩余污泥。

UASB 反应器可分为开敞式和封闭式两种。开敞式反应器是顶部不加密封，出水水面敞开，主要适用于处理中低浓度的有机污水；封闭式反应器是顶部加盖密封，主要适用于处理高浓度有机污水或含较多硫酸盐的有机污水。

UASB 反应器断面一般为圆形或矩形，圆形一般为钢结构，矩形一般为钢筋混凝土结构。

2. UASB 的特性

UASB 反应器的工艺特征是在反应器的上部设置气、液、固三相分离器，下部为污泥悬浮层区和污泥床区，污水从反应器底部流入，向上升流至反应器顶部流出，由于混合液在沉淀区进行固液分离，污泥可自行回流到污泥床区，这使污泥区可保持很高的污泥浓度。UASB 反应器还具有一个很大特点是能在反应器内实现污泥颗粒化，颗粒污泥具有良好的沉降性能和很高的产甲烷活性。污泥的颗粒化可使反应器具有很高的容积负荷。UASB 不仅适于处理高、中浓度的有机污水，也用于处理如城市污水这样的低浓度有机污水。

UASB 反应器的构造特点是集生物反应与沉淀于一体，结构紧凑，污水由配水系统从反应器底部进入，通过反应区经气、固、液三相分离器后进入沉淀区。气、固、液分离后，沼气由气室收集，再由沼气管流向沼气柜。固体（污泥）由沉淀区沉淀后自行返回反应区，沉淀后的处理水从出水槽排出。UASB 反应器内不设搅拌设备，上升水流和沼气产生的气流足可满足搅拌需要，UASB 反应器的构造简单，便于操作运行。

三、厌氧生物滤池

厌氧生物滤池

厌氧生物滤池（AF）是装填滤料的厌氧反应器。厌氧微生物以生物膜的形态生长在滤料表面，废水淹没式地通过滤料，在生物膜的吸附作用和微生物的代谢作用以及滤料的截留作用下，废水中有机污染物被去除。产生的沼气则聚集于池顶部罩内，并从顶部引出。处理水则由旁侧流出。为了分离处理水挟出的生物膜，一般在滤池后需设沉淀池。

（一）厌氧生物滤池的构造

厌氧生物滤池主要由以下几个重要部分组成，即滤料、布水系统、沼气收集系统。分述如下。

（1）滤料

滤料是厌氧生物滤池的主体，其主要作用是提供微生物附着生长的表面及悬浮生长的空间，因此，应具备下列条件：① 比表面积大，以利于增加厌氧生物滤池中的生物量；② 孔隙率高，以截留并保持大量悬浮微生物，同时也可防止堵塞；③ 表面粗糙度较大，以利于厌氧细菌附着生长；④ 其他方面，如机械强度高、化学和生物学稳定性好、质量轻、价格低廉等。

很多研究者对多种不同的滤料进行过研究，但得出的结论不尽相同，如有人认为滤料的孔隙率更重要，即厌氧生物滤池中悬浮细菌所起的作用更大；也有人认为滤料最重要的特性是粗糙度、孔隙率以及孔隙大小。

在厌氧滤池中经常使用的滤料有多种，可以简单分为如下几种：

① 实心块状滤料：30～45 mm 的碎块；比表面积和孔隙率都较小，分别为 40～50 m^2/m^3 和 50%～60%；这样的厌氧生物滤池中的生物浓度较低，有机负荷也低，仅为 3～6 kg COD/（$m^3 \cdot d$）；易发生局部堵塞，产生短流。

② 空心块状滤料：多用塑料制成，呈圆柱形或球形，内部有不同形状和大小的孔隙；比表面积和孔隙率都较大。

③ 管流型滤料：包括塑料波纹板和蜂窝填料等；比表面积为 100～200 m^2/m^3，孔隙率为 80%～90%；有机负荷为 5～15 kg COD/（$m^3 \cdot d$）。

④ 交叉流型滤料。

⑤ 纤维滤料：包括软性尼龙纤维滤料，半软性聚乙烯、聚丙烯滤料，弹性聚苯乙烯填料；比表面积和孔隙率都较大；偶有纤维结团现象；价格较低，应用普遍。

（2）布水系统

在厌氧生物滤池中布水系统的作用是将进水均匀分配于全池，因此在设计计算时，应特别注意孔口的大小和流速。与好氧生物滤池不同的是，因为需要收集所产生的沼气，厌氧生物滤池多是封闭式的，即其内部的水位应高于滤料层，将滤料层完全淹没；其中升流式厌氧生物滤池的布水系统应设置在滤池底部。这种形式在实际应用中较为广泛。一般滤池的直径为 6～26 m，高为 3～13 m。而降流式厌氧生物滤池的水流方向正好与之相反。升流式混合型厌氧生物滤池的特点是减小了滤料层的厚度，留出了一定空间，以便悬浮状态的颗粒污泥在其中生长和累积。

（3）沼气收集系统

厌氧生物滤池的沼气收集系统基本与厌氧消化池的类似。

（二）厌氧生物滤池的类型及特点

（1）厌氧生物滤池的类型

根据废水在厌氧生物滤池中的流向的不同，可分为升流式厌氧生物滤池、降流式厌氧生物滤池和升流式混合型厌氧生物滤池等三种形式，即分别如图 8-15 所示。

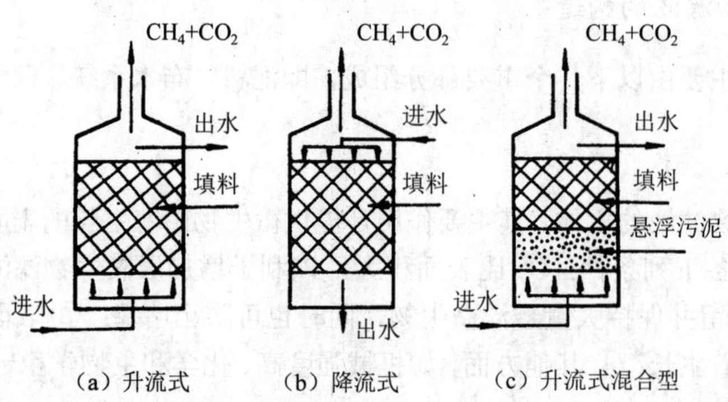

图 8-15 厌氧生物滤池的类型

（2）厌氧生物滤池的特点

从工艺运行的角度，厌氧生物滤池具有以下特点：

① 厌氧生物滤池中的厌氧生物膜的厚度为 1～4 mm；

② 与好氧生物滤池一样，其生物固体浓度沿滤料层高度有变化；

③ 降流式较升流式厌氧生物滤池中的生物固体浓度的分布更均匀；

④ 厌氧生物滤池适合于处理多种类型、浓度的有机废水，其有机负荷为 0.2～16 kgCOD/（m^3·d）；

⑤ 当进水 COD 浓度过高（>8 000 mg/L 或 12 000 mg/L）时，应采用出水回流的措施以减少碱度、降低进水 COD 浓度、增大进水流量、改善进水分布条件。

与传统的厌氧生物处理工艺相比，厌氧滤池的突出优点是：① 生物固体浓度高，有机负荷高；② SRT 长，可缩短 HRT，耐冲击负荷能力强；③ 启动时间较短，停止运行后的再启动也较容易；④ 无须回流污泥，运行管理方便；⑤ 运行稳定性较好。而主要缺点是易堵塞，会给运行造成困难。

四、厌氧生物转盘

（一）厌氧生物转盘的构造

厌氧生物转盘的构造与好氧生物转盘相似，不同之处在于上部加盖密封，目的为收集沼气和防止液面上的空间有氧存在。厌氧生物转盘由盘片、密封的反应槽、转轴及驱动装置等组成。盘片分为固定盘片（挡板）和转动盘片，相间排列，以防盘片间生物膜粘连堵塞，固定盘片一般设在起端。转动盘片串联，中心穿以转轴，轴安装在反应器两端的支架上，其构造如图 8-16 所示。废水处理靠盘片表面生物膜和悬浮在反应槽中的厌氧活性污泥共同完成。盘片转动时，作用在生物膜上的剪刀将老化的生物膜剥下，在水中呈悬浮状态，随水流出槽外。沼气则从槽顶排出。

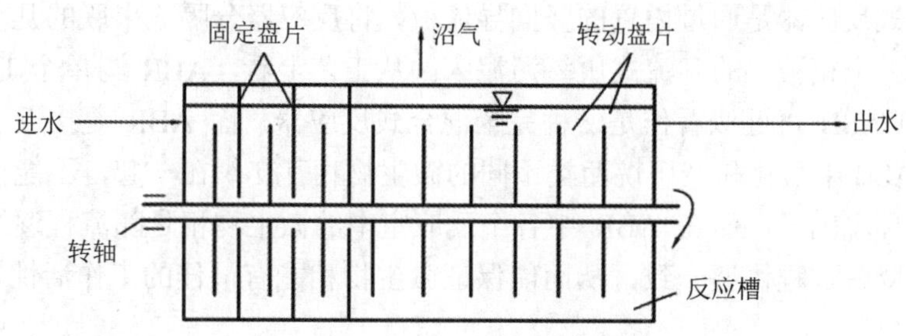

图 8-16　厌氧生物转盘构造

（二）厌氧生物转盘的特点

厌氧生物转盘主要有下列优点：

① 微生物浓度高，可承受高额的有机物负荷，一般在中温发酵条件下，有机物面积负荷可达 0.04 kg COD/（m^3 盘片·d）左右，相应的 COD 去除率可达 90%左右；

② 废水在反应器内按水平方向流动，无须提升废水，从这个意义来说是节能的；

③ 无须处理水回流，与厌氧膨胀床和流化床相比较既节能又便于操作；

④ 可处理含悬浮固体较高的废水，不存在堵塞问题；

⑤ 由于转盘转动，不断使老化生物膜脱落，使生物膜经常保持较高的活性；

⑥ 具有承受冲击负荷的能力，处理过程稳定性较强；

⑦ 可采用多种串联，各级微生物可处于最佳的条件下；

⑧ 便于运行管理。

厌氧生物转盘的主要缺点是盘片成本较高，使整个装置造价很高。

五、厌氧挡板式反应器

（一）厌氧挡板式反应器的构造和工艺流程

厌氧挡板式反应器（ABR）是美国 20 世纪 80 年代开发的一种新型高效厌氧污水处理技术。厌氧挡板式反应器工艺流程如图 8-17 所示。ABR 的一个突出特点是在反应器内设置了上下折流板，把反应器分为若干个上向流室和下向流室，每个隔室可以根据进入底物的不同而培养出与之相适应的微生物群落，实现产酸和产甲烷相的分离，在单个反应器中进行两相或多相运行。

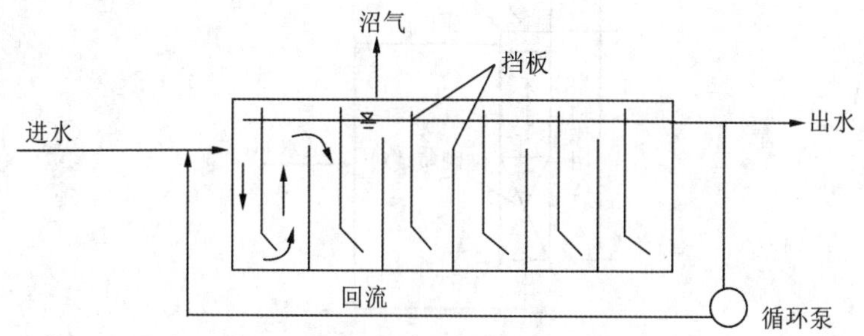

图 8-17　厌氧挡板式反应器工艺流程

厌氧挡板式反应器是通过内置的竖向导流板，将反应器分隔成串联的几个反应室，每个反应室都是一个相独立的升流式厌氧污泥床。从工艺上看，ABR 与单个 UASB 有明显不同。首先，UASB 可近似看作是一种完全混合式反应器，而 ABR 更接近于推流式反应器；其次，UASB 中酸化和产甲烷两类不同的微生物相互交织在一起，不能很好适应相应的底物组成及环境因子，而在 ABR 中各个反应室中的微生物相是随流程逐级递变的，递变规律与底物降解过程协调一致，从而能保证微生物相能有最佳的工作活性。

（二）厌氧挡板式反应器的特点

① 运行稳定，操作灵活。ABR 反应器的挡板构造，大大减少了堵塞和污泥床膨胀等问题发生的可能性，可长时间稳定运行。并且 ABR 可根据水质、水量的不同，通过改变挡板间距、调整 HRT 等操作，来满足出水水质的要求。

② 无须搅拌设备、不设三项分离器，工艺简单，投资少，运行费用低。

③ 固液分析效果好，出水水质好。

④ 耐冲击负荷、对有毒物质适应性强。

⑤ 良好的生物分布和生物固体截留能力。

六、厌氧流化床及膨胀床

（一）基本原理

厌氧流化床（AFB）与好氧流化床工艺相同，只是在厌氧条件下运行。如图 8-18 所示，在厌氧反应器内添加固体颗粒载体，常用的有石英砂、无烟煤、活性炭、陶粒和沸石等，粒径一般为 0.2～1 mm。一般需要采用出水回流的方法使载体颗粒在反应器内膨胀或形成流化状态；一般将床体内载体略有松动，载体间空隙增加但仍保持互相接触的反应器称为膨胀床反应器；将上升流速增大到可以使载体在床体内自由运动而互不接触的反应器称为流化床反应器。

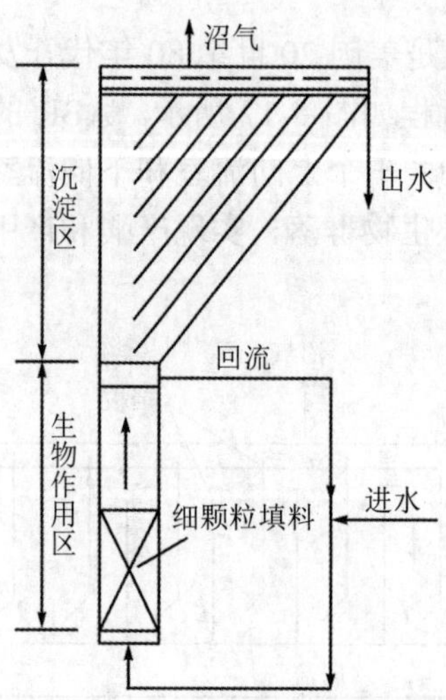

图 8-18　厌氧流化床流程示意

（二）主要特点

细颗粒的载体为微生物的附着生长提供了较大的比表面积，使床内的微生物浓度很高（一般可达 30 g VSS/L）；具有较高的有机容积负荷［10～40 kg COD/（m^3·d）］，水力停留时间较短；具有较好的耐冲击负荷的能力，运行较稳定；载体处于膨胀或流化状态，可防止载体堵塞；床内生物固体停留时间较长，运行稳定，剩余污泥量较少；既可应用于高浓度有机废水的处理，也可应用于低浓度城市污水的处理，而且具有良好的脱氮效果。

膨胀床或流化床的主要缺点是：载体的流化耗能较大；系统设计运行的要求较高。

（三）影响生物浓度的主要因素

厌氧膨胀床或流化床中的微生物浓度与载体粒径和密度、上升流速、生物膜厚度和孔隙率等有关；在上升流速、生物膜厚度一定，载体粒径不同时，微生物浓度也不同；对于不同生物膜厚度，有一个污泥量最大的载体粒径；载体的物理性质对流化床的特性也有影响，如颗粒粒径过大时，颗粒自由沉降速度大，为保证一定的接触时间必须增加流化床的高度；水流剪切力大，生物膜易于脱落；比表面积较小，容积负荷低，过小时，则操作运行较困难。

七、两相厌氧生物处理

（一）两相厌氧生物处理工艺

厌氧生物处理亦称厌氧消化，前已述及分为三个阶段，即水解与发酵阶段、产氢产乙酸阶段及产甲烷阶段。各阶段的菌种、消化速度、对环境的要求、分解过程及消化产物等都不相同，对运行管理造成诸多不便。因此近年来研究采用两相消化法，即根据消化机理，第一、第二阶段与第三阶段分别在两个消化池中进行，使各自都在最佳环境条件中进行消化，使各相消化池具有更适合于消化过程三个阶段各自的菌种群生长繁殖的环境。

两相消化中第一相消化池容积的设计：投配率采用 100%，即停留时间为 1 d；第二相消化池容积投配率为 15%～17%，即停留时间为 6～6.5 d。池型与构造完全同前，第二相消化池有加温、搅拌设备及集气装置，消化池的容积产气量为 1.0～1.3 m^3/m^3，每去除 1 kg 有机物的产气量为 0.9～1.1 m^3。

两相消化具有池容积小，加温与搅拌能耗少，运行管理方便，消化更彻底的特点。

两相厌氧生物处理法工艺流程，一般如图 8-19 所示，工艺流程由两大部分组成。

（1）酸化反应器

有机物的水解，酸化部分，一般采用完全混合方式厌氧（或缺氧）反应器。这样，不仅可使物料在反应器中均匀分布，而且即使进水中含一定量悬浮固体，也不至于影响反应器的正常运行。反应器出流经沉淀进行固液分离后，部分污泥回流至酸化罐，以保持罐中有一定的污泥浓度，剩余污泥排放。上清液由沉淀池上部流出，作为下一步反应器（气化罐）的进水。

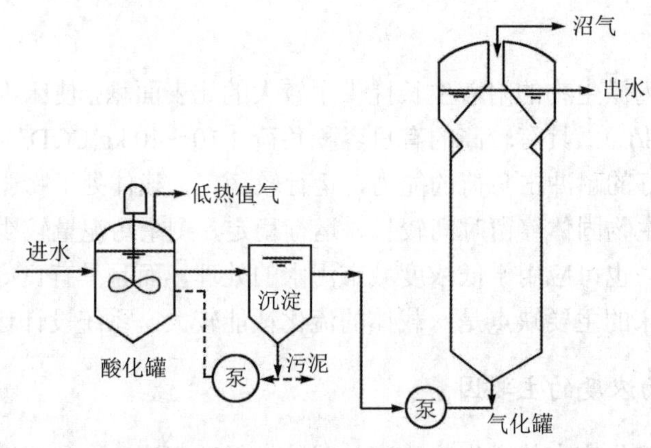

图 8-19 两相厌氧处理法工艺流程

（2）气化反应器

有机物经水解、酸化后，继续分解产气（沼气）的部分，一般采用上流式厌氧污泥床或厌氧过滤床、膨胀床等。在这里，甲烷菌利用有机物酸化产物（低分子有机酸、醇类）为养料进行发酵产气，故称这一部分的反应器为气化反应器或甲烷反应器。反应过程中产生的沼气，自气化罐顶部收集后引出利用。

（二）两相厌氧生物处理的工艺特点

由于在两相厌氧生物处理法中，有机物的酸化和气化是分隔在两个独立的反应器中进行，总结该工艺的特点如下。

可提供产酸菌和甲烷菌各自最佳的生长条件，并获得各自较高的反应速率，以及良好的反应器运行情况。

① 当进水有机物负荷变化时，由于酸化罐存在的缓冲作用，对后接气化罐的运行，影响不致过大。或者说，两相厌氧处理法具有一定的耐冲击负荷能力，运行稳定。

② 两相厌氧处理法系统的总有机负荷率较高，致使反应器的总容积比较小。如在酸化反应器中，反应过程快，水力停留时间短，有机负荷率高。一般在反应 30～35℃情况下，水力停留时间为 10～24 h，有机负荷率为 25～60 kg COD/（m^3·d）（相当于厌氧产气反应器的 3～4 倍）。故有机物在酸化过程中所需的反应器容积是相当小的。而且，经过酸化过程后，废水的 COD，一般可被去除 20%～25%，进入气化罐的有机物负荷量就可减少，相应容积也随之减少。

③ 采用两相厌氧处理法后，进入气化罐的废水水质情况有所改善。如有机物酸化降解为低分子有机酸，水中所含悬浮固体减少较多，使得气化罐运行条件良好。在这种情况下，反应器的 COD 去除率及产气率有所提高。一般地，在中温度（30～35℃）发酵情况下，COD 总去除率可达 90%左右，总产气率达 3 m^3/（m^3·d）左右。

④ 由于两相厌氧处理法的反应器总容积较小，相应基本费用降低。不过，由于两相（酸化、气化）反应器容积的不等，可能给构筑物的设计和施工带来一定的困难和增添一定的工作量。

八、厌氧复合床反应器

(一) 厌氧复合床反应器工作原理

厌氧复合床反应器（UBF）实际是将厌氧生物滤池与升流式厌氧污泥床反应器组合在一起。厌氧复合床反应器主要由污泥层、填料层和布水器构成，其基本结构如图 8-20 所示。

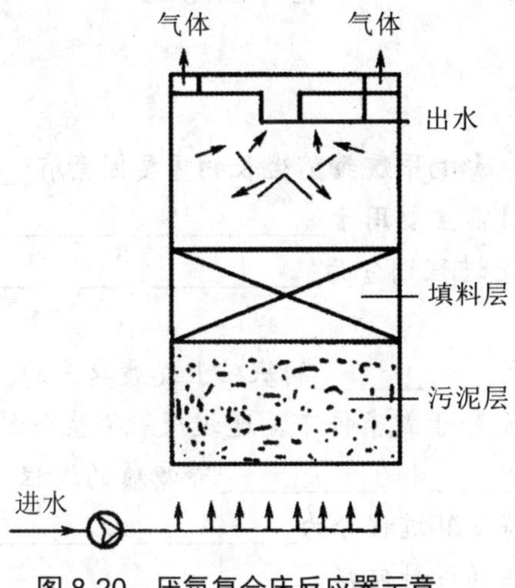

图 8-20 厌氧复合床反应器示意

UBF 的下部为高浓度颗粒污泥组成的污泥床，与 UASB 反应器下部污泥床相同；上部为厌氧生物滤池相似的填料层，填充在反应器上部的 1/3 体积处，填料表面附着大量微生物。在池底布水系统与填料层之间留出一定的空间，以便悬浮状态的颗粒污泥和絮状污泥能在其中生长积累，当污水依次通过悬浮泥层及填料层，有机物将与污泥层颗粒污泥及填料生物膜上的微生物接触并得到稳定。

厌氧复合床反应器综合了厌氧生物滤池与升流式厌氧污泥反应器的优点，与厌氧生物滤池相比，减少了填料层的高度，也就减少了滤池被堵塞的可能性；与升流式厌氧污泥床相比，可不设三相分离器，使反应器构造与管理简单化，又可避免 UASB 反应器污泥易流失的不足。填料层既是厌氧微生物的载体，又可截留水流中的悬浮厌氧活性污泥碎片，从而能使厌氧反应器保持较高的微生物量，并使出水水质得到保证。实际应用中可以结合具体情况，将原厌氧生物滤池与升流式厌氧污泥反应器进行适当改造，即便不能提高处理效率，也可以起到便于操作管理的作用。比如在升流式厌氧污泥反应器的上部加设填料，可以不设三相分离器，使反应器构造简单化；将厌氧生物滤池下部的填料去掉一些，可以减少滤池被堵塞的可能性。

(二) 厌氧复合床反应器工作特点

厌氧复合床主要有以下特点：

① 污泥床有效容积大，保留生物的能力强，可获得更高的负荷，能提高混合程度，可达 10～20 kgCOD/（m^3·d）；

② 微生物固体停留时间长，可缩短水力停留时间，耐冲击负荷能力也较强，处理效率

高，运行稳定可靠；

③ 充分发挥滤层的有效截留污泥能力，可以加速污泥与气泡的分离，减少污泥流失；

④ 不设三相分离器，结构简单，节省基建费用，管理方便；

⑤ 可以降低堵塞和沟流，填料用量可大大减少，节省投资。

EGSB 反应器和 IC 反应器

复习思考题

一、填空题

1. 经验和研究表明，影响甲烷细菌生长的重要因素有_______和_________。

2. 厌氧生物处理法目前主要用于___________、__________和__________。

3. 粗略地将厌氧消化过程划分为___________、__________和___________三个连续阶段。

4. UASB 反应器是在__________的基础上发展起来的。

5. 厌氧生化法是在无分子氧条件下，通过厌氧微生物的作用，将污水中的各种复杂有机物分解转化为_________和__________等物质的过程。

6. 根据不同的温度将发酵过程分为__________、__________和__________三个类型。

7. 厌氧生物处理系统的设计包括____________、____________、____________和___________等。

8. 要克服厌氧法有机复合率低、需要的停留时间长的缺点，最主要的方法应是__________和__________。

二、判断题

1. 厌氧生物处理的阶段中，酸化细菌和甲烷化细菌不可能并存。(　　)

2. 从液温看，消化可在中温进行，也可在高温进行。(　　)

3. 甲烷细菌是专性厌氧的，它对温度变化不敏感。(　　)

4. 对于悬浮物较高的有机废水采用厌氧生物滤池效果最好。(　　)

5. 厌氧生物处理法的出水往往达不到标准，一般厌氧处理后串联好氧处理设施。(　　)

6. 在厌氧反应器中，水解酸化阶段、产氢产乙酸阶段和产甲烷阶段不可能同时进行。(　　)

7. 在厌氧生物处理中，碳氮比越高越好。(　　)

8. 搅拌可提高沼气产量和缩短消化时间。(　　)

9. 与好氧生物处理相比，厌氧生物处理对 N、P 含量要求较低。(　　)

10. 两段厌氧处理法有两个反应器。(　　)

三、选择题

1. 具有两个反应器的厌氧生物处理技术为（　　）。

A. 厌氧膨胀床　　B. 厌氧滤池　　C. 厌氧接触法　　D. 两段厌氧法

2. 对影响厌氧生物法的因素分析中，若 pH 太低，可加入（　　）来改善。

A. 碳酸钙　　B. 氢氧化钠　　C. 石灰　　D. 碳酸氢钠

3. 不属于厌氧生物处理的反应阶段是（　　）。

A. 水解酸化阶段　B. 产氢产乙酸阶段　C. 产甲烷阶段　D. 降解阶段

4. 中温消化的消化时间为（　　）d。

A. 20～30　　B. 15～20　　C. 30～40　　D. 40～50

5. 城市污水处理厂污泥中温消化的投配率以（　　）为宜。

A. 2%～3%　　B. 5%～8%　　C. 3%～4%　　D. 4%～5%

四、简答题

1. 厌氧生物处理与好氧生物处理相比具有哪些优点和缺点？

2. 厌氧生物滤池的优缺点各是什么？

3. 影响厌氧生物处理的主要因素有哪些？

4. 比较几种常见的厌氧生物处理的特点及优缺点。

5. 试简述厌氧处理的基本原理。

五、计算题

某城市污水处理厂初沉污泥量为 300 m^3/d，浓缩后的剩余活性污泥为 180 m^3/d，它们的含水率均为 96%，采用两级中温消化。试计算消化池各部分尺寸。

第九章 自然生物处理

自然生物处理是利用自然环境的净化功能对污水进行处理的一种方法。分为土地处理和稳定塘处理，即利用土壤和水体净化污水。

水的社会循环由于人类的干预作用增加了原来没有的物质和能量，导致系统的有序性失衡，从现状来看，这种有序性已经被打破，必然要解决两个问题，一是利用人工方法恢复打破的有序性，就是污水的净化处理；二是自省人类的干预活动，以更接近自然循环的方式、方法进行生产活动，最根本的方法就是站在实现自然循环的角度，对生产过程中产生的污染物进行必要的污染治理，减少人类干预对水的自然循环的不良影响，通过对水的社会循环的有效控制，解决对自然循环的破坏作用。

现代自然生物处理技术，已经不同于传统意义上的概念。自然生物处理可以称为污水生态处理，它是目前世界上新发展起来的技术工艺，它吸收了传统的污水生化处理和生态处理的技术优势，借鉴自然界水体自净的原理。污水生态处理技术是指运用生态学原理，采用工程学方法，使污水无害化、资源化，是污水中污染物治理与水资源利用相结合的方法，是生态学四大基本原理（循环再生原理、和谐共存原理、整体优化原理、区域分异原理）在水资源领域的具体运用。加入人工强化预处理技术，在系统中营造一个平衡的自然生态环境系统，内部具有较高程度的生物多样性，同时由于其内部形成了一种自然生态平衡，系统运行具有较高的稳定性。该技术把污水有控制地投配到土地或构造湿地基质中，利用土壤—植物系统生物、化学、物理的净化功能，按净化功能设计和投配污水，对可降解污染物加以净化，对污水中的水资源和 N、P 资源加以利用，实现污水无害化、资源化处理，解决污水处理厂建得起、转不起的问题。

第一节 土地处理

一、污水的土地处理系统及其组成

（一）污水土地处理系统

污水土地处理系统是在人工控制下，将污水投配在土地上，通过土壤—植物组成的生态系统净化污水的一种处理工艺。污水生态处理技术以土地处理方法为基础，是污水土地处理系统的进一步演化和发展，以土壤介质的净化功能为核心，在技术上特别强调在污水污染成分处理过程中修复植物—微生物体系与处理环境或介质（如土壤）的相互关系，特别注意对环境因子的优化与调控。

土地处理系统是一种环境生态工程，污水土地处理系统能够经济有效地净化污水，还能充分利用污水中的营养物质和水来满足农作物、牧草和林木对水、肥的需要，并能绿化大地、改良土壤。

（二）污水土地处理系统的组成

污水土地处理系统的组成部分包括以下6个部分。

① 预处理系统：防止泥砂在布水系统中沉淀和机械磨损，以及过量悬浮固体引起的土壤堵塞。

② 调节及贮存设备：调节土地处理系统受气候影响时的水力负荷，可采用贮存塘与土地处理联合系统。

③ 污水的输送、配布和控制系统：配水系统包括污水泵站、输水管道等。布水系统的功能是将污水按工艺要求均匀地投配到土壤—植物系统。

④ 土地净化田（土壤—植物系统）：土地净化田是土地处理系统的核心，污染物的净化和去除主要在此完成。在一定范围内，选择满足土地处理要求的土地是这一技术成功的关键。土地选择要考虑地形、地表坡度和土壤性质。

⑤ 净化水收集、利用系统：保证污水土地处理系统的处理效果和水流通畅，保护地下水和再生水利用。

⑥ 检测系统：检查、监控处理效果。

二、污水的土地处理系统净化机理

土地处理系统包括沉淀池、稳定池以及土壤—植物系统。这里主要介绍土壤—植物系统，该系统是一个复杂的生命及非生命活动的总称，包括土壤、水和空气三大要素。土壤—植物系统的净化作用是一个十分复杂的综合过程，包括物理过滤、物理吸附、物理沉积、物理化学吸附、化学反应、化学沉降、微生物对有机物的降解等过程。

（一）物理过滤

土壤颗粒间的孔隙能截留、滤除废水中的悬浮颗粒。土壤颗粒的大小，颗粒间孔隙的形状、大小、分布及水流通道性状都影响物理过滤效率。悬浮颗粒过大、过多，有机物生物代谢产物均能造成土壤堵塞。因此，应加强管理、控制灌水与休灌周期及其交替，以恢复土壤截污过滤能力。

（二）物理吸附与沉积

土壤中黏土矿物等能吸附土壤中的中性分子，这是由非极性分子之间的范德华力所致。废水中部分重金属离子在土壤胶体表面由于阳离子交换作用而被置换、吸附并生成难溶物而被固定于矿物的晶格之中。

（三）物理化学吸附

物理化学吸附包括金属离子与土壤中的无机胶体与有机胶体由于螯合作用而形成螯合化合物；有机物与无机物的复合化而生成复合物；重金属离子与土壤进行阳离子交换而被置换吸附；有些有机物与土壤中重金属生成可吸性螯合物而固定于土壤矿物的晶格之中。

（四）化学反应与沉淀

重金属离子与土壤的某些组分进行化学反应生成难溶性化合物而沉淀。如改变土壤的氧化还原电位能生成难溶性硫化物；pH 的改变会导致金属氢氧化合物的生成；另一些化学反应能生成金属磷酸盐和有机重金属等，这些产物将沉积于土壤之中。

（五）微生物的代谢与有机物的生物降解

在土壤中生存着种类繁多、数量巨大的土壤微生物，对土壤颗粒中的有机固体和溶解性有机物具有强大的降解与转化能力，这也是土壤具有强大自净能力的主要原因。土壤为细菌、放线菌、真菌、藻类及原生动物提供了适宜的生活环境，由于它们不断地进行各种代谢活动，维持着土壤环境内土壤与其他环境介质之间的物质循环。

土壤中种类繁多的大量微生物，能与被截留、吸附的污染物一起形成生物膜，对有机物有很强的降解转化能力；在土壤表层，通风条件好，有机物浓度高，生物氧化作用尤为强烈，属于好氧生物处理带，其深度大体在 0.2～0.3 m；好氧生物处理带以下，依次分布着兼性和厌氧生物处理带。在用污水进行水田灌溉时，废水中的可沉悬浮物沉于水底，靠兼性和厌氧土壤微生物进行分解。胶体和溶解性有机物分散于水中，被好氧微生物转化为无机物，然后被农作物吸收。在系统出水口处，浮游生物得到繁殖，参与了对污水的净化，使出水进一步澄清。

三、主要污染物的去除途径

（一）BOD 的去除

大部分 BOD 是在土壤表层土中被去除的。BOD 的去除机理包括过滤、吸附和生物氧化作用。污水进入土地处理系统以后，BOD 经过土壤表层区的过滤、吸附作用被截留下来，然后通过土层中的大量的异养型微生物（如细菌、真菌、原生动物、后生动物等）进行生物降解，并合成微生物新细胞。当污水中的 BOD 负荷超过土壤微生物分解能力时，就会引起厌氧状态或引起土壤堵塞。

（二）氮和磷的去除

在土地处理中，氮主要通过植物吸收加以去除。其次，微生物通过脱氮（氨化、硝化、反硝化）、挥发、渗出（氨在碱性条件下逸出、硝酸盐的渗出）等方式被去除，去除率受作物的类型、生长期、对氮的吸收能力以及土地处理工艺等因素影响。

磷主要通过化学反应与沉淀（与土壤中的钙、铝、铁等离子形成难溶的磷酸盐）、物理吸附与沉积（土壤中的黏土矿物对磷酸盐的吸附和沉积）、物理化学吸附（离子交换、络合吸附）等方式被去除，去除效果受土壤结构、阳离子交换容量、铁铝氧化物和植物对磷的吸收等因素影响。

（三）悬浮物质的去除

污水中的悬浮物质主要是通过作物和土壤颗粒间的孔隙截留、过滤去除的。土壤颗粒的大小，土壤颗粒间孔隙的形状、大小、分布和水流通道，以及污水中悬浮物的性质、大小和浓度等都会影响对悬浮物的截留过滤效果。

（四）病原体的去除

污水经土壤过滤后，污水中的大部分病菌和病毒可被去除，去除率可达 92%～97%。其去除率与选用的土地处理系统工艺有关，主要与漫流距离和停留时间有关，若有较长的漫流距离和停留时间，可达到较高的去除效率。

（五）重金属的去除

污水中的重金属主要通过物理化学吸附、化学反应与沉淀等作用被去除。主要有三种情况：一是重金属离子在土壤胶体表面进行阳离子交换而被置换、吸附，生成难溶性化合物被固定于矿物晶格中；二是重金属与某些有机物生成可吸性螯合物被固定于矿物晶格中；三是重金属离子与土壤的某些组分进行化学反应，生成金属磷酸盐和有机重金属等沉积于土壤中。

四、污水土地处理系统的工艺类型

土地处理工艺系统主要有五种类型：慢速渗滤、快速渗滤、地表漫流、湿地和地下渗滤系统。

（一）慢速渗滤系统

慢速渗滤系统（slow filtering eco-treatment system，SF-ETS）是以表面布水或高压喷洒方式将污水投配到种有作物的土地表面，污水缓慢地在土地表面流动并向土壤中渗滤，一部分污水直接为作物所吸收，另一部分污水则渗入土壤中，从而得到净化（图 9-1）。

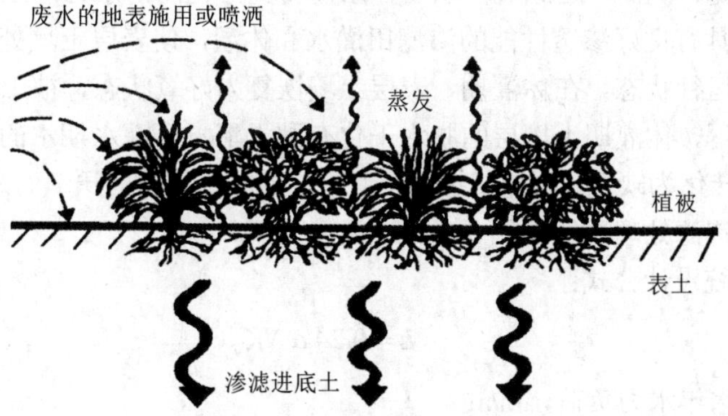

图 9-1 慢速渗滤处理系统

土地布水可采用表面布水或喷灌布水。一般采用较低的投配负荷，以减慢污水在土壤层的渗滤速度，使其在含有大量微生物的表层土壤中长时间停留，保证水质净化效果。该系统一般不考虑处理水流出。在该处理系统中，投配的污水一部分被修复植物吸收，另一部分在渗入底土的过程中，其中的污染物被土壤介质截获，或被修复植物根系吸收、利用或固定，或被土壤中的微生物转化、降解为无毒或低毒的成分。

根据实际需要，SF-ETS 可设计为处理型与利用型两种。前者为了节约投资和方便水资源管理，希望在尽可能小的土地面积上处理尽可能多的污水，选择的修复植物为有较高耐水极限、较大去除氮磷及有关污染物的能力、生长季长和管理方便的植物；后者一般应用于水资源短缺的地区，希望在尽可能大的土地面积上利用污水，如灌溉林木、花草，以便获取更大的植物生产量。研究表明，草类植物最有利于使处理型 SF-ETS 的水力学负荷达到最大。

目前，SF-ETS 已发展成为替代三级深度处理的重要水处理技术之一，在一定条件下尚可替代二级、三级处理。慢速渗滤系统设计公式：

$$L_{\mathrm{W}} = \mathrm{ET} - P_{\mathrm{r}} + P_{\mathrm{W}} \tag{9-1}$$

式中：L_{W} —— 投配污水水力负荷，cm/a；

ET —— 蒸发量，cm/a；

P_{r} —— 降水量，cm/a；

P_{W} —— 土壤渗透系数，cm/a。

工程设计时需要考虑的场地工艺参数：土壤渗透系数为 0.036～0.360 m/d；地面坡度小于 30%，土层厚大于 0.6 m，地下水位大于 0.6 m。

该工艺适用于渗水性能良好的土壤和蒸发量小、气候湿润的地区。水力负荷一般为 0.6～6 m/a，其对 BOD 的去除率一般可达 95%以上，COD 去除率达 85%～90%，氮的去除率则在 70%～80%。

（二）快速渗滤系统

快速渗滤系统（rapid filtering eco-treatment system，RF-ETS）是将污水有控制地投配到具有良好渗滤性能的土壤表面，污水在重力作用下向下渗滤的过程中通过生物氧化、硝化、反硝化、过滤、沉淀、还原等一系列作用而得到净化的污水处理工艺类型。快速渗滤系统周期性地向具有良好渗透性能的渗滤田灌水和休灌，使表层土壤处于淹水、干燥，即厌氧、好氧交替运行状态。在休灌期，表层土壤恢复为好氧状态，被土壤层截留的有机物被好氧微生物分解，休灌期土壤层的脱水干化有利于下一个灌水期水的下渗和排除。在灌水期，表层土壤转化为缺氧、厌氧状态，在土壤层形成的交替的厌氧、好氧状态有利于氮、磷的去除。快速渗滤处理系统见图 9-2。

快速渗滤系统设计公式：

$$L = 0.24\,\alpha N K_{\mathrm{v}} \tag{9-2}$$

式中：L —— 污水年水力负荷，m/a；

α —— 水力负荷速率测定方法修正系数；

N —— 设计运行天数，d；

K_{v} —— 垂直水力传导系数，m/d。

$$A = \frac{0.036\,5\,Q}{L} \tag{9-3}$$

式中：A —— 渗滤池面积，m^2；

Q —— 年处理水量，m^3/a。

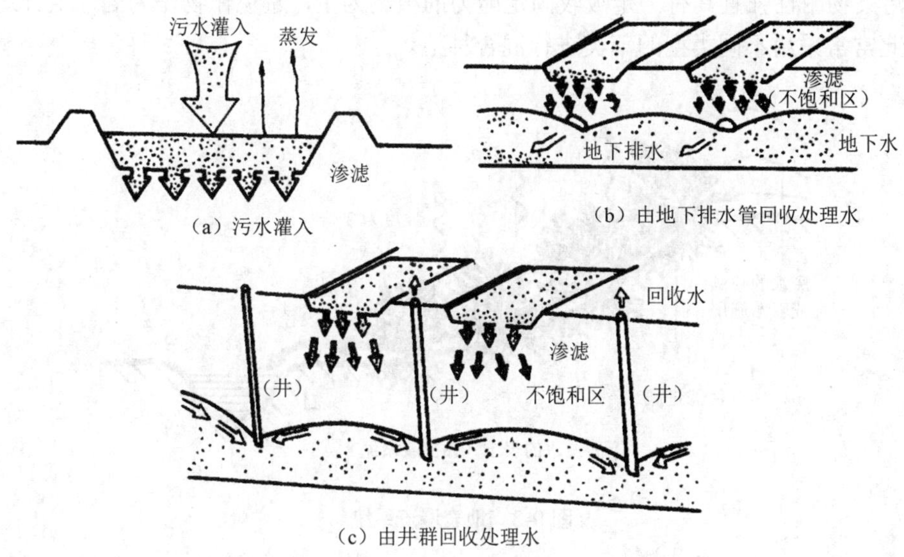

图 9-2 快速渗滤系统

该工艺的有机负荷率及水力负荷率高于其他类型的土地处理系统，如果严格控制灌水—休灌周期，仍能达到较高的净化效果。通常情况下，其 BOD 去除率可达 95%，COD 去除率达 91%；处理水 BOD 小于 10 mg/L，COD 小于 40 mg/L。该工艺还有较好的脱氮除磷功能，氨氮去除率为 85%左右，TN 去除率为 80%，除磷率可达 65%。另外，该工艺具有较强的去除大肠菌的能力，去除率可达 99.9%，出水大肠菌含量≤40 个/100 mL。

快速渗滤系统是一种高效、低耗、经济的污水处理与再生方法。适用于渗透性能良好的土壤，如砂土、砾石性砂土、砂质垆坶等。快速渗滤法的主要目的是补给地下水和废水再生回用。

进入快速渗滤系统的污水必须经过一定的预处理，一般经过一级处理即可。如场地面积有限，需加大滤速或需要较高质量的出水，则应以二级处理作为预处理。

（三）地表漫流系统

地表漫流系统（overland flow eco-treatment system，OF-ETS）是以表面布水或低压、高压喷洒形式将污水有控制地投配到生长多年生牧草、坡度和缓、土地渗透性能低的坡面上，使污水在地表沿坡面缓慢流动过程中得以充分净化的污水处理工艺类型。由于 OF-ETS 对污水预处理要求程度较低，出水以地表径流收集为主，对地下水影响最小。在处理过程中，除少部分水量蒸发和渗入地下外，大部分再生水经集水沟回收，其水力学过程见图 9-3。

该系统的工艺目标是：在低预处理水平达到相当于二级处理出水水质；结合其他强化手段，对有机污染及营养物负荷的处理可达到较高水平；再生水收集与回用。

适合 OF-ETS 建设的工艺条件与参数主要有：地面最佳坡度为 2%～8%；土壤类型选择渗透性能低的土壤，以黏土、亚黏土最为适宜，或在 0.3～0.6 m 以下有不透水层；土层厚度和地下水位不受限制；植物类型选择是保持系统有效运行的最基本条件，以根系发达、对污染物耐性强且具有一定吸收固定能力的植物为主，避免作物作为处理组分进入系统，因此常常采用不同类型的草类进行混合种植。

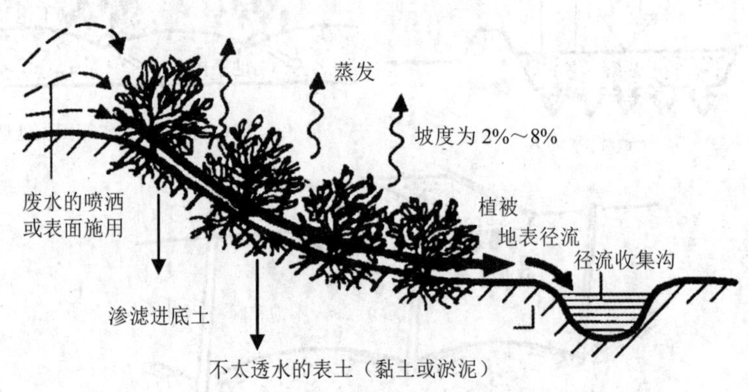

图 9-3 地表漫流系统

对于典型的城市污水，水力负荷率通常为 2～4 cm/d；污水投配速率常采用 0.03～0.25 m^3/（h·m^2）；污水投配频率为 5～7 d/周；污水投配时间为 5～24 h。

该工艺以处理污水为主，兼行生长牧草，因此具有一定的经济效益。处理水一般采用地表径流收集，减轻了对地下水的污染。污水在地表漫流的过程中，只有少部分水蒸发和渗入地下，大部分水汇入建于低处的集水沟。

（四）污水湿地处理系统

污水湿地处理系统（wetland eco-treatment system，W-ETS）是将污水有控制地投配到土壤—植物—微生物复合生态系统，并使土壤经常处于饱和状态而且生长有芦苇、香蒲等耐水植物的沼泽地上，污水在沿一定方向流动过程中在耐湿植物和土壤相互联合作用下，使污水得到净化（图 9-4）。

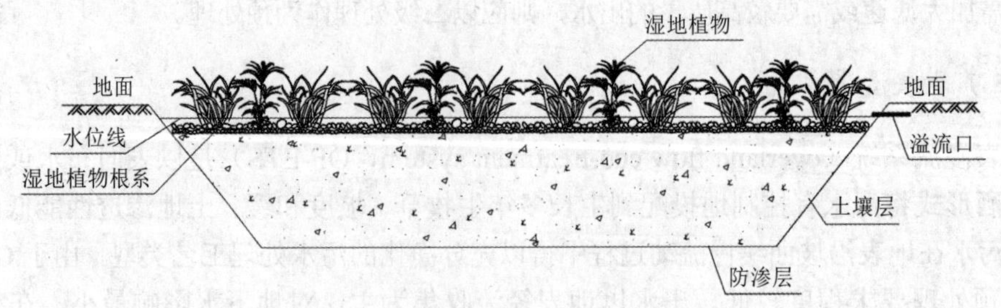

图 9-4 污水湿地处理系统

湿地处理系统对污水净化的作用机理是多方面的。有物理的沉降作用，植物根系的阻截作用，某些物质的化学沉淀作用，土壤及植物的吸附与吸收作用，微生物的代谢作用等。此外，植物根系的某些分泌物对细菌和病毒有灭活作用，细菌和病毒也可能在对其不适宜环境中自然死亡。

在湿地处理系统中，以生长在沼泽地的维管束植物为主。繁茂的维管束植物向其根部输送光合作用产生的氧，每一株维管束植物都是一部“制氧机”，使其根部周围及水中保持一定浓度的溶解氧，为微生物提供了良好的栖息场所，使根区附近的微生物能够维持正常的生理活动。植物也能够直接吸收和分解有机污染物。

湿地处理系统有以下几种类型。

1．天然湿地处理系统

利用天然洼淀、苇塘，并加以人工修整而成。中设导流土堤，使污水沿一定方向流动，水深一般在 30～80 cm，不超过 1 m，净化作用类似于好氧塘，适宜作污水的深度处理（图 9-5）。

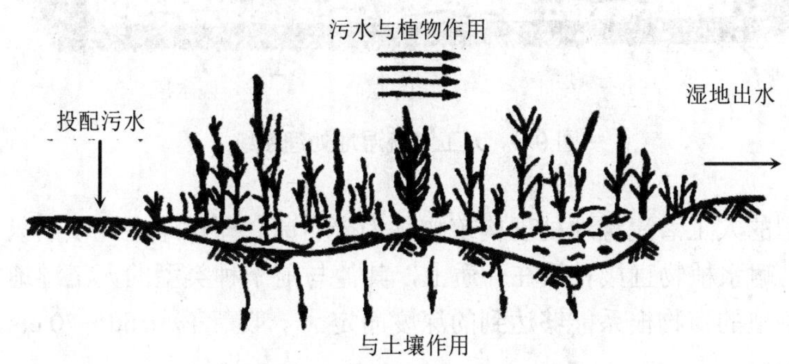

图 9-5　天然湿地处理系统示意

2．人工湿地处理系统

根据水的流动状态，人工湿地处理系统分为如下类型：自由水面系统（FWS），又称表面流湿地；潜流系统（SFS），又称潜流湿地。潜流湿地又分为水平流潜流系统（HFS）和垂直流潜流系统（VFS）。

（1）自由水面人工湿地

用人工筑成水池或沟槽状，底面铺设隔水层以防渗漏，再充填一定深度的土壤层，在土壤层种植维管束植物，污水由湿地的一端通过布水装置进入，并以较浅的水层在地表上以推流方式向前流动，从另一端溢入集水沟，在流动的过程中保持自由水面。

本工艺的有机负荷率及水力负荷率的确定，应考虑气候、土壤状况、植物类型以及接纳水体对水质的要求等因素，特别是应将使水层保持好氧状态作为首要条件，一般采用较低的负荷率。自由水面系统的污水从系统表面流过，水深较浅（一般在 0.1～0.6 m），氧通过自由扩散补给。常用的植物包括香蒲、芦苇、慈姑、莎草等。

本工艺的有机负荷率为 18～110 kg BOD_5/（$hm^2 \cdot d$）的较大幅度。

（2）人工潜流湿地处理系统

人工潜流湿地处理系统又名人工苇床，是人工筑成的床槽，床内充填介质以支持芦苇类的挺水植物生长。床底设黏土隔水层，并具有一定的坡度。污水与布满生物膜的介质表面和溶解氧充分的植物根区接触而得到净化。

根据床内充填的介质不同，人工潜流湿地处理系统又可分为两种类型。一种如图 9-6 所示，床内介质由上、下两层组成，上层为土壤，种植芦苇等耐水植物，下层为易于使水流通的介质，如炉渣、碎石等，则为植物的根系层。污水由沿床宽设置的布水管流入，布水沟内充填碎石。在出水端碎石层底部设多孔集水管与出水管相连，出水管上设闸阀，以调节床内水位。

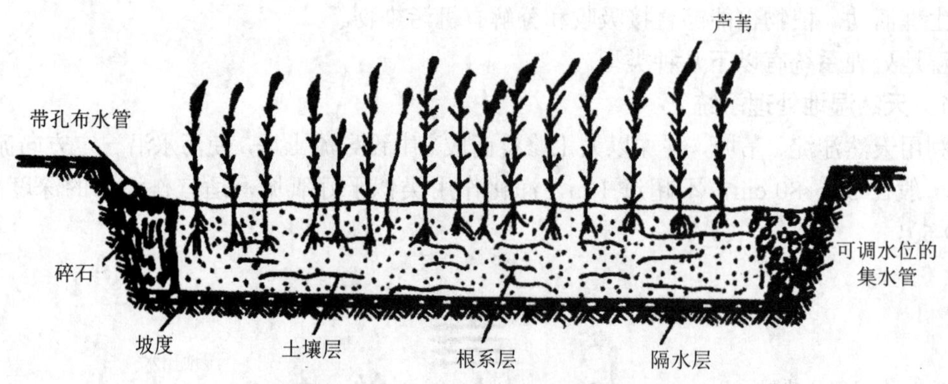

图 9-6　人工潜流湿地处理系统

另一种类型的人工潜流湿地处理构筑物称为碎石床，即在床内充填的只有碎石、砾石类的一种介质，耐水植物直接种植在介质上，其他与前一种类型的人工湿地相同。碎石充填深度应根据种植的植物根系能够达到的深度而定，一般芦苇为 60～70 cm，介质粒径可介于 10～30 mm。

（五）污水地下渗滤处理系统

地下渗滤处理系统（subsurface infiltration eco-treatment system，SI-ETS）是将污水投配到具有一定构造和良好扩散性能的地下土层中，污水在经毛细管浸润和土壤渗滤作用向周围和向下运动过程中达到处理、利用要求的污水处理工艺类型（图 9-7）。

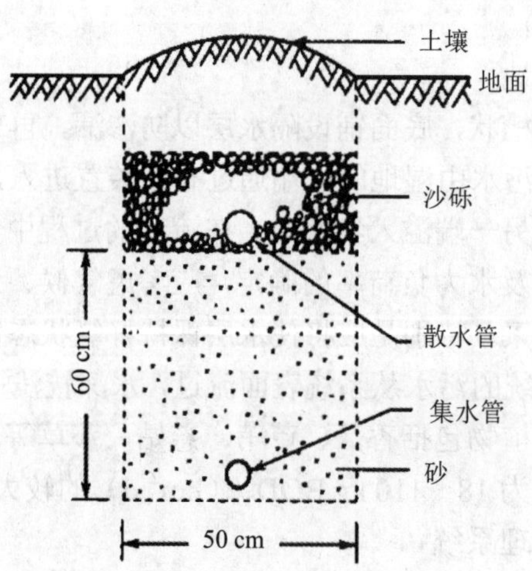

图 9-7　地下渗滤（毛管浸润式）示意

地下渗滤处理系统是一种以生态原理为基础，以节能、减少污染、充分利用水资源的一种新型的小规模的污水处理工艺技术。

该工艺适用于无法接入城市排水管网的小流量污水处理，如分散的居民点住宅、度假村、疗养院等。污水进入处理系统前需经化粪池或水解酸化池进行预处理。

保证 SI-ETS 技术有效性的工艺参数有：散水管最大埋深 1.5 m；需要有专门配制的特殊土壤，土壤渗透率为 0.15～5.0 cm/h，地表植物为绿化植物；土层厚度＞0.6 m，地面坡度＜15%，地下水埋深＞1.0 m；对预处理要求低，一般化粪池出水即可；再生水回收，回收率在 70%以上。由于 SI-ETS 全部处理过程均在地下完成，是一项终年运行的实用工程，特别适用于在北方缺水地区推广应用。

（六）新型生态节能分散式污水处理系统

新型生态节能分散式污水处理系统是在传统污水生物处理技术和生态处理技术的基础上，建立的符合一级污水生物处理出水水质要求的厌氧、好氧工艺，体现生态景观、一体节能特征。通过对污染物的降解转化，完成污水的无害化排放和再生利用。预处理系统主要表现为厌氧工艺，使污水中的有机污染物得到初步去除，特别是对 SS 的去除，保证生物托盘在低负荷状态能够长期运行而不至于出现堵塞现象。生物托盘系统则是使污水通过 300～500 mm 厚的填料，借填料的物理、化学和生物机理去除污水中的有机污染物，达到净化污水的目的。整个工艺过程由预处理系统、生物托盘系统、中水收集系统三个部分组成。外观呈驼峰状，可以配合建筑景点修饰。内部为水处理构筑装置（图 9-8、图 9-9）。

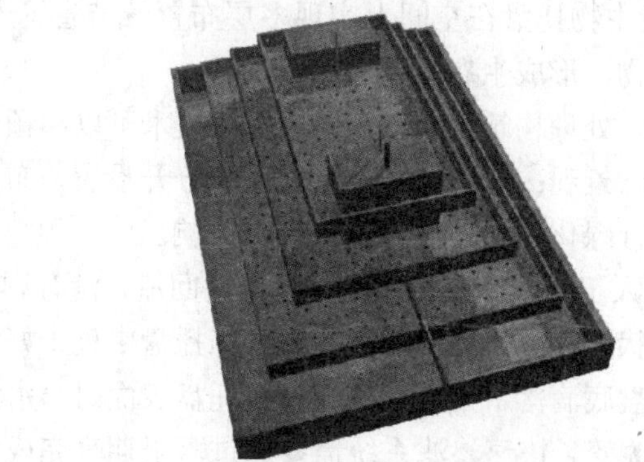

图 9-8 新型分散式污水处理系统（俯视图）

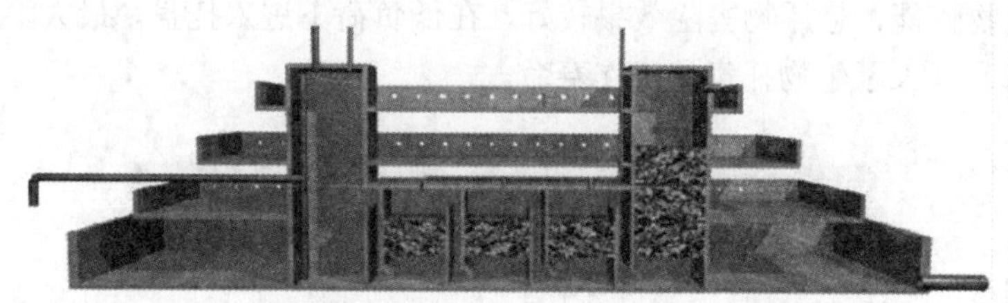

图 9-9 新型分散式污水处理系统（剖面图）

（1）预处理系统

预处理系统包括污水管网、格栅、污水井（调节池）、改良折流式厌氧反应池。

（2）生物托盘系统

一级生物托盘系统由托盘本体、配水管、布水管、填料组成。根据处理负荷和自然地理条件，生物托盘继续分级为二级、三级、四级等，分别由托盘本体、填料组成。

（3）中水收集系统

主要为清水池，根据用户要求可以建立中水管网，按用户所需的供水形式选择的配套加压设备，实现再生水的回用和排放。

新型的分散式污水处理系统具有生态景观和一体节能的特征。根据分散式污水就地处理的特点，在感观上实现景观化，在结构上给人以新颖的视觉，形成逐级放大的托盘，通过空间布水、水的分层跌落，在托盘上部空间种植植物，实现生态链接，通过考察生物托盘对污染物去除的多种机理，模拟自然界生态协调性，在生物配合上实现厌氧菌和好氧菌的密切配合。通过一体化的设计，仅需要起始端的提升动力，或利用自然地形特点无动力进水，形成高位水差，一体化的空间巧妙镶嵌。

生物托盘净化机理是一个十分复杂的综合过程，通过表面模拟自然界的植物吸收、内部填料多种作用，实现生物配合，达到生态的协调性。其中包括：物理及物化过程的过滤、吸附和离子交换；化学沉淀；微生物代谢作用下的有机物分解等。

与传统工艺相比，本工艺具有以下显著特点：

自然生物处理一土地处理

① 集水距离短，可在较分散的建筑就地收集、就地处理和就地利用，实现污水的分散处理。

② 利用空间分布，多级生物托盘在空间上实现多层布置，节省了土地面积，同时在托盘表层种植植物，形成生态景观。

③ 取材方便，便于施工，处理构筑物较少。生物托盘技术可以和预处理系统设计为一个整体，形成突出地表的生态景观；也可以和预处理系统分开设置，布置在地下，在保证良好通风环境下，地表可进行绿化，对环境不造成任何影响。

④ 运行管理方便，无须人工曝气和投加药剂，无污泥回流，没有剩余污泥产生。生物托盘设计厚度较小，形同盘状，较小的填料厚度使污水在托盘中处于好氧状态，在底部形成厌氧区时，污水已开始从盘底滴落下来，到达下一级托盘表面时，水流溅落使污水获得较好的复氧效果。从根本上改变了快速渗滤系统需要通过落干期来完成复氧目的的运行方式。维护排泥时，采用静力自排泥，省去了机械排泥和人工清掏的费用。

⑤ 采用改良后的折流式厌氧反应器，作为生物托盘处理技术的预处理系统，其具有较高的降解有机物性能，悬浮物去除效果较好，在低负荷下进入托盘，最大限度地避免了托盘填料的堵塞，延长了生物托盘的工作寿命。

第二节　稳定塘

一、稳定塘的类型

稳定塘是自然的或经过人工适当修整、设围堤和防渗层的污水池塘，又称氧化塘、生物塘。稳定塘是一种古老而又不断发展的、在自然条件下处理污水的生物处理系统，稳定塘系统由若干自然或人工挖掘的池塘组成，主要依靠菌藻作用或菌藻、水生生物等自然生物的净化功能净化污水，污水在塘中的净化过程与自然水体的自净过程相近。稳定塘能够有效地处理生活污水、城市污水和各种有机性工业废水。

根据塘内的微生物类型、供氧方式和功能等可将稳定塘分为好氧塘、兼性塘、厌氧塘、曝气塘和深度处理塘。专门用于处理二级处理后出水的稳定塘称为深度处理塘。

根据处理水的出水方式，稳定塘又可分为连续出水塘、控制出水塘与贮存塘三种类型。上述的几种稳定塘，在一般情况下，都按连续出水方式运行，但也可按控制出水塘和贮存塘方式运行。

稳定塘处理污水建设周期短，易于施工，基建投资低；依靠自然功能净化污水，能耗低，便于维护，管理方便，运行费用低；因污水在塘内的停留时间长，故对水量、水质的变化有很强的适应能力；与养鱼、种植水生作物相结合，在塘内形成多级食物链，能够实现污水资源化，使污水处理与利用相结合；稳定塘能够将污水中的有机物转化为可用物质，处理后的污水可用于农业灌溉，以利用污水的水肥资源。但是，稳定塘处理污水停留时间长，占地面积大，没有空闲的余地不宜采用；污水净化效果在很大程度上受季节、气温、光照等自然因素的控制，不够稳定；卫生条件较差，易滋生蚊蝇，散发臭气；塘底防渗若处理不好，可能引起对地下水的污染。

二、稳定塘的净化机理

污水稳定塘属于生物处理设施，稳定塘净化污水的原理与自然水域的自净机理十分相近似，污水在塘内停滞的过程中，水中的有机物通过好氧微生物的代谢活动被氧化，或经过厌氧微生物的分解而达到稳定化。好氧微生物代谢所需要的溶解氧由塘表面的大气复氧作用以及藻类的光合作用提供，也可以通过人工曝气供氧。

（一）稳定塘生态系统

稳定塘生态系统由生物和非生物两部分组成。生物部分主要包括细菌、藻类、原生动物、后生动物、水生植物以及高等水生动物；非生物部分包括光照、风力、温度、有机负荷、溶解氧、pH、CO_2、氮、磷等。

细菌在稳定塘内对有机污染物的降解起主要作用。稳定塘中的绝大部分细菌属兼性异养菌，这类细菌以有机化合物作为碳源，并以这些物质在分解过程中产生的能量作为维持其生理活动的能源。此外，在相应的稳定塘中还存活着好氧菌、厌氧菌以及自养菌。

藻类具有叶绿体，能够进行光合作用，是塘水中溶解氧的主要提供者，在稳定塘内起着十分重要的作用。藻类在光照充足的白昼，吸收二氧化碳放出氧；在黑暗的夜晚，消耗氧并放出二氧化碳。稳定塘内藻类的主要种属有绿藻及蓝藻等。

在稳定塘内，也出现了原生动物和后生动物等微型动物，它们捕食藻类、菌类，防止其过度增殖，其本身又是良好的鱼饵。水生植物，能够提高稳定塘对有机污染物和氮、磷等无机营养物的去除效果，水生植物收获后也可做某些用途，能够取得一定的经济效益。

为了使稳定塘具有一定的经济效益，可以考虑利用塘水养鱼和放养鸭、鹅等水生动物及禽类。

在稳定塘内存活的不同类型的生物构成了其生态系统。菌藻共生体系是稳定塘内最基本的生态系统。其他水生植物和水生动物的作用则是辅助性的，它们的活动从不同的途径强化了污水的净化过程。

图 9-10 为典型的兼性稳定塘的生态系统，包括好氧区、厌氧区及两者之间的兼性区。

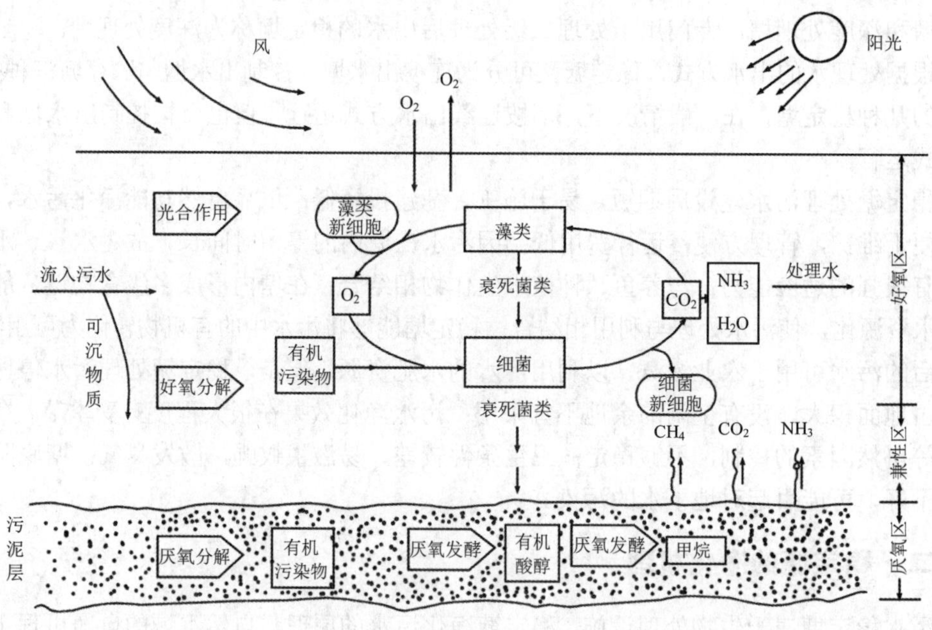

图 9-10 兼性稳定塘生态系统

稳定塘内生态系统中的各种生物种群的作用各不相同，存在着互相依存、互相制约的关系。

（1）菌藻共生关系

在稳定塘内对溶解性有机污染物起降解作用的是异养菌，每分解 1 g 有机物需 1.56 g 氧，而每合成 1 g 藻类，释放出 1.244 g 氧。所以，细菌代谢活动所需的氧由藻类通过光合作用提供，而其代谢产物 CO_2 又提供给藻类用于光合反应。在稳定塘内细菌和藻类之间就是保持着这样的互相依存及互相制约的关系。

（2）稳定塘内的食物链网

在稳定塘内存在着多条食物链，这些食物链纵横交错结成食物链网。细菌、藻类及一些水生植物是生产者，处于最低营养级；细菌与藻类为原生动物及枝角类动物所食用，并不断繁殖，它们又为鱼类所吞食；藻类和水生植物既是鱼类的饵料，又可能成为鸭、鹅等水禽类的饲料。在稳定塘内，水生动物处在最高营养级。如果各营养级之间保持由多到少的数量关系，则既能够使污水中有机污染物得到降解，又使其产物得到充分利用，最后得到鱼、鸭和鹅等水禽产品，建立良好的生态平衡。

（二）稳定塘内各种物质的迁移与转化

在稳定塘生态系统中，各种物质不断地进行迁移和转化，其中主要的是碳、氮及磷的迁移转化和循环。

（1）碳的转化与循环

污水中的碳主要以溶解性有机碳形式进入稳定塘，在塘内首先通过细菌的新陈代谢作用，使溶解性有机碳转化为无机碳，又通过合成作用使细菌本身得到增殖；藻类通过光合作用吸收无机碳，本身机体得到增殖，当无光照射时，藻类通过呼吸作用又释放无机碳；衰死的细菌、藻类的机体沉入塘底，在厌氧发酵作用下，分解为溶解性有机碳和无机碳；塘水中的不溶性有机碳在塘底的厌氧发酵作用下分解，转化成溶解性有机碳和无机碳。

（2）氮的转化及循环

污水中的氮主要呈有机氮化合物和氨氮两种形态。进入稳定塘后，首先有机氮化合物在微生物作用下分解为氨态氮；氨态氮在硝化菌的作用下，转化为硝酸盐氮；硝态氮在反硝化菌的作用下，还原成分子态氮；在 pH 较高、水力停留时间较长、温度较高的环境下，水中的氨态氮以 NH_3 形式存在，可向大气挥发；氨态氮或硝态氮可作为微生物及各种水生植物的营养，合成其本身机体；衰死的细菌和藻类经解体后形成溶解性有机氮和沉淀物；沉淀在厌氧区的有机氮在厌氧菌的作用下，也可得到分解。

（3）磷的转化及循环

污水中既含有有机磷化合物，也含有溶解性的无机磷酸盐。细菌、藻类及其他生物一方面能吸收无机磷化合物以满足其生命活动的需要，并将其转化为有机磷（合成代谢）；另一方面，又可氧化分解有机磷（分解代谢）。随着白昼和夜晚光合作用的发生和停止，塘水的 pH 也随着上升和降低，使溶解性磷与不溶解性磷不断地相互转化；如果水中存在有三价铁化合物，可与溶解性磷酸盐结合形成磷酸铁沉淀；如果水中存在硝酸盐，则可促使沉积的磷转化为溶解性磷。

（三）稳定塘对污水的净化作用

（1）稀释作用

进入稳定塘的污水在风力、水流以及污染物的扩散作用下与塘水混合，使进水得到稀释，其中各项污染指标的浓度得以降低。稀释并没有改变污染物的性质，但为下一步的生物净化创造了条件。

（2）沉淀和絮凝作用

进入稳定塘的污水，由于流速降低，所挟带的悬浮物质沉于塘底。另外，塘水中的生物分泌物一般都具有絮凝作用，使污水中的细小悬浮颗粒产生絮凝作用，沉于塘底成为沉积层。导致污水的 SS、BOD、COD 等各项指标都得到降低。沉积层则通过厌氧微生物进行分解。

（3）水生植物的作用

水生植物能吸收氮、磷等营养，使稳定塘去除氮、磷的功能得到提高；其根部具有富集重金属的功能，可提高重金属的去除率；还有向塘水供氧的功能；其根和茎能吸附有机物和微生物，使稳定塘去除 BOD 和 COD 的功能有所提高。

（4）微生物代谢作用

在好氧条件下，异养型好氧菌和兼性菌对有机污染物的代谢作用，是稳定塘内污水净化的主要途径。绝大部分有机污染物都是在这种作用下得以去除的，BOD 可去除 90%以上，COD 去除率也可达 80%。在兼性塘的塘底沉积层和厌氧塘内，厌氧细菌对有机污染物进行厌氧发酵分解，厌氧发酵经历水解，产氢、产乙酸和产甲烷三个阶段，最终产物主要是 CH_4、CO_2 及硫醇等。CH_4 通过厌氧层、兼性层以及好氧层从水面逸走，厌氧反应生成的有机酸，有可能扩散到好氧层或兼性层，由好氧微生物或兼性微生物进一步加以分解，在好氧层或兼性层内的难降解物质，可能沉于塘底，在厌氧微生物的作用下，转化为可降解物质而得以进一步降解。

（5）浮游生物的作用

稳定塘内存活着多种浮游生物，它们各自对污水的净化从不同的方面发挥着作用。藻类的主要功能是供氧，同时也可从塘水中去除一些污染物，如氮、磷等；在稳定塘内的原生动物、后生动物及枝角类浮游动物的主要功能是吞食游离细菌和细小的悬浮污染物和污泥颗粒，此外，它们还分泌能够产生生物絮凝作用的黏液；底栖动物能摄取污泥层中的藻类或细菌，使污泥数量减少；鱼类等水生生物捕食微型水生动物和残留于水中的污物；处于同一生物链的各种生物互相制约，其动态平衡有利于水质净化。

（四）影响稳定塘净化过程的因素

（1）光照

光是藻类进行光合作用的能源，在足够的光照强度条件下，藻类才能将各种物质转化为细胞的原生质。

（2）温度

温度直接影响细菌和藻类的生命活动，在适宜的温度下，微生物的代谢速率较高。

（3）营养物质

要使稳定塘内微生物保持正常的生理活动，必须充分满足其对营养物质的需求，并使营养元素、微量元素保持平衡。

（4）混合

进水与塘内原有塘水的充分混合，能使营养物质与溶解氧均匀分布，使有机物与细菌充分接触，以使稳定塘更好地发挥其净化功能。

（5）有毒物质

应对稳定塘进水中的有毒物质的浓度加以限制，以避免其对塘内微生物产生抑制或毒害作用。

（6）蒸发量和降雨量

蒸发和降雨的作用使稳定塘中污染物质的浓度得到浓缩或稀释，污水在塘中的停留时间也因此而增加或缩短，将会在一定程度上影响到稳定塘的净化效率。

（7）污水的预处理

进入稳定塘的污水，进行适当的预处理，可以提高和保证稳定塘的净化功能，使其正常工作。预处理包括：去除悬浮物和油脂、调整 pH、去除污水中的有毒有害物质、水解酸化等。

三、好氧塘

（一）好氧塘的分类

根据氧化塘在污水处理系统中的位置和功能，好氧塘可分为高负荷好氧塘、普通好氧塘和深度处理好氧塘。

（1）高负荷好氧塘

高负荷好氧塘一般是设置在氧化塘处理系统的前部，主要目的是处理污水和产生藻类。高负荷好氧塘的有机负荷率高，水深较浅，污水停留时间短，塘水中藻类浓度很高，这种塘仅适于气候温暖、阳光充足的地区采用。

（2）普通好氧塘

普通好氧塘起二级处理作用，主要特点是有机负荷较高，水深比高负荷好氧塘要深，水力停留时间较长。

（3）深度处理好氧塘

深度处理好氧塘设置在氧化塘处理系统的后部或是二级处理系统之后，作为深度处理设施。主要特点是：塘的水深比高负荷好氧塘要深，有机负荷较低。

（二）好氧塘的基本工作原理

好氧塘是一类在有氧条件下净化污水的稳定塘，完全依靠藻类光合作用和塘表面风力搅动自然复氧供氧。好氧塘水深 15～50 cm，至多不超过 1 m，一般在 0.5 m 左右，以使阳光能够透入塘底。主要由藻类供氧，塘表面也由于风力的搅动而进行自然复氧，全部塘水都呈好氧状态，由好氧微生物对有机污染物起降解作用。在好氧塘内高效地进行着光合反应和有机物的降解反应。好氧塘内的溶解氧是充足的，但在一日内是变化的。在白昼，藻类光合作用放出的氧远远超过细菌所需，塘水中氧的含量很高，可达到饱和状态；晚间光合作用停止，由于生物呼吸所耗，水中溶解氧浓度下降，在凌晨时最低。随着 CO_2 浓度的变化，引起好氧塘内 pH 的变化。在白昼 pH 上升，夜晚又行下降。其平衡关系式如下：

$$CO_2 + H_2O \rightleftharpoons H_2CO_3^- \rightleftharpoons HCO_3^- + H^+$$

$$CO_3^{2-} + H_2O \rightleftharpoons HCO_3^- + OH^-$$

$$H_2O \rightleftharpoons OH^- + H^+$$

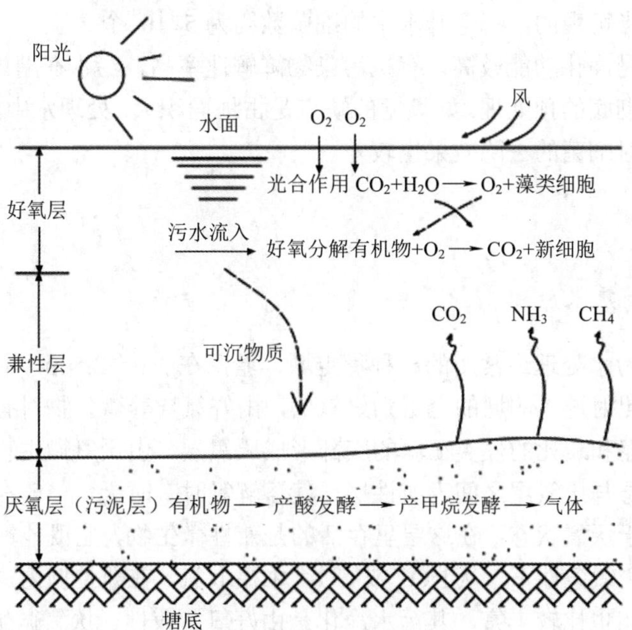

图 9-11　好氧塘生态系统

（三）好氧塘的设计

好氧塘工艺设计的主要内容是计算好氧塘的尺寸和个数。目前好氧塘多采用经验系数法进行设计。好氧塘典型设计参数见表 9-1。

表 9-1　好氧塘设计参数

设计参数	高负荷好氧塘	普通好氧塘	深度处理好氧塘
BOD_5负荷/［kg/（hm^2·d）］	80～160	40～120	＜5
水力停留时间/d	4～6	10～40	5～20
有效水深/m	0.3～0.45	0.5～1.5	0.5～1.5
pH	6.5～10.5	6.5～10.5	6.5～10.5
温度/℃	0～30	0～30	0～30
BOD_5去除率/%	80～95	80～95	60～80
藻类浓度/（mg/L）	100～260	40～100	5～10
出水 SS/（mg/L）	150～300	80～140	10～30

好氧塘尺寸经验设计参数如下：

① 好氧塘多采用矩形，表面的长宽比为 3∶1～4∶1，一般以塘深的 1/2 处的面积作为计算塘面。塘堤的超高为 0.6～1.0 m。单塘面积不宜大于 4 hm^2。

② 塘堤的内坡坡度为 1∶（2～3）（垂直∶水平），外坡坡度为 1∶（2～5）（垂直∶水平）。

③ 好氧塘的座数一般不少于 3 座，规模很小时不少于 2 座。

好氧塘内的生物相在种类与种属方面比较丰富。有菌类、藻类、原生动物、后生动物等。在数量上是相当可观的，每毫升水中的细菌数约为 5×10^9 个。

好氧塘的优点是净化功能较高，有机污染物降解速率高，污水在塘内的停留时间短。但进水应进行比较彻底的预处理。好氧塘的缺点是占地面积大；处理水中含有大量的藻类，需进行除藻处理；对细菌的去除效果也较差。

四、兼性塘

（一）兼性塘的基本原理

兼性塘是城市污水处理最常用的一种稳定塘，塘深在 1.0～2.5 m，兼性塘通常有三层组成，在阳光能够照射透入的塘的上层为好氧层，由好氧异养微生物对有机污染物进行氧化分解。沉淀的污泥和衰死的藻类在塘的底部形成厌氧层，由厌氧微生物起主导作用进行厌氧发酵。在好氧层与厌氧层之间为兼性层，其溶解氧时有时无，一般在白昼有溶解氧存在，而在夜间又处于厌氧状态，在这层里存活的是兼性微生物，它既能够利用水中游离的分子氧，也能够在厌氧条件下，从 NO_3^-或 CO_3^{2-}中摄取氧。在兼性塘内进行的净化反应是比较复杂的，生物相也比较丰富，其污水净化是由好氧、兼性、厌氧微生物协同完成的。

好氧区对有机污染物的净化机理与好氧塘相同。但由于停留时间长，可以繁殖多种菌属，如硝化菌。

兼性区的塘水溶解氧较低。异氧型兼性细菌，它们既能利用水中的溶解氧氧化分解有机污染物，也能在无分子氧条件下，以 NO^{3-}、CO_3^{2-} 作为电子受体进行无氧代谢。

厌氧区无溶解氧。产酸菌和厌氧菌（如产甲烷菌）生长其中。污泥层中的有机质由厌氧微生物对其进行厌氧分解，其厌氧分解包括酸发酵和甲烷发酵两个过程。发酵过程中未被甲烷化的中间产物进入塘的上、中层，由好氧菌和兼性菌继续进行降解。而 CO_2、NH_3 等代谢产物进入好氧层，部分逸出水面，部分参与藻类的光合作用。

兼性塘不仅可去除一般的有机污染物，还可以有效地去除磷、氮等营养物质和某些难降解的有机污染物。

（二）兼性塘的应用

兼性塘是氧化塘中最常用的塘型，常用于处理小城镇原污水、城市一级沉淀或二级处理出水。

在工业废水处理中，常用在曝气塘或厌氧塘之后作为二级处理塘使用，有的也作为难生化降解有机废水的贮存塘和间歇排放塘（污水库）使用。

由于它在夏季的有机负荷要比冬季所允许的负荷高得多，因而特别适用于处理在夏季进行生产的季节性食品工业废水。

（三）兼性塘的设计

兼性塘一般采用负荷法进行计算，我国建立了较完善的设计规范。

兼性塘的主要尺寸的经验值如下：

① 兼性塘一般采用矩形，长宽比（3～4）∶1。塘的有效水深为 1.2～2.5 m，超高为 0.6～1.0 m，储泥区高度应大于 0.3 m。

② 兼性塘的堤坝的内坡坡度为 1∶（2～3）（垂直∶水平），外坡坡度为 1∶（2～5）。

③ 兼性塘一般不少于 3 座，其中第一塘的面积约占兼性塘总面积的 30%～60%，单塘面积应少于 4 hm^2，以避免布水不均匀或波浪较大等问题。

五、厌氧塘

厌氧塘是一类在无氧状态下净化污水的稳定塘，有机负荷高，塘中有机物的需氧量超过了光合作用的产氧量和塘面复氧量。以厌氧反应为主，塘中只有细菌没有其他任何生物。厌氧菌大量生长并消耗有机物，厌氧菌以产酸菌、产氢产乙酸菌和产甲烷菌最为重要。

厌氧塘可以作为稳定塘处理的预处理设施使用，可以大大减少后续好氧及兼性塘的面积，优化后续的运行条件。塘深 2.5～5 m，停留时间 20～50 d。主要发生酸化和甲烷化反应。

（一）工作原理

厌氧塘对有机污染物的降解，是由两类厌氧菌通过产酸发酵和甲烷发酵两阶段来完成的。在厌氧状态下，进入厌氧塘的可生物降解的颗粒性有机物，先被胞外酶水解成为可溶性的有机物，溶解性有机物再通过产酸菌转化为乙酸，接着在产甲烷菌的作用下，将乙酸转变为 CH_4 和 CO_2。虽然厌氧降解有机物是有顺序的，但是，在整个系统中，这些过程则是同时进行的。厌氧塘除对污水进行厌氧处理以外，还能起到污水初次沉淀、污泥消化和污泥浓缩的作用。

应控制塘内的有机酸浓度在 3 000 mg/L 以下，pH 为 6.5～7.5，进水的 BOD_5∶N∶P=100∶2.5∶1，硫酸盐浓度应小于 500 mg/L，以使厌氧塘能正常运行。

（二）厌氧塘的设计

厌氧塘的设计通常是用经验数据，采用有机负荷进行设计的。设计的主要经验数据如下：

① 有机负荷。有机负荷的表示方法有三种：BOD_5 表面负荷［kg BOD_5/（hm^2·d）］、BOD_5 容积负荷［kg BOD_5/（m^3·d）］、VSS 容积负荷［kg VSS/（m^3·d）］。我国采用 BOD_5 表面负荷。处理城市污水的建议负荷值为 200～600 kg/（hm^2·d）。对于工业废水，设计负荷应通过试验确定。

② 厌氧塘一般为矩形，长宽比为（2～2.5）∶1。单塘面积不大于 4 hm^2。塘水有效深度一般为 2.0～4.5 m，储泥深度大于 0.5 m，超高为 0.6～1.0 m。

③ 厌氧塘的进水口离塘底 0.6～1.0 m，出水口离水面的深度应大于 0.6 m，使塘的配水和出水较均匀，进、出口的个数均应大于两个，以使塘的配水和出水比较均匀。

（三）厌氧塘的应用

厌氧塘的处理效果不高，很少用于单独处理。一般作为预处理而与好氧塘组成厌氧—好氧（兼氧）生物稳定塘系统，较好地应用于处理水量小、浓度高的有机废水。

厌氧塘作为稳定塘的一种形式，通常设置于稳定塘的首端，以减少后续处理单元的有机负荷。可用于处理屠宰废水、禽蛋废水、制浆造纸废水、食品工业废水、制药废水、石油化工废水等，也可用于处理城市污水（但一般城市污水有机物浓度较低，因而用于较少）。

厌氧塘深度一般在 2.0 m 以上，净化速度低，污水停留时间长。厌氧塘内污水的污染物浓度高，易于污染地下水，因此，必须有防渗措施。厌氧塘一般多散发臭气，应使其远离住宅区，一般应在 500 m 以上。厌氧塘处理的某些废水，在水面上可能形成浮渣层，它对保持塘水温度有利，但有碍观瞻，且在浮渣上易滋生小虫，又有碍环境卫生，应考虑采取适当措施。

六、曝气塘

曝气塘是经过人工强化的稳定塘，塘深在 2.0 m 以上，塘内设曝气设备向塘内污水充氧，并使塘水搅动。曝气塘又可分为好氧曝气塘及兼性曝气塘两种。主要取决于曝气设备安设的数量及密度、曝气强度的大小等。好氧曝气塘与活性污泥处理法中的延时曝气法相近。曝气设备多采用表面机械曝气器，也可以采用鼓风曝气系统。在曝气条件下，藻类的生长与光合作用受到抑制。

曝气塘出水的悬浮固体浓度较高，排放前需进行沉淀，沉淀的方法可以用沉淀池，或在塘中分割出静水区用于沉淀。若曝气塘后设置兼性塘，则兼性塘要在进一步处理其出水的同时起沉淀作用。

曝气塘的水力停留时间为 3～10 d，有效水深 2～6 m。曝气塘一般不少于 3 座，通常按串联方式运行。

由于经过人工强化，曝气塘的净化效果及工作效率都明显地高于一般类型的稳定塘。污水在塘内的停留时间短，曝气塘所需容积及占地面积均较小，这是曝气塘的主要优点，但由于采用人工曝气措施，能耗增加，运行费用也有所提高。

七、深度处理塘

深度处理塘设置在二级处理工艺之后或稳定塘系统的最后。其功能是进一步降低二级处理水中残余的有机污染物（BOD、COD）、SS、细菌以及氮、磷等植物性营养物质等。又称三级处理塘、熟化塘，在污水处理厂和接纳水体之间起到缓冲作用，以适应受纳水体或回用对水质的要求。深度处理塘一般多采用好氧塘的形式，采用大气复氧或藻类光合作用的供氧方式。也有采用曝气塘的形式，用兼性塘形式的则较少。

八、控制出水塘

控制出水塘多为兼性塘，其主要特征是人为地控制塘的出水，在年内的某个时期内，如在冬季低温季节，生物降解功能低下，处理水水质难以达到排放要求，此时塘内只有污水流入，而无处理水流出，塘起蓄水作用。在某个时期内，如在温暖季节，降解功能恢复正常，处理水水质达到排放标准，稳定塘开始正常运行，此时，可将塘水大量排出，出水量远超过进水量。控制出水塘的实质，是按一种特定的排放处理水制度运行的稳定塘。

控制出水塘适用结冰期较长的寒冷地区；干旱缺水，需要季节性利用塘水的地区；稳定塘处理水季节性达不到排放标准或水体只能在丰水期接纳塘出水的地区。

九、稳定塘的组合工艺

稳定塘通常由预处理系统、稳定塘和后处理设施三部分组成。

（一）稳定塘进水的预处理

为防止稳定塘内污泥淤积，污水进入稳定塘前应先去除水中的悬浮物质。常用设备为格栅、普通沉砂池和沉淀池。

（二）稳定塘的流程组合

依当地条件和处理要求不同而异，常见工艺见图 9-12。

进水 → 好氧塘 → 出水

进水 → 兼性塘 → 好氧塘 → 出水

进水 → 曝气塘 → 沉淀塘 → 出水

进水 → 曝气塘 → 兼性塘 → 出水

进水 → 厌氧塘 → 兼性塘 → 好氧塘 → 出水

图 9-12 稳定塘组合工艺流程

（三）稳定塘的设计要点

1．塘的位置

稳定塘应设在居民区下风向 200 m 以外，以防止塘散发的臭气影响居民区。此外，塘不应设在距机场 2 km 以内的地方，以防止鸟类（如水鸥）到塘内觅食、聚集，对飞机航行构成危险。

2．防止塘体损害

为防止浪的冲刷，塘的衬砌应在设计水位上下各 0.5 m 以上。若需防止雨水冲刷时，塘的衬砌应做到堤顶。衬砌方法有干砌块石、浆砌块石和混凝土板等。

3．在有冰冻的地区，背阴面的衬砌应注意防冻

若筑堤土为黏土时，冬季会因毛细作用吸水而冻胀，因此，在结冰水位以上位置换为非黏性土。

4．塘体防渗

稳定塘的渗漏可能污染地下水源；若塘体出水再考虑回用，则塘体渗漏会造成水资源损失，因此，塘体防渗是十分重要的。但某些防渗措施的工程费用较高，选择防渗措施时应十分谨慎。防渗方法有素土夯实、沥青防渗衬面、膨胀土防渗衬面和塑料薄膜防渗衬面等。

5．塘的进出口

进出口的形式对稳定塘的处理效果有较大影响。设计时应注意配水、集水均匀，避免短流、沟流及混合死区。主要措施为采用多点进水和出水；进口、出口之间的直线距离尽可能大；进口、出口的方向避开当地主导风向。

复习思考题

自然生物处理—稳定塘

1. 什么是污水的土地处理系统？
2. 污水土地处理系统的类型有哪几种？
3. 什么是湿地处理系统？其净化污水的特点是什么？
4. 稳定塘有哪些类型？
5. 稳定塘有哪几方面的净化作用？影响稳定塘净化过程的因素有哪些？
6. 稳定塘中对污水起净化作用的生物种类有哪些？
7. 简述稳定塘生态系统。

第十章　污泥处理

第一节　污泥概述

污水处理厂污泥主要是在污水处理过程中产生的沉渣与沉淀物，主要来源于初次沉淀池、二次沉淀池等工艺环节。城镇生活污水处理厂污泥属于有机污泥，其特点是有机物含量高，容易腐化发臭，颗粒较细，密度较小，含水率高且不易脱水，便于管道运输。污泥是污水处理过程中的必然产物。污泥含水率为 97%时，污泥占处理水量的 0.3%～0.5%。例如一座 10 万 m^3/d 的城市污水处理厂，每日产生的污泥量约 230 m^3。污水厂中的这些污泥集聚了污水的污染物，并且很不稳定，其中含有很多细菌、病原微生物、寄生虫卵以及金属离子等有毒物质。污泥作为一种固体废物，已经成为继城市垃圾污染的第二大固体废物污染源。

污泥问题将直接影响污水处理厂的正常运行和环境卫生。根据国家住房和城乡建设部的统计：2017 年，我国城市（包括县城）污水处理厂共有 3 781 座，年处理污水量 537.5 亿 m^3，干污泥产量已高达 1 209.7 万 t，折合含水率 80%的脱水污泥 6 048 万 t。

一、污泥的分类

（一）根据污泥成分分类

根据污泥中物质的成分，将污泥分为有机污泥和无机污泥两大类。有机污泥通常称为污泥，以有机物为主要成分，具有易腐化发臭、颗粒较细、密度较小、含水率高且不易脱水的特性，是呈胶状结构的亲水性物质。其流动性强，可用泵提升和管道输送。生活污水处理厂的污泥含有病原菌和寄生虫卵，卫生情况极差。无机污泥通常称为沉渣，以无机物为主要成分，具有颗粒较粗、密度较大、含水率较低且易于脱水的特性。

（二）根据污泥的来源分类

（1）初次沉淀污泥

主要来自初次沉淀池，其性质随混入的生产污水性质而异。处理生活污水的初次沉淀污泥大多是在低流速中会沉淀的颗粒较细的有机悬浮物质。

（2）腐殖污泥和剩余污泥

腐殖污泥来自生物膜法后的二次沉淀池，剩余污泥来自活性污泥法后的二次沉淀池，这两种污泥含有大量微生物及其被吸附的有机物质，因此其成分也以有机物为主。

剩余污泥

（3）熟污泥或消化污泥

熟污泥或消化污泥是经消化处理后的污泥。初次沉淀池污泥、腐殖污泥和剩余污泥在有条件时常做消化处理。

（4）化学污泥

化学污泥是采用化学方法处理污水过程中产生的污泥，如混凝沉淀工艺产生的污泥。其性质取决于混凝剂的种类，数量取决于原污水中有机物的含量和投加的药剂量。

（5）沉渣

在生活污水处理厂中，沉砂池还会产生一些沉渣，其所含杂质主要是砂粒、煤屑和矿物碎屑；若是生产污水，则沉渣来自不同的工艺过程及处理设备，例如钢铁厂高炉洗涤水的沉淀物，所含杂质主要是铁渣、焦炭末和石灰等无机物。

二、污泥的性能指标

（一）污泥的含水率

污泥的含水量以含水率来表示。它的意义是单位质量污泥所含水分的质量百分数。当处理生活污水及性质与之相近的生产污水时，初次沉淀污泥的含水率为95%～97%，腐殖污泥的含水率为96%左右，而剩余污泥含水率可达99%以上。相对密度接近1。因此，污泥的体积、重量及污泥所含固体物浓度之间的关系可用式（10-1）来表示。

$$\frac{V_1}{V_2}=\frac{W_1}{W_2}=\frac{100-p_2}{100-p_1}=\frac{c_2}{c_1} \tag{10-1}$$

式中：V_1、W_1、c_1 —— 污泥含水率为 p_1 时的污泥体积、质量与固体物浓度；

V_2、W_2、c_2 —— 污泥含水率为 p_2 时的污泥体积、质量与固体物浓度。

式（10-1）适用于含水率大于65%的污泥。因含水率低于65%以后，污泥颗粒之间不再被水填满，体积内有气体出现，体积与质量不再符合上式所述关系。如果污泥含水率从99%降低到96%时，污泥体积可以减少3/4。

$$V_2=V_1\frac{100-p_1}{100-p_2}=V_1\frac{100-99}{100-96}=\frac{1}{4}V_1$$

（二）污泥的脱水性能与污泥比阻

污泥脱水性能是指污泥脱水的难易程度，污泥比阻是指单位过滤面积上，单位干重滤饼所具有的阻力。污泥比阻也可反映污泥的脱水性能。

$$r=\frac{2pA^2}{\mu}\cdot\frac{b}{\omega} \tag{10-2}$$

式中：r —— 比阻，m/kg，1 m/kg=9.81×10^3 s^2/g；

p —— 过滤压力，kg/m^2；

A —— 过滤面积，m^2；

μ —— 滤液的动力黏滞度，$kg\cdot s/m^2$；

ω —— 滤过单位体积的滤液在过滤介质上截留的干固体质量，kg/m^3；

b —— 污泥活性系数，s/m^6。

（三）挥发性固体和灰分

挥发性固体可近似代表污泥中有机物含量，又叫灼烧减重；灰分代表无机物含量，又叫灼烧残渣。通过烘干、高温（550℃、600℃）焚烧称重求测。

（四）可消化程度

可消化程度表示污泥中挥发性固体被消化降解的百分数。污泥中的有机物，是消化处理的对象。有一部分易于分解（或称可被气化、无机化），另一部分不易或不能被分解，如纤维素、橡胶制品等。可消化程度用 R_d 表示，用下式计算：

$$R_d = \left(1 - \frac{p_{V2} p_{S1}}{p_{V1} p_{S2}}\right) \times 100 \tag{10-3}$$

式中：R_d —— 可消化程度，%；

p_{S1}、p_{S2} —— 生污泥及消化污泥的无机物含量，%；

p_{V1}、p_{V2} ——生污泥及消化污泥的有机物含量，%。

（五）湿污泥相对密度与干污泥相对密度

湿污泥质量等于污泥所含水分质量与干固体质量之和。湿污泥比重等于湿污泥质量与同体积的水质量之比值。由于水的相对密度为 1，所以湿污泥相对密度γ可用下式计算：

$$\gamma = \frac{p + (100 - p)}{p + \dfrac{100 - p}{\gamma_s}} = \frac{100\gamma_s}{p\gamma_s + (100 - p)} \tag{10-4}$$

式中：γ —— 湿污泥相对密度；

p —— 湿污泥含水率，%；

γ_s —— 干污泥相对密度。

干固体物质由有机物（即挥发性固体）和无机物（即灰分）组成，有机物相对密度一般等于 1，无机物相对密度为 2.5～2.65，以 2.5 计，则干污泥平均相对密度γ_s为：

$$\gamma_s = \frac{250}{100 + 1.5 p_V} \tag{10-5}$$

式中：p_V —— 污泥中有机物含量，%。

确定湿污泥相对密度和干污泥相对密度，对于浓缩池的设计、污泥运输及后续处理都有实用价值。

（六）污泥肥分

污泥中含有大量的植物营养素（氮、磷、钾）和微量元素，污泥中的有机腐殖质是良好的土壤改良剂。

（七）污泥的毒性与环境危害性

污泥的毒性和危害性主要由于其所含有的毒性有机物、致病微生物和重金属等。

（1）毒性有机物

污泥中含有的毒性有机物主要是难分解的有机氯杀虫剂、苯并芘、氯丹、多氯联苯等。由于这类污染物的可能产生生物富集效应，对环境和人类具有长期危害性。

（2）致病微生物

污泥中含有比水中数量高得多的病原物，主要有细菌、病毒和虫卵等。常见的细菌有沙门氏菌、志贺细菌、致病性大肠杆菌、埃希氏杆菌、耶尔森氏菌和梭状芽孢杆菌等；常见的病毒有肝类病毒、呼肠病毒、脊髓灰质炎病毒、柯萨奇病毒、轮状病毒等；常见的虫卵有蛔虫卵、绦虫卵等。因此，污泥必须在资源化利用之前进行消毒处理。

（3）重金属

污泥中一般含有较大量的重金属物质，其含量的高低取决于城市污水中工业废水所占比例及工业性质。污水经二级处理后，污水中重金属离子有 50%以上转移到污泥中，因此污泥中的重金属离子含量一般都较高。

（八）污泥的热值与可燃性

污泥的主要成分是有机物，可以燃烧，其可燃性用干基热值表示。干基热值是指单位质量的干固体所具有的燃烧热值。有机固体的干基热值≥6 000 kJ/kg 时，可稳定燃烧供热或发电。城市污水处理的各类污泥中，新鲜污泥的热值较高，消化污泥热值较低，但其干基热值均大大超过 6 000 kJ/kg，所以干污泥具有很好的可燃性。

三、污泥量计算

（一）初沉污泥量

可以根据污水中悬浮物浓度、去除率、污水流量及污泥含水率，用式（10-6）计算：

$$V = \frac{100c_0\eta Q}{1000(100-p)\rho} \tag{10-6}$$

式中：V—— 初沉污泥量，m^3/d；

Q—— 污水流量，m^3/d；

η—— 去除率，%；

c_0—— 进水悬浮物浓度，mg/L；

p—— 污泥含水率，%；

ρ—— 沉淀污泥密度，以 1 000 kg/m^3 计。

初沉污泥量也可以按每人每天产泥量计算：

$$V = \frac{NS}{1000} \tag{10-7}$$

式中：N—— 城市人口数，人；

S—— 产泥量，L/（d·人）。

（二）二沉池污泥量

二次沉淀池的污泥量也可近似地按式（10-6）计算，η 以 80%计。

（三）剩余活性污泥量

一般剩余活性污泥量可用活性污泥法中的计算公式进行计算，即：

$$Q_S = \frac{\Delta X}{f X_r}$$

式中：Q_S —— 每日排出剩余污泥量，m^3/d；

ΔX —— 挥发性剩余污泥量（干重），kg/d；

f —— 污泥的 MLVSS/MLSS，对生活污水 $f = 0.75$，工业废水的 f 通过测定确定；

X_r —— 污泥浓度，g/L。

（四）消化污泥量

消化污泥量可用下式计算：

$$V_d = \frac{(100 - p_1)V_1}{100 - p_d}\left[\left(1 - \frac{p_{V1}}{100}\right) + \frac{p_{V1}}{100}\left(1 - \frac{R_d}{100}\right)\right] \tag{10-8}$$

式中：V_d —— 消化污泥量，m^3/d；

p_d —— 消化污泥含水率，%，取周平均值；

V_1 —— 生污泥量，m^3/d，取周平均值；

p_1 —— 生污泥含水率，%，取周平均值；

p_{V1} —— 生污泥有机物含量，%；

R_d —— 可消化程度，%，取周平均值。

四、污泥处理处置方法概述

污泥处理处置的目的和原则有四点：一是稳定化，通过处理消除恶臭；二是无害化，通过处理杀灭污泥中的虫卵及致病微生物，去除或转化其中的有毒有害物质，如合成有机物及重金属离子等；三是减量化，使之易于运输处置；四是资源化，由于污泥中也含有氮、磷、钾、有机物等物质，实现污泥的资源化是最好的处置手段。

污泥的处理与处置是两个不同的概念。污泥的处理方法主要包括浓缩、消化、脱水、干燥等，目的是实现污泥的稳定化、无害化和减量化；而其处置方法主要包括填埋、肥料农用、焚烧等，主要是实现污泥的利用与资源化。从流程上来看，处理在前，处置在后。

污泥的处理方法多种多样，遵循处理的基本原则，这些方法可以单独使用或综合使用，见表 10-1。从作用原理上看，污泥的处理方法主要是分离和转化，包括物理法、化学法和生物法。其中生物法因经济、高效而成为有机污泥处理的主流。在工程实践中，应根据污泥的性质与数量、资金情况与运行管理费用、环境保护要求及有关法律与法规和城市农业发展情况及当地气候条件等情况，进行综合考虑，将多种技术方法组合成完善的工艺系统，以实现高效、经济的处理处置污泥的目的。污泥处理处置工艺如图 10-1 所示。

表 10-1 污泥处理方法

处理方法	说 明
浓缩	将污泥缓慢搅拌之后进行长时间的沉淀，使污泥含水率降低的方法
好氧消化	通过好氧氧化作用使污泥中的有机物矿化，从而达到污泥稳定化的方法
厌氧消化	在对污泥中的腐殖质进行厌氧分解的同时，使污泥中的胶体气化、液化、稳定化或分解，从而使污泥固液分离的方法
机械脱水	采用真空过滤机、压滤机、离心机、筛滤机等设备进行污泥脱水的方法
自然干化	将污泥均匀散布于干化场上，通过蒸发作用和土壤渗透作用，减少污泥中水分的方法
加热干化	通过加热污泥，使污泥中水分蒸发的方法
焚烧	将干化的污泥或与其他可燃物一起焚烧的方法
药剂处理	通过投加化学药剂产生混凝作用，达到污泥脱水目的的方法

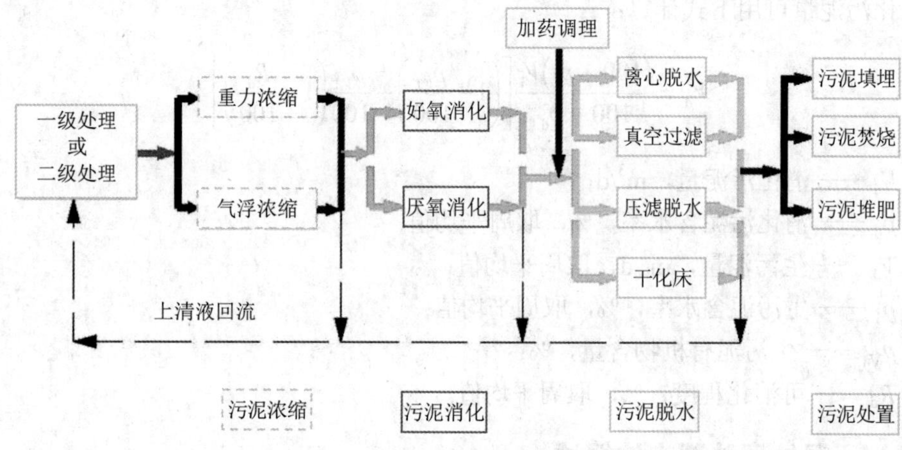

图 10-1 污泥处理处置工艺

五、污泥的水力学特征及输送

污泥输送的方法有管道、卡车、驳船以及它们的组合方法。采用何种方法取决于污泥的数量与性质、污泥处理的方案、输送距离与费用、最终处置与利用的方式等因素。这里重点介绍管道输送。

污泥管道输送是污水处理厂内或长距离输送的常用方法。管道输送具有卫生条件好，没有气味与污泥外溢，操作方便并利于实现自动化控制，运行管理费用低的优点。主要缺点是一次性投资大，一旦建成后，输送的地点固定，较不灵活。所以，污泥量大时一般考虑采用管道输送，对于中小型污水处理厂，可以考虑选用卡车、驳船等输送方式。管道输送，可分为重力管道与压力管道两种。重力管道输送时，距离不宜太长，管坡一般采用 0.01～0.02，管径不小于 200 mm，中途应设置清通口，以便在堵塞时用机械清通或高压水（污水处理厂出水）冲洗。压力管道输送时，需要进行详细的水力计算。

输送污泥用的污泥泵，在构造上必须满足不易被堵塞与磨损、耐腐蚀等基本条件。已经有效地用于污泥抽升的设备有隔膜泵、旋转螺栓泵、螺旋泵、混流泵、柱塞泵、PW 型及 PWL 型离心泵等。

污泥在含水率较高（高于 99%）的状态下，流动的特性接近于水流。随着固体浓度的增加，污泥的流动显示出半塑性或塑性流体的特性，在设计输泥管道时，常采用较大流速，使泥流处于紊流状态。

污泥在厂内输送时，重力输泥管一般采用 0.01～0.02 的坡度；压力输泥管最小设计流速见表 10-2。

表 10-2　压力输泥管最小设计流速

污泥含水率/%	最小设计流速/（m/s）		污泥含水率/%	最小设计流速/（m/s）	
	管径 150～250 mm	管径 300～400 mm		管径 150～250 mm	管径 300～400 mm
90	1.5	1.6	95	1.0	1.1
91	1.4	1.5	96	0.9	1.0
92	1.3	1.4	97	0.8	0.9
93	1.2	1.3	98	0.7	0.8
94	1.1	1.2			

长距离管道输送时，考虑到由于污泥，特别是生污泥、浓缩污泥可能含有油脂，固体浓度较高，使用时间长后，管壁被油脂黏附以及管底沉积，水头损失增大。目前还没有反映污泥流动反常状态的计算公式，因此仍采用一般水管的计算公式。输送沉渣的管渠，则可参考尾矿的计算公式进行设计。根据公式计算出的水头损失值，应再乘以水头损失系数（K）。

污泥概述

当采用管道输送污泥时，往往需要有污泥泵抽升污泥，抽升污泥的离心泵，不应有急剧的转角，管道的尺寸尽可能大，以防止泵体被污泥中的纤维质和硬物质堵塞。污泥泵最好采用自灌式，当采用非自灌式时，不得使用一般清水泵所用的底阀。污泥站贮泥池的最小容积，应为污泥泵连续工作 15 min 的抽泥量。贮泥池中应采取一定的搅拌措施，以防污泥沉淀。污泥泵容易堵塞和损坏，一定要有备用泵。

第二节　污泥浓缩工艺

一、污泥浓缩的目的

污泥的含水率很大，初次沉淀池污泥含水率介于 95%～97%，剩余活性污泥含水率达 99%。污泥中所含水分大致分为四类（图 10-2）：污泥颗粒间的空隙水，约占总水分的 70%；毛细水，即颗粒间毛细管内的水，约占总水分的 20%；污泥颗粒吸附水和颗粒内部水，约占总水分的 10%。

污泥浓缩的目的就是降低污泥中的含水量，缩小污泥体积，但使其保持流体性质，有利于污泥的运输、处理与利用。污泥中颗粒间的空隙水容易从污泥中分离出来，污泥浓缩工艺主要针对这部分水。

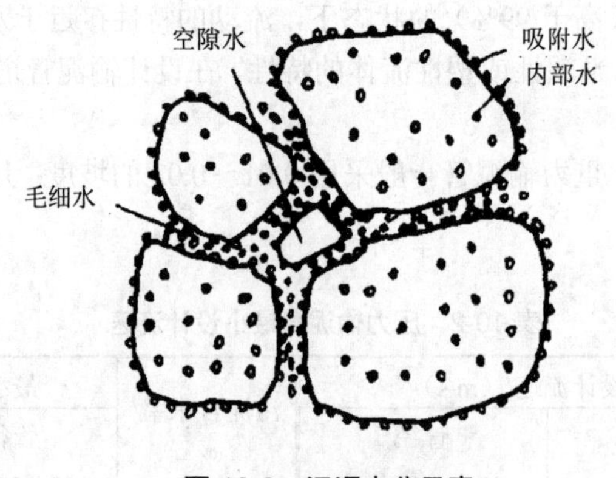

图 10-2　污泥水分示意

二、污泥浓缩的方法

污泥浓缩的方法主要有重力浓缩、气浮浓缩和离心浓缩。

（一）重力浓缩

利用污泥自身的重力将污泥间隙中的水挤出，使污泥的含水率降低的方法，称为重力浓缩法。重力浓缩构筑物称重力浓缩池。根据运行方式的不同，可分为连续式重力浓缩池和间歇式重力浓缩池两种。

间歇式重力浓缩池多采用竖流式，如图 10-3 所示。在浓缩池不同深度上设置上清液排除管，运行时应先排除浓缩池中的上清液，腾出池容，再投入待浓缩的污泥。浓缩时间一般采用 8～12 h。

连续式重力浓缩池

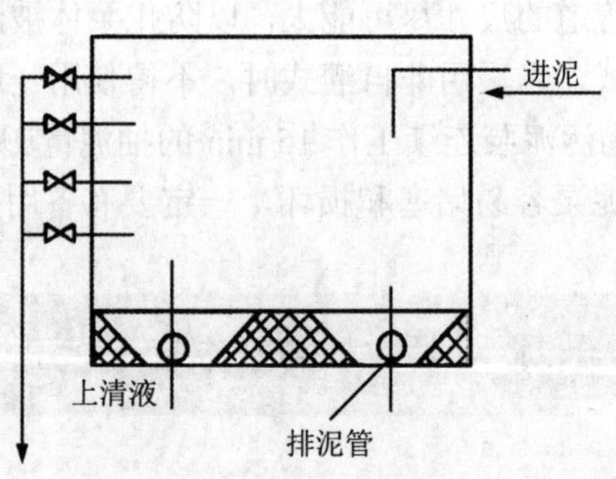

图 10-3　间歇式重力浓缩池

连续式重力浓缩池多采用辐流式，如图 10-4 所示。由中心管 1 连续进泥，上清液由溢流堰 2 出水，浓缩污泥用刮泥机 4 缓缓刮至池中心的污泥斗并从排泥管 3 排除，刮泥机 4 上装有垂直搅拌栅 5 随着刮泥机转动，周边线速度为 1 m/min 左右，每条栅条后面，可形成微小涡流，有助于颗粒之间的絮凝，可使浓缩效率提高 20%以上。浓缩池底坡采用 1/100～1/12，一般选用 1/20。

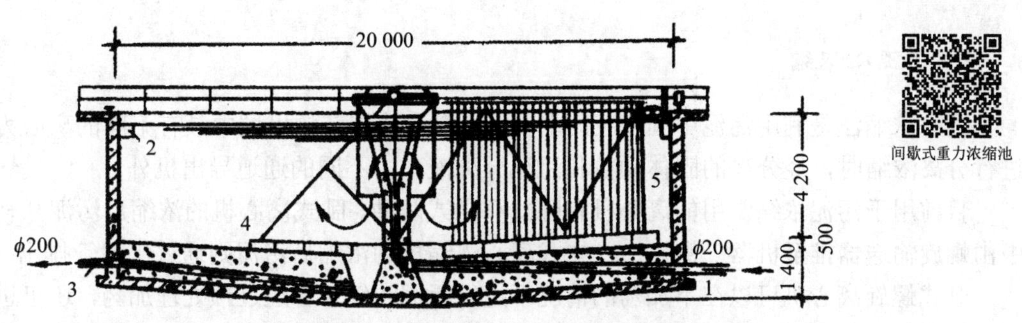

1—中心进污泥管；2—上清液溢流堰；3—排泥管；4—刮泥机；5—垂直搅拌栅。

图 10-4　连续式重力浓缩池基本构造

（二）气浮浓缩

污泥的气浮浓缩常用加压溶气气浮法。在用水泵加压情况下将空气溶解在澄清水中，气水混合液至浓缩池中降至常压后，释放出的大量微气泡附着在污泥颗粒的周围，使污泥颗粒密度减小而被强制上浮，达到浓缩的目的。气浮法可将污泥含水率由 99.5%降至 94%～96%，其工艺流程如图 10-5 所示。

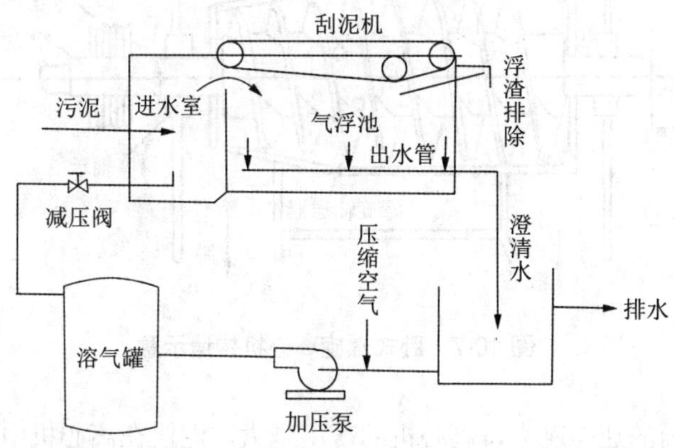

图 10-5　气浮浓缩工艺流程

气浮浓缩池的基本形式有圆形和矩形两种，如图 10-6 所示。

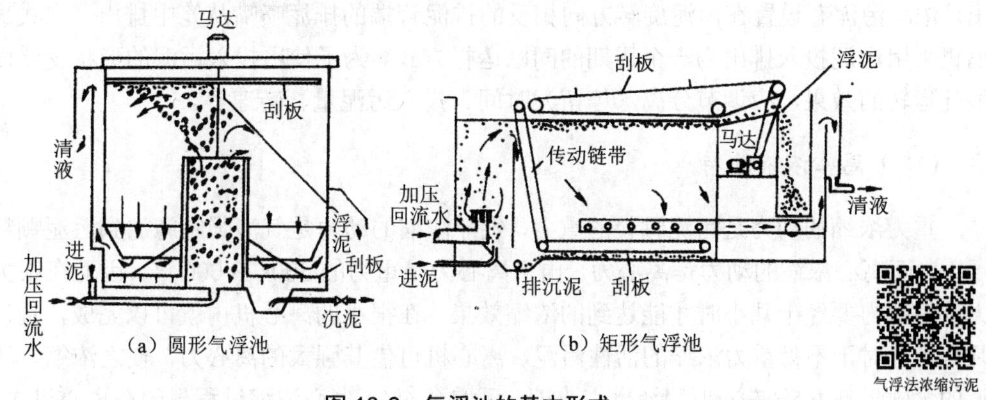

图 10-6　气浮池的基本形式

（三）离心浓缩

离心浓缩法是利用污泥中固、液比重不同，在高速旋转的机械中具有不同的离心力而进行分离浓缩时，经分离的固体颗粒和污泥分离液，由不同的通道导出机外。

目前用于污泥浓缩常用的离心机有卧式和立式两种。卧式离心机的浓缩后污泥从转筒中由螺旋输送器推至机器一侧排出，立式离心浓缩机的浓缩后污泥则通过集泥管排出。

卧式螺旋离心机可以在不加药的情况下进行污泥浓缩（若经过预处理加药，还可进一步降低污泥含水率，实现污泥脱水），其结构如图 10-7 所示。卧式螺旋离心机主要由螺旋输送器、锥形转筒、空心转轴等部分组成。污泥从空心轴筒端进入，通过轴上小孔进入锥筒，螺旋输送器固定在空心转轴上，空心转轴与锥筒由驱动装置传动，同向转动，但两者之间有速差，前者稍慢后者稍快。污泥中的水分和污泥颗粒由于受到的离心力不同而分离，污泥颗粒聚集在转筒外缘周围，由螺旋输送器将泥饼从锥口推出，随着泥饼的向前推进不断被离心压密，而不会受到进泥的搅动。分离液由转筒末端排出。

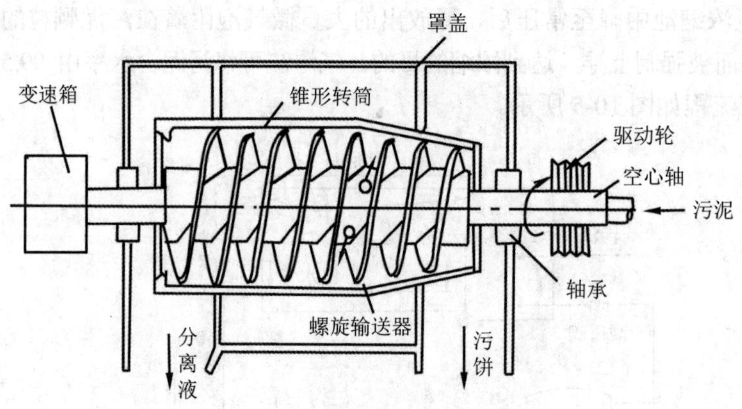

图 10-7　卧式螺旋离心机构造示意

空心转轴与锥筒的速差越大，离心机的产率越大，泥饼在离心机中的停留时间也越短。泥饼的含水率越高，其固体回收率越低。

立式离心浓缩机由笼、外壳、污泥投入装置以及排出装置构成，其工作过程如图 10-8 所示。投入笼内的污泥受到旋转产生的离心力作用而沉降分离。分离液从上部堰板溢流排出，浓缩污泥有设置在污泥旋转方向相反的排泥管端的排泥喷嘴从笼中排出。立式离心浓缩机采用污泥投入排出为一个周期的间歇运行方式。为了使用投入污泥的形状变化而达到最佳运转的效果，应调节分离（停留）时间、投入污泥量、转速等。

（四）离心浓缩法特点

重力浓缩的动力是污泥颗粒的重力，气浮浓缩的动力是气泡强制施加到污泥颗粒上的浮力，而离心浓缩的动力是离心力。由于离心力是重力的 500～3 000 倍，因而在很大的重力浓缩池内要经十几小时才能达到的浓缩效果，在很小的离心机内就可以完成，且只需十几分钟。对于不易重力浓缩的活性污泥，离心机可借其强大的离心力，使之浓缩。活性污泥的含固量在 0.5%左右时，经离心浓缩，可增至 6%。离心浓缩过程封闭在离心机内进行，因而一般不会产生恶臭。对于富磷污泥，用离心浓缩可避免磷的二次释放，提高污水处理系统总的除磷率。

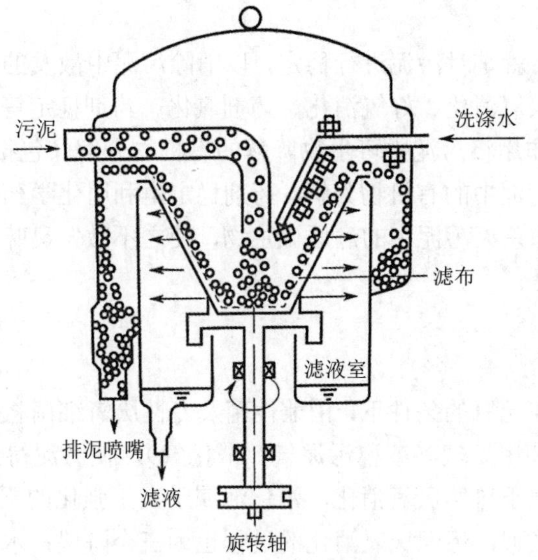

图 10-8 立式离心浓缩机

三、污泥浓缩方法选择

离心浓缩和气浮浓缩能耗较多，日常运行维护费用较高，且失去了浓缩池池容对污泥量变化的调节作用，对短时高浊的冲击负荷的适应能力差，因此目前采用较多的仍是重力浓缩法。各种污泥浓缩方法的优缺点见表 10-3。

表 10-3 各种污泥浓缩方法的优缺点

污泥浓缩方法	优点	缺点
重力浓缩	储存污泥的能力强 操作要求不高 运行费用少，尤其耗电量小	占地面积大 产生臭气 对于某些污泥工作不稳定
气浮浓缩	浓缩后污泥含水率较低 比重力浓缩法所需土地少，臭气问题少 可使沙砾不混于浓缩污泥中 能去除油脂	运行费用较高 占地面积比理性浓缩法大 污泥储存能力小 操作要求比重力浓缩法高
离心浓缩	占地面积小 几乎没有臭气问题	要求专用的离心机 耗电量大 对操作人员要求高

第三节 污泥消化

生污泥的性质极不稳定。这种污泥在非常新鲜的时候一般呈浅灰色，不散发恶臭，其中的水分也比较容易分离。但是一般在很短的时间内这种性质就会发生变化，污泥颜色变成了深灰色或黑色，放发出恶臭，而且脱水也困难。因此，必须通过特殊的处理，使生污泥处理到具有良好的脱水性而又不散发恶臭的稳定状态。生污泥的这一变化过程便称为广义的稳定化处理。

污泥消化的目的，就是对污泥进行稳定，以消除污泥中散发的臭味和杀灭污泥中的病原微生物。其方法有厌氧消化、好氧消化、药剂氧化、药剂稳定等。其中厌氧消化、好氧消化是利用微生物的作用将污泥中可生物降解的有机物分解（包括微生物），药剂氧化是利用氧化剂的作用将污泥中的有机物分解，药剂稳定是利用化学药剂的作用抑制微生物对污泥中有机物的分解，杀灭污泥中的病原微生物，使之不散发臭味。在污泥的稳定处理中最常用的是厌氧消化法。

一、厌氧消化

厌氧消化即污泥在无氧的条件下，由兼性菌及专性厌氧细菌将污泥中可生物降解的有机物分解为二氧化碳和甲烷气（或称污泥气、消化气），使污泥得到稳定。其中化粪池、双层沉淀池、堆肥等属于自然厌氧消化，消化池属于人工强化的厌氧消化。

与废水厌氧处理类似，污泥厌氧消化的过程也为三个阶段：水解酸化阶段、产氢产乙酸阶段和产甲烷阶段。

（一）污泥厌氧消化法的分类

（1）低负荷消化法

低负荷污泥消化池通常为单级消化过程。低负荷污泥消化池内不加热，不设搅拌装置，间歇投加污泥和排出污泥。一般负荷率为0.4～1.6 kg VSS/（m^3·d）。由于这种单级消化池存在池内分层、温度不均匀、有效容积小等问题，使其消化时间长达60 d，此种低负荷消化法，仅适用于小型污水处理厂的污泥处理。

（2）高负荷消化法

高负荷消化是在高负荷消化池中进行的，消化池内设有搅拌设备，其搅拌、污泥投配及熟污泥排除等工序为24 h连续进行，不存在分层现象，全池都处于活跃的消化状态。消化时间仅为低负荷消化池的1/3左右（10～15 d），固体负荷提高4～6倍。

（3）两相消化法

在两相消化系统内，产酸和甲烷阶段分别在两个单独的反应池中完成。现在实际应用两级消化系统是将污泥消化和浓缩分两段进行，工艺流程如图10-9所示。两级消化产量比单级消化增加10%～15%。

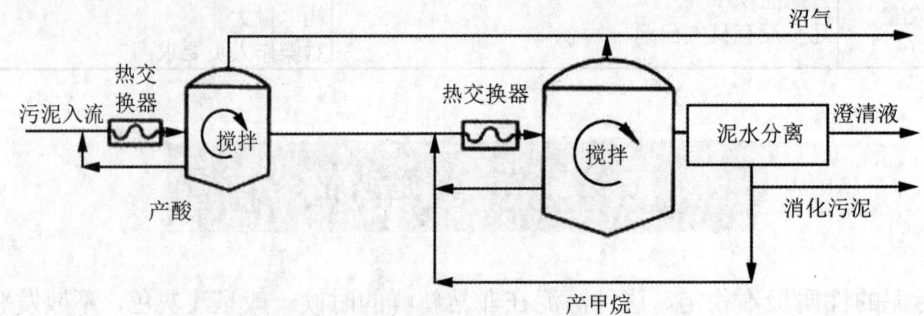

图10-9 两相厌氧消化系统工艺流程

（二）厌氧消化的影响因素

（1）温度

有机物厌氧分解的微生物，根据其生活条件所要求的最佳温度，可以分为低温细菌（嗜冷细菌）、中温细菌（嗜温细菌）和高温细菌（嗜热细菌）三类。这些不同的细菌的活性在不同的温度条件下或是活跃，或是被抑制。

甲烷菌对于温度的适应性，可分为两类：中温甲烷菌（最适宜温度为33～35℃）和高温甲烷菌（最适宜温度为 50～55℃），两区之间的温度，反应速度反而减退。中温或高温厌氧消化允许的温度变动范围为±（1.5～2.0）℃，当有±3℃的变化时，就会抑制消化过程。

（2）负荷

厌氧消化池的容积决定于厌氧消化的负荷率。负荷率的表达方式有两种：容积负荷（用投配率为参数）；有机物负荷（用有机负荷率为参数）。

投配率是指日进入的污泥量与池子容积之比，在一定程度上反映污泥在消化池中的停留时间。投配率的倒数就是生污泥在消化池中的平均停留时间。例如，投配率为 5%，即池的水力负荷率为 0.05 m^3/（m^3·d）时，停留时间为 1/0.05=20 d。

有机物负荷率是指每日进入的干泥量与池子容积之比，单位：kg 干泥/（m^3·d）。它可以较好地反映有机物量与微生物量之间的相对关系。容积负荷较低时，微生物的反应速率与底物（有机物）的浓度有关。在一定范围内，有机负荷率大，消化速率也高。

由于污泥的消化期（生污泥的平均逗留时间）是污泥消化过程中一个不可忽视的因素。因此，用有机物容积负荷计算消化池容积时，还要用消化时间进行复核。消化时间，可以指固体平均停留时间，也可以指水力停留时间。消化池在不排出上清液的情况下，固体停留时间与水力停留时间相同。我国习惯上计算消化时间时不考虑排出上清液，因此消化时间就是水力停留时间。

（3）搅拌和混合

在有机物的厌氧发酵过程中，让反应器中的微生物和营养物质（有机物）搅拌混合，充分接触，将使整个反应器中的物质传递、转化过程加快。通过搅拌，可使有机物充分分解，增加产气量（搅拌比不搅拌可提高产气量 20%～30%）。此外，搅拌还可打碎消化池液面上的浮渣。

在不进行搅拌的厌氧反应器或污泥消化池中，污泥成层状分布，从池面到池底，越往下面，污泥浓度越高，污泥含水率越低，到了池底，则是在污泥颗粒周围只含有少量水。在这些水中饱含了有机物厌氧分解过程中的代谢产物，以及难以降解的惰性物质（尤其在池底大量积累）。微生物被这种含有大量代谢产物、惰性物质的高浓度水包围着，影响了微生物对养料的摄取和正常的生活，以致降低了微生物的活性。通过搅拌，则可使池内污泥浓度分布均匀，调整污泥固体颗粒与周围水分之间的比例关系，同时也避免了代谢产物和难降解物在池底过多积累，而使其在整个反应器内分布均匀。这样就有利于微生物的生长繁殖并提高其活性。

搅拌时产生的振动可使得污泥颗粒周围原先附着的小气泡（有时由于不搅拌还可能形成一层气体膜）被分离脱出。此外，微生物对温度和 pH 的变化也非常敏感，通过搅拌还能使这些环境因素在反应器内保持均匀。

搅拌采用间断运行，在污泥消化池的实际运行中，采用每隔 2 h 搅拌一次，搅拌 25 min 左右，每天搅拌 12 次，共搅拌 5 h 左右。

（4）C/N

碳作为能力供给的来源，氮则作为行程蛋白的要素，对微生物来说都是非常重要的营养素。厌氧菌的分解活动，受被分解物质的成分，尤其是碳氮比的影响很大。

如果 C/N 太高，细胞的氮量不足，消化液的缓冲能力低，pH 容易降低，C/N 太低，氮量过多，pH 可能上升，会抑制消化过程。

（5）有毒物质

污泥中含有有毒物质时，根据其种类与浓度的不同，有时是给污泥的消化、脱水、堆肥等各种处理过程带来影响，有时则是使污泥不能在农业上加以利用。由于污水处理厂的污泥数量与成分经常变化，为了早期发现有毒物质的危险含量，必须进行长期的观察。对于有毒物质的容许限度有很多不同看法，如有毒物质的容许限度是指一种毒物，还是同时存在几种毒物，或者是这些毒物混入的频度来决定。

在消化过程中对消化有抑制作用的物质主要有重金属离子、硫、氨以及有机酸等，达到一定的浓度时，消化就会受到抑制。

（6）酸碱度、pH 和消化液的缓冲作用

pH 影响微生物细胞吸收脂肪酸的作用。一般来说，脂肪酸在 pH 低时能更迅速地进入细胞内部。

对甲烷菌来说，弱碱性环境是绝对必要的。最佳的 pH 范围为 7.0～7.5。正常的甲烷菌与兼性厌氧菌共生时，消化物质的 pH 就自然成为 6.8～7.6。如果甲烷菌本身的养分——有机酸过量，其生存就会受到不良影响，但在消化过程第一阶段产生的兼性厌氧菌则几乎不受（或完全不受）自身分泌物的影响。另一方面，如果有机酸浓度在 3 000 mg/L 以上，那么，无论 pH 为多少，甲烷菌的生命活动均将受到影响。但是，由于污泥中含有无数种不同的具有缓冲作用的物质，所以，有机酸含量与氢离子浓度之间并无直接关系。

（三）厌氧消化系统的组成

污泥厌氧消化系统由五部分组成：消化池池体结构、进排泥系统、搅拌系统、加热系统、集气系统。普通消化池的构造如图 10-10 所示。

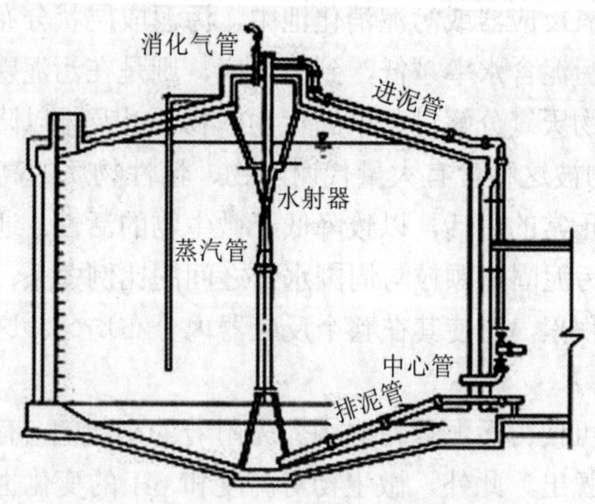

图 10-10 普通消化池构造

（1）消化池池体结构

消化池按其容积是否可变，分为定容式和动容式两类。定容式系指消化池的容积在运动中不变化，也称为固定盖式，如图 10-11 所示。该种消化池往往需附设可变容的湿式气柜，用以调节沼气产量的变化。动容式消化池如图 10-12 所示，它的顶盖可上下移动，因而消化池的气相容积可随气量的变化而变化，该种消化池国外采用较多，而国内目前普遍采用的定容式消化池。

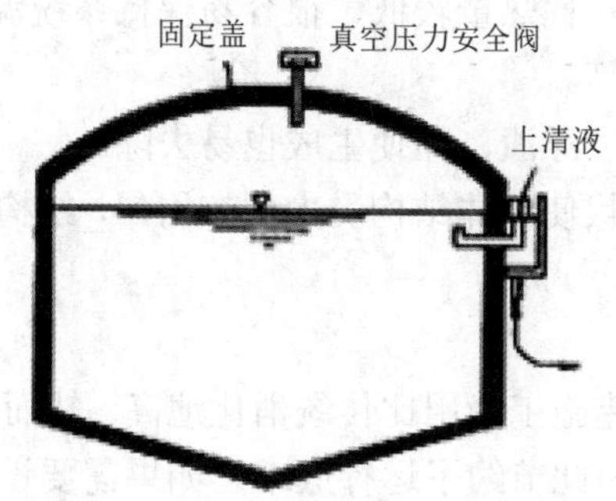

图 10-11 固定式盖消化池

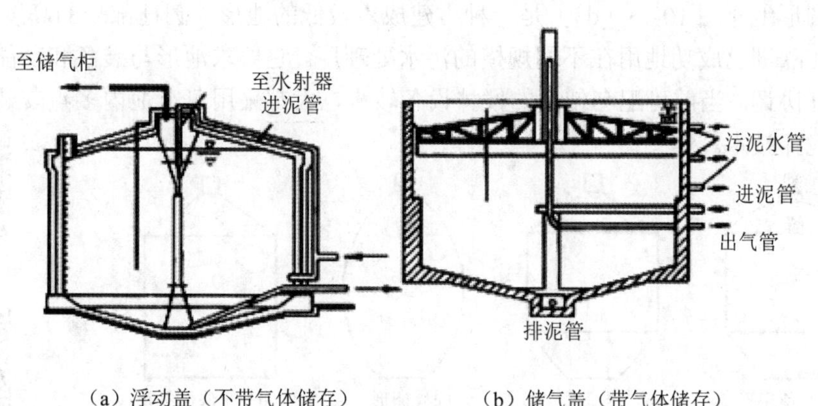

（a）浮动盖（不带气体储存）（b）储气盖（带气体储存）

图 10-12 浮动式盖消化池

好的消化池池形应具有结构条件好、防止沉淀、没有死区、混合良好、易去除浮渣及泡沫等优点。消化池按池形主要分有龟甲形、传统圆柱形、卵形、平底圆柱形四种池。龟甲形［图 10-13（a）］消化池在英国、美国采用得较多，此种池形的优点是土建造价低、结构设计简单，但要求搅拌系统具有较好的防止和消除沉积物效果，因此相配套的设备投资和运行费用较高。传统圆柱形消化池在中欧及中国采用得较多，常用的消化池的形状是圆柱状中部，圆锥形底部和顶部的消化池池形［图 10-13（b）］。这种池形的优点是热量损失比龟甲形小，易选择搅拌系统。但底部面积大，易造成粗砂的堆积，因此需要定期进行停池清理。更重要的是在形状变化的部分存在尖角，应力很容易聚集在这些区域，使结构处理较困难。底部和顶部的圆锥部分，在土建施工浇筑时混凝土难密实，易产生渗漏。卵形消化池［图 10-13（c）］在德国从 1956 年就开始采用，并作为一种主要的形式推广到全国，应用较普遍。卵形消化池最显著的特点是运行效率高，经济实用。其优点可以总结为以下几点：

① 其池形能促进混合搅拌的均匀，单位面积内可获得较多的微生物。用较小的能量即可达到良好的混合效果。

② 卵形消化池的形状有效地消除了粗砂和浮渣的堆积，池内一般不产生死角，可保证生产的稳定性和连续性。根据有关文献介绍，德国有的卵形消化池已经成功地运转了 50 年而没有进行过清理。

③ 卵形消化池表面积小，耗热量较低，很容易保持系统温度。

④ 生化效果好，分解率高。

⑤ 上部面积少，不易产生浮渣，即使生成也易去除。

⑥ 卵形消化池的壳体形状使池体结构受力分布均匀，结构设计具有很大优势，可以做到消化池单池池容的大型化。

⑦ 池形美观。

卵形消化池的缺点是土建施工费用比传统消化池高。然而卵形消化池运行上的优点直接提高了处理过程的效率，因此节约了运行成本。如果需要设置 2 个以上的卵形消化池，运行费用比较下来则更具有优势。节省下的运行费用，很容易弥补造价的差额，用户从高效的运行中受益更多。对大体积消化池采用卵形池更能体现其优点。

平底圆形池［图 10-13（d）］是一种土建成本较低的池形。圆柱部分的高度/直径≥1。这种池形在欧洲已成功地用在不同规模的污水处理厂。它要求池形与装备和功能之间要有很好的相互协调。当前可配套使用的搅拌设备较少，大都采用可在池内多点安装的悬挂喷入式沼气搅拌技术。

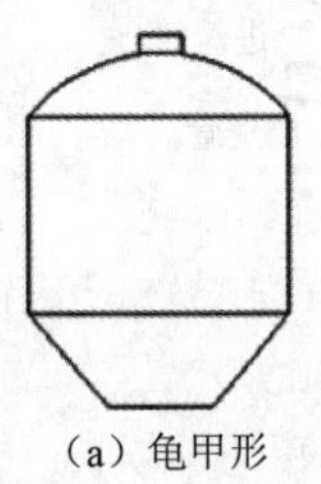

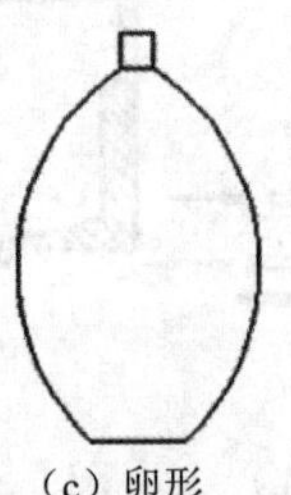

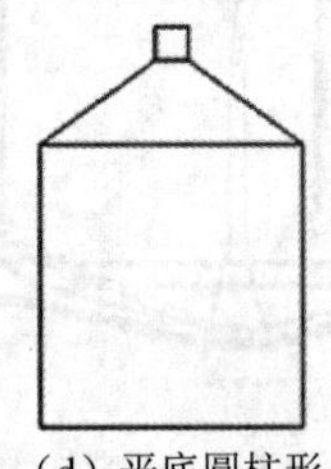

（a）龟甲形　（b）传统圆柱形　（c）卵形　（d）平底圆柱形

图 10-13　消化池形状

卵形消化池

平底圆柱形消化池

在我国，消化池的形状多年来大都采用传统的圆柱形，随着搅拌设备的引进，使我国污泥消化池的池形也变得多样。近几年中我国先后设计并施工了多座卵形消化池，改变了国内消化池池形单一的状况。

（2）进排泥系统

① 进泥：新污泥一般由泵提升，经池顶进泥管送入池内。如果污泥含固率太高（例如超过 4%～5%），泵送可能会有困难，如果污泥的含水率高，不含粗大的固体，传统的离心式污水泵就可很好地运行。如果污泥中含有粗大的固体（如破布、绳索、木片等）及浓度较高时，一般用螺杆式泵。

② 排泥：排泥时，污泥沿池底排泥管排出。进泥、排泥管的直径不应小于 200 mm。进泥和排泥可以连续或间歇进行。操作顺序一般是先排泥到计量槽，再将相等数量的新污泥加入池中。进泥过程中要充分混合。

（3）搅拌系统

消化池的搅拌方法主要有三种，即螺旋桨搅拌（图 10-14）、鼓风机搅拌（图 10-15）、射流器搅拌。

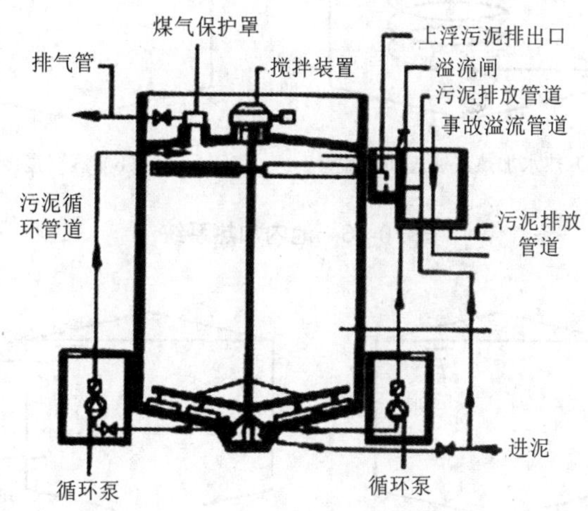

图 10-14　螺旋桨搅拌的消化池

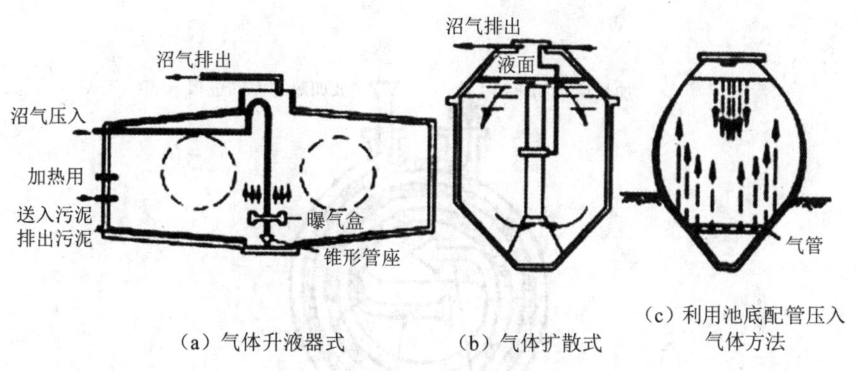

图 10-15　鼓风机搅拌的消化池

（4）加热系统

池内加热是将热量直接通入消化池内，对污泥进行加热，有热水循环和蒸汽直接加热两种方法，如图 10-16 所示。前一种方法的缺点是热效率较低，循环热水管外层易结泥壳，使热传递效率进一步降低；后一种方法热效率很高，但能使污泥在池外进行加热，有生污泥预热和循环加热两种方法，如图 10-17 所示。前者是将生污泥在预热池内首先加热到所要求的温度，再进入消化池；后者是将池内污泥抽出，加热至要求的温度后再打回池内。循环加热方法采用的热交换器有三种：套管式、管壳式、螺旋板式。前两种为常见的形式，因有 360°转弯，易堵塞；螺旋板式是近年来出现的新型热交换器，不易堵塞，尤其适于污泥处理，其结构形式如图 10-18 所示。在很多污泥处理系统中，以上加热方法联合采用。

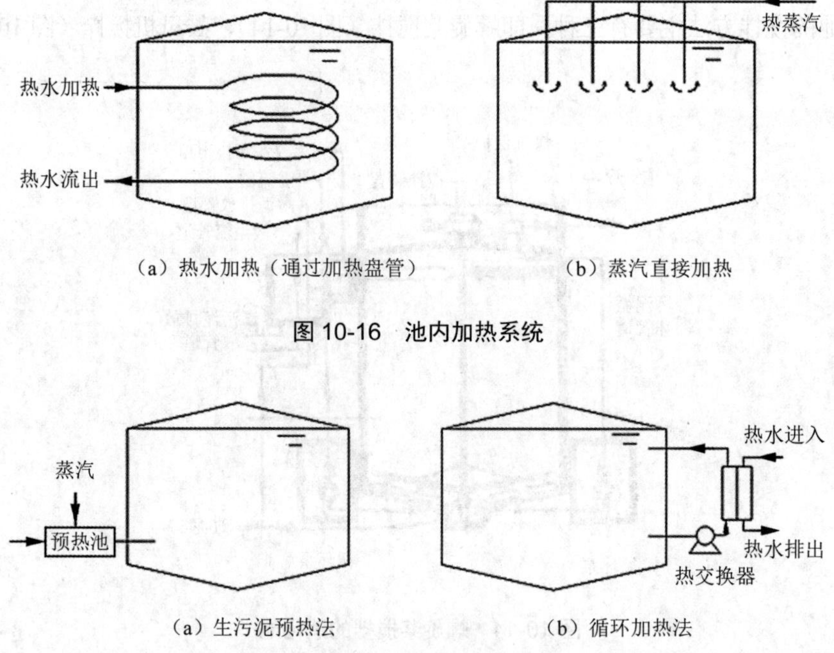

（a）热水加热（通过加热盘管）　（b）蒸汽直接加热

图 10-16　池内加热系统

（a）生污泥预热法　（b）循环加热法

图 10-17　污泥池外加热系统

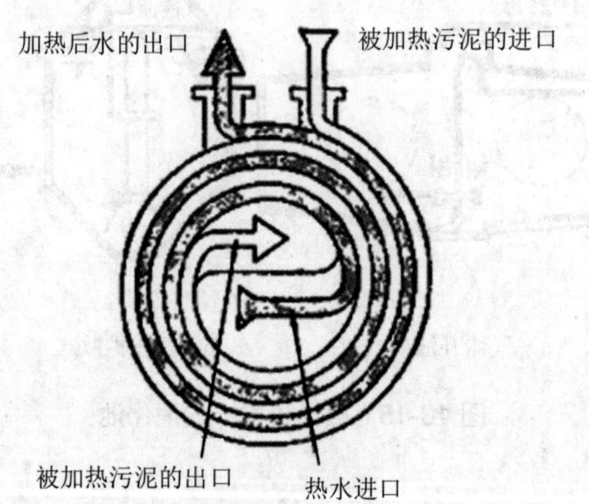

图 10-18　螺旋板式热交换器示意（多尔-奥利佛式）

（5）集气系统

浮动式顶盖消化池的集气容积较大。而固定式顶盖消化池的集气容积较小，在加料和排料时，池内压力波动较大，此时宜设单独的污泥气贮气罐。

（6）其他装置

① 破渣：破碎消化池表面积累的浮渣，减少浮渣占用消化池的有效容积，有利于污泥气的释放。常用的方法有，用自来水或污泥上清液喷淋；将循环污泥或污泥液送到浮渣层上；用鼓风机或用射流器抽吸污泥气进行搅拌时，只要抽吸的气体量足够，由于造成池面的搅动较剧烈，也可达到破碎浮渣层效果。

② 排液：上清液应及时排出，这有利于增加消化池的有效容积并减少热量消耗。上清液污染严重，悬浮固体、BOD、COD 和氨氮的浓度都很高，不能直接排放，应回流到污水生物处理设备中。

③ 监测防护系统：消化池的监测防护装置应包括安全阀、温度计等。

二、好氧消化

污泥好氧消化

（一）好氧消化的原理

污泥好氧消化实质上是活性污泥法的继续，微生物在外源底物耗尽后，即进入内源呼吸期，依靠代谢自身物质来维持生命活动所需能量。其反应可表示为：

$$C_5H_7NO_2 + 7O_2 \longrightarrow 5CO_2 + 3H_2O + H^+ + NO_3^-$$

从反应式可以看出，污泥中可降解物质完全被分解为无机物，反应彻底，氧化 1 kg 细胞物质需氧 224/113≈2 kg。

（二）好氧消化的分类

根据所采用的氧气来源的不同，可分为空气好氧稳定法和纯氧稳定法。空气好氧稳定法即向消化池内所通气体为空气，纯氧稳定法即向消化池内通入气体为高纯氧，后者较前者效果好，但纯氧稳定法运行费用更高。

（三）好氧消化池

好氧消化池见图 10-19，其构造主要包括好氧消化室，进行污泥消化；泥液分离室，使污泥沉淀回流并把上清液排除；消化污泥排除管；曝气系统，由压缩空气管、中心导流筒组成，提供氧气并起搅拌作用。消化池底坡度不小于 0.25，水深取决于鼓风机的风压，一般为 3～4 m。好氧消化法的操作较灵活，可以间歇运行操作，也可连续运行操作。

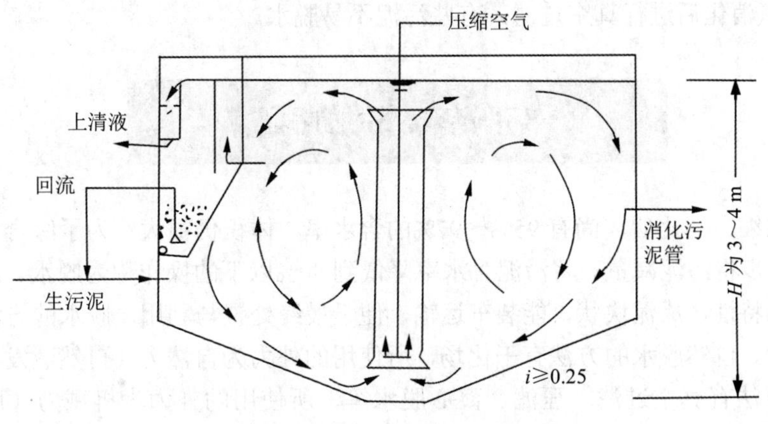

图 10-19 好氧消化池

（四）污泥好氧消化的特点

污泥的好氧消化技术对污泥中挥发性固体量的降低与厌氧消化法接近；但需要大量供氧，因而能耗较大，运行费用高，所以一般只适用于小规模的废水厂。

（1）优点

① 稳定性好，污泥好氧消化产品为生物性稳定的最终产物。

② 因稳定的最终产物没有臭味，故可采用地表处置的方式。

③ 池体结构简单，因而主要建设费比厌氧消化池低。

污泥消化

④ 好氧消化的污泥通常有好的脱水性。

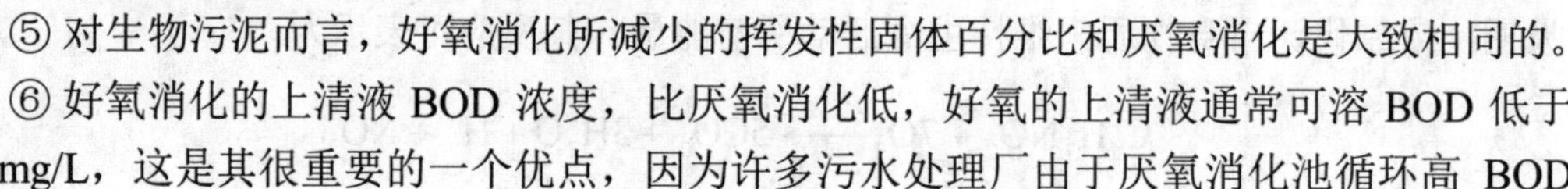

⑤ 对生物污泥而言，好氧消化所减少的挥发性固体百分比和厌氧消化是大致相同的。

⑥ 好氧消化的上清液 BOD 浓度，比厌氧消化低，好氧的上清液通常可溶 BOD 低于 100 mg/L，这是其很重要的一个优点，因为许多污水处理厂由于厌氧消化池循环高 BOD 的上清液而导致超负荷，基本的好氧消化池上清液特性见表 10-4。

表 10-4　好氧消化上清液特性

参数	标准值	参数	标准值
pH	7.0	悬浮固体	100～300 mg/L
BOD_5	500 mg/L	总有机氮	170 mg/L
可溶的 BOD_5	51 mg/L	总磷	98 mg/L
COD	2 500 mg/L	溶解性磷	26 mg/L

⑦ 好氧消化比厌氧消化有较高的肥料值。

（2）缺点

① 好氧消化过程中需要大量供氧，因而能耗较大，运行费用高。

② 固体的减少效率因温度变动而异。

③ 好氧消化后的污泥仍需经重力浓缩，通常在固体浓缩后方可获得较佳的上清液。

④ 在好氧消化后进行真空过滤，有些污泥不易脱水。

第四节　污泥脱水

污泥经浓缩、消化后，尚有 95%～97%的含水率，体积仍很大。为了综合利用和最终处置，需进一步将污泥减量。将污泥含水率降低到 80%以下的操作称为脱水。脱水后的污泥具有固体的特性，成泥块状，能装车运输，便于最终处置与利用。脱水的方法有自然脱水和机械脱水。自然脱水的方法有干化场，所使用的外力为自然力（自然蒸发、渗透等）；机械脱水的方法有真空过滤、压滤、离心脱水等，所使用的外力为机械力（压力、离心力等）。

一、污泥脱水前的预处理

预处理的目的在于改善污泥脱水性能，提高机械脱水效果与机械脱水设备的生产能力。初沉污泥、活性污泥、腐殖污泥、消化污泥均由亲水性带负电荷的胶体颗粒组成，有机质含量高、比阻值大，脱水困难。而消化污泥的脱水性能与其搅拌方法有关，若用水力或机械搅拌，污泥受到机械剪切，絮体被破坏，脱水性能恶化；若采用沼气搅拌，脱水性能可改善。

污泥的比阻值在（0.1～0.4）$\times 10^9$ s^2/g 进行机械脱水较为经济与适宜。但是污泥的比阻值均大于此值，初沉污泥的比阻值在（4.7～6.2）$\times 10^9$ s^2/g，活性污泥的比阻值在（16.8～28.8）$\times 10^9$ s^2/g，所以在机械脱水前，必须进行预处理。预处理的方法主要有化学调理法、热处理法、冷冻法及淘洗法等。

（一）化学调理

化学调理就是在污泥中投加混凝剂、助凝剂一类的化学药剂，使污泥颗粒产生絮凝，比阻降低，由此改善其脱水性能。

（1）污泥化学调理常用药剂的特性

污泥调质所用的药剂可分为两大类，一类是无机混凝剂，另一类是有机絮凝剂。无机混凝剂包括铁盐和铝盐两类金属盐类混凝剂以及聚合氧化铝等无机高分子混凝剂。有机絮凝剂主要是聚丙烯酰胺等有机高分子物质。另外，污泥调质中还常使用助凝剂来提高效果。常用的助凝剂有石灰、硅藻土、木屑、粉煤灰、细炉渣等惰性物质。助凝剂的作用是调节污泥的 pH（如加石灰），或提供形成较大絮体的骨料，改善污泥颗粒的结构，从而增强混凝剂的混凝作用。

铁盐混凝剂中常用为三氯化铁。铝盐混凝剂一般采用硫酸铝。硫酸铝混凝剂调质效果不如三氯化铁，且用量也较大，但由于无腐蚀性，且储运方便，使用也较多。而使用三氯化铁的一个较大缺点，是其对金属管道或设备有较强烈的腐蚀，使之降低使用寿命。三氯化铁适合的 pH 在 6.8～8.4，因其水解过程中会产生 H^+，降低 pH，因而一般需投加石灰作为助凝剂。三氯化铁在对污泥的调质中能生成大而重的絮体，使之易于脱水，因而使用较多。对于混合生污泥来说，三氯化铁的加药量一般为 20%～60%，要求相应的石灰投加量一般为 200%～400%，消化污泥的石灰投加量一般为 100%～200%。

聚合氯化铝作为一种高分子无机混凝剂，调质效果好，投药量少，虽价格偏高，但也有相当程度的使用。目前，人工合成有机高分子絮凝剂在污泥调质中得到普遍使用，并基本上已取代了无机混凝剂。常用的有机高分子絮凝剂是聚丙烯酰胺（俗称三号絮凝剂，PAM），其聚合度（n）为 20 000～90 000，相应的分子量达到 50 万～800 万，通常为非离子型高聚物，但通过水解可产生阴离子型，也可通过引入基团制成阳离子型。污泥调质常采用阳离子型聚丙烯酰胺，其作用机理包括两个方面：一是其分子上带电的部位能中和污泥胶体颗粒所带的负电荷，使之脱稳；二是利用其高分子的长链条作用把许多细小污泥颗粒吸附并缠结在一起，结成较大的颗粒。前一作用称为压缩双电层，后一作用称为吸附架桥。

（2）污泥化学调理药剂的选择

目前调质效果最好的药剂是阳离子聚丙烯酰胺，虽然其价格昂贵，但使用却越来越普遍。但具体到某一污水处理厂来说，应根据本厂的具体情况，在满足要求的前提下，选择综合费用最低的药剂种类。

利用聚丙烯酰胺进行污泥调理

采用铁盐或铝盐等无机混凝剂，一般能使污泥量增加15%～30%，另外其肥效和热值也都将大大降低。因此当污泥消纳场离污水处理厂距离较远或污泥的最终处置方式为农用或焚烧时，一般不适合采用无机混凝剂进行污泥调质。但当污泥消纳厂离污水处理厂很近，且处置方式为卫生填埋时，采用该类药剂可使综合费用降低。另外，使用该类药剂还能在一定程度上降低脱水过程中产生的恶臭。富磷污泥脱水时，还能降低磷向滤液中的释放量；当采用石灰做助凝剂时，石灰还能起到一定的消毒效果。

采用聚丙烯酰胺进行调质，将泥量基本不变，其肥效和热值都不降低，因此当污泥脱水后用作农肥或焚烧时，最好采用该类药剂。另外，阳离子型聚丙烯酰胺在调质过程中，能与一些溶解性折光物质生成沉淀，因而脱水滤液中污染物相对较少，呈透明状。

调质药剂的选择还与脱水机的种类有关系。一般来说，带式压滤脱水机可采用任何一种药剂进行调质污泥，而离心脱水机则必须采用高分子絮凝剂，其原因是离心机内空间较小，对泥量要求很严格，如果采用无机药剂，会使泥量增加很多，从而大大降低离心机的脱水能力。

很多污水处理厂为降低污泥调质的综合费用，进行了大量的探索。一个主要途径就是采用各种各样的复合药剂，即采用两种或两种以上的药剂进行污泥调质。主要有以下几种组合方式：

① 三氯化铁与阴离子聚丙烯酰胺组合，先加三氯化铁，再加后者。其原理是三氯化铁的电中和作用可使污泥胶体颗粒脱稳，再通过阴离子聚丙烯酰胺的吸附架桥作用形成较大的污泥絮体。两种药剂的共同作用，使总的药剂费用降低。

② 三氯化铁与弱阳离子型聚丙烯酰胺组合，先加三氯化铁，再加后者。其原理与组合①基本相同。

③ 聚合氯化铝与弱阳离子聚丙烯酰胺组合。

④ 石灰与阴离子聚丙烯酰胺组合使用。

⑤ 聚合氯化铝与三氯化铁或硫酸铝组合。

⑥ 阳离子聚丙烯酰胺与一些助凝剂，如粉煤灰、细炉渣、木屑等合用，可降低其用量；国外一些污水处理厂尝试在阳离子聚丙烯酰胺加入污泥之间，先加入少量高锰酸钾，可使耗药量降低25%～30%，同时还具有降低恶臭的作用。

⑦ 阳离子型和阴离子型聚丙烯酰胺共用。

许多污水处理厂的运行经验表明，药剂组合使用往往比单独使用一种的调质效果要好，综合费用会降低，但具体采用哪种组合方式，则因厂而异。污水处理厂可结合本厂特点，选择最佳的组合方式。

（二）热处理

热处理可使污泥中有机物分解，破坏胶体颗粒稳定性，污泥内部水与吸附水被释放，比阻可降至 $1.0\times10^{8}\ s^{2}/g$，脱水性能大大改善；同时，寄生虫卵、致病菌与病毒等也可被杀灭。因此污泥热处理兼有污泥稳定、消毒和除臭等功能。热处理后的污泥进行重力浓缩，可使其含水率从99%以上浓缩至80%～90%，如果直接进行机械脱水，泥饼含水率可达30%～45%。热处理法分为高温加压热处理法与低温加压热处理法两种，适用于各种污泥。

高温加压热处理法的控制温度为170～200℃，低温加压热处理法的控制温度则低于

150℃，可在 60～80℃时运行，其他条件相同，如压力为 1.0～1.5 MPa，反应时间为 1～2 h。由于高温加压法能耗较多，且热交换器与反应釜容易结垢影响热处理效率，故一般采用低温加压法。热处理法的主要缺点是能耗较多，运行费用较高，分离液的 BOD_5、COD_{Cr} 高（分别为 4 000～5 000 mg/L、2 000～3 000 mg/L），设备易受腐蚀。

（三）冷冻

将污泥进行冷冻处理，随着冷冻过程的进行，污泥中胶体颗粒被向上压缩浓集，水分被挤出，再进行融解，使污泥颗粒的结构被彻底破坏，脱水性能大大提高，颗粒沉降与过滤速度可提高几十倍，可直接进行机械脱水。冷冻—融解是不可逆的，即使再用机械或水泵搅拌也不会重新成为胶体。

（四）淘洗

用于消化污泥的预处理，是以污水处理厂的出水或自来水、河水把消化污泥中的碱度洗掉以节省混凝剂用量，但增加了淘洗池及搅拌设备，一增一减基本上可抵消，该法已逐渐被淘汰。

二、污泥脱水的方法

（一）机械脱水

污泥的机械脱水是以过滤介质两面的压力差作为推动力，使污泥水分被强制通过过滤介质，形成滤液；而固体颗粒被截留在介质上，形成滤饼，从而达到脱水的目的。过滤基本过程如图 10-20 所示。

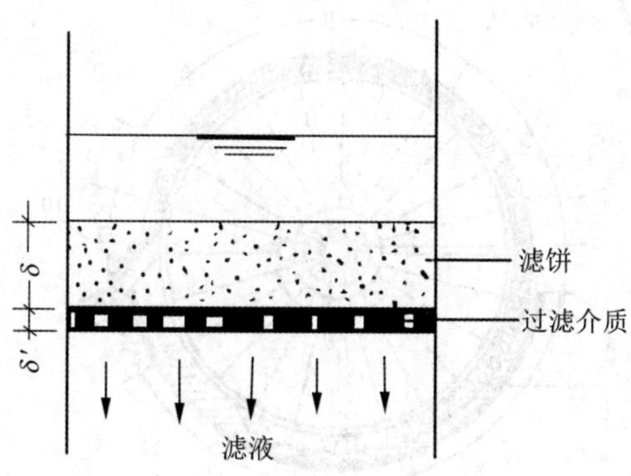

图 10-20　过滤基本过程

过滤开始时，滤液仅需克服过滤介质的阻力。当滤饼逐渐形成后，还必须克服滤饼本身的阻力。

常用的污泥机械脱水方法有真空吸滤法、压滤法和离心法等。其基本原理相同，不同点仅在于过滤推动力的不同。真空吸滤脱水是在过滤介质的一面造成负压；压滤脱水是加压污泥把水分压过过滤介质；离心脱水的过滤推动力是离心力。

1．真空过滤脱水

真空过滤脱水使用的机械是真空过滤机，主要用于初沉污泥及消化污泥的脱水。国内使用较广的是GP型转鼓真空过滤机，其构造如图10-21所示。覆盖有过滤介质的空心转鼓1浸在污泥槽2内。转鼓用径向隔板分隔成许多扇形间格3，每格有单独的连通管，管端与分配头4相接。分配头由两片紧靠在一起的转动部件5（与转鼓一起转动）与6（固定）组成。转动部件5有一列小孔9，每孔通过连接管与各扇形间格相连。6由缝7与真空管路13相通，孔8与压缩空气管路14相通。当转鼓某扇形间格的连通管9旋转处于滤饼形成区Ⅰ时，由于真空的作用，将污泥吸附在过滤介质上，污泥中的水通过过滤介质后沿管13流到气水分离罐。吸附在转鼓上的滤饼转出污泥槽后，若管孔9在固定部件的缝7范围内，则处于吸干区Ⅱ内继续脱水，当管孔9与固定部件的孔8相通时，便进入反吹区Ⅲ与压缩空气相通，滤饼被反吹松动，然后由刮刀10刮除，滤饼经皮带输送器外输。再转过休止区Ⅳ进入滤饼形成区Ⅰ，周而复始。转鼓真空过滤机脱水系统的工艺流程如图10-22所示。

GP型真空转鼓过滤机的主要缺点是过滤介质紧包在转鼓上，清洗不充分，易于堵塞，影响过滤效率。为解决这个问题，可采用链带式转鼓真空过滤机，即用辊轴把过滤介质转出，卸料并将过滤介质清洗干净后转至转鼓。

真空过滤脱水的特点是能够连续生产，运行平稳，可自动控制。主要缺点是附属设备较多，工序较复杂，运行费用较高。真空过滤脱水所需附属设备包括真空泵、空压机、气水分离罐等。真空泵抽气量为每过滤面积 0.5～1.0 m^3/min，真空度为 26～66 kPa（200～500 mmHg），最大 80 kPa，真空泵所需电机按 1 m^3/min 抽气量配 1.2 kW 计算。真空泵不少于2台。空压机压缩空气量按每平方米过滤面积为 0.1 m^3/min，压力（绝对压力）为 0.2～0.3 MPa 进行空压机选型。空压机所需电机按空气量按 1 m^3/min 配 4 kW 计算。空压机不少于2台。气水分离罐容积按 3 min 的空气量计算。

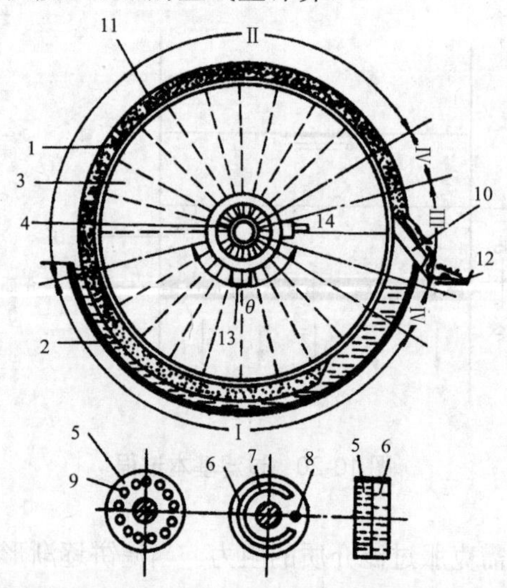

Ⅰ—滤饼形成区；Ⅱ—吸干区；Ⅲ—反吹区；Ⅳ—休止区

1—空心转鼓；2—污泥槽；3—扇形间格；4—分配头；5—转动部件；6—固定部件；

7—与真空泵通的缝；8—与空压机通的孔；9—与各扇形间格相通的孔；10—刮刀；

11—泥饼；12—皮带输送器；13—真空管路；14—压缩空气管路。

图10-21　转鼓真空过滤机

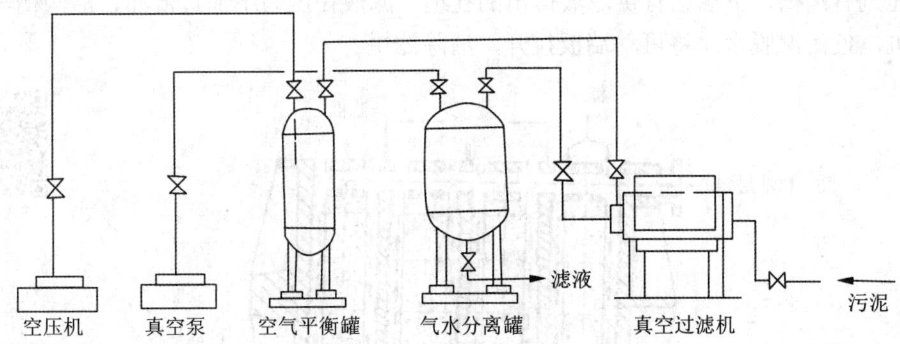

图 10-22 转鼓真空过滤机工艺流程

2. 压滤脱水

（1）带式压滤机

带式压滤机是把压力施加在滤布上，依靠滤布的压力和张力使污泥脱水。这种脱水方法不需要真空或加压设备，动力消耗少，可以连续生产，目前应用较为广泛。

带式压滤机由滚压轴及滤布带组成，如图 10-23 所示。污泥先经过浓缩段（主要依靠重力），使污泥失去流动性，以免在压榨段被挤出滤布，浓缩段的停留时间为 10～20 s。然后进入压榨段，压榨时间为 1～5 min。

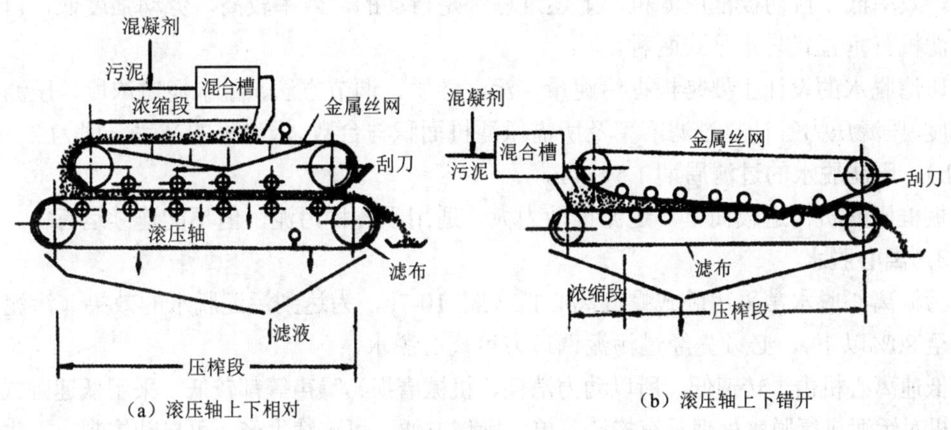

图 10-23 带式压滤机

滚压的方式有两种，一种是滚压轴上下相对［图 10-23（a）］。这种形式几乎是瞬时压榨，压力大；另一种是滚压轴上下错开［图 10-23（b）］。这种形式依靠滚压轴施于滤布的张力压榨污泥，压榨的压力受张力限制，压力较小，压榨时间较长，主要依靠滚压对污泥剪切力的作用，促进泥饼的脱水。

（2）板框压滤机

板框压滤机基本构造见图 10-24。板与框相间排列，在滤板的两侧覆有滤布，用压紧装置把板与框压紧，即在板与框之间构成压滤室，在板与框的上端中间相同部位开有小孔，污泥由该通道进入压滤室，将可动端板向固定端板压紧，污泥加压到 0.2～0.4 MPa，在滤板的表面刻有沟槽，下端钻有供滤液排出的孔道，滤液在压力下通过滤布，沿沟槽与孔道排出滤机，使污泥脱水。将可动端板拉开，清除滤饼。

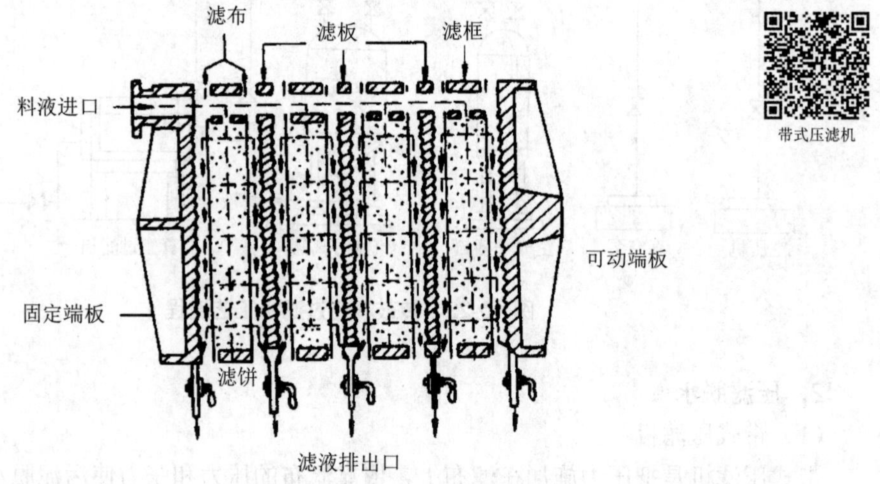

图 10-24　板框压滤机

板框压滤机可分为人工板框压滤机和自动板框压滤机两种。

人工板框压滤机，需一块一块地卸下，剥离泥饼并清洗滤布后，再逐块装上，劳动强度大，效率低。自动板框压滤机，上述过程都是自动的，效率较高，劳动强度低，自动板框压滤机有垂直式与水平式两种。

压滤脱水的设计主要是根据污泥量、污泥性质、调节方法、脱水泥饼浓度、压滤机工作制度、压滤压力等计算过滤产率及所需压滤机面积与台数。压滤机的产率一般为 2～4 kg/(m^2·h)，压滤脱水的过滤周期 1.5～4 h。

板框压滤机构造较简单，过滤推动力大，适用于各种污泥，但不能连续运行。

3．离心脱水

污泥离心脱水常采用卧式螺旋离心机（图 10-7），为达到污泥脱水的效果（污泥含水率降至 80%以下），必须先经过污泥调理方可离心脱水。

低速离心机由于转速低，所以动力消耗、机械磨损、噪声等都较低。采用低速卧式螺旋离心机对污泥进行脱水处理具有构造简单、操作方便、可连续生产、可自动控制、卫生条件好、占地面积小、脱水效果好等优点，所以是目前污泥脱水的主要方法。缺点是污泥的预处理要求较高，必须使用高分子调节剂进行污泥调节。

（二）污泥的自然脱水

利用自然力（自然蒸发、渗透等）脱除污泥中水分的方法称为自然脱水。自然脱水的构筑物是污泥干化场（也叫干化床或晒泥场），通过自然脱水可以将污泥含水率降低至 20%左右。

干化场分为自然滤层干化场与人工滤层干化场两种。前者适用于自然土质渗透性能好、地下水位低的地区。人工滤层干化场的滤层是人工铺设的，又可分为敞开式干化场和有盖式干化场两种。

人工滤层干化场由不透水底层、排水系统、滤水层、输泥管、隔墙及围堤等部分组成，其构造如图 10-25 所示。滤水层的上层用细矿渣或砂层铺设，厚度为 200～300 mm；下层用粗矿渣或砾石，层厚 200～300 mm。排水管道系统用 100～150 mm 的陶土管或盲沟铺成，管道之间中心距 4～8 m，纵坡 0.002～0.003，排水管起点覆土深（至砂层顶面）为 0.6 m。不透水底板由 200～400 mm 厚的黏土层或 150～300 mm 厚三七灰土夯实而成，也可用 100～150 mm 厚的素混凝土铺成，底板有 0.01～0.02 的坡度坡向排水管。

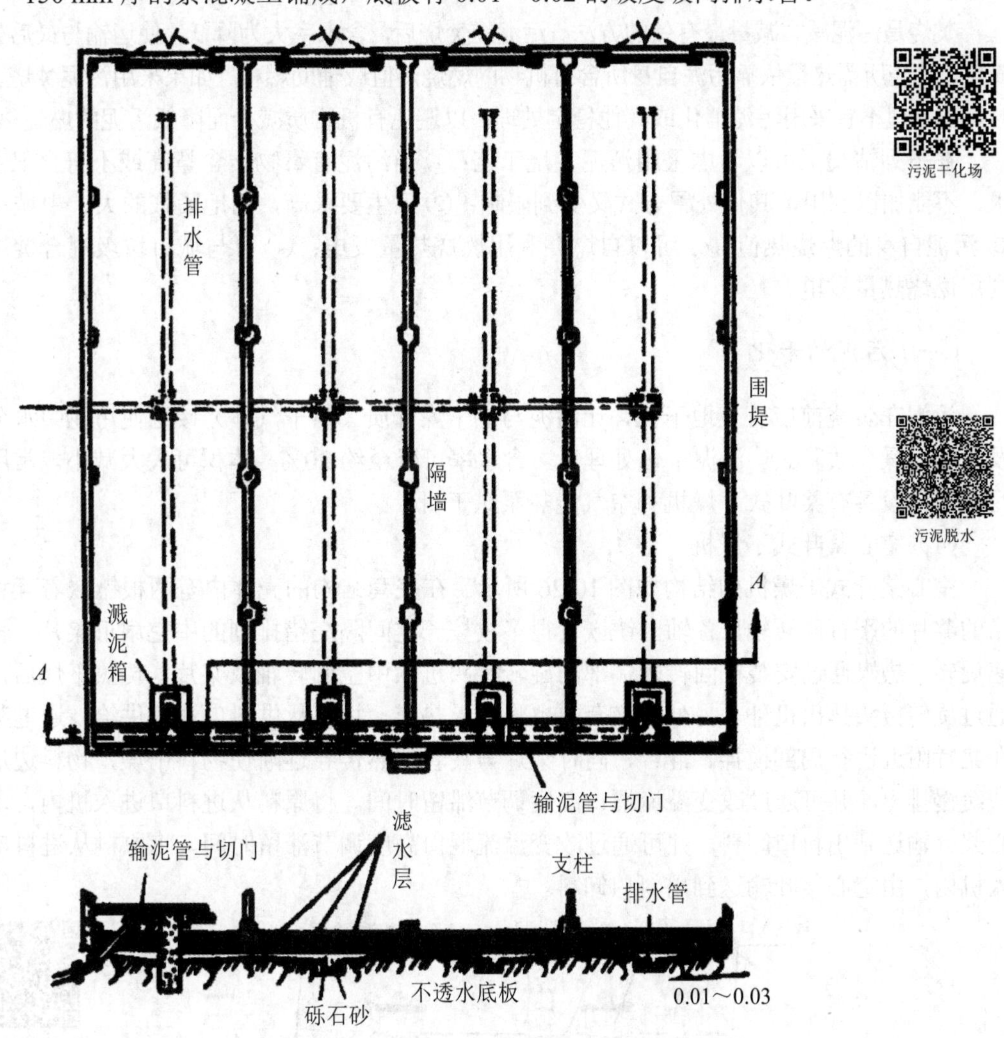

图 10-25　人工滤层干化场

隔墙与围堤，把干化场分隔成若干分块，通过切门的操作轮流使用，以提高干化场利用率。在干燥、蒸发量大的地区，可采用由沥青或混凝土铺成的不透水层而无滤水层的干化场，依靠蒸发脱水。这种干化场的优点是泥饼容易铲除。

干化场可设计成有盖式的，设置可移开（晴天）或盖上（雨天）的顶盖，顶盖一般用弓形复合塑料薄膜制成，移置方便。

第五节 污泥焚烧与最终处置

一、污泥焚烧

焚烧是污泥减容减量最有效的方法。污泥经焚烧后，含水率大为降低，使运输与最后处置简化。焚烧所需热量依靠污泥自身所含有机物的燃烧热值或辅助燃料。如果采用污泥焚烧工艺时，前处理不宜采用污泥消化或其他稳定处理，以避免有机物质减少而降低污泥的燃烧热值。

在下列情况下可以考虑采用污泥焚烧工艺：① 当污泥有毒物质含量高或不符合卫生要求，不能加以利用，其他处置方式又受到限制；② 卫生要求高，用地紧张的大、中城市；③ 污泥自身的燃烧热值高，可以自燃并利用燃烧热量发电；④ 可与城市垃圾混合焚烧并利用燃烧热量发电。

（一）污泥的干化

污泥在焚烧前应有效地干化，让污泥与热干燥介质（热干气体）接触使污泥中水分蒸发而随干燥介质除去。污泥干化处理后，含水率可降至约 20%，体积可大大减小。常用的污泥干化设备有桨叶式干燥机和空气能热泵烘干机。

（1）空心桨叶式干燥机

空心桨叶式干燥机的结构如图 10-26 所示。在夹套结构的壳体内有两根镶嵌着互相交错的桨片的平行回转轴，各轴上镶嵌有很多枚按一定间隔交错排列的中空扇形桨片，轴低速旋转。热媒通过安装在回转轴端部的旋转接头进入中空回转轴及桨片，传热干燥后，再通过旋转接头排出机外。另外，夹套中也将导入热媒。物料从供料口连续供给，通过桨片在桨片附近进行局部搅拌、混合，同时桨片与夹套的热传导逐渐使物料干燥，物料边加热边缓慢排出，并可通过改变溢流堰口高度调节滞留时间。将原料从进料口进入机内，由空心桨叶输送到出料口卸料。并可通过改变溢流堰口高度调节滞留时间。将原料从进料口进入机内，由空心桨叶输送到出料口卸料。

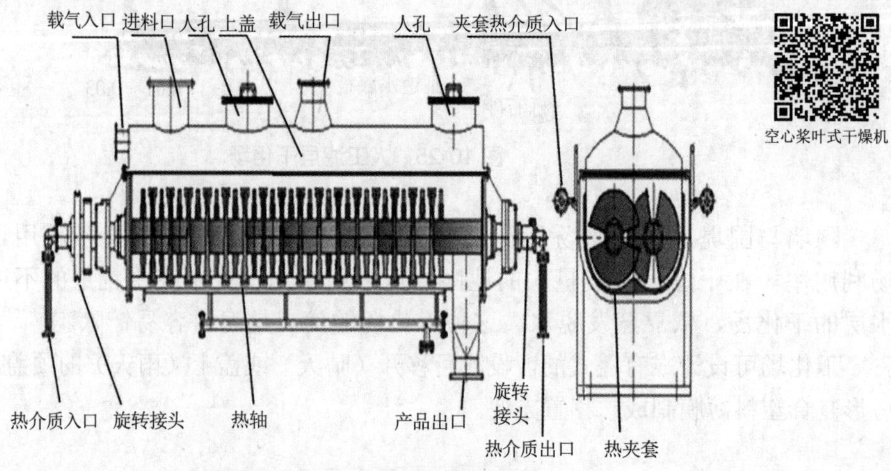

图 10-26 空心桨叶式干燥机的结构

（2）空气能热泵烘干机

空气能热泵烘干机系统如图 10-27 所示，采用类似空调的逆卡诺原理。将湿污泥经过破碎、挤条成型后进入热泵污泥烘干房，经过热泵冷凝管加热的干燥热空气与污泥条进行湿度、温度的熵变。干燥热风经过污泥条后变为湿风，经过水冷预冷盘管再降低温度，出风后经过蒸发器蒸发，冷凝水析出。随后已经降温冷凝后的余热风在热回收装置下，重新回来热泵冷凝管附近加热，伴随热泵烘干机的循环风机将污泥条水分带走。

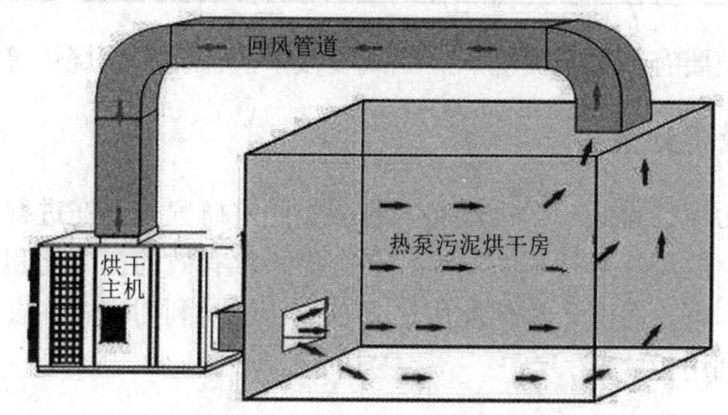

图 10-27 空气能热泵污泥烘干系统

图 10-28 空气能热泵烘干机主机

（二）污泥的焚烧技术

在高温、供氧充足、常压条件下焚烧污泥，使污泥中所含的水分被完全蒸发，有机物质被完全氧化，焚烧的最终产物是 CO_2、H_2O、N_2 等气体及焚烧灰。

影响污泥焚烧的基本条件包括：温度、时间、氧气量、挥发物含量以及泥气混合比等。温度超过 800℃时有机物才能燃烧，1 000℃时开始可以消除气味，焚烧时间越长越彻底。焚烧时必须有氧气助燃，氧气通常由空气供应，空气量不足燃烧不充分，空气量过多，加热空气要消耗过多的热量，一般过量空气以 50%～100%为宜。挥发物含量高（热值高）、含水率低有可能维持自燃，否则还需添加燃料。

污泥的燃烧热值由污泥的有机物含量，尤其是含碳量决定。可根据污泥性质及有机物含量计算得出，也可查阅表 10-5。

表 10-5 各种污泥的燃烧热值表 单位：kJ/kg（干）

污泥种类	燃烧热值	污泥种类	燃烧热值
初沉污泥	15 826～18 191.6	初沉污泥与活性污泥	16 956.5
经消化的初沉污泥	7 201.3	消化后的初沉污泥与活性污泥	7 452.5
初沉污泥与腐殖污泥	14 905	活性污泥	14 905～15 214.8
消化后的初沉污泥与腐殖污泥	6 740.7～8 122.4		

完全焚烧设备主要有回转窑焚烧炉、立式多段炉及流化床焚烧炉等。

二、污泥的最终处置

污泥资源化是污泥处置的一个大趋势，各项实验室研究也正在进行中，虽然部分研究还没有工业化应用，但是基于技术的发展，会有更科学有效的资源化利用模式，目前按照所获产品种类不同，可将污泥资源化利用模式分成：建材利用模式、农业利用模式、能源利用模式、蛋白质利用模式。

（一）污泥的资源化利用

1．建材利用模式

（1）污泥制砖

污泥制砖有两种方法，一种是用干污泥直接制砖；另一种是用污泥焚烧灰渣制砖。污泥制砖的前提是其成分与传统制砖原料黏土具有相似性，生活污泥燃烧产物和黏土的化学成分基本接近，在适当调整以及混入适量添加剂后，完全可以制备建筑用砖。西方国家常采用污泥焚烧灰制砖，我国则倾向采用干化污泥制砖，充分利用污泥中有机质的发热量，降低烧砖能耗。当污泥与黏土按质量比 1∶10 配料时，污泥砖与红砖的强度基本一致，污泥焚烧灰制砖时，因污泥的性质不同焚烧灰成分相差很大，需加以区别。

城镇生活污水处理厂污泥制砖

（2）污泥制陶粒

陶粒作为一种人造轻质粗集料，因质轻、高强、保温等特性备受关注，是具有发展潜力的新型建材。污泥制陶粒是以污泥为主要原料，掺加适量辅料，经过成球、干燥、预处理、焙烧、冷却而制成轻质陶粒。

（3）污泥制水泥

利用污泥灰分高，其化学特性与水泥生产所用的原料基本相似，可以将污泥干化和研磨后添加适量石灰制成水泥。此外，水泥窑具有燃烧炉温高和处理物料量大等特点，利用城市污泥烧制水泥同时兼具减容和减量作用。日本将城市垃圾焚烧灰和下水道污泥一起作为原料，生产所谓“生态水泥”，这种水泥的原料中有 60%为废弃物（污泥占 20%～30%），烧成温度 1 000～1 300℃，燃料用量与二氧化碳排放量，都比生产普通水泥少。但是，利用污泥制水泥部分技术问题，如污泥中含活性阴离子氯，可造成钢筋发生小孔腐蚀，限制了污泥水泥的应用范围。

2．农业利用模式

（1）堆肥

污泥农业利用中的主要模式即污泥堆肥。城市污泥含有大量的有机质和一些植物必需养分，在消除重金属与病原菌之后，可部分替代化肥。与纯猪粪和猪厩肥相比，我国城市污泥中 TN 和 TP 含量比纯猪粪和猪厩肥高，但 K 含量比纯猪粪和猪厩肥低，施用时若补充钾肥，则可获得化肥的农用效果。同时，经处理后的污泥是一种生物质肥料，替代化肥后可以有效避免农业面源污染，环境效益明显。

堆肥化过程有好氧堆肥和厌氧堆肥两种。好氧堆肥过程由四个阶段组成，即升温阶段、高温阶段、降温阶段和腐熟阶段。好氧法是在通气条件下通过好氧微生物活动，使污泥中的有机物得到降解稳定的过程，此过程速度快，堆肥温度高（一般为 50～60℃，极限可达 90℃）。厌氧堆肥是通过微生物的固体发酵对有机物进行降解和稳定化，该过程速度较慢，堆肥时间是好氧法的 3～4 倍。因厌氧法时间周期长，处理同样的污泥量，所需设备体积大，故目前污泥堆肥化基本上采用的是好氧堆肥。

污泥堆肥产品还可与市场销售的无机氮、磷、钾化肥配合生产有机、无机复混肥，这种复混肥在向农作物提供速效肥源的同时，还能向农作物根系引入有益微生物，充分利用土壤潜在肥力，并提高化肥利用率。

城镇生活污水处理厂污泥堆肥

（2）生产动物饲料

污泥中含有大量有价值的物质，各种氨基酸之间相对平衡，因此是一种很好的饵料蛋白加工原料。目前，国内有部分研究者已经开始了用活性污泥生产的饲料来喂养家禽的研究，并且通过试验表明对动物没有毒害或副作用，但是总体而言，该种利用模式尚属于起步阶段。

3．能源利用模式

（1）厌氧消化制沼气

污泥中含有的大量有机物，在厌氧条件下，经历水解发酵、产氢产乙酸、产甲烷 3 个阶段可产生沼气。此过程的前两个阶段不产生甲烷，第三个阶段产生甲烷。污水处理过程产生的剩余污泥，进入消化设施，通过控制 pH、营养物比例（主要为 C/N）、含水率、温度、水力停留时间（SRT）等，实现污泥的稳定化和甲烷等燃料气体的产生。

厌氧消化工艺成熟，产生的沼气可实现能源化利用，国内目前有约 5%的污泥集中处置场所采用该种利用模式。但是，由于投资较高，工艺复杂，运行有一定难度，厌氧消化并未得到很好的普及应用，已建成的消化设施也有部分未正常运行。

（2）燃烧发电

污泥燃料发电目前有两种方式，一种是污泥能量回收系统（Hyperion Energy System，HERS），第二种是污泥燃料化（Sludge Fuel，SF）。

HERS 是将剩余活性污泥和初沉池污泥分别进行厌氧消化，产生的消化气经过脱硫后，用作发电的燃料。HERS 所用的物料是经过机械脱水的消化污泥，经历了污泥热值降低的消化过程。污泥能量的回收有两种方式，即厌氧产生消化气和污泥燃烧产生热能，然后以电力形式回收利用。

污泥焚烧发电厂

SF 将未消化的混合污泥经过机械脱水后，加入重油，调制成流动浆液送入蒸发器蒸发，然后经过脱油，变成污泥燃料，该法不经过污泥热值降低的消化过程，直接将生成污泥蒸发干燥制成燃料。重油返回作污泥流动介质重复利用，污泥燃料燃烧产生蒸汽，作为污泥干燥的热源和发电，回收能量。

（3）低温热解制油

污泥低温热解制油是目前正在发展的一种新的热能利用技术。污泥低温热解是利用污泥中有机物的热不稳定性，在无氧的条件下加热污泥干燥至一定温度（低于 500℃），由于干馏和热分解作用使污泥转化为油、反应水、不凝性气体（NNG）和炭 4 种可燃性产物。污泥低温热解产生的衍生油黏度高、气味差，但发热量可达到 29～42.1 MJ/kg，而现在使用的三大能源——石油、天然气、原煤的发热量分别为 41.87 MJ/kg、38.97 MJ/kg、20.93 MJ/kg。可见，污泥低温热解油具有较高的能源价值，热解生成的油（质量类似于中号燃料油）可以用来发电等。污泥低温热解制油还具备设备较简单，无须耐高温、高压设备，对环境造成二次污染的可能性小，与焚烧技术投资相当或略低等优点。

该技术的不足之处在于：低温热解制油技术所采用的污泥需经干燥脱水，使其含水率在 5%以下，这样就要消耗大量的能量。所以这种技术的能量剩余不是很高。另外，产生的油中含有大量的多环芳烃物质，对环境产生不利的影响。

（4）高温热解

污泥高温热解法是在惰性气体环境中实现对污泥的分解，传统的高温热解控制温度为 500℃左右，其具有污泥体积大量减少，重金属有效固定，重金属热析出量较低等特点，但是因为其在升温过程中产物油中带来的可能的有害健康的物质，致使传统高温热解污泥存在一定的风险，产生的油类的应用也受到很大的限制。污泥高温热解过程可以同时产生大量的气体及油类物质，这些物质具有较高的热值，可被用作燃料或化学原料。

（5）蛋白质利用模式

污泥含有蛋氨酸、胱氨酸、苏氨酸和缬氨酸为主的粗蛋白，是一种潜在的畜禽饲料原料。另外，作为一种微生物絮体，污泥中的微生物胞内、胞外酶及其他代谢产物含量非常高，从中可提取微生物絮凝剂，作为水处理工艺的替代化学絮凝药剂，不仅可以去除水体中悬浮物，还避免了二次污染，对后续水处理无不利影响。但是，污泥蛋白质利用技术尚属于起步阶段。

污泥焚烧与最终处置

（二）填埋处置

污泥填埋可以单独填埋或与其他固体废物（如垃圾）一起填埋。在污泥进行填埋处置时，需要对污泥进行无害化处理，而且填埋场地有具体要求，需要对填埋场地进行改造，符合卫生填埋要求，达到国家标准规定的防渗要求，防止污染地下水。

复习思考题

1. 简述污泥的分类。
2. 污泥处理方案的选择和确定要考虑哪些因素？
3. 污泥浓缩、脱水有哪些方法？
4. 为什么要对污泥进行稳定处理？
5. 污泥调理有哪些方法？分别使用什么药剂或设备？
6. 影响污泥厌氧消化的因素有哪些？
7. 在哪些情况下可以考虑采用污泥焚烧工艺？
8. 巴氏消毒法有哪几种方式？
9. 污泥资源化利用有哪些方式？

参考文献

[1] 戴友芝，肖利平，唐受印．废水处理工程[M]．北京：化学工业出版社，2017.
[2] 韩洪军，杜茂安．水处理工程设计计算[M]．北京：中国建筑工业出版社，2010.
[3] 赵奎霞．水处理工程[M]．北京：中国环境科学出版社，2008.
[4] 郭茂新．水污染控制工程学[M]．北京：中国环境科学出版社，2005.
[5] 纪轩．废水处理技术问答[M]．北京：中国石化出版社，2005.
[6] 吕宏德．水处理工程技术[M]．北京：中国建筑工业出版社，2005.
[7] 张忠祥．废水生物处理新技术[M]．北京：清华大学出版社，2004.
[8] 王金梅，等．水污染控制技术[M]．北京：化学工业出版社，2004.
[9] 李军，杨秀山，彭永臻．微生物与水处理工程[M]．北京：化学工业出版社，2002.
[10] 肖锦．城市污水处理及回用技术[M]．北京：化学工业出版社，2002.
[11] 周彤．污水回用决策与技术[M]．北京：化学工业出版社．2002.
[12] 王燕飞．水污染控制技术[M]．北京：化学工业出版社，2001.
[13] 孙力平．污水处理新工艺与设计计算实例[M]．北京：科学出版社，2001.
[14] 符九龙．水处理工程[M]．北京：中国建筑工业出版社，2000.
[15] 张希衡．水污染控制工程[M]．北京：冶金工业出版社，2004.
[16] 刘雨，赵庆良，郑兴灿．生物膜法污水处理技术[M]．北京：中国建筑工业出版社，2000.
[17] 张自杰．排水工程（第四版）[M]．北京，中国建筑工业出版社，2000.
[18] 张统．污水处理工艺及工程方案设计[M]．北京：中国建筑工业出版社，2000.
[19] 王宝贞．水污染控制工程[M]．北京：中国建筑工业出版社，1999.
[20] 张自杰，等．环境工程手册（水污染防治卷）[M]．北京：高等教育出版社，1996.
[21] 国家环保局《水和废水监测分析方法》编委会．水和废水监测分析方法[M]．3 版．北京：中国环境科学出版社，1994.
[22] 国家环保局．生物接触氧化处理废水技术[M]．北京：中国环境科学出版社，1991.
[23] 许保玖．当代给水与废水处理原理[M]．北京：高等教育出版社，1990.
[24] 邵青．水处理及循环再利用技术[M]．北京：化学工业出版社，2004.
[25] 金兆丰，余志荣．污水处理组合工艺及工程实例[M]．北京：化学工业出版社，2003.
[26] 王国华，任鹤云．工业废水处理工程设计与实例[M]．北京：化学工业出版社，2005.
[27] 杨岳平，徐新华，刘传富．废水处理工程及实例分析[M]．北京：化学工业出版社，2003.
[28] 朱亦仁．环境污染治理技术[M]．北京：中国环境科学出版社，2002.
[29] 杨岳平．废水处理工程及实例分析[M]．北京：化学工业出版社，2003.
[30] 高庭耀，顾国维．水污染控制工程[M]．北京：高等教育出版社，1999.
[31] 黄铭荣，胡纪萃．水污染治理工程[M]．北京：高等教育出版社，1999.
[32] 上海市环境保护局．废水物化处理[M]．上海：同济大学出版社，1999.

[33] 罗固源．水污染物化控制原理与技术[M]．北京：化学工业出版社，2003.

[34] 佟玉衡．废水处理[M]．北京：化学工业出版社，2004.

[35] 祁鲁梁，李永存，李本高．水处理工艺与运行管理实用手册[M]．北京：中国石化出版社，2002.

[36] 胡亨魁．水污染控制工程[M]．武汉：武汉理工大学出版社，2003.

[37] 陈国华．水体油污染治理[M]．北京：化学工业出版社，2002.

[38] 陈湘筑．环境工程基础[M]．武汉：武汉理工大学出版社，2003.

[39] 魏先勋．环境工程设计手册[M]．长沙：湖南科学技术出版社，2002.

[40] 郑铭．环保设备——原理·设计·应用[M]．北京：化学工业出版社，2001.

[41] 邹家庆．工业废水处理技术[M]．北京：化学工业出版社，2003.